교원 임용고사를 대비하기 위한
수학이론과 문제풀이 시리즈 7

# 복소해석학 2

김광회 지음



KM 경문사

# 머리말

이 책은 실변수와 복소변수 사이의 상호의존성 관점에서 서술하였다. 어떤 경우에는 실변수 개념을 논의한 후에 복소변수 개념으로 일반화하고, 다른 경우에는 복소변수 문제를 논의한 후에 실변수 문제로 축소한다. 이러한 두 방법들은 모두 유의할 가치가 있다. 또한, 이론내용과 관련된 문제에 대한 해답을 제시하였다. 이렇게 서술한 것은 수학을 전공하는 학생 또는 임용고사를 준비하는 학생들이 짧은 기간 동안에 문제해결력을 통하여 자기 주도적으로 이론내용을 쉽게 터득할 수 있도록 하기 위한 것이다.

이론내용을 살펴보면 다음과 같다. 해석학에서 Dedekind의 절단이론으로 유리수체 $\mathbb{Q}$ 를 포함하는 최소상계의 성질을 만족하는 순서체 $\mathbb{R}$ 이 존재한다는 것을 배웠다. 전순서체 $\mathbb{R}$ 은 벡터공간이고 거리공간이다. 또한 $\mathbb{R}$ 은 위상공간이다. 이것으로부터 벡터공간 $\mathbb{R}^2$를 만든다. $\mathbb{R}^2$도 거리공간이고 위상공간이다. 여기에 새로운 복소수의 덧셈과 곱셈연산을 정의하여 복소수체 $\mathbb{C}$ 를 만든다(1장). $\mathbb{C}$ 위에 거리함수를 주어 $\mathbb{C}$ 를 위상공간으로 만든다(2장). 각 복소수를 극좌표에 대응시킬 수 있다. 이때 중요한 것은 복소수의 편각이다(1장). 3장에서는 1차분수변환에 대하여 논의하였다.

이 책의 핵심은 복소로그함수와 복소지수함수(4장), 해석함수(5장), 로랑급수와 유수정리(9장) 등이다.

미적분학에서 로그함수와 지수함수는 서로 역함수관계임을 이미 배웠다. 이것을 일반화하여 복소로그함수와 복소지수함수를 정의한다. 이때 이 함수들은 다가함수이다. 편각을 제한하면, 이 함수들은 서로 역함수관계이다. 복소수의 편각 때문에 복소이론이 어렵다고 생각한다.

해석함수는 거듭제곱급수(6장)로 나타낼 수 있는 함수를 말한다. 거듭제곱급수는 수렴반경 내에서 미분과 적분할 수 있는 특성이 있다. 그러므로 해석함수는 $C^{\infty}$-급함수이다. 이 책에서는 해석함수를 미분가능성으로 정의하고 나중에 거듭제곱급수로 나타낼 수 있다는 것을 보인다. 복소변수함수의 미분가능성은 코시-리만 방정식(5장)과 밀접한 관계가 있다. 이것은 미적분학에서 배운 2변수함수의 극한으로부터 나온다.

실변수함수와는 달리, 영역(열린연결집합)에서 정의된 해석함수는 영역의 점으로 수렴하는 복소수열에서 영점을 가지면, 그 해석함수는 영역 전체에서 0이라는 특성을 갖는다(8.2절의 정리 2.12). 또한 유계인 닫힌영역에서 상수가 아닌 해석함수의 절댓값은 그 영역의 경계에서 최댓값을 갖는다(8.3절의 정리 3.3).

로랑급수와 유수정리는 복소변수함수의 복소적분(7장)과 관련이 있다. 복소적분은 미적분학에서 배운 선적분으로 정의한다. 이때 복소적분은 정의에 의하여 직접 계산하기 어려운 경우가 있다. 그러나 피적분함수가 어떤 성질을 갖느냐에 따라 복소적분의 값을 쉽게 구할 수 있다. 만일 단일폐등심선의 내부와 그 위에서 함수가 해석적이면, 그 단일폐등심선에서의 복소적분은 항상 0이다(코시정리). 만일 단일폐등심선 내부에서 복소변수함수가 특이점을 가지면, 그 폐등심선에서의 복소적분은 유수정리를 이용하여 구할 수 있다. 복소해석학에서는 유수정리(9.3절의 정리 3.4)가 매우 중요하다. 이러한 복소적분을 이용하여 미적분학에서 구할 수 없는 정적분의 값을 구할 수 있는 경우가 있다(9장).

해석함수의 실부는 항상 조화함수이다(5장). 10장에서는 단일연결영역에서는 모든 조화함수가 어떤 해석함수의 실부가 됨을 보인다. 또 이 결과를 이용하여 해석함수에 대한 정리와 유사한 조화함수에 대한 여러 가지 정리를 증명한다. 특히, 코시의 적분공식(8장)과 유사한 Poisson 적분공식은 원판 내부에서의 조화함숫값이 그 경계에서의 함숫값의 움직임으로부터 결정되는 방법을 제시해 준다는 것을 보일 것이다.

11장에서는 도함수는 두 곡선의 사잇각을 함수에 의한 그들의 상(image)의 사잇각에 관련시킨다는 것을 보게 될 것이다. 더욱이, 도함수가 곡선의 '뒤틀림(distorsion)'을 측정한다는 것을 알게 될 것이다. 이 장의 주요한 결과는 리만사상 정리인데, 이것은 주어진 단일연결영역을 또 다른 주어진 단일연결영역 위에로 전사하는 해석함수가 거의 항상 존재한다는 것이다.

12장에서는 단엽함수에 대하여 논의하였다. 13장에서는 무한곱의 수렴성질은 무한급수의 수렴성질과 유사하다는 것을 보인다.

끝으로, 14장에서는 해석적 연장과 감마함수와 리만-제타함수에 대하여 다루었다.

수학을 전공하는 데에는 습득해야 할 이론내용들이 방대하다. 그러므로 기본적인 수학내용은 짧은 기간 동안에 이해하고, 이를 기반으로 하여 고등수학의 문제해결력을 향상시킬 필요성이 있다. 그런데 학생들이 이론내용을 완전히 이해하기란 어려운 실정이다. 따라서 이러한 어려움을 돕기 위하여 이 책을 출판하게 되었다. 이 책이 나오기까지 많은 도움을 준 경문사에 깊은 감사를 드린다.

2014년 10월

김광회

# 차례

**8장**

# 코시정리의 응용

1. 코시 적분공식
2. 코시의 부등식과 그의 응용
3. 최대절댓값 정리
4. 편각원리

이 장에서 증명하게 될 대부분의 정리들은 실변수에 관한 정리들과 전혀 유사하지 않다. 코시정리는 참으로 우아하지만, 그의 중요성은 응용하는 데 있다. 이 장에서는 앞 장에서 언급하기만 한 몇 가지 정리들을 증명할 것이다. 특히, 해석함수가 모든 계수의 도함수를 갖고 거듭제곱급수로 나타낼 수 있다는 것을 보일 것이다. 또한, 대수학의 기본정리를 여러 가지 방법으로 증명할 것이다. 사실, 이 장에서의 여러 정리들 사이에는 좋은 관계가 있으므로, 어떤 정리는 두 번 증명할 가치가 있는 것처럼 보인다.

## 1. 코시 적분공식

만일 $f(z)$는 단일연결영역 $D$에서 해석적이면, $D$ 안에 놓여있는 모든 폐등심선 $C$에 대하여

$$\int_C f(z)dz = 0$$

임을 이미 보였다. 이제 만일 함수 $f(z)$가 유한개의 점을 제외한 모든 곳에서 해석적이면, 흥미로운 일이 벌어진다. 앞 장에서 보았듯이, 점 $z_0$를 에워싸는 단일폐등심선 $C$에 대하여

$$\int_C \frac{1}{z-z_0}dz = 2\pi i$$

이다. 이것을 일반화한 정리는 다음과 같다.

**정리 1.1** **(코시의 제1적분공식)** $f(z)$는 단일폐등심선 $C$를 포함하는 단일연결영역 $D$에서 해석적이라 하자. 만일 $C$는 점 $z_0 \in D$를 에워싸는 단일폐등심선이면,

$$f(z_0) = \frac{1}{2\pi i}\int_C \frac{f(z)}{z-z_0}dz$$

이다.

**증명** 함수 $f(z)$는 점 $z_0 \in D$에서 해석적이므로, $f(z)$는 $z_0$에서 연속이다. 그러므로 임의의 $\epsilon > 0$에 대하여 $\delta > 0$가 존재하여 $|z-z_0| < \delta, z \in D$일 때 $|f(z)-f(z_0)| < \epsilon$이 성립한다. 그러면 충분히 작은 $r > 0$이 존재하여 원

$C_1 : |z-z_0| = r < \delta$가 $C$의 내부에 있다.

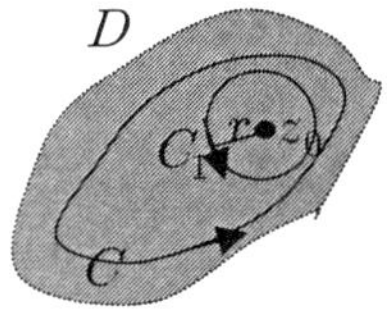


그러면 다중연결영역에 대한 7.4절의 코시정리 4.7에 의하여

$$\int_C \frac{f(z)}{z-z_0}dz = \int_{C_1} \frac{f(z)}{z-z_0}dz$$

$$= \int_{C_1} \frac{f(z_0)+(f(z)-f(z_0))}{z-z_0}dz$$

$$= \int_{C_1} \frac{f(z_0)}{z-z_0}dz + \int_{C_1} \frac{f(z)-f(z_0)}{z-z_0}dz$$

$$= 2\pi i f(z_0) + \int_{C_1} \frac{f(z)-f(z_0)}{z-z_0}dz$$

이다. 이때

$$\left| \int_{C_1} \frac{f(z)-f(z_0)}{z-z_0}dz \right| \leqq \int_{C_1} \frac{|f(z)-f(z_0)|}{|z-z_0|} |dz|$$

$$< \frac{\epsilon}{r}\int_{C_1} |dz| = \frac{\epsilon}{r} \cdot 2\pi r = 2\pi\epsilon$$

이다. $\epsilon > 0$은 임의이므로, $\left| \int_{C_1} \frac{f(z)-f(z_0)}{z-z_0}dz \right| = 0$이다. 그러므로 $\int_{C_1} \frac{f(z)-f(z_0)}{z-z_0}dz = 0$이다. 따라서 $\int_C \frac{f(z)}{z-z_0}dz = 2\pi i f(z_0)$를 얻는다.

(참고) 정리 1.1은 $C$의 내부의 임의의 점 $z_0$에서의 함숫값 $f(z_0)$를 $C$ 위의 점 $z$에서의 함숫값 $f(z)$으로 나타낼 수 있다는 것을 보여준다. 다시 말해, 만일 $f(z)$는 단일연결영역과 그의 경계에서 해석적이면, 경계 위에서의 함숫값 $f(z)$들이 내

부에서의 함숫값들을 완전히 결정한다. 실변수함수의 경우에는 이와 유사한 어떤 정리도 없다. 예를 들어, 함수

$$f_n(x) = x^n, 0 \leqq x \leqq 1$$

은 모두 동일한 경곗값($f_n(0) = 0, f_n(1) = 1$)을 갖지만, 닫힌구간 $[0,1]$의 내부인 열린구간 $(0,1)$의 모든 점 $x_0$에서 함숫값 $f_n(x_0)$들은 서로 다르다.

다음 정리는 해석함수의 모든 계수의 도함수가 적분으로 나타낼 수 있다는 것이다.

**정리 1.2** **(코시의 적분공식)** 만일 복소함수 $f(z)$는 단일폐등심선 $C$를 포함하는 단일연결영역 $D$에서 해석적이면, $C$의 내부의 각 점 $z_0 \in D$에서 모든 계수의 도함수 $f^{(n)}(z_0)$를 갖는다. 이때

$$f^{(n)}(z_0) = \frac{n!}{2\pi i}\int_C \frac{f(z)}{(z-z_0)^{n+1}}dz$$

이다.



**증명** 수학적 귀납법으로 증명해 보자.

(i) $n=0$인 경우는 정리 1.1이다.

(ii) $n=1$인 경우를 증명하자. 즉, $f'(z_0) = \frac{1}{2\pi i}\int_C \frac{f(z)}{(z-z_0)^2}dz$.

$$\lim_{h\to 0} \left| \frac{f(z_0+h)-f(z_0)}{h} - f'(z_0) \right| = 0$$

임을 보이면 된다. 정리 1.1의 증명에서 사용한 기호를 사용하여 $z_0+h$가 $C$의 내부에 있도록 $0 < |h| < r$을 만족하는 $h$를 취하면, $|z_0+h-z_0| = |h| < r$이므로, $z_0+h$는 원 $C_1 : |z-z_0| = r$의 내부에 있다. $f(z)$는 원 $C_1$ 위에서 연속이므로, $f(z)$는 $C_1$에서 유계이다. 그러므로 $M>0$이 존재하여 모든 $z \in C_1$에 대하여 $|f(z)| \leq M$이다. 그러면 다중적분에 대한 코시정리에 의하여 다음을 알 수 있다.

$$
\begin{aligned}
&\left| \frac{f(z_0+h)-f(z_0)}{h} - f'(z_0) \right| \\
&= \left| \frac{1}{h}\frac{1}{2\pi i}\int_C \left(\frac{f(z)}{z-z_0-h} - \frac{f(z)}{z-z_0}\right)dz - \frac{1}{2\pi i}\int_C \frac{f(z)}{(z-z_0)^2}dz \right| \\
&= \left| \frac{h}{2\pi i}\int_C \frac{f(z)}{(z-z_0)^2(z-z_0-h)}dz \right| \\
&= \left| \frac{h}{2\pi i}\int_{C_1} \frac{f(z)}{(z-z_0)^2(z-z_0-h)}dz \right| \\
&\leqq \frac{|h|}{2\pi}\int_{C_1} \frac{|f(z)|}{|z-z_0|^2 |z-z_0-h|} |dz| \\
&\leqq \frac{|h|M}{2\pi r^2}\int_{C_1} \frac{1}{|z-z_0|-|h|} |dz| \\
&= \frac{|h|M}{2\pi r^2(r-|h|)}\int_{C_1} |dz| = \frac{|h|M}{2\pi r^2(r-|h|)} \cdot 2\pi r \\
&= \frac{|h|M}{r(r-|h|)}
\end{aligned}
$$

이때 $h \to 0$을 취하면, 짜내기 정리에 의하여

$$f'(z_0) = \frac{1}{2\pi i}\int_C \frac{f(z)}{(z-z_0)^2}dz$$

가 성립한다.

(iii) $n=k \geqq 2$일 때 $f^{(k)}(z_0) = \frac{k!}{2\pi i}\int_C \frac{f(z)}{(z-z_0)^{k+1}}dz$가 성립한다고 가정하자. 이때

$$
\begin{aligned}
f^{(k+1)}(z_0) &= \lim_{h\to 0}\frac{f^{(k)}(z_0+h)-f^{(k)}(z_0)}{h} \\
&= \lim_{h\to 0}\frac{1}{h}\left(\frac{k!}{2\pi i}\int_C \left(\frac{f(z)}{(z-z_0-h)^{k+1}} - \frac{f(z)}{(z-z_0)^{k+1}}\right)dz\right)
\end{aligned}
$$

이므로, $f^{(k+1)}(z_0) = \frac{(k+1)!}{2\pi i}\int_C \frac{f(z)}{(z-z_0)^{k+2}}dz$가 성립함을 보이기 위하여

$$\lim_{h\to 0} \left| \frac{f^{(k)}(z_0+h)-f^{(k)}(z_0)}{h} - \frac{(k+1)!}{2\pi i}\int_C \frac{f(z)}{(z-z_0)^{k+2}}dz \right| = 0$$

임을 보이면 충분하다. 이것은 (ii)와 같은 방법으로 보일 수 있다. 즉,

$$\left| \frac{f^{(k)}(z_0+h)-f^{(k)}(z_0)}{h} - \frac{(k+1)!}{2\pi i}\int_C \frac{f(z)}{(z-z_0)^{k+2}}dz \right|$$

$$= \left| \frac{1}{h}\frac{k!}{2\pi i}\int_C \left(\frac{f(z)}{(z-z_0-h)^{k+1}} - \frac{f(z)}{(z-z_0)^{k+1}}\right)dz - \frac{(k+1)!}{2\pi i}\int_C \frac{f(z)}{(z-z_0)^{k+2}}dz \right|$$

$$= \left| \frac{1}{h}\frac{k!}{2\pi i}\int_{C_1} \left(\frac{f(z)}{(z-z_0-h)^{k+1}} - \frac{f(z)}{(z-z_0)^{k+1}}\right)dz - \frac{(k+1)!}{2\pi i}\int_{C_1} \frac{f(z)}{(z-z_0)^{k+2}}dz \right|$$

$$\leq \frac{k!M}{2\pi|h|}\int_{C_1} \frac{|(z-z_0)^{k+2}-(z-z_0)(z-z_0-h)^{k+1}-(k+1)h(z-z_0-h)^{k+1}|}{|z-z_0|^{k+2}|z-z_0-h|^{k+1}}|dz|$$

$$= \frac{k!M}{2\pi|h|r^{k+2}}\int_{C_1} \frac{|(z-z_0)^{k+2}-(z-z_0)(z-z_0-h)^{k+1}-(k+1)h(z-z_0-h)^{k+1}|}{|z-z_0-h|^{k+1}}|dz|,$$

$$(z-z_0)^{k+2}-(z-z_0)(z-z_0-h)^{k+1}-(k+1)h(z-z_0-h)^{k+1}$$

$$= (z-z_0)^{k+2} - \sum_{n=0}^{k+1} {}_{k+1}C_n (z-z_0)^{k+2-n}(-h)^n + (k+1)\sum_{n=0}^{k+1} {}_{k+1}C_n (z-z_0)^{k+1-n}(-h)^{n+1}$$

$$= -\sum_{n=1}^{k+1} {}_{k+1}C_n (z-z_0)^{k+2-n}(-h)^n + (k+1)\sum_{n=0}^{k+1} {}_{k+1}C_n (z-z_0)^{k+1-n}(-h)^{n+1}$$

$$= (k+1)(z-z_0)^{k+1}h - (k+1)(z-z_0)^{k+1}h$$

$$- \sum_{n=2}^{k+1} {}_{k+1}C_n (z-z_0)^{k+2-n}(-h)^n + (k+1)\sum_{n=1}^{k+1} {}_{k+1}C_n (z-z_0)^{k+1-n}(-h)^{n+1}$$

$$= -\sum_{n=2}^{k+1} {}_{k+1}C_n (z-z_0)^{k+2-n}(-h)^n + (k+1)\sum_{n=1}^{k+1} {}_{k+1}C_n (z-z_0)^{k+1-n}(-h)^{n+1}$$

$$= h^2[-\sum_{n=2}^{k+1} {}_{k+1}C_n (z-z_0)^{k+2-n}(-h)^{n-2} + (k+1)\sum_{n=1}^{k+1} {}_{k+1}C_n (z-z_0)^{k+1-n}(-h)^{n-1}].$$

그러므로 $C_1$ 위에서

$$|(z-z_0)^{k+2} - (z-z_0)(z-z_0-h)^{k+1} - (k+1)h(z-z_0-h)^{k+1}|$$

$$\leq |h|^2[\sum_{n=2}^{k+1} {}_{k+1}C_n r^{k+2-n}|h|^{n-2} + (k+1)\sum_{n=1}^{k+1} {}_{k+1}C_n r^{k+1-n}|h|^{n-1}]$$

이다. 따라서

$$\int_{C_1} \frac{|(z-z_0)^{k+2} - (z-z_0)(z-z_0-h)^{k+1} - (k+1)h(z-z_0-h)^{k+1}|}{|z-z_0-h|^{k+1}}|dz|$$

$$\leq \frac{|h|^2[\sum_{n=2}^{k+1} {}_{k+1}C_n r^{k+2-n}|h|^{n-2} + (k+1)\sum_{n=1}^{k+1} {}_{k+1}C_n r^{k+1-n}|h|^{n-1}]}{(r-|h|)^{k+1}} \cdot 2\pi r$$

이다. 그러므로 다음을 얻는다.

$$\left|\frac{f^{(k)}(z_0+h) - f^{(k)}(z_0)}{h} - \frac{(k+1)!}{2\pi i}\int_C \frac{f(z)}{(z-z_0)^{k+2}}dz\right|$$

$$\leq \frac{k!M|h|}{2\pi} \cdot \frac{[\sum_{n=2}^{k+1} {}_{k+1}C_n r^{k+2-n}|h|^{n-2} + (k+1)\sum_{n=1}^{k+1} {}_{k+1}C_n r^{k+1-n}|h|^{n-1}]}{(r-|h|)^{k+1}}$$

이때 $h \to 0$을 취하면, 짜내기 정리에 의하여

$$f^{(k+1)}(z_0) = \frac{(k+1)!}{2\pi i}\int_C \frac{f(z)}{(z-z_0)^{k+2}}dz$$

이다. 그러므로 수학적 귀납법에 의하여 모든 $n$에 대하여

$$f^{(n)}(z_0) = \frac{n!}{2\pi i}\int_C \frac{f(z)}{(z-z_0)^{n+1}}dz$$

이 성립한다.

참고1 정리 1.2는 대역적인 성질로서 단일연결영역의 성질을 서술하지만, 실제로 그것은 국소적인 성질이다. 왜냐하면, 한 점에서 해석적인 함수는 그 점의 (단일연결)근방에서도 해석적이므로, 한 점에서 해석적인 함수는 그 점에서 모든 계수를 갖기 때문이다.

참고2 정리 1.1은 역시 다중연결영역에 대해서도 성립한다. 이를 다음 그림과 같은 다중연결영역 $R$에 대해서 증명해 보자.

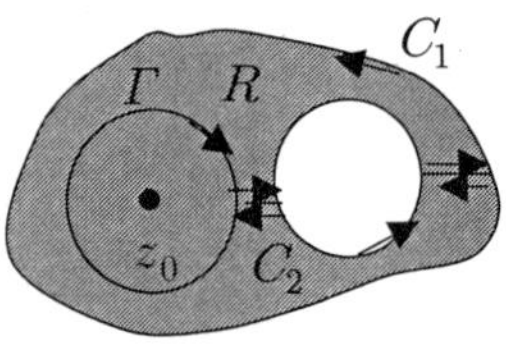


$f(z)$는 다중연결영역 $R$과 그의 경계 $\partial R = C = C_1 - C_2$에서 해석적이라 하자. $\Gamma$는 $R$에 포함되는 중심 $z_0$인 원이라 하자. 그러면 다중연결영역에 대한 코시정리에 의하여

$$\frac{1}{2\pi i}\int_{C_1}\frac{f(z)}{z-z_0}dz + \frac{1}{2\pi i}\int_{-C_2}\frac{f(z)}{z-z_0}dz + \frac{1}{2\pi i}\int_{-\Gamma}\frac{f(z)}{z-z_0}dz = 0$$

이다. 따라서 정리 1.1에 의하여

$$\begin{aligned} f(z_0) &= \frac{1}{2\pi i}\int_{\Gamma}\frac{f(z)}{z-z_0}dz = \frac{1}{2\pi i}\int_{C_1}\frac{f(z)}{z-z_0}dz - \frac{1}{2\pi i}\int_{C_2}\frac{f(z)}{z-z_0}dz \\ &= \frac{1}{2\pi i}\int_{C}\frac{f(z)}{z-z_0}dz \end{aligned}$$

이다. 이것은 다중연결영역에 대한 정리 1.1을 증명한 것이다. 같은 방법으로 하면, 다중연결영역에 대한 정리 1.2를 증명할 수 있다.

코시의 적분공식은 등심선을 따라 어떤 복소적분을 계산하는 데 도움을 준다.

**예제 1.3** $\displaystyle\int_{|z|=2}\frac{z-3\cos z}{(z-\pi/2)^2}dz$를 구하여라.

풀이 $f(z) = z - 3\cos z$라 놓으면, 코시의 적분공식에 의하여 다음을 얻는다.

$$\int_{|z|=2} \frac{z-3\cos z}{(z-\pi/2)^2} dz = 2\pi i f'(\pi/2) = 8\pi i$$

이제 복소함수에 대한 테일러 정리를 증명할 수 있다.

**정리 1.4** 만일 $f(z)$는 경계가 $C$인 영역 $D$에서 해석함수이고, $z_0 \in D$이면, $D$에 포함되는 $z_0$의 $\delta$-근방 $N_\delta(z_0)$가 존재하여 모든 $z \in N_\delta(z_0)$에 대하여 $f(z)$는 $z-z_0$에 관한 테일러 급수전개로 나타낼 수 있다. 즉,

$$f(z) = \sum_{k=0}^{\infty} \frac{f^{(n)}(z_0)}{n!}(z-z_0)^n, \forall z \in N_\delta(z_0).$$

**증명** 원 $C_1 : |\zeta - z_0| = \rho \ (\rho < \delta)$의 내부의 임의의 점 $z$에 대하여

$$f(z) = \frac{1}{2\pi i} \int_{C_1} \frac{f(\zeta)}{\zeta - z} d\zeta$$

가 성립함을 코시의 적분공식에 의하여 알 수 있다. 이제 $|z-z_0| = r(<\rho)$이라 하자. 그러면

$$\frac{1}{\zeta - z} = \frac{1}{(\zeta - z_0) - (z - z_0)} = \frac{1}{\zeta - z_0} \frac{1}{1 - \dfrac{z-z_0}{\zeta - z_0}}$$

$$= \frac{1}{\zeta - z_0}\left[\sum_{k=0}^{n-1}\left(\frac{z-z_0}{\zeta - z_0}\right)^k + \sum_{k=n}^{\infty}\left(\frac{z-z_0}{\zeta - z_0}\right)^k\right]$$

$$= \frac{1}{\zeta - z_0}\left[\sum_{k=0}^{n-1}\left(\frac{z-z_0}{\zeta - z_0}\right)^k + \frac{\left(\dfrac{z-z_0}{\zeta - z_0}\right)^n}{1 - \dfrac{z-z_0}{\zeta - z_0}}\right]$$

을 얻는다. 그러므로 코시의 적분공식에 의하여 다음을 얻는다.

$$f(z) = \frac{1}{2\pi i} \int_{C_1} \frac{f(\zeta)}{\zeta - z} d\zeta$$

$$= \sum_{k=0}^{n-1} \frac{1}{2\pi i} \int_{C_1} \frac{f(\zeta)}{(\zeta - z_0)^{k+1}} d\zeta \cdot (z-z_0)^k + R_n$$

$$= \sum_{k=0}^{n-1} \frac{f^{(k)}(z_0)}{k!}(z-z_0)^k + R_n$$

여기서 $R_n = \frac{1}{2\pi i}\int_{C_1}(\frac{z-z_0}{\zeta - z_0})^n \frac{f(\zeta)}{\zeta - z}d\zeta$이다. 이때 $\lim_{n\to\infty} R_n = 0$임을 보이자. 이것은 $\lim_{n\to\infty} |R_n| = 0$와 동치이다.

$f(z)$는 $C_1$ 위에서 연속이므로, $M>0$이 존재하여 $C_1$ 위의 모든 $z$에 대하여 $|f(z)| \leqq M$이다.

$$\begin{aligned} |R_n| &\leqq \frac{1}{2\pi}\int_{C_1} \left|\frac{z-z_0}{\zeta - z_0}\right|^n \frac{|f(\zeta)|}{|\zeta - z|}|d\zeta| \\ &\leqq \frac{M}{2\pi}(\frac{r}{\rho})^n \int_{C_1} \frac{1}{|\zeta - z|}|d\zeta| \\ &\leqq \frac{M}{2\pi}(\frac{r}{\rho})^n \int_{C_1} \frac{1}{|\zeta - z_0| - |z - z_0|}|d\zeta| \\ &= \frac{M\rho}{2\pi(\rho - r)}(\frac{r}{\rho})^n \cdot 2\pi\rho \end{aligned}$$

이고, $0 < \frac{r}{\rho} < 1$이므로, $\lim_{n\to\infty}(\frac{r}{\rho})^n = 0$이다. 그러므로 짜내기 정리에 의하여 $\lim_{n\to\infty} |R_n| = 0$이다. 따라서 $f(z) = \sum_{k=0}^{\infty} \frac{f^{(n)}(z_0)}{n!}(z-z_0)^n$이다.

(참고) $M$-판정법에 의하여 $f(z)$에 대한 테일러 급수는 원판 $|z-z_0| < \delta$의 모든 긴밀부분집합 위에서 평등수렴한다.

6.3절에서 거듭제곱급수가 그 수렴원의 내부에서 해석함수를 나타냄을 보였다. 정리 1.4는 본질적으로 그의 역이다. 즉, 코시의 적분공식에 의하여 해석함수는 모든 계수의 도함수를 갖고, 정리 1.4에 의하여 해석함수는 테일러 급수로 전개할 수 있다. 따라서 함수 $f(z)$가 점 $z_0$에서 해석적이기 위한 필요충분조건은 $f(z)$가 어떤 원판 $|z-z_0| \leqq r$에서 $z-z_0$에 관한 테일러 급수전개로 나타낼 수 있는 것이다. 즉,

$$f(z) = \sum_{n=0}^{\infty} \frac{f^{(n)}(z_0)}{n!}(z-z_0)^n, \quad \frac{f^{(n)}(z_0)}{n!} = \frac{1}{2\pi i}\int_{|z-z_0|=r} \frac{f(z)}{(z-z_0)^{n+1}}dz.$$

그러므로 정리 1.4는 6장에서 증명없이 언급한 다음 함수들의 매클로린 급수전개를 정당화해 준다.

$$e^z = \sum_{n=0}^{\infty} \frac{1}{n!} z^n$$

$$\sin z = \sum_{n=1}^{\infty} (-1)^n \frac{1}{(2n-1)!} z^{2n-1}$$

$$\cos z = \sum_{n=0}^{\infty} (-1)^n \frac{1}{(2n)!} z^{2n}$$

이제 평등수렴성과 복소적분 사이에 몇 가지 관계를 살펴보자.

**▸정리 1.5** 만일 $\{f_n(z)\}$는 등심선 $C$에서 연속인 함수열이고, $C$ 위에서 $f(z)$로 평등수렴하면, 다음이 성립한다.

$$\lim_{n\to\infty} \int_C f_n(z)dz = \int_C \lim_{n\to\infty} f_n(z) = \int_C f(z)dz$$

**증명** 6.2절의 정리 2.6에 의하여 $f(z)$는 $C$ 위에서 연속이므로, $\int_C f(z)dz$는 존재한다. $\sup_{z\in C} | f_n(z) - f(z) | \to 0$이므로, 다음 사실로부터 정리가 증명된다.

$$\left| \int_C f_n(z)dz - \int_C f(z)dz \right| \leq \int_C | f_n(z) - f(z) | \, | dz |$$
$$\leq \sup_{z\in C} | f_n(z) - f(z) | \int_C | dz | \to 0$$

**따름정리 1.6** 만일 $\{f_n(z)\}$는 등심선 $C$ 위에서 연속인 함수열이고, $\sum_{n=0}^{\infty} f_n(z)$는 $C$ 위에서 평등수렴하면, 다음이 성립한다.

$$\sum_{n=0}^{\infty} \left( \int_C f_n(z)dz \right) = \int_C \left( \sum_{n=0}^{\infty} f_n(z) \right) dz$$

**증명** $S_n(z) = \sum_{k=0}^{n} f_k(z)$로 놓으면, 정리 1.5에 의하여 다음 사실로부터 정리가 증명

된다.

$$\sum_{n=0}^{\infty}\left(\int_C f_n(z)dz\right) = \lim_{n\to\infty}\left(\sum_{k=0}^{n}\int_C f_k(z)dz\right)$$

$$= \lim_{n\to\infty}\int_C S_n(z)dz = \int_C(\lim_{n\to\infty}S_n(z))dz = \int_C\left(\sum_{n=0}^{\infty}f_n(z)\right)dz$$

(참고) 정리 1.4의 증명은 실급수의 수렴성에 대한 증명방법을 모방하였다. 따름정리 1.6에 의하여 나머지 항을 수반하지 않는 더 간단한 방법으로 정리 1.4를 증명할 수 있다. 이에 대한 증명은 다음과 같다.

$r = |z - z_0| < |\zeta - z_0| = \rho$에 대하여 $\left|\dfrac{z - z_0}{\zeta - z_0}\right| = \dfrac{r}{\rho} < 1$이므로,

$$\frac{1}{\zeta - z} = \frac{1}{\zeta - z_0 - (z - z_0)} = \frac{1}{\zeta - z_0}\cdot\frac{1}{1 - \dfrac{z - z_0}{\zeta - z_0}}$$

$$= \sum_{n=0}^{\infty}\frac{(z - z_0)^n}{(\zeta - z_0)^{n+1}}$$

이다. 이 급수는 M-판정법에 의하여 원 $C_1 : |\zeta - z_0| = \rho$ 위에서 평등수렴한다. 그러므로 코시의 적분공식과 따름정리 1.6에 의하여 다음을 얻는다.

$$f(z) = \frac{1}{2\pi i}\int_{C_1}\frac{f(\zeta)}{\zeta - z}d\zeta$$

$$= \frac{1}{2\pi i}\int_{C_1}\left(\sum_{n=0}^{\infty}\frac{(z - z_0)^n}{(\zeta - z_0)^{n+1}}\right)f(\zeta)d\zeta$$

$$= \sum_{n=0}^{\infty}(z - z_0)^n\left(\frac{1}{2\pi i}\int_{C_1}\frac{f(\zeta)}{(\zeta - z_0)^{n+1}}d\zeta\right)$$

$$= \sum_{n=0}^{\infty}\frac{f^{(n)}(z_0)}{n!}(z - z_0)^n$$

코시정리의 역을 생각해 보자. 즉, 만일 점 $z_0$을 내부의 점으로 갖는 모든 단일폐등심선 $C$에 대하여 $\int_C f(z)dz = 0$이면, $f(z)$는 점 $z_0$에서 해석적일까?

그 답은 부정적이다. 예를 들어, 원점을 내부의 점으로 갖는 모든 단일등심선 $C$ 에 대하여 $\int_C \frac{1}{z^2} dz = 0$이다. 이것은 다중연결영역에 대한 코시정리로부터 나온다. 그러나 함수 $f(z) = \frac{1}{z^2}$은 $z = 0$에서 해석적이 아니다.

그러나 $f(z)$가 영역 $D$에서 연속이라는 조건을 주면, 코시정리의 역이 성립한다.

**정리 1.7** **(Morera 정리)** 만일 $f(z)$는 영역 $D$에서 연속이고, $D$에 포함된 모든 단일폐등심선 $C$에 대하여

$$\int_C f(z)dz = 0$$

이면, $f(z)$는 $D$에서 해석적이다.

**증명** $D$의 한 고정점 $z_0$에 대하여 $z \in D$일 때

$$F(z) = \int_{z_0}^{z} f(\zeta)d\zeta$$

이라 정의하자. 코시정리에 의하여 $\int_{z_0}^{z} f(\zeta)d\zeta$의 값은 $z_0$에서 $z$에 이르는 $D$ 안의 적분경로와 무관하므로, $F(z)$는 잘 정의되어 있다. $f(\zeta)$는 점 $z$에서 연속이므로, 임의의 $\epsilon > 0$에 대하여 $\delta > 0$이 존재하여 $|\zeta - z| = |h| < \delta$, $\zeta \in D$일 때 $|f(\zeta) - f(z)| < \epsilon$이 성립한다.

$$\frac{F(z+h) - F(z)}{h} = \frac{1}{h}[\int_{z_0}^{z+h} f(\zeta)d\zeta - \int_{z_0}^{z} f(\zeta)d\zeta]$$

$$= \frac{1}{h}\int_{z}^{z+h} f(\zeta)d\zeta,$$

$$f(z) = \frac{1}{h}\int_{z}^{z+h} f(z)d\zeta$$

이므로,

$$\frac{F(z+h)-F(z)}{h}-f(z)=\frac{1}{h}\int_{z}^{z+h}(f(\zeta)-f(z))d\zeta$$

이다. 이때 $z$에서 $z+h$에 이르는 경로는 선분으로 취하자. 그러면

$$\left|\frac{F(z+h)-F(z)}{h}-f(z)\right| \leqq \frac{1}{|h|}\int_{z}^{z+h}|f(\zeta)-f(z)|\,|d\zeta|<\epsilon$$

이다. 그러므로 $F'(z)=f(z)$임을 알 수 있다. $z\in D$는 임의이므로, $F(z)$는 $D$에서 해석적이다. 코시의 적분공식에 의하여 $F(z)$는 모든 계수의 도함수를 가지므로, $D$의 모든 점에서 $F''(z)=f'(z)$이다. 그러므로 $f(z)$는 $D$에서 해석적이다.

**따름정리 1.8** 만일 $f(z)$는 단일연결영역 $D$에서 해석적이고, $z_0\in D$이면,

$$F(z)=\int_{z_0}^{z}f(\zeta)d\zeta$$

는 $D$에서 해석적이다.

**증명** $f(z)$는 $D$에서 해석적이므로, $f(z)$는 $D$에서 연속이다. 단일연결영역에 대한 코시정리에 의하여 모든 등심선 $C$에 대하여 $\int_C f(z)dz=0$이다. 그러므로 Morera 정리의 증명에 의하여 $F(z)=\int_{z_0}^{z}f(\zeta)d\zeta$는 $D$에서 해석적이다.

$f(z)$가 영역 $D$에서 해석적일지라도 $D$에 포함된 모든 단일폐등심선 $C$에 대하여

$$\int_C f(z)dz=0$$

이라는 보장이 없음을 상기하자. 예를 들어, 함수 $f(z)=\frac{1}{z}$은 고리 $\frac{1}{2}\leqq|z|\leqq 2$를 포함하지만 0을 포함하지 않는 영역 $D$에서 해석적이다. 이때 $\int_{|z|=1}\frac{1}{z}dz=2\pi i\neq 0$이다. 이때 $|z|=1$의 내부는 $D$에 포함되지 않으므로, 코시정리를 적용할 수 없다. 물론 단일연결

영역인 경우에는 그 영역에 놓여있는 모든 단일폐등심선을 따라 적분하면, 복소적분의 값은 0이다.

Morera 정리에 의하여 연속함수가 단일연결영역에서 해석적이기 위한 필요충분조건은 복소적분이 적분경로와 무관함을 알 수 있다. 모든 단일폐등심선에 대하여 어떤 함수의 복소적분을 구해볼 수 없으므로, 그 함수가 해석적인가를 밝히는 데 있어서 Morera 정리는 쓸모가 없어 보인다. 그러나 다음 정리의 증명에서 Morera 정리의 진가를 보여줄 것이다.

**▶정리 1.9** 만일 $\{f_n(z)\}$는 영역 $D$의 모든 긴밀부분집합에서 복소함수 $f(z)$로 평등수렴하는 해석함수열이면, $f(z)$는 $D$에서 해석적이다.

**증명** $f(z)$는 $D$의 임의의 점 $z_0$에서 해석적임을 보이면 충분하다. $D$에 포함된 $z_0$의 근방 $D'$에서 $f(z)$는 연속임을 6.2절의 정리 2.6에 의하여 알 수 있다.

정리 1.4에 의하여 $D'$에 포함된 모든 단일폐등심선 $C$에 대하여 다음이 성립함을 알 수 있다.

$$\lim_{n\to\infty}\int_C f_n(z)dz = \int_C f(z)dz$$

그런데 $f_n(z)$는 $D'$에서 해석적이므로, 코시정리에 의하여 $\int_C f_n(z)dz = 0$이다. 따라서 $\int_C f(z)dz = 0$이다. 그러므로 Morera 정리에 의하여 $f(z)$는 $D'$에서 해석적이다. 특히, $f(z)$는 $z_0$에서 해석적이다.

(참고) 정리 1.9에서 영역 전체에서가 아니라 단지 모든 긴밀부분집합들에서만 평등수렴성을 요구한 것은 이 장 이후에서 어떤 문제들을 다루기 쉽게 해준다.

정리 1.9를 급수에 대하여 서술하면, 다음과 같다.

**▶따름정리 1.10** 만일 $\{f_n(z)\}$는 영역 $D$에서 해석함수열이고, 급수 $\sum_{n=0}^{\infty} f_n(z)$는 $D$의 모든 긴밀부분집합에서 함수 $f(z)$로 평등수렴하면, $f(z)$는 $D$에서 해석적이다.

**증명** $S_n(z)=\sum_{k=1}^{n} f_k(z)$로 놓으면, $S_n(z)$는 $D$에서 해석적이고, $\{S_n(z)\}$는 $D$의 모든 긴밀부분집합에서 함수 $f(z)$로 평등수렴한다. 그러므로 정리 1.9에 의하여 $f(z)$는 $D$에서 해석적이다.

**따름정리 1.11** 만일 $\{f_n(z)\}$는 영역 $D$에서 해석함수열이고 급수 $\sum_{n=0}^{\infty} f_n(z)$는 $D$의 모든 긴밀부분집합에서 함수 $f(z)$로 평등수렴하면, $k$가 음이 아닌 정수일 때 $D$의 모든 점 $z$에 대해서 다음이 성립한다.

$$f^{(k)}(z)=\sum_{n=0}^{\infty} f_n^{(k)}(z)$$

**증명** 따름정리 1.10에 의하여 $f(z)$는 $D$에서 해석적이다. 따라서 $D$에 포함된 $z$의 근방 $D'$ 에 놓여있는 $z$를 내부의 점으로 갖는 임의의 단일폐등심선 $C$에 대하여

$$f^{(k)}(z)=\frac{1}{2\pi i}\int_C \frac{f(\zeta)}{(\zeta-z)^{k+1}}d\zeta$$

임을 코시의 적분공식에 의해서 알 수 있다. 또한, 각 $n$에 대하여도 다음이 성립한다.

$$f_n^{(k)}(z)=\frac{1}{2\pi i}\int_C \frac{f_n(\zeta)}{(\zeta-z)^{k+1}}d\zeta.$$

$\sum_{n=0}^{\infty}\frac{f_n(\zeta)}{(\zeta-z)^{k+1}}$는 $C$ 위의 점 $\zeta$들에 관하여 $\frac{f(\zeta)}{(\zeta-z)^{k+1}}$로 평등수렴하므로, 다음을 알 수 있다.

$$\begin{aligned} f^{(k)}(z) &= \frac{1}{2\pi i}\int_C \frac{f(\zeta)}{(\zeta-z)^{k+1}}d\zeta=\frac{1}{2\pi i}\int_C \left(\sum_{n=0}^{\infty}\frac{f_n(\zeta)}{(\zeta-z)^{k+1}}\right)d\zeta \\ &= \sum_{n=0}^{\infty}\left(\frac{1}{2\pi i}\int_C \frac{f_n(\zeta)}{(\zeta-z)^{k+1}}d\zeta\right)=\sum_{n=0}^{\infty} f_n^{(k)}(z) \end{aligned}$$

**참고** 따름정리 1.11은 미분가능인 실변수함수열 $\{f_n(x)\}$에 대하여 $f(x)$로 평등수렴

하는 급수 $\sum_{n=0}^{n} f_n(x)$에 대해서는 성립하지 않는다. 예를 들어, 급수 $\sum_{n=1}^{\infty} \frac{\sin nx}{n^2}$는 M-판정법과 $p$-급수 $\sum_{n=1}^{\infty} \frac{1}{n^2}$의 수렴성에 의하여 실수의 집합 $\mathbb{R}$에서 어떤 함수 $f(x)$로 평등수렴함을 알 수 있다. 그러나 항별로 미분한 급수 $\sum_{n=0}^{\infty} \frac{\cos nx}{n}$은 $x=0$에서 발산한다. 정리 1.4는 그 영역의 경계로 확장할 수 없다. 예를 들어, 급수 $f(z)=\sum_{n=1}^{\infty} \frac{1}{n^2} z^n$은 M-판정법과 $p$-급수의 수렴성에 의하여 닫힌원판 $|z| \leqq 1$에서 평등수렴함을 알 수 있다. 그러나 항별로 미분한 급수 $f'(z)=\sum_{n=1}^{n} \frac{1}{n} z^{n-1}$은 $z=1$에서 발산한다.

정함수 $f(z)$는 정리 1.4에 의하여 모든 $z$에 대하여 다음과 같은 거듭제곱급수 표현을 갖는다.

$$f(z)=\sum_{n=0}^{\infty} a_n z^n = \sum_{n=0}^{\infty} \frac{f^{(n)}(0)}{n!} z^n$$

이때, 따름정리 1.11에 의하여

$$f'(z)=\sum_{n=1}^{\infty} n a_n z^{n-1}$$

을 얻는다. 또한, 따름정리 1.6에 의하여

$$F(z)=\int_0^z f(\zeta)d\zeta=\int_0^z \left(\sum_{n=0}^{\infty} a_n z^n\right)d\zeta=\sum_{n=0}^{\infty} \frac{1}{n+1} a_n z^{n+1}$$

을 얻는다. 여기서 복소적분은 원점에서 $z$를 잇는 임의의 등심선을 따라 적분한 것이다.

이러한 결과들은 복소함수의 거듭제곱급수전개를 얻는 데 이용된다.

**예제 1.12** $f(z)=\sin^2 z$를 매클로린 급수로 전개하여라.

**풀이** $z=0$에서 $f(z)$의 $n$계도함수 $f^{(n)}(0)$을 구하여 매클로린 급수전개를 얻을 수도 있지만 다른 방법으로 구해보자.

**(방법 1)** $\sin z = \sum_{n=1}^{\infty}(-1)^n \frac{1}{(2n-1)!} z^{2n-1}$ 이므로,

$$\sin^2 z = (z - \frac{1}{3!}z^3 + \frac{1}{5!}z^5 - \frac{1}{7!}z^7 + \cdots)(z - \frac{1}{3!}z^3 + \frac{1}{5!}z^5 - \frac{1}{7!}z^7 + \cdots)$$

$$= z^2 - \frac{1}{3}z^4 + (\frac{2}{5!} + \frac{1}{(3!)^2})z^6 + \cdots$$

임을 알 수 있다. 그러나 이러한 거듭제곱급수에서 일반항을 구하기 어렵다.

**(방법 2)** $f'(z) = 2\sin z \cos z = \sin 2z = \sum_{n=1}^{\infty}(-1)^{n+1}\frac{1}{(2n-1)!}(2z)^{2n-1}$ 이므로,

$$f(z) = \sin^2 z = \int_0^z f'(\zeta)d\zeta + f(0)$$

$$= \sum_{n=1}^{\infty}(\int_0^z (-1)^{n+1}\frac{1}{(2n-1)!}(2\zeta)^{2n-1})d\zeta$$

$$= \sum_{n=1}^{\infty}(-1)^{n+1}\frac{2^{2n-1}}{(2n)!}z^{2n}$$

이다.

**(방법 3)** $\sin^2 z = \frac{1-\cos 2z}{2} = \frac{1}{2}(1 - \sum_{n=0}^{\infty}(-1)^n \frac{1}{(2n)!}(2z)^{2n})$

$$= \frac{1}{2}\sum_{n=1}^{\infty}(-1)^{n+1}\frac{2^{2n}}{(2n)!}z^{2n} = \sum_{n=1}^{\infty}(-1)^{n+1}\frac{2^{2n-1}}{(2n)!}z^{2n}$$

**예제 1.13** $f(z) = Log(1+z)$ $(|z| < 1)$의 매클로린 급수전개를 구하여라.

**풀이** $f'(z) = \frac{1}{1+z} = 1 - z + z^2 - z^3 + \cdots = \sum_{n=0}^{\infty}(-1)^n z^n$ 이므로,

$$f(z)=Log(1+z)=\int_0^z f'(\zeta)d\zeta+f(0)=\sum_{n=0}^{\infty}\int_0^z(-1)^n\zeta^n d\zeta$$
$$=\sum_{n=0}^{\infty}(-1)^n\frac{1}{n+1}z^{n+1}=z-\frac{1}{2}z^2+\frac{1}{3}z^3-\frac{1}{4}z^4+\cdots$$

이다. 단, $Log1=0$이 되도록 $Log(1+z)$의 주분지를 선택하였다. 일반적으로 $\log 1=2k\pi i$일 때는

$$f(z)=Log(1+z)=\int_0^z f'(\zeta)d\zeta+f(0)=2k\pi i+\sum_{n=0}^{\infty}\int_0^z(-1)^n\zeta^n d\zeta$$
$$=2k\pi i+z-\frac{1}{2}z^2+\frac{1}{3}z^3-\frac{1}{4}z^4+\cdots$$

이다.

**문제 1.1** (a) $P(z)$는 $n$차 다항식일 때 다음을 증명하여라.

$$\int_{|z|=2}\frac{P(z)}{(z-1)^{n+2}}dz=0$$

(b) $n$, $m$은 양의 정수일 때 $z_0$을 내부의 점으로 갖는 임의의 등심선 $C$에 대하여 다음이 성립함을 보여라.

$$\int_C\frac{(n-1)!e^z}{(z-z_0)^n}dz=\int_C\frac{(m-1)!e^z}{(z-z_0)^m}dz$$

**문제 1.2** 다음 복소적분을 구하여라.

(a) $\int_{|z|=3}\frac{e^z}{z-2}dz$ (b) $\int_{|z|=3}\frac{e^{z^2}}{z-2}dz$

(c) $\int_{|z|=3}\frac{e^{z^2}}{(z-2)^2}dz$ (d) $\int_{|z|=3}\frac{e^z\sin z}{(z-2)^2}dz$

(e) $\int_{|z|=3}\frac{3z^4+2z-6}{(z-2)^3}dz$ (f) $\int_{|z|=2}\frac{1}{z^2-1}dz$

(g) $\displaystyle\int_{|z|=2}\frac{1}{z^2+1}dz$　　(h) $\displaystyle\int_{|z|=2}\frac{1}{z^4-1}dz$

(i) $\displaystyle\int_{|z|=3}\frac{z^3+3z-1}{(z-1)(z+2)}dz$

**문제 1.3** 다음 각 등심선 $C$에 대하여 $\displaystyle\int_C\frac{z}{(16-z^2)(z+i)}dz$를 구하여라.

(a) $|z|=2$　　(b) $|z-4|=2$　　(c) $|z+4|=2$

(d) $|z|=\dfrac{1}{2}$　　(e) $|z|=5$

**문제 1.4** 다음 각 함수에 대한 매클로린 급수전개에서 처음 다섯 개의 항의 계수를 구하여라.

(a) $e^z\sin z$　　(b) $\dfrac{1}{\cos z}$　　(c) $e^{z+z^2}$　　(d) $e^{\frac{z}{1-z}}$

**문제 1.5** 함수 $f(z), g(z)$는 점 $z_0$에서 해석적이고 다음을 만족한다고 하자.

$$f(z_0)=f'(z_0)=\cdots=f^{(n-1)}(z_0)=0$$
$$g(z_0)=g'(z_0)=\cdots=g^{(n-1)}(z_0)=0$$

이때 만일 $g^{(n)}(z_0)\neq 0$이면, 다음이 성립함을 보여라.

$$\lim_{z\to z_0}\frac{f(z)}{g(z)}=\frac{f^{(n)}(z_0)}{g^{(n)}(z_0)}$$

**문제 1.6** 다음 극한값을 구하여라.

(a) $\displaystyle\lim_{z\to 0}\frac{e^z-1-z}{z^2}$　　(b) $\displaystyle\lim_{z\to 0}\frac{\sin z}{z-z^2}$

(c) $\displaystyle\lim_{z\to 0}\frac{\sin z}{e^z-1}$　　(d) $\displaystyle\lim_{z\to 0}\frac{\sin z-z}{\cos z-1}$

**문제 1.7** 만일 함수 $f(z)$는 $z_0$에서 해석적이고, 모든 음이 아닌 정수 $n$에 대하여

$$|f^{(n)}(z_0)| \leq n^k$$

를 만족하면, $f(z)$는 정함수임을 보여라. 여기서 $k$는 고정된 정수이다.

**문제 1.8** 다음 급수들이 주어진 영역에서 해석함수임을 보이고 그의 도함수를 구하여라.

(a) $\displaystyle\sum_{n=1}^{\infty} \frac{1}{n^z} \quad (Re\ z > 1)$

(b) $\displaystyle\sum_{n=1}^{\infty} \frac{1}{z^2 - n^2} \quad (z \neq \pm 1, \pm 2, \cdots)$

**문제 1.9** 함수 $f(z)$, $g(z)$는 단일연결영역 $D$에서 해석적이라 하자. 그러면 다음이 성립함을 보여라.

$$\int_{z_0}^{z_1} f(z)g'(z)dz = f(z_1)g(z_1) - f(z_0)g(z_0) - \int_{z_0}^{z_1} f'(z)g(z)dz$$

**문제 1.10** 함수 $f(z)$는 등심선 $C$ 위에서 연속이면, 함수

$$F(z) = \int_C \frac{f(\zeta)}{\zeta - z} d\zeta$$

는 $C$ 위에 있지 않는 각 점 $z$에서 해석적이고,

$$F'(z) = \int_C \frac{f(\zeta)}{(\zeta - z)^2} d\zeta$$

임을 보여라.

**문제 1.11** 다음 각 함수의 분지를 선택하여 거기서 그 함수의 매클로린 급수전개를 구하여라. 또한, 그 함수의 급수전개가 성립하는 면분을 구하여라.

(a) $(1+z)^{\alpha}, 0 < \alpha < 1$

(b) $\tan^{-1} z$

(c) $\sin^{-1} z$

## 2. 코시의 부등식과 그의 응용

미적분학에서는 구간에서 미분가능한 함수에 대한 특성을 알기 위하여 그 도함수의 성질을 이용하였다. 예를 들어, 구간에서 그 함수의 도함수가 양, 음 또는 0이냐에 따라 그 함수는 구간에서 증가함수, 감소함수, 또는 상수함수임을 이미 알고 있다. 복소해석학에서는 이와 꼭 반대이다. 다시 말해, 해석함수의 성질은 그 도함수의 성질을 추론하는 데 이용된다.

**▸정리 2.1** **(코시의 부등식)** 만일 함수 $f(z)$는 중심이 $z_0$이고 반지름이 $r$인 원 $C$의 내부와 그 위에서 해석적이고, 원 $C$ 위에서 $|f(z)| \leqq M$이면, $|f^{(n)}(z_0)| \leqq \dfrac{Mn!}{r^n}$ 이다.

**증명** 코시의 적분공식에 의하여

$$f^{(n)}(z_0) = \frac{n!}{2\pi i}\int_C \frac{f(z)}{(z-z_0)^{n+1}}dz$$

이므로,

$$\begin{aligned}|f^{(n)}(z_0)| &\leqq \frac{n!}{2\pi}\int_C \frac{|f(z)|}{|z-z_0|^{n+1}}|dz| \\ &\leqq \frac{n!M}{2\pi r^{n+1}}\int_C |dz| = \frac{n!M}{r^n}\end{aligned}$$

을 얻는다.

코시의 부등식에 의하여 다음을 얻는다.

**▸정리 2.2** **(Liouville 정리)** 유계인 정함수는 상수이다.

**증명** $f'(z) \equiv 0$임을 보이면 충분하다. 모든 복소수 $z$에 대하여 $|f(z)| \leqq M$ 이라고 하고, $z_0$는 임의의 복소수라고 하자. 그러면 중심이 $z_0$이고 반지름이 $r$인 원 $C$에 대하여 코시의 부등식을 적용하면,

$$|f'(z_0)| \leq \frac{M}{r}$$

이다. 이때, $r \to \infty$를 취하면, $f'(z_0)=0$이 된다. $z_0$는 임의의 복소수이므로, 정리가 증명된다.

(참고) 실변수함수의 경우에는 Liouville 정리와 유사한 정리가 없다. 예를 들어, 함수 $f(x)=\sin x$는 모든 곳에서 미분가능한 유계함수이지만, 상수함수가 아니다.

$f(z)$는 상수가 아닌 정함수라고 하자. 그러면 Liouville 정리에 의하여 $f(z)$ 유계가 아니므로, 복소수열 $\{z_n\}$이 존재하여 $f(z_n)\to\infty$이다. 이를 다음과 같이 말할 수 있다.

**▶정리 2.3** 상수가 아닌 정함수는 모든 복소수에 임의로 접근한다.

**증명** $f(z)$는 어떤 복소수 $a$에 접근하지 않는다고 가정하자. 즉, $\epsilon>0$가 존재하여 모든 복소수 $z$에 대하여

$$|f(z)-a| \geq \epsilon.$$

그러면 함수 $g(z)=\dfrac{1}{f(z)-a}$는 정함수이고 $|g(z)| = \dfrac{1}{|f(z)-a|} \leq \dfrac{1}{\epsilon}$ 이므로, $g(z)$는 유계인 정함수이다. 따라서 Liouville 정리에 의하여 $g(z)$는 상수함수이다. 그러므로 $f(z)=\dfrac{1}{g(z)}+a$도 상수함수이다. 이것은 $f(z)$가 상수가 아닌 정함수라는 가정에 모순이다.

**▶따름정리 2.4** 만일 $f(z)$는 상수가 아닌 정함수이면, 임의의 복소수 $a$에 대하여 복소수열 $\{z_n\}$이 존재하여 $f(z_n)\to a$이다.

**증명** 정리 2.3에 의해서 각 $n$에 대하여 $|f(z_n)-a| < \dfrac{1}{n}$을 만족하는 $z_n$이 존재한다. 이때, 짜내기 정리에 의하여 $f(z_n)\to a$임을 알 수 있다.

(참고) 상수가 아닌 정함수는 모든 복소수에 임의로 접근하긴 하지만, 그 정함수는 꼭

8장 코시정리의 응용

모든 복소수를 취할 필요는 없다. 예를 들어, $f(z)=e^z$는 어떤 점에서도 0이 되지 않는다. 그러나 $n \to \infty$ 일 때 $f(-n)=e^{-n} \to 0$이 된다.

**Picard의 정리** 상수가 아닌 정함수는 하나의 복소수의 값을 제외하고 모든 복소수의 값을 취한다.

다음 정리는 정함수의 '증대율(rate of growth)'을 추정하는 것이다.

**▸정리 2.5** 만일 정함수 $f(z)$는 음이 아닌 어떤 실수 $\lambda$에 대하여

$$|f(z)| \leqq Mr^{\lambda} \ (|z|=r \geqq r_0)$$

을 만족하면, $f(z)$는 기껏해야 $\lambda$차 다항식이다.

**증명** $f(z)=\sum_{n=0}^{\infty} a_n z^n = \sum_{n=0}^{\infty} \frac{f^{(n)}(0)}{n!} z^n$에 원 $C: |z|=r$에 대한 코시의 부등식을 적용하자. $C$ 위의 모든 $z$에 대하여 $|f(z)| \leqq Mr^{\lambda}$이므로, 코시의 부등식에 의하여

$$|a_n| = \frac{|f^{(n)}(0)|}{n!} \leqq \frac{Mr^{\lambda}}{r^n} = \frac{M}{r^{n-\lambda}}$$

를 얻는다. 이때, $r \to \infty$로 놓으면, $n>\lambda$일 때, $a_n=0$이 됨을 알 수 있다. 따라서 $f(z)$ 는 $\lambda$차 이하의 다항식이다.

**참고** 정리 2.5는 $\lambda=0$일 때 Liouville 정리가 된다. $0<\lambda<1$일 때도 $f(z)$는 상수함수가 된다. 이때 $f(z)$는 유계라고 가정할 필요가 없다.

다항식은 정함수이다. 다항식이 아닌 정함수는 **초월정함수(transcendental entire function)** 라고 한다. 만일 $f(z)$는 초월정함수이면, Liouville 정리에 의하여 복소수열 $\{z_n\}$이 존재하여 $f(z_n) \to \infty$이다. 그러므로 $M(r,f)=\max_{|z|=r}|f(z)|$ 라 놓으면, 정리 2.5는 초월정함수 $f(z)$에 대하여 $M(r,f)$가 $r$의 임의의 거듭제곱보다도 더욱 빠르게 증가함을 말해준다. 그러나 이것은 $\infty$로 가는 모든 경로를 따라 $f(z) \to \infty$ 임을 뜻하는 것은 아니다. 예를

들어, $M(r,e^z)=e^r$이지만 음의 실축을 따라서 $z \to \infty$일 때 $e^z \to 0$이다.

다항식의 경우에는 다소 다르다. 다항식의 증대율은 그 차수에 의하여 결정된다.

**▶정리 2.6** $n$차 다항식 $P(z)=a_0+a_1z+a_2z^2+\cdots+a_nz^n$은 충분히 큰 $|z|=r$에 대해서

$$\frac{|a_n|}{2}r^n \leqq |P(z)| \leqq \frac{3|a_n|}{2}r^n$$

을 만족한다.

**증명** $P(z)=z^n(a_n+\frac{a_{n-1}}{z}+\frac{a_{n-2}}{z^2}+\cdots+\frac{a_0}{z^n})$에 삼각부등식을 적용하면,

$$r^n(|a_n|-|\frac{a_{n-1}}{z}+\cdots+\frac{a_0}{z^n}|) \leqq |P(z)|$$

$$\leqq r^n(|a_n|+|\frac{a_{n-1}}{z}+\cdots+\frac{a_0}{z^n}|)$$

을 얻는다. $|z|=r>1$에 대하여

$$|\frac{a_{n-1}}{z}+\cdots+\frac{a_0}{z^n}| \leqq \frac{|a_{n-1}|+\cdots+|a_0|}{r}=\frac{K}{r}$$

이므로,

$$r^n(|a_n|-\frac{K}{r}) \leqq |P(z)| \leqq r^n(|a_n|+\frac{K}{r}) \quad (r>1)$$

이다. 여기서 $\frac{K}{r}<\frac{|a_n|}{2}$일 때, 즉, $r>\frac{2K}{|a_n|}$일 때 정리가 증명된다.

정리 2.5와 2.6은 초월정함수와 다항식의 증대율 사이를 비교할 수 있게 해준다. 만일 $P(z)$는 다항식이고, $f(z)$는 초월정함수이면, $\lim_{r\to\infty}\frac{M(r,P)}{M(r,f)}=0$이다. 즉, 초월정함수가 '가장 좋은 경로'를 따라 $\infty$로 접근하는 것이 다항식가 '가장 좋은 경로'를 따라 $\infty$로 접근하는 것보다 더 급격하게 $\infty$로 접근한다. 그러나 모든 경로를 따라 $z \to \infty$일 때 $P(z)$는 $\infty$로

접근한다. 9장에서 초월정함수는 이러한 성질을 갖지 않는다는 것을 보일 것이다. 다시 말해, 초월정함수는 다항식보다 더 급격하게 증대하지만, 다항식은 초월정함수보다 더 안정적으로 증대한다.

다항식의 중요한 성질은 다음과 같다.

**정리 2.7** **(대수학의 기본정리)** 상수가 아닌 모든 다항식은 적어도 하나의 영점을 갖는다.

**증명** $n$차 다항식 $P(z)=a_0+a_1z+a_2z^2+\cdots+a_nz^n, a_n\neq 0$은 영점을 갖지 않는다고 가정하자. 그러면 $\dfrac{1}{P(z)}$은 정함수이다. 정리 2.6에 의해서 $z \to \infty$일 때 $\dfrac{1}{P(z)} \to 0$임을 알 수 있다. 그러므로 $R>0$이 존재하여 $|z|>R$일 때 $\left|\dfrac{1}{P(z)}\right|<1$이다. 그런데 긴밀집합 $|z| \leq R$에서 $\dfrac{1}{P(z)}$은 연속이고 유계이므로, $\dfrac{1}{P(z)}$은 복소평면에서 유계인 정함수이다. 따라서 Liouville 정리에 의하여 $\dfrac{1}{P(z)}$은 상수이다. 즉, $P(z)$는 상수함수이다. 이것은 $P(z)$가 상수가 아니라는 가정에 모순이다.

**따름정리 2.8** 모든 $n$차 다항식은 꼭 $n$개의 영점을 갖는다. 이때, 영점들은 서로 다를 필요는 없다.

**증명** 정리 2.7에 의하여 $n$차 다항식 $P(z)$는 적어도 하나의 영점 $z_1$을 갖는다. 그러므로 $P(z)=(z-z_1)Q(z)$이다. 이때 $Q(z)$는 $n-1$차 다항식이다. 정리 2.7에 의하여 $Q(z)$는 적어도 하나의 영점 $z_2$를 갖는다. 그러므로 $Q(z)=(z-z_2)R(z)$이다. 이때 $R(z)$는 $n-2$차 다항식이고, $P(z)=(z-z_1)(z-z_2)R(z)$이다. 이를 계속하면,

$$P(z)=a(z-z_1)(z-z_2)\cdots(z-z_n), a\in\mathbb{C}$$

를 얻는다. 그러므로 $n$차 다항식은 꼭 $n$개의 영점을 갖는다.

**따름정리 2.9** 모든 $n$차 다항식은 임의의 복소수를 꼭 $n$번 취한다.

**증명** $P(z)$는 $n$차 다항식이고, $a$는 임의의 복소수라고 하자. 이때 $Q(z) = P(z) - a$로 놓자. 그러면 $Q(z)$는 $n$차 다항식이다. 따름정리 2.8에 의하여 $Q(z)$는 꼭 $n$개의 영점 $z_1, \cdots, z_n$을 갖는다. 따라서 $P(z_i) = a, i = 1, 2, \cdots, n$이다.

**참고** 다항식인 경우에 따름정리 2.9는 정리 2.3보다 더 완전한 해를 제공해 준다. $n$차 다항식 $P(z)$는 임의의 복소수 $a$에 접근할 뿐만 아니라, 실제로 그것은 $a$를 꼭 $n$번 취한다. 그러나 $P(z) = a$의 $n$개의 근들이 어느 위치에 있는지는 모른다. 8.4절에서 어떤 해석함수에 대한 영점들의 위치를 근사적으로 찾는 방법을 알아볼 것이다.

이제 복소수열에서 해석함수의 움직임이 그 밖의 다른 곳에서의 움직임에 어떤 영향을 주는지를 알아보자.

**▶정리 2.10** 만일 $f(z)$는 원판 $|z - z_0| < R$에서 해석적이고 $\{z_n\}$은 $z_0$로 수렴하는 서로 다른 복소수열일 때 각 $n$에 대하여 $f(z_n) = 0$이면, $|z - z_0| < R$에서 $f(z) \equiv 0$이다.

**증명** $f(z) = a_0 + \sum_{k=1}^{\infty} a_k (z - z_0)^k$는 $z_0$에서 연속이므로, $z_n \to z_0$일 때 $f(z_n) \to f(z_0)$임을 알 수 있다. 따라서

$$a_0 = f(z_0) = \lim_{n \to \infty} f(z_n) = 0$$

이다. 그러므로 $f(z) = (z - z_0)(a_1 + \sum_{k=2}^{\infty} a_k (z - z_0)^{k-1})$을 얻는다. 이때, $z = z_n$을 대입한 후 $z_n - z_0$로 나누면,

$$a_1 = \lim_{n \to \infty} \frac{f(z_n)}{z_n - z_0} = 0$$

을 얻는다. 같은 방법으로 $f(z) = (z - z_0)^2 (a_2 + \sum_{k=3}^{\infty} a_k (z - z_0)^{k-2})$을 얻는다. 이때, $z = z_n$을 대입한 후 $(z_n - z_0)^2$으로 나누면,

$$a_2 = \lim_{n\to\infty} \frac{f(z_n)}{(z_n - z_0)^2} = 0$$

을 얻는다. 따라서 귀납법에 의하여 각 $k$에 대하여 $a_k = 0$임을 알 수 있으므로 정리가 증명된다.

**따름정리 2.11** 만일 $f(z)$는 점 $z = z_0$에서 해석함수이면, 어떤 $r > 0$에 대하여 $0 < |z - z_0| \leq r$에서는 $f(z) \neq 0$이든지, 그렇지 않으면 $z_0$의 어떤 근방에서 $f(z) \equiv 0$이다.

**증명** 임의의 $r > 0$에 대하여 $0 < |z - z_0| \leq r$ 의 어떤 $z$에 대하여 $f(z) = 0$이라 가정하자. 그러면 각 자연수 $n$에 대하여 $0 < |z - z_0| \leq \frac{1}{n}$에 속하는 서로 다른 복소수열 $\{z_n\}$이 존재하여 $f(z_n) = 0$이다. 이때, $z_n \to z_0$ 이므로, 정리 2.10에 의하여 $f(z)$는 $z_0$의 어떤 근방에서 0이다.

**참고** 실변수함수인 경우에는 따름정리 2.11과 유사한 정리가 없다. 예를 들어, 함수

$$f(x) = \begin{cases} x^2 \sin\frac{\pi}{x}, & x \neq 0 \\ 0, & x = 0 \end{cases}$$

는 모든 실수 $x$에서 미분가능하다. 그리고 각 $n$에 대하여 $f(\frac{1}{n}) = 0$이다. 그러나 원점의 임의의 근방에서는 $f(x) \neq 0$이다.

이제 정리 2.10을 임의의 영역으로 일반화해 보자.

**정리 2.12** $f(z)$는 영역 $D$에서 해석적이고, $\{z_n\}$은 $z_0 \in D$로 수렴하는 $D$의 서로 다른 복소수열이라 하자. 만일 각 $n$에 대하여 $f(z_n) = 0$이면, $D$에서 $f(z) \equiv 0$이다.

**증명** 다음과 같은 서로소인 두 개의 집합 $A$, $B$를 살펴보자.

$$A = \{a \in D \mid a\text{의 어떤 근방에서 } f(z) \equiv 0\},$$
$$B = \{a \in D \mid a\text{가 제거된 } a\text{의 어떤 근방에서 } f(z) \neq 0\}.$$

따름정리 2.11에 의하여 $D$의 모든 점은 $A$에 속하든지, 그렇지 않으면 $B$에 속한다. 즉,

$$D = A \cup B,\ A \cap B = \varnothing$$

이다.

$A$가 열린집합임을 보이기 위하여 임의의 점 $a \in A$는 $A$의 내점임을 보이면 충분하다. 즉, $a$의 근방 $N(a)(\subset A)$이 존재한다는 것을 보이면 충분하다. $a \in A$일 때, 집합 $A$의 정의에 의하여 $a$의 근방 $N(a)(\subset D)$가 존재하여 $N(a)$에서 $f(z) \equiv 0$이다. 이때, 각 점 $z_1 \in N(a)$의 근방 $N(z_1)(\subset N(a))$ 에서도 $f(z) \equiv 0$ 이므로, $z_1 \in A$이다. 그러므로 $N(a) \subset A$이다. 또한, 정리 2.10에 의하여 $z_0 \in A$이므로, $A \neq \varnothing$ 이다.

$B$는 열린집합임을 보이기 위하여 임의의 점 $a \in B$가 $B$의 내점임을 보이면 된다. 즉, $a$의 근방 $N(a)(\subset B)$가 존재한다는 것을 보이면 충분하다. $a \in B$일 때, 집합 $B$의 정의에 의하여 $a$의 근방 $N(a)(\subset D)$가 존재하여 $a$가 제거된 $a$의 근방 $N'(a)$에서 $f(z) \neq 0$이다. 이때, 각 점 $z_1 \in N(a)$에 대하여 $z_1$이 제거된 근방 $N'(z_1)(\subset N(a))$에서도 $f(z) \neq 0$이므로, $z_1 \in B$ 이다. 그러므로 $N(a) \subset B$이다.

$D$는 연결집합이므로, $B = \varnothing$ 이다. 그러므로 $D = A$이다. 따라서 $D$에서 $f(z) \equiv 0$이다.

정리 2.12에 의하여 다음을 얻는다.

**▶정리 2.13** **(일치정리)** 만일 $f(z)$와 $g(z)$는 영역 $D$에서 해석함수이고 $D$에서 극한점 $z_0$을 갖는 $D$의 복소수열 $\{z_n\}$ 에 대하여 $f(z_n) = g(z_n)$이면, $D$에서 $f(z) = g(z)$이다.

**증명** $z_0 \in D$는 $\{z_n\}$ 의 극한점이므로, 2.2절의 정리 2.7에 의하여 $z_0$으로 수렴하는 서로 다른 부분복소수열 $\{z_{n_k}\}$가 존재한다. 이때 $h(z) = f(z) - g(z)$라 놓으면, $h(z_{n_k}) = 0$이다. 그러므로 정리 2.12에 의하여 $D$에서 $h(z) \equiv 0$이다. 그러므로 $D$에서 $f(z) = g(z)$이다.

(참고) 정리 2.13에서 $\{z_n\}$의 극한점 $z_0$는 반드시 영역 $D$에 포함되어야 한다. 함수 $f(z)=e^{\frac{1}{1-z}}$는 영역 $|z|<1$에서 해석적이다. $g(z)\equiv 1$은 영역 $|z|<1$에서 해석적이다. 이때 $z_n=1-\frac{1}{2n\pi i}$에 대하여 $f(z_n)=e^{\frac{1}{1-z_n}}=e^{2n\pi i}=1=g(z_n)$이지만, $|z|<1$에서 $f(z)\not\equiv g(z)$이다. $z_n\to 1$이고, 1은 $\{z_n\}$의 극한점이다. 그러나 극한점 1은 영역 $|z|<1$에 속하지 않는다.

**예제 2.14** 다음을 만족하는 $|z|<1$에서 해석적인 함수 $f(z)$가 존재할까?

$$f\left(\frac{1}{2n}\right)=f\left(\frac{1}{2n+1}\right)=\frac{1}{2n},n=1,2,\cdots$$

함수 $f(z)=z$는 $f\left(\frac{1}{2n}\right)=\frac{1}{2n}$을 만족하는 $|z|<1$에서 해석적인 함수이다. 일치정리에 의하여 $f(z)=z$는 $f\left(\frac{1}{2n}\right)=\frac{1}{2n}$을 만족하는 유일한 해석함수이다. $f\left(\frac{1}{2n+1}\right)\neq\frac{1}{2n}$이므로,

$$f\left(\frac{1}{2n}\right)=f\left(\frac{1}{2n+1}\right)=\frac{1}{2n},n=1,2,\cdots$$

를 만족하는 해석함수 $f(z)$는 존재하지 않는다. 그러나 $f\left(\frac{1}{2n+1}\right)=\frac{1}{2n}$을 만족하는 $|z|<1$에서 해석적인 함수 $f(z)$는 존재한다. $z=\frac{1}{2n+1}$로 놓으면, $\frac{1}{2n}=\frac{z}{1-z}$이다. 그러므로 $f(z)=\frac{z}{1-z}$는 $f\left(\frac{1}{2n+1}\right)=\frac{1}{2n}$을 만족하는 $|z|<1$에서 해석함수이다.

(참고) 코시의 적분공식은 단일폐등심선 위에서 해석함수의 움직임이 그 등심선의 내부의 점들의 움직임을 결정한다는 것을 말해준다. 일치정리는 더 많은 것을 말해준다. 함수 $f(z)$가 영역 $D$에서 해석적일 때, 일치정리는 영역 $D$ 안에 놓여있는 단일폐등심선 위의 복소수열이나 그 내부의 복소수열에서 함수의 움직임이 그 함수의 영역 $D$ 전체에서의 움직임을 결정한다는 것을 말해준다.

**예제 2.15** 모든 복소수 $z$에 대하여 $\cos^2 z+\sin^2 z=1$이다. 왜냐하면, $f(z)=\cos^2 z+\sin^2 z$, $g(z)=1$로 놓자. 그러면 $f(z), g(z)$는 $\mathbb{C}$ 에서 해석적이다. $z_n=\frac{1}{n}$에 대하여 $z_n\to 0\in\mathbb{C}$ 이고, $f(z_n)=g(z_n)=1$이다. 그러므로 앞의 일치정리에 의하여 $f(z)\equiv g(z)=1$이다.

**문제 2.1** 만일 $f(z)=\sum_{n=0}^{\infty}a_n z^n$이 $|z|<R$에서 해석적이고, $-R<x<R$일 때 $f(x)$가 실수이면, 각 $n$에 대하여 $a_n$이 실수임을 보이고, $f(\bar{z})=\overline{f(z)}$임을 보여라.

**문제 2.2** $P(z)=a_0+a_1z+\cdots+a_nz^n$, $a_n\neq 0$이라 하자. 주어진 $\epsilon>0$에 대하여 $R>0$이 존재하여 $r>R$일 때

$$(1-\epsilon)|a_n|r^n\leq|P(z)|\leq(1+\epsilon)|a_n|r^n\ (|z|=r)$$

이 성립함을 보여라.

**문제 2.3** 정함수 $f(z)$가 모든 복소수 $z$에 대하여 $|f(z)|\leq|e^z|$를 만족할 때,

$$f(z)=Ke^z\ (|K|\leq 1)$$

임을 보여라.

**문제 2.4** 만일 양의 실수 $a,b$와 모든 복소수 $z$에 대하여 정함수 $f(z)$는

$$f(z+a)=f(z+bi)=f(z)$$

를 만족하면 $f(z)$는 상수임을 보여라.

**문제 2.5** $f(z)=\sum_{n=0}^{\infty}a_nz^n$ 은 $|z|\leq 1$에서 해석적이고 $|f(z)|\leq 1$일 때 다음을 보여라.

(a) $\sum_{n=k}^{\infty}a_nz^n|\leq\frac{|z|^k}{1-|z|}\ (|z|<1)$

(b) 만일 $|z_1| \leqq r, |z_2| \leqq r, 0 < r < 1$이고, $z_1 \neq z_2$이면

$$\left| \frac{f(z_2) - f(z_1)}{z_2 - z_1} \right| \leqq \frac{1}{(1-r)^2}$$

이다.

**문제 2.6** 만일 $f(z), g(z)$는 영역 $D$에서 해석함수이고 $D$에서 $f(z)g(z) \equiv 0$이면, $D$에서 $f(z) \equiv 0$ 또는 $g(z) \equiv 0$임을 보여라.

**문제 2.7** $f(z), g(z)$는 영역 $D$에서 해석함수이고 0이 아니라고 하자. 만일 $z_0 \in D$로 수렴하는 $D$의 서로 다른 복소수열 $\{z_n\}$에서

$$\frac{f'(z_n)}{f(z_n)} = \frac{g'(z_n)}{g(z_n)}$$

이면, $D$에서 $f(z) = Kg(z)$임을 보여라.

## 3. 최대절댓값 정리

만일 $f(x)$는 구간 $[a,b]$에서 정의된 연속인 실가함수이면, 미분가능한 함수 $F(x)$가 존재하여 $F'(x)=f(x)$가 성립한다. 이때 $\int_a^b f(x)dx = F(b)-F(a)$이다. 그러면 구간 $[a,b]$에서 $f(x)$의 평균값은

$$\frac{\int_a^b f(x)dx}{b-a} = \frac{F(b)-F(a)}{b-a}$$

이다. 더 나아가, 평균값의 정리에 의하여 $\xi \in (a,b)$가 존재하여 $\frac{F(b)-F(a)}{b-a} = F'(\xi) = f(\xi)$ 이다.

다음 정리에서는 원의 내부와 원 위에서 해석적인 함수에 대하여 원 위의 함숫값들에 대한 평균값은 원의 중심에서의 함숫값과 같다는 것을 보여준다.

**▸정리 3.1** **(Gauss의 평균값의 정리)** 만일 $f(z)$는 닫힌원판 $|z-z_0| \leq r$에서 해석함수이면, 다음이 성립한다.

$$f(z_0) = \frac{1}{2\pi}\int_0^{2\pi} f(z_0 + re^{i\theta})d\theta$$

**증명** 코시의 적분공식에 의하여

$$f(z_0) = \frac{1}{2\pi i}\int_{|z-z_0|=r} \frac{f(z)}{z-z_0}dz$$

이다. $z = z_0 + re^{i\theta}$로 놓으면, 다음을 얻는다.

$$f(z_0) = \frac{1}{2\pi i}\int_0^{2\pi} \frac{f(z_0+re^{i\theta})}{re^{i\theta}} ire^{i\theta}d\theta = \frac{1}{2\pi}\int_0^{2\pi} f(z_0+re^{i\theta})d\theta$$

만일 $f(z)=C$는 상수함수이면, Gauss의 평균값의 정리에 의하여 분명히

$$f(z_0) = \frac{1}{2\pi}\int_0^{2\pi} f(z_0 + re^{i\theta})d\theta = C$$

이다.

다음 정리에서는 상수가 아닌 해석함수에 대하여 원 $|z - z_0| = r$ 위의 어떤 $z$에 대하여 $|f(z)| > |f(z_0)|$이 성립한다는 것을 보여준다.

**▸정리 3.2** **(최대절댓값 정리(제 1형식))** 영역 $D$에서 상수가 아닌 해석함수 $f(z)$에 대하여 $|f(z)|$는 $D$의 내부에서 최댓값을 가질 수 없다.

증명 $|f(z)|$는 $D$의 내점 $z_0$에서 최댓값을 갖는다고 가정하자. 그러면 $D$에 포함되는 원판 $|z - z_0| \leqq R$이 존재한다. 각 $r$, $0 < r \leqq R$에 대하여 Gauss의 평균값의 정리에 의하여 다음을 알 수 있다.

$$f(z_0) = \frac{1}{2\pi}\int_0^{2\pi} f(z_0 + re^{i\theta})d\theta$$

가정에 의하여 $|f(z_0 + re^{i\theta})| \leqq |f(z_0)|$, $r \leqq R$이다. $|f(z)|$는 $|z - z_0| \leqq R$에서 상수가 아니라고 가정하자. 그러면 점 $z_1 = z_0 + r_1 e^{i\theta_1}$ $(0 < r_1 \leqq R)$이 존재하여

$$|f(z_0 + r_1 e^{i\theta_1})| < |f(z_0)|$$

이다. 이때 $|f(z)|$는 연속이므로,

$$\lim_{\theta \to \theta_1} |f(z_0 + r_1 e^{i\theta})| = |f(z_0 + r_1 e^{i\theta_1})| < |f(z_0)|$$

이다. 그러므로 $\delta > 0$가 존재하여 $|\theta - \theta_1| < \delta < \pi$일 때 $|f(z_0 + r_1 e^{i\theta})| < |f(z_0)|$이다. 그러므로 $0 < r_1 \leqq R$에 대하여 Gauss의 평균값의 정리에 의하여

$$f(z_0) = \frac{1}{2\pi}\int_0^{2\pi} f(z_0 + r_1 e^{i\theta})d\theta$$

이다. 따라서

$$
\begin{aligned}
|f(z_0)| &\leq \frac{1}{2\pi}\int_0^{2\pi} |f(z_0+r_1e^{i\theta})|\,d\theta \\
&= \frac{1}{2\pi}\int_{|\theta-\theta_1|<\delta} |f(z_0+r_1e^{i\theta})|\,d\theta + \frac{1}{2\pi}\int_{|\theta-\theta_1|\geqq\delta} |f(z_0+r_1e^{i\theta})|\,d\theta \\
&< \frac{1}{2\pi}\int_{|\theta-\theta_1|<\delta} |f(z_0)|\,d\theta + \frac{1}{2\pi}\int_{|\theta-\theta_1|\geqq\delta} |f(z_0)|\,d\theta \\
&= \frac{1}{2\pi}\int_0^{2\pi} |f(z_0)|\,d\theta = |f(z_0)|
\end{aligned}
$$

이다. 이것은 모순이다. 그러므로 $|f(z)|$는 $D$의 내부에서 최댓값을 가질 수 없다.

한편 $|f(z)|$는 원판 $|z-z_0| \leqq R$에서 상수라고 가정하자. 그러면 5.3절의 정리 3.4에 의하여 $f(z)$도 이 원판에서 상수이다. 일치정리에 의하여 $f(z)$는 $D$에서 상수이다. 이것은 모순이다. 따라서 만일 $f(z)$는 상수가 아니면, $|f(z)|$는 $D$의 점에서 최댓값을 가질 수 없다.

**▶정리 3.3** **(최대절댓값 정리(제 2형식))** 만일 함수 $f(z)$는 유계인 영역 $D$에서 해석적이고, 그의 폐포 $\overline{D}$에서 연속이면, $|f(z)|$는 그 경계에서 최댓값을 갖는다.

더 나아가, 만일 $f(z)$는 상수가 아니면 $|f(z)|$는 $D$의 내부에서 최댓값을 가질 수 없다.

**증명** $\overline{D}$는 긴밀집합이므로, 2.5절의 정리 5.6에 의하여 $|f(z)|$는 $\overline{D}$에서 최댓값을 갖는다. 정리 3.2에 의하여 정리가 증명된다.

**참고** 정리 3.3에서 주어진 영역은 단일연결영역일 필요는 없다. 예를 들어, 열린고리 $\frac{1}{R} < |z| < R$(다중연결영역)에서 해석적인 임의의 함수 $f(z)$에 대하여 $|f(z)|$는 닫힌고리 $\frac{1}{R} \leqq |z| \leqq R$에서 연속이다. 정리 3.3에 의하여 $|f(z)|$는 이 닫힌고리의 경계에서 최댓값을 갖는다. 함수 $f(z)=z$에 대하여 $|f(z)| = |z|$는 고리의 외부 경계 $|z| = R$에서 최댓값을 갖는다. 함수

$f(z)=\frac{1}{z}$에 대하여 $|f(z)|=\frac{1}{|z|}$는 고리의 내부 경계 $|z|=\frac{1}{R}$에서 최댓값을 갖는다.

**참고2** 최대절댓값 정리의 응용으로서 대수학의 기본정리를 다시 한 번 증명하여 보자. $n$차 다항식 $P(z)=a_0+a_1z+\cdots+a_nz^n$은 충분히 큰 $r$에 대하여 $|z|<r$에서 영점을 갖지 않는다고 가정하자. 그러면 $\frac{1}{P(z)}$도 $|z|<r$에서 영점을 갖지 않는 정함수이다. 정리 2.6에 의하여 $z \to \infty$일 때 $\frac{1}{P(z)} \to 0$이므로, 임의의 $\epsilon>0$에 대하여 $M>0$이 존재하여 $|z|>M$일 때 $\left|\frac{1}{P(z)}\right|<\epsilon$이 성립한다. 이때 $\epsilon=\left|\frac{1}{P(0)}\right|$에 대해서도 성립하므로, 충분히 큰 $|z|=r$에 대하여

$$\left|\frac{1}{P(z)}\right|<\left|\frac{1}{P(0)}\right|=\left|\frac{1}{a_0}\right|$$

임을 알 수 있다. 따라서 연속함수 $\left|\frac{1}{P(z)}\right|$은 긴밀집합 $|z|\leqq r$의 경계 $|z|=r$에서 최댓값을 갖지 않는다. 이것은 최대절댓값 정리에 모순이다. 그러므로 $P(z)$는 원판 $|z|<r$에서 영점을 갖는다.

어떤 영역에서 상수가 아닌 해석함수 $f(z)$에 대하여 $|f(z)|$는 그 영역의 경계가 아닌 내부에서 최솟값을 가질 수도 있다. 예를 들어, 함수 $f(z)=z^n$은

$$0=|f(0)|=\min_{|z|\leqq r}|f(z)|<\min_{|z|=r}|f(z)|=r^n$$

을 만족하므로, $|f(z)|=|z^n|$는 $f(z)$의 영점에서 최솟값을 갖는다.

그러나 최대절댓값 정리에 대응하는 다음 정리를 갖는다.

**▶정리 3.4** **(최소절댓값 정리)** $f(z)$는 영역 $D$에서 해석함수이고 $f(z)\neq 0$이라 하자. 만일 $f(z)$는 상수가 아니면, $|f(z)|$는 $D$에서 최솟값을 가질 수 없다.

더욱이, 만일 $f(z)$는 긴밀집합 $\overline{D}$에서 연속이면, $|f(z)|$는 $\overline{D}$의 경계에서

최솟값을 갖는다.

증명 $|f(z)|$는 $z_0 \in D$에서 최솟값을 갖는다고 가정하자. 그러면 $\dfrac{1}{f(z)}$는 $D$에서 해석함수이므로, $\dfrac{1}{|f(z)|}$는 $z_0 \in D$에서 최댓값을 갖는다. 이것은 최대절댓값 정리에 모순이다. 그러므로 $|f(z)|$는 $D$에서 최솟값을 가질 수 없다.

만일 $\overline{D}$는 긴밀집합이면, 최대절댓값 정리에 의하여 $\dfrac{1}{|f(z)|}$는 $\overline{D}$의 경계에서 최댓값을 갖는다. 즉, $|f(z)|$는 $\overline{D}$의 경계에서 최솟값을 갖는다.

참고 최소절댓값 정리의 응용으로서 대수학의 기본정리를 다시 증명하여 보자.
$n$차 다항식 $P(z) = a_0 + a_1 z + \cdots + a_n z^n$는 충분히 큰 $r$에 대하여 $|z| < r$에서 영점을 갖지 않는다고 가정하자. 정리 2.6에 의하여 $z \to \infty$일 때 $P(z) \to \infty$이므로, 임의의 $M > 0$에 대하여 $N > 0$이 존재하여 $|z| > N$일 때 $|P(z)| > M$이 성립한다. 이것은 $M = |P(0)|$에 대해서도 성립한다. 그러므로 충분히 큰 $|z| = r$에 대하여

$$|P(z)| > |P(0)| = |a_0|$$

임을 알 수 있다. 따라서 연속함수 $|P(z)|$는 긴밀집합 $|z| \le r$의 경계 $|z| = r$에서 최솟값을 갖지 않는다. 이것은 최소절댓값 정리에 모순이다. 그러므로 $P(z)$는 $|z| < r$에서 영점을 갖는다.

만일 $f(z)$는 정함수이면, Liouville 정리에 의하여 함수

$$M(r) = M(r, f) = \max_{|z| = r} |f(z)|$$

는 유계가 아니다. 더 나아가, 만일 $M(r,f) \le Mr^{\lambda}$이면, 정리 2.5에 의하여 $f(z)$는 기껏해야 $\lambda$차 다항식이다. 최대절댓값 정리에 의하여 $M(r,f)$는 $r$의 증가함수임을 알 수 있다.

다음에, $M(r,f)$에 대한 또 다른 성질을 알아보자.

**정리 3.5** 만일 $f(z)$는 원판 $|z| < R$에서 해석함수이면, $M(r)$은 $0 \le r < R$에서 연속함수이다.

**증명** $0 \leqq r_0 < R$을 만족하는 각 $r_0$에 대하여 $M(r)$은 $r = r_0$에서 연속임을 보이기 위해서는 다음을 보이면 된다. 임의의 $\epsilon > 0$에 대하여 $\delta > 0$이 존재하여 $|r - r_0| < \delta$일 때 $|M(r) - M(r_0)| < \epsilon$이 성립한다.

$|f(z)|$는 $|z| < R$의 긴밀부분집합에서 평등연속이므로, 임의의 $\epsilon > 0$에 대하여 $\delta > 0$ 이 존재하여 $|r_1 - r_0| < \delta$ $(0 \leqq \theta \leqq 2\pi)$일 때 $\left| |f(r_1 e^{i\theta})| - |f(r_0 e^{i\theta})| \right| < \epsilon$이 성립함을 알 수 있다.

$r_0 \leqq r_1 < r_0 + \delta$일 때 $M(r_1) = |f(r_1 e^{i\theta_1})|$이라 하자. 그러면 최대절댓값 정리에 의하여 $|f(r_0 e^{i\theta_1})| \leqq M(r_0) \leqq M(r_1)$임을 알 수 있다. 따라서

$$0 \leqq M(r_1) - M(r_0) \leqq |f(r_1 e^{i\theta_1})| - |f(r_0 e^{i\theta_1}| < \epsilon$$

이다.

$r_0 - \delta < r_1 \leqq r_0$일 때 $M(r_0) = |f(r_0 e^{i\theta_0})|$이라 하자. 그러면 최대절댓값 정리에 의하여 $|f(r_1 e^{i\theta_0})| \leqq M(r_1) \leqq M(r_0)$임을 알 수 있다. 따라서

$$0 \leqq M(r_0) - M(r_1) \leqq |f(r_0 e^{i\theta_0})| - |f(r_1 e^{i\theta_0}| < \epsilon$$

이다. 그러므로 $M(r)$은 $r = r_0$에서 연속이다.

만일 $f(z)$는 면분 $|z| \leqq R$에서 상수가 아닌 해석함수이고, 그 경계 $|z| = R$에서 $|f(z)| \leqq M$이면, 최대절댓값 정리에 의하여 $|z| < R$ 에서 $|f(z)| < M$임을 알 수 있다.

이제 원판 $|z| < R$의 내부에 있는 경계 $|z| = r < R$에 대하여 생각해보자.

**정리 3.6** **(Schwarz 정리)** 만일 $|z| < R$에서 해석적인 함수 $f(z)$에 대하여 $f(0) = 0$이고 $|z| < R$에서 $|f(z)| \leqq M$이면, $|z| = r (< R)$에서 $|f(z)| \leqq \dfrac{rM}{R}$이다. 등식이 성립하는 경우는 $f(z) = \dfrac{M}{R} e^{i\alpha} z$ ($\alpha$는 실수)일 때뿐이다.

**증명** $f(0) = 0$이므로, $f(z)$는 다음과 같이 나타낼 수 있다.

$$f(z)=a_1z+a_2z^2+\cdots=zg(z)$$

이때, $g(z)$는 $|z|<R$에서 해석함수이고 $g(0)=a_1=f'(0)$임을 알 수 있다.

$r<R'<R$일 때 최대절댓값 정리에 의하여 다음을 알 수 있다.

$$\max_{|z|=r}|g(z)| \leqq \max_{|z|=R'}|g(z)|$$

즉,

$$\max_{|z|=r}\left|\frac{f(z)}{z}\right| \leqq \max_{|z|=R'}\left|\frac{f(z)}{z}\right|.$$

이것으로부터 다음을 얻는다.

$$\max_{|z|=r}|f(z)| \leqq \frac{r}{R'}\max_{|z|=R'}|f(z)| \leqq \frac{rM}{R'}$$

이때, $R'$은 임의로 $R$에 접근할 수 있으므로,

$$\max_{|z|=r}|f(z)| \leqq \lim_{R'\to R}\frac{r}{R'}\max_{|z|=R'}|f(z)| \leqq \lim_{R'\to R}\frac{rM}{R'}=\frac{rM}{R}$$

이다. 그러므로 $\max_{|z|=r}|f(z)| \leqq \frac{rM}{R}$을 얻는다. 만일 $\max_{|z|=r}|f(z)|=\frac{rM}{R}$이면,

$$\lim_{R'\to R}\max_{|z|=R'}|g(z)|=\frac{M}{R}=\max_{|z|=r}|g(z)|$$

이다. 그러므로 최대절댓값 정리에 의하여 $g(z)$는 $|z|<R$에서 상수함수이다. 따라서 $|z|<R$에서 $|g(z)|=\frac{M}{R}$임을 알 수 있다. 그러므로 어떤 실수 $\alpha$에 대하여

$$\frac{f(z)}{z}=g(z)=\frac{M}{R}e^{i\alpha}$$

이다. 즉, $f(z)=\frac{M}{R}e^{i\alpha}z$.

(참고) Schwarz 정리는 함수 $M(r,f)$로 다시 서술할 수 있다. 만일 $f(z)$는 $|z|<R$

에서 해석적이고 $f(0)=0$이면, $M(r,f) \leq \frac{r}{R'}M(R',f), r < R' < R$이다.

**따름정리 3.7** $f(z)$는 $|z| < R$에서 해석적인 함수이고,

$$f(0)=f'(0)=\cdots=f^{(n-1)}(0)=0$$

이라 하자. 만일 $|z| < R$에서 $|f(z)| \leq M$이면, $|f(z)| \leq (\frac{r}{R})^n M$, $|z| = r < R$이다. 등식이 성립하는 경우는 $f(z)=\frac{M}{R^n}e^{i\alpha}z^n$ ($\alpha$는 실수)일 때뿐이다.

**증명** $f(z)=z^n g(z)$로 놓자. 그러면 $g(z)$는 $|z| < R$에서 해석적이다. 이때 $g(0)=a_n=f^{(n)}(0)$이다. $r < R' < R$일 때 최대절댓값 정리에 의하여 다음을 알 수 있다.

$$\max_{|z|=r}|g(z)| \leq \max_{|z|=R'}|g(z)|$$

즉,

$$\max_{|z|=r}\left|\frac{f(z)}{z^n}\right| \leq \max_{|z|=R'}\left|\frac{f(z)}{z^n}\right|.$$

이것으로부터 다음을 얻는다.

$$\max_{|z|=r}|f(z)| \leq (\frac{r}{R'})^n \max_{|z|=R'}|f(z)| \leq (\frac{r}{R'})^n M$$

이때, $R'$은 임의로 $R$에 접근할 수 있으므로,

$$\begin{aligned}\max_{|z|=r}|f(z)| &\leq \lim_{R'\to R}(\frac{r}{R'})^n \max_{|z|=R'}|f(z)| \\ &\leq \lim_{R'\to R}(\frac{r}{R'})^n M = (\frac{r}{R})^n M\end{aligned}$$

이다. 그러므로 $\max_{|z|=r}|f(z)| \leq (\frac{r}{R})^n M$을 얻는다.

만일 $\max_{|z|=r} |f(z)| = (\frac{r}{R})^n M$이면,

$$\lim_{R' \to R} \max_{|z|=R'} |g(z)| = \frac{M}{R^n} = \max_{|z|=r} |g(z)|$$

이다. 그러므로 최대절댓값 정리에 의하여 $g(z)$는 $|z| < R$에서 상수함수이다. 따라서 $|z| < R$에서 $|g(z)| = \frac{M}{R^n}$임을 알 수 있다. 그러므로 어떤 실수 $\alpha$에 대하여

$$\frac{f(z)}{z^n} = g(z) = \frac{M}{R^n} e^{i\alpha}$$

이다. 즉, $f(z) = \frac{M}{R^n} e^{i\alpha} z^n$.

만일 $f(0) \neq 0$이면, Schwarz 정리는 다음과 같이 서술될 수 있다.

**따름정리 3.8** 만일 $|z| < R$에서 해석적인 함수 $f(z)$에 대하여 $|z| < R$에서 $|f(z)| \leq M$이면 $|z| = r(< R)$에서 $|f(z) - f(0)| \leq \frac{2rM}{R}$이다.

**증명** $g(z) = f(z) - f(0)$으로 놓으면, $g(0) = 0$이고

$$|g(z)| \leq |f(z)| + |f(0)| \leq 2M$$

이다. 그러므로 Schwarz 정리에 의하여 $|z| = r(< R)$에서

$$|g(z)| = |f(z) - f(0)| \leq \frac{2rM}{R}$$

이다.

**참고** 따름정리 3.8로부터 Liouville 정리를 증명할 수 있다. $f(z)$는 정함수이고 모든 복소수 $z$에 대하여 $|f(z)| \leq M$이라 하자. $|z_0| = r_0$을 만족하는 점 $z_0$은

임의의 점이라 하자. 그러면 임의의 $\epsilon > 0$에 대하여 $R > \dfrac{2r_0 M}{\epsilon}$을 만족하는 충분히 큰 $R$을 선택하자. 이때 $|z| < R$에서 $f(z)$는 해석적이다. 따름정리 3.8에 의하여 $|z_0| = r_0 < R$일 때 $|f(z_0) - f(0)| \leq \dfrac{2r_0 M}{R} < \epsilon$이다. $\epsilon > 0$은 임의이므로, $f(z_0) = f(0)$이다. 그러나 $z_0$도 임의이므로, 모든 복소수 $z$에 대하여 $f(z) = f(0)$이다. 그러므로 $f(z)$는 상수함수이다.

**문제 3.1** $f(z)$는 원판 $|z - z_0| \leq r$에서 0이 아닌 해석함수일 때 다음을 보여라.

$$\log|f(z_0)| = \frac{1}{2\pi}\int_0^{2\pi} \log|f(z_0 + re^{i\theta})|\, d\theta$$

**문제 3.2** 상수가 아닌 함수 $f(z)$는 영역 $D$에서 해석적이고, 그의 폐포 $\overline{D}$에서 연속이라 하자. 만일 $|f(z)|$는 $D$의 경계에서 상수이면, $f(z)$는 $D$에서 영점을 갖는다는 것을 보여라.

**문제 3.3** $M(r,f) = \max\limits_{|z|=r} |f(z)|$, $m(r,f) = \min\limits_{|z|=r} |f(z)|$ 라고 하자. 다음 정함수에 대하여 $M(r,f)$와 $m(r,f)$를 구하여라. 그리고 최댓값과 최솟값을 갖는 $|z| = r$ 위의 점들을 구하여라.

(a) $f(z) = e^z$

(b) $f(z) = z^n$

(c) $f(z) = z^2 + 1$

(d) $f(z) = z^2 - z + 1$

**문제 3.4** $\max\limits_{|z|=r} |e^{z^2 - iz}|$는 $r \leq \dfrac{1}{4}$일 때 점 $ri$에서 얻어지고, $r > \dfrac{1}{4}$일 때 점 $re^{i\theta}$, $\theta = \sin^{-1}(\dfrac{1}{4r})$에서 얻어짐을 보여라.

**문제 3.5** $|z| < R$ 에서 해석적인 함수 $f(z)$에 대하여

$$m(r) = m(r,f) = \min_{|z|=r} |f(z)| \quad (0 \leq r < R)$$

이라 할 때 $m(r)$은 $0 \leq r < R$에서 연속함수임을 보여라.

**문제 3.6** 다항식 $P(z)$에 대하여 $f(z)=P(z)e^z$라고 하자. 이때 $\lim_{r\to\infty} M(r,f)=\infty$이고 $\lim_{r\to\infty} m(r,f)=0$임을 보여라.

**문제 3.7** $P(z)=a_0+a_1z+\cdots+a_{n-1}z^{n-1}+z^n$이라 하자. 이때 충분히 큰 $r$에 대하여 원 $|z|=r$ 위에서 점 $z_0, z_1$이 존재하여

$$|e^{P(z_0)}|=e^{\frac{1}{2}r^n},\ |e^{P(z_1)}|=e^{-\frac{1}{2}r^n}$$

임을 보여라.

**문제 3.8** $f(z)$는 $|z|<1$에서 해석적인 함수이고 $|f(z)|<1$이라 하자. 만일 $f(0)=0$이면, $|f'(0)|\leq 1$임을 보여라. 또한 등식은 $f(z)=e^{i\alpha}z$ ($\alpha$는 실수)일 때만 성립함을 보여라.

**문제 3.9** $f(z)$는 $|z|\leq 1$에서 해석적인 함수이고, $|f(z)|\geq 1$이라 하자. 만일 $f(0)=1$이면, $f(z)$는 상수함수임을 보여라.

**문제 3.10** $f(z)$는 $|z|<R$에서 해석적인 함수이고 $f(0)=0$라고 하자. 이때

$$F(z)=f(z)+f(z^2)+f(z^3)+\cdots$$

는 $|z|<R$에서 해석적이고

$$|F(z)|\leq \frac{r}{1-r},\ |z|=r<R$$

임을 보여라.

## 4. 편각원리

상수가 아닌 함수 $f(z)$는 $z_0$에서 해석적이고, $f(z_0)=0$이라 하자. 그러면 따름정리 2.11에 의하여 $f(z)$의 다른 영점들을 포함하지 않는 $z_0$의 근방이 존재한다. 따라서 $f(z)$는 다음과 같이 나타낼 수 있다.

$$f(z)=(z-z_0)^k F(z), k\in \mathbb{N}$$

여기서 $F(z)$는 $z_0$에서 해석적이고, 그 근방 또는 그 근방의 경계 $C$에서 영점을 갖지 않는다.

$$f'(z)=k(z-z_0)^{k-1}F(z)+(z-z_0)F'(z)$$

이므로,

$$\frac{f'(z)}{f(z)}=\frac{k}{z-z_0}+\frac{F'(z)}{F(z)}$$

이다. 그러므로

$$\int_C \frac{f'(z)}{f(z)}dz=\int_C \frac{k}{z-z_0}dz+\int_C \frac{F'(z)}{F(z)}dz=2k\pi i$$

이다. 즉, $\frac{1}{2\pi i}\int_C \frac{f'(z)}{f(z)}dz=k$이다. 이것은 $f(z)$의 영점 $z_0$의 위수(order)이다. 이때 $\frac{f'(z)}{f(z)}$는 $f(z)$의 복소로그함수 $\log f(z)$의 도함수라고 한다. 왜냐하면 $\frac{f'(z)}{f(z)}$는 해석함수 $f(z)$가 0이 아닌 모든 점에서 $\log f(z)$의 도함수이기 때문이다.

다음에, $f(z)$는 단일폐등심선 $C$의 내부와 그 위에서 해석적이고 $C$ 위에서 영점을 갖지 않는다고 하자. $f(z)$의 영점은 $z_1,\cdots,z_n$이고 그의 각 위수는 $\alpha_1,\cdots,\alpha_n$이라 하자.

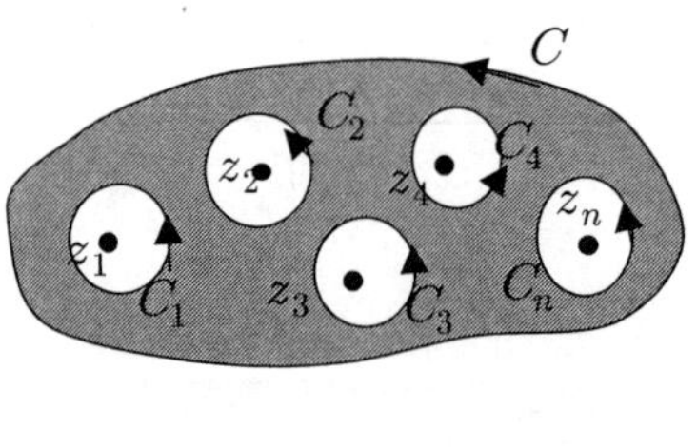


그러면

$$f(z)=(z-z_1)^{\alpha_1}\cdots(z-z_n)^{\alpha_n}F(z)$$

이다. 여기서 $F(z)$는 해석적이고 $C$의 내부 또는 그 위에서 영점을 갖지 않는다. 그러면 복소로그함수의 도함수에 의하여

$$\frac{f'(z)}{f(z)}=\sum_{i=1}^{n}\frac{\alpha_i}{z-z_i}+\frac{F'(z)}{F(z)}$$

를 얻는다. 그러므로

$$\int_C\frac{f'(z)}{f(z)}dz=\sum_{i=1}^{n}\int_C\frac{\alpha_i}{z-z_i}dz+\int_C\frac{F'(z)}{F(z)}dz=2\pi i\sum_{i=1}^{n}\alpha_i$$

이다. 즉, $\frac{1}{2\pi i}\int_C\frac{f'(z)}{f(z)}dz=\sum_{i=1}^{n}\alpha_i$. 이것은 $C$의 내부에 있는 $f(z)$의 영점들의 수를 의미한다. 여기서 $f(z)$의 영점 $z_k$의 중복도 $\alpha_k$는 그 영점의 수가 $\alpha_k$라는 것을 의미한다.

$z_0$가 제거된 $z_0$의 근방에서 해석적인 함수 $f(z)$에 대하여 $f(z)$는 $z_0$에서 위수 $k$의 **극(pole)**을 갖는다는 것은

$$\lim_{z\to z_0}(z-z_0)^k f(z)=A\neq 0,\ \infty$$

일 때를 말한다. 특히, $k=1$일 때의 극은 **단일극(simple pole)**이라고 한다.

9.1절에서는 $z_0$에서 위수 $n$의 극을 갖는 함수 $f(z)$가 $f(z)=\frac{F(z)}{(z-z_0)^n}$ 꼴로 나타낼 수 있다는 것을 보일 것이다. 여기서 $F(z)$는 $z_0$에서 해석적이고, $F(z_0)\neq 0$이다. 만일 $f(z)=(z-z_0)^nF(z)$이고 $F(z)$는 $z_0$에서 해석적이며 $F(z_0)\neq 0$이면, 복소로그함수의 도함수에 의하여 $\frac{f'(z)}{f(z)}=\frac{n}{z-z_0}+\frac{F'(z)}{F(z)}$이므로, $\frac{f'(z)}{f(z)}$는 $z_0$에서 단일극을 갖는다.

이제 앞에서 보여준 방정식을 다음과 같이 일반화할 수 있다.

**▶정리 4.1** 함수 $f(z)$는 단일폐등심선 $C$의 내부에서 위수가 각각 $\beta_1,\beta_2,\cdots,\beta_m$인 서로 다른 유한개의 극 $w_1,w_2,\cdots,w_m$을 갖고, 극을 제외한 $C$의 내부와 $C$에서 해석적이며, $C$에서 $f(z)\neq 0$이라 하자. 또한 $C$의 내부에서 $f(z)$는 차수가 각각 $\alpha_1,\alpha_2,\cdots,\alpha_n$인 서로 다른 유한개의 영점 $z_1,z_2,\cdots,z_n$을 갖는다고 하자. 그러면

$N=\sum_{i=1}^{n}\alpha_i$, $P=\sum_{i=1}^{m}\beta_i$일 때 다음이 성립한다.

$$\frac{1}{2\pi i}\int_C \frac{f'(z)}{f(z)}dz = N-P$$

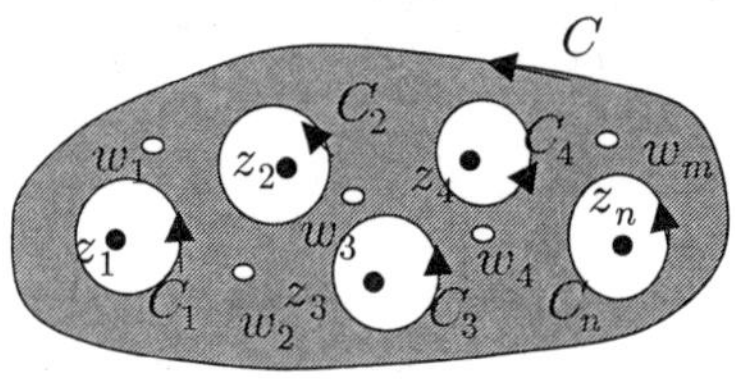


**증명** $C$의 내부와 $C$에서 영점이나 극을 갖지 않는 해석함수 $F(z)$에 대하여 $f(z)$는 다음과 같이 나타낼 수 있다.

$$f(z)=\frac{(z-z_1)^{\alpha_1}\cdots(z-z_n)^{\alpha_n}}{(z-w_1)^{\beta_1}\cdots(z-w_m)^{\beta_m}}F(z)$$

이때, 다음을 얻는다. 복소로그함수의 도함수에 의하여

$$\frac{f'(z)}{f(z)}=\sum_{i=1}^{n}\frac{\alpha_i}{z-z_i}-\sum_{i=1}^{m}\frac{\beta_i}{z-w_i}+\frac{F'(z)}{F(z)}$$

을 얻는다. $\frac{F'(z)}{F(z)}$는 $C$의 내부와 그 위에서 해석함수이므로, 코시정리에 의하여 $\int_C \frac{F'(z)}{F(z)}dz=0$이다. 이제 $f(z)$의 각 영점과 각 극을 에워싸는 서로소인 원을 생각하자. 이때 각 원의 내부에는 또 다른 영점이나 극을 포함하지 않도록 하자. 그러면

$$\begin{aligned}&\frac{1}{2\pi i}\int_C \frac{f'(z)}{f(z)}dz\\ &=\sum_{i=1}^{n}\alpha_i\frac{1}{2\pi i}\int_C\frac{1}{z-z_i}dz-\sum_{i=1}^{m}\beta_i\frac{1}{2\pi i}\int_C\frac{1}{z-w_i}dz+\frac{1}{2\pi i}\int_C\frac{F'(z)}{F(z)}dz\\ &=\sum_{i=1}^{n}\alpha_i-\sum_{i=1}^{m}\beta_i=N-P\end{aligned}$$

를 얻는다.

정리 4.1에서 $\frac{1}{2\pi i}\int_C \frac{f'(z)}{f(z)}dz$는 함수 $f(z)$ 또는 $C$와 관계없이 항상 정수라는 것을 알 수 있다. 이것은 로그의 성질에 기인하고 있다. $f(z)$는 단일폐등심선 위에서 해석적이고 0이 아니라고 가정하자. 복소로그함수의 한 고정된 분지에 대하여

$$\log f(z) = \ln|f(z)| + i\arg f(z)$$

라고 하자. 그러면 $\frac{d}{dz}\log f(z) = \frac{f'(z)}{f(z)}$이므로,

$$\int_C \frac{f'(z)}{f(z)}dz = \int_C \frac{d}{dz}\log f(z)dz = \ln|f(z)|\,|_{\partial C} + i\arg g(z)|_{\partial C}$$

이다. 단일폐등심선 $C$는 시점과 종점이 일치하므로, $\ln|f(z)|\,|_{\partial C} = 0$이다. 그러므로

$$\int_C \frac{f'(z)}{f(z)}dz = i\arg f(z)\Big|_{\partial C}$$

이다. 따라서 복소적분의 값은 $z$가 등심선 $C$를 따라갈 때 $f(z)$의 편각의 순수한 변화에만 의존한다.

$f(z)$에 의한 단일폐등심선 $C$의 상(image)은 폐등심선 $C'$이지만, 단일일 필요는 없다. 만일 $f(z)$는 $C$의 내부에서 영점을 갖지 않으면, $C'$는 원점을 에워싸지 않는다. 따라서 $\arg f(z)$는 $f(z)$가 $C'$를 따라갈 때 본래의 값으로 되돌아온다. 이것은 $z$가 등심선 $C$를 따라갈 때 $\arg f(z)$의 순수한 변화가 0이 된다는 것을 의미한다. 즉,

$$\int_C \frac{f'(z)}{f(z)}dz = i\arg f(z)\Big|_{\partial C} = 0.$$

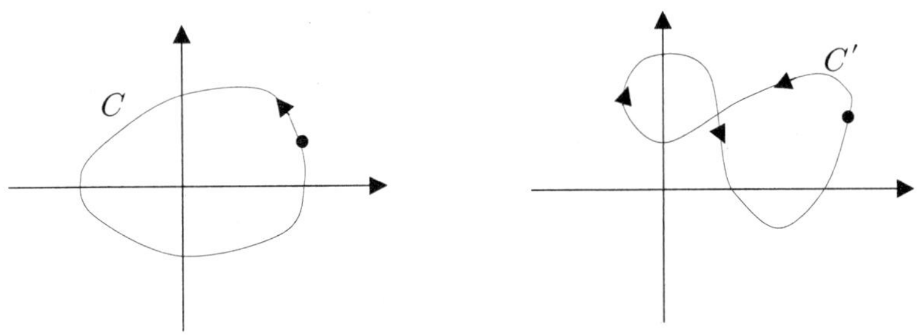

한편, 만일 $f(z)$가 $C$의 내부에서 중복도 $k$의 영점 $z_0$을 가지면, $f(z_0)=0$이므로, $C'$는 원점을 $k$번 감게 된다.

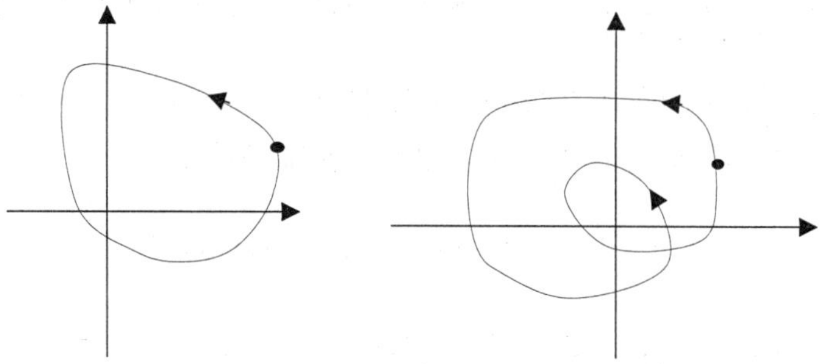

$C'$가 원점을 양의 방향으로 감을 때마다 $f(z)$의 편각은 $2\pi$만큼씩 증가한다. 예를 들어, 만일 단일폐등심선 $C$의 내부에 $f(z)=z^2$의 영점 0을 갖는다면, $f(z)=z^2$에 의한 $C$의 상 $f(C)=C'$는 원점을 두 번 감는 폐등심선이다. 이때, $z$가 $C$의 시점으로 돌아올 때 $\arg f(z)$는 $C'$을 따라서 $4\pi$ 만큼 증가한다. 그러므로 $\int_C \frac{f'(z)}{f(z)}dz = i[\arg f(z)]_{\partial C} = 4\pi i$이다.

$z$가 등심선 $C$를 따라갈 때, $\arg f(z)$의 순수한 변화 $\arg f(z)\mid_{\partial C}$는 $C$에서 $\arg f(z)$의 **변동(variation)**이라 부르고 $\Delta_C \arg f(z)$로 나타낸다. 그러므로 다음이 성립한다.

$$\int_C \frac{f'(z)}{f(z)}dz = i\Delta_C \arg f(z)$$

따라서 정리 4.1로부터 다음을 알 수 있다.

$$\frac{1}{2\pi}\Delta_C \arg f(z) = N-P$$

이 등식을 **편각원리(argument principle)**라고 한다.

> (참고) $C$의 내부에 있는 $f(z)$의 각 영점에 대하여 곡선 $C'$는 양의 방향으로 한 번씩 감고, $C$의 내부에 있는 각 극에 대하여 곡선 $C'$는 음의 방향으로 원점을 한 번씩 감는다. 이를 증명하기 위해서는 **감는 수(winding number)**에 대한 정의는 조심스럽게 내려야 한다.

다음 두 예비정리는 편각원리의 결과이다.

**예비정리 4.2** 만일 $f(z)$와 $g(z)$는 단일폐등심선 $C$의 내부와 그 위에서 해석적이고 $f(z)$와 $g(z)$는 $C$ 위에서 영점을 갖지 않으면, 다음이 성립한다.

$$\Delta_C \arg f(z)g(z) = \Delta_C \arg f(z) + \Delta_C \arg g(z)$$

**증명** 만일 $f(z)$와 $g(z)$는 $C$의 내부에서 각각 $N_1, N_2$개의 영점을 갖는다면, $f(z)$와 $g(z)$는 단일폐등심선 $C$의 내부와 그 위에서 해석적이므로, 극을 갖지 않는다. 그러므로 $P=0$이다. 따라서 편각원리에 의하여

$$\frac{1}{2\pi}\Delta_C \arg f(z) = N_1,\quad \frac{1}{2\pi}\Delta_C \arg g(z) = N_2$$

이다. 그러나 $f(z)g(z)$는 $C$의 내부에서 $N_1+N_2$개의 영점을 갖지만 극은 갖지 않는다. 그러므로 다음이 성립한다.

$$\frac{1}{2\pi}\Delta_C f(z)g(z) = N_1 + N_2 = \frac{1}{2\pi}\Delta_C \arg f(z) + \frac{1}{2\pi}\Delta_C \arg g(z)$$

**예비정리 4.3** 만일 함수 $h(z)$는 단일폐등심선 $C$ 위에서 해석적이고 $C$ 위에서 $|h(z)|<1$이면, $\Delta_C \arg(1+h(z)) = 0$이다.

**증명** $w = F(z) = 1 + h(z)$로 놓으면, 단일폐등심선 $C$는 $h(z)$에 의하여 원판 $|w-1|<1$에 포함된 폐등심선 $C'$으로 사상된다.

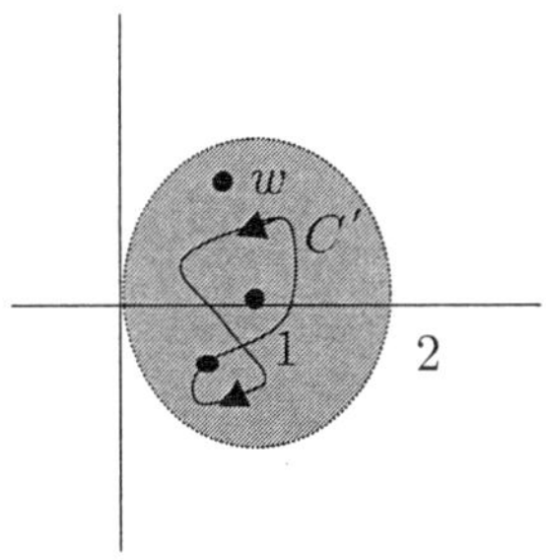


이 원판이 우반평면에 있으므로, $F(z)$가 $C'$를 따라갈 때 $\arg F(z)$에 대한 주분지를 얻기 위해 평면을 음의 실축을 따라서 평면을 자를 수 있다. 그러므로 다음을 알 수 있다.

$$\Delta_C \arg F(z) = \Delta_C \arg(1+h(z)) = 0$$

(참고) $\log F(z)$의 주분지가 $C$ 위의 $z$에 대하여 존재하기 위하여 함수

$$F(z)=1+h(z)$$

는 $C$의 내부에서 해석적일 필요는 없다. 편각원리에 의하여 예비정리 2는 단지 $F(z)$가 $C$의 내부에서 같은 수의 영점과 극을 갖는다는 것을 보여준다. 예를 들어, $h(z)=\dfrac{1}{2z}$은 단위원 $|z|=1$ 위에서 $|h(z)|<1$을 만족한다. 함수 $F(z)=1+h(z)$는 한 개의 단일영점 $-\dfrac{1}{2}$과 한 개의 단일극 0을 갖는다.

**▶ 정리 4.4** **(Rouché 정리)** 만일 함수 $f(z)$와 $g(z)$는 단일폐등심선 $C$의 내부와 그 위에서 해석적이고 $C$ 위에서 $|g(z)|<|f(z)|$이면, $C$의 내부에 있는 $f(z)+g(z)$와 $f(z)$의 영점의 수는 같다.

증명 $f(z)+g(z)=f(z)(1+\dfrac{g(z)}{f(z)})$이고 $C$ 위에서 $\left|\dfrac{g(z)}{f(z)}\right|<1$이므로, 예비정리 1과 2에 의하여 다음을 알 수 있다.

$$\begin{aligned}\Delta_C\arg(f(z)+g(z)) &= \Delta_C\arg f(z)+\Delta_C\arg(1+\frac{g(z)}{f(z)})\\ &= \Delta_C\arg f(z)\end{aligned}$$

$N$은 $C$의 내부에 있는 $f(z)+g(z)$의 영점의 수라고 하면, $f(z), g(z)$는 $C$의 내부에서 극을 갖지 않으므로, 편각원리에 의하여 다음을 알 수 있다.

$$N=\frac{1}{2\pi}\Delta_C\arg(f(z)+g(z))=\frac{1}{2\pi}\Delta_C\arg f(z)$$

Rouché 정리에 대한 위의 증명은 기하학적 방법인 것이다. 이 정리를 해석적으로 증명해 보자.

$\phi_t(z)=f(z)+tg(z), 0\le t\le 1$이라 정의하자. 그러면 각 $\phi_t(z)$는 $[0,1]$에서 연속함수이다. 등심선 $C$ 위에서

$$|\phi_t(z)|=|f(z)+tg(z)|\ge|f(z)|-|g(z)|>0$$

이다. $|f(z)|-|g(z)|$는 긴밀집합 $C$ 위에서 연속이므로, $|f(z)|-$

$|g(z)|$는 최솟값 $m$을 갖는다. 따라서 $C$ 위의 모든 $z$에 대하여

$$|\phi_t(z)| \geqq m > 0, 0 \leqq t \leqq 1$$

이다.

$$h(t) := \frac{1}{2\pi i}\int_C \frac{\phi_t{}'(z)}{\phi_t(z)}dz$$

라고 정의하자. 그러면 $\phi_t(z)$는 극을 갖지 않으므로, $h(t)$는 $C$의 내부에 있는 $\phi_t(z)$의 영점의 수이다. 특히, $h(0), h(1)$은 각각 $C$의 내부에 있는 $\phi_0(z) = f(z), \phi_1(z) = f(z) + g(z)$의 영점의 수이다. 이때 $h(0) = h(1)$임을 보이면 된다. $h(t)$는 $C$의 내부에 있는 $\phi_t(z)$의 영점의 수이므로, $h(t)$는 계단함수(step function)이다. 그러므로 $h(t)$는 $[0,1]$에서 연속함수임을 보이면 충분하다. 왜냐하면 연속인 계단함수는 상수함수이기 때문이다.
$t_1, t_2 \in [0,1]$은 임의의 점이라 하자. 그러면 다음을 얻는다.

$$\begin{aligned} h(t_2) - h(t_1) &= \frac{1}{2\pi i}\int_C \left[\frac{f' + t_2 g'}{f + t_2 g} - \frac{f' + t_1 g'}{f + t_1 g}\right]dz \\ &= \frac{1}{2\pi i}\int_C \frac{(t_1 - t_1)(g'g - f'g)}{(f + t_2 g)(f + t_1 g)}dz \end{aligned}$$

$f(z), g(z), f'(z), g'(z)$는 $C$ 위에서 해석적이므로, 그들은 긴밀집합 $C$ 위에서 연속이다. 그러므로 그들은 $C$ 위에서 유계이다.

$$|f(z)|, |g(z)|, |f'(z)|, |g'(z)| \leqq M$$

이라 하자. 곡선 $C$의 길이는 $L$이라 하자. 그러면

$$|h(t_2) - h(t_1)| \leqq \frac{1}{2\pi}\frac{|t_2 - t_1| 2M^2}{m^2}L = K|t_2 - t_1|$$

이다. 여기서 $K = \dfrac{M^2 L}{\pi m^2}$이다. 임의의 $\epsilon > 0$에 대하여 $\delta = \dfrac{\epsilon}{K} > 0$가 존재하여 $|t_2 - t_1| < \delta = \dfrac{\epsilon}{K}$일 때 $|h(t_2) - h(t_1)| < \epsilon$일 성립한다. 그러므로 $h(t)$는 $[0,1]$에서 연속이다.

(참고) Rouché 정리에서 $C$ 위에서 $|g(z)| < |f(z)|$ 라는 조건은 $C$ 위에서 $|g(z)| \leq |f(z)|$ 라는 조건으로 대체할 수 없다. 왜냐하면, 만일 $C$ 위에서 $|g(z)| \leq |f(z)|$ 이라면, $g(z) = -f(z)$일 때 $f(z)$의 영점의 수와 상관없이 $f(z)+g(z) \equiv 0$이기 때문이다.

Rouché 정리의 첫 번째 응용으로서 다음 정리를 증명해 보자.

**▶정리 4.5** **(Hurwitz 정리)** 만일 단일폐등심선 $C$의 내부와 그 위에서 해석적인 함수열 $\{f_n(z)\}$는 $C$의 내부와 그 위에서 $f(z)$로 평등수렴하고 $f(z)$는 $C$ 위에서 영점을 갖지 않으면, $C$의 내부에 있는 $f(z)$의 영점의 수는 충분히 큰 $n$에 대하여 $C$의 내부에 있는 $f_n(z)$ 의 영점의 수와 같다.

(증명) 정리 1.9에 의하여 극한함수 $f(z)$는 $C$의 내부와 그 위에서 해석적임을 알 수 있다. $m = \min_{z \in C} |f(z)|$ 이라 하자. $C$ 위에서 $\{f_n(z)\}$는 $f(z)$로 평등수렴하므로, 자연수 $N = N(m)$이 존재하여 $n > N$일 때 $C$ 위의 모든 $z$에 대하여

$$|f_n(z) - f(z)| < m \leq |f(z)|$$

이다. 따라서 Rouché 정리에 의하여 $C$의 내부에 있는 $f(z)$의 영점의 수는

$$f(z) + (f_n(z) - f(z)) = f_n(z), \quad n > N$$

의 영점의 수와 같다.

Rouché 정리에 의하여 대수학의 기본정리를 증명할 수 있다.

$$\begin{aligned} P_n(z) &= a_0 + a_1 z + \cdots + a_{n-1} z^{n-1} + a_n z^n \\ &= P_{n-1}(z) + a_n z^n, \; a_n \neq 0 \end{aligned}$$

라고 하자. 그러면 $|z| = r > 1$에 대하여

$$\begin{aligned} \left| \frac{P_{n-1}(z)}{a_n z^n} \right| &\leq \frac{|a_0| + |a_1| r + \cdots + |a_{n-1}| r^{n-1}}{|a_n| r^n} \\ &\leq \frac{|a_0| + |a_1| + \cdots + |a_{n-1}|}{|a_n| r} \end{aligned}$$

이다. $r > \max\{\frac{|a_0|+|a_1|+\cdots+|a_{n-1}|}{|a_n|}, 1\}$을 만족하는 $r$을 선택하자. 그러면 원 $|z|=r$ 위에서 $|P_{n-1}(z)| < |a_n z^n|$이 성립한다. $a_n z^n$은 원 $|z|=r$의 내부에서 $n$개의 영점 0을 가지므로, Rouché 정리에 의하여 $P_n(z) = P_{n-1}(z) + a_n z^n$은 원 $|z|=r$의 내부에서 $n$개의 영점을 갖는다.

(참고) 대수학의 기본정리에 대한 이러한 증명은 이전의 증명들보다 더 만족스럽다. 첫 번째로, $n$차 다항식이 적어도 하나의 영점을 갖는다는 이전의 증명들과 대비하여 직접적으로 $n$차 다항식이 $n$개의 영점을 갖는다는 것을 보인 것이다. 두 번째로, 더 중요한 것은 영점들의 절댓값의 경계를 다항식의 계수들로 얻는다는 것이다. 다항식의 모든 영점은 원판

$$|z| \leq \frac{|a_0|+|a_1|+\cdots+|a_{n-1}|}{|a_n|}, \quad |z| > 1$$

에 놓여있다.

Rouché 정리는 해석함수에 대한 영점의 위치를 근사시키는 데 자주 이용된다.

**예제 4.6** 다항식 $P(z) = z^5 + 6z^3 + 2z + 10$에 대한 5개의 영점이 모두 고리 $1 < |z| < 3$에 있음을 보여라.

증명 $f(z) = z^5 + 6z^3 + 2z$, $g(z) = 10$이라 하자. 그러면 $|z| = 1$ 위에서 다음이 성립한다.

$$|f(z)| = |z|^5 + 6|z|^3 + 2|z| = 9 < |g(z)| = 10$$

그러므로 Rouché 정리에 의하여 $P(z) = f(z) + g(z)$는 $|z| < 1$에서 $g(z)$와 같은 수의 영점을 갖는다. 즉, $P(z)$는 $|z| < 1$에서 영점을 갖지 않는다. $|z| = 1$ 위에서 $|P(z)| \geq 10 - (|z|^5 + 6|z|^3 + 2|z|) = 1$이므로, $P(z)$는 $|z| = 1$에서 영점을 갖지 않는다.

다음에, $f(z) = z^5$, $g(z) = 6z^3 + 2z + 10$라고 하자. 그러면 $|z| = 3$ 위에서 다음이 성립한다.

$$|g(z)| \leq 6|z|^3+2|z|+10=6\cdot 3^3+2\cdot 3+10<|f(z)|$$
$$=|z|^5=3^5$$

그러므로 Rouché 정리에 의하여 $P(z)=f(z)+g(z)$는 $|z|<3$에서 $f(z)$와 같은 수의 영점을 갖는다. 즉, $P(z)$는 $|z|<3$에서 5개의 영점을 갖는다.

이것은 $P(z)$의 영점이 모두 $1<|z|<3$에 놓여있다는 것을 의미한다.

Rouché 정리의 또 다른 응용으로서 다음 정리를 증명해 보자.

**정리 4.7** **(열린사상 정리)** 상수가 아닌 해석함수 $f(z)$는 열린집합을 열린집합으로 사상한다.

**증명** $f(z)$는 열린집합 $U\subset \mathbb{C}$ 에서 해석적이라 하자. $f(U)$가 열린집합임을 보기 위하여 각 $w_0\in f(U)$에 대하여 $w_0$의 근방 $N(w_0)$이 존재하여 $N(w_0)\subset f(U)$임을 보이면 된다. $w_0\in f(U)$라고 하자. 그러면 $z_0\in U$가 존재하여 $w_0=f(z_0)$이다. $U$는 열린집합이므로, $z_0$의 근방 $N(z_0)$가 존재하여 $N(z_0)\subset U$이다. 그러면 $w_0\in f(N(z_0))\subset f(U)$이다. 그러므로 정리를 증명하기 위하여 $z_0$의 충분히 작은 근방 $N_\delta(z_0)$의 상 $f(N_\delta(z_0))$은 $w_0$의 근방 $N_m(w_0)$이 존재하여 $N_m(w_0)\subset f(N_\delta(z_0))$임을 보이면 충분하다.

함수 $f(z)-w_0$은 원판 $|z-z_0|\leq\delta$에서 해석적이고 원 $|z-z_0|=\delta$ 위에서 영점을 갖지 않도록 $\delta>0$를 선택하자. 이것은 따름정리 2.11에 의하여 가능하다.

$m=\min_{|z-z_0|=\delta}|f(z)-w_0|$ 이라 하자. 이때, 원판 $|w-w_0|<m$에서 $w_1\in N_m(w_0)$ 을 임의로 선택하면, 원 $|z-z_0|=\delta$ 위에서 다음이 성립한다.

$$|w_0-w_1|<m\leq|f(z)-w_0|$$

따라서 Rouché 정리에 의하여 함수

$$(f(z)-w_0)+(w_0-w_1)=f(z)-w_1$$

은 $|z-z_0|<\delta$에서 $f(z)-w_0$와 같은 수의 영점을 갖는다. $f(z)-w_0$은 적어도 하나의 영점 $z_0$을 가지므로, $f(z)-w_1$도 적어도 하나의 영점을 갖는다. 이것을

$z_1 \in N_\delta(z_0)$이라 하면, $f(z_1) = w_1$이다. $w_1$은 임의이므로, 원판 $|z - z_0| < \delta$의 상은 $|w - w_0| < m$의 모든 점을 포함한다. 즉, $N_m(w_0) \subset f(N_\delta(z_0))$.

**따름정리 4.8** 상수가 아닌 해석함수 $f(z)$는 영역 $D$를 영역으로 사상한다.

**증명** 영역은 열린 연결집합이다. 열린사상 정리에 의하여 $f(D)$는 열린집합이다. $f(z)$는 연결집합 $D$에서 연속이므로, $f(D)$는 연결집합이다. 그러므로 $f(D)$는 영역이다.

열린사상 정리는 최대절댓값 정리의 증명을 간단하게 해준다.

$f(z)$는 영역 $D$에서 해석적이고 $z_0 \in D$라고 하자. 만일 $f(z)$는 상수가 아니면, 열린사상 정리에 의하여 원판 $|z - z_0| < \delta$의 상은 $w$-평면에서의 원판 $|w - f(z_0)| < m$을 포함한다. 만일 $f(z_0) = Re^{i\theta_0}$이면, 각 $0 < \epsilon < m$에 대하여 $(R+\epsilon)e^{i\theta_0} \in N_m(f(z_0))$이므로, $z' \in N_\delta(z_0)$가 존재하여 $f(z') = (R+\epsilon)e^{i\theta_0}$이다. 따라서

$$|f(z')| = R + \epsilon > |f(z_0)| = R$$

이다. 그러므로 $|f(z)|$는 $D$에서 최댓값을 갖지 않는다.

**문제 4.1** 만일 함수 $f(z)$는 단일폐등심선 $C$의 내부와 그 위에서 해석적이고, $C$ 위에서 $f(z) \neq a$ 이면, $f(z)$가 $C$의 내부에서 $a$의 값을 취하는 횟수는 다음으로 주어짐을 보여라.

$$\frac{1}{2\pi i}\int_C \frac{f'(z)}{f(z)-a}dz$$

**문제 4.2** 함수 $f(z)$는 유한개의 극 $w_1, w_2, \cdots, w_m$을 제외한 단일폐등심선 $C$의 내부와 $C$ 위에서 해석적이고, $f(z)$는 $C$의 내부에서 유한개의 영점 $z_1, z_2, \cdots, z_n$을 갖는다고 하자. 만일 $g(z)$는 $C$의 내부와 그 위에서 해석적이면 다음을 증명하여라.

$$\frac{1}{2\pi i}\int_C g(z)\frac{f'(z)}{f(z)}dz = \sum_{i=1}^{n} g(z_i) - \sum_{i=1}^{m} g(w_i)$$

**문제 4.3** $n$차 다항식 $P(z)=a_0+a_1z+\cdots+a_nz^n$에 대하여 $R$이 충분히 클 때 다음을 구하여라.

$$\frac{1}{2\pi i}\int_{|z|=R} z\frac{P'(z)}{P(z)}dz$$

**문제 4.4** $f(z)$는 $z_0$에서 해석적이라 하자. $f(z)$는 중복도 $k$의 영점 $z_0$를 갖기 위한 필요충분조건은 $\frac{1}{f(z)}$는 $z_0$에서 위수 $k$의 극을 갖는다는 것을 보여라.

**문제 4.5** 만일 $f(z)$는 원판 $|z|<1$에서 해석적이고 0이 아니면, $0<r<1$에 대하여

$$\exp\left(\frac{1}{2\pi}\int_0^{2\pi}\log|f(re^{i\theta})|\right)=|f(0)|$$

임을 보여라.

**문제 4.6** 다항식 $P(z)=z^4+4z-1$은 원판 $|z|<\frac{1}{3}$에서 1개의 영점을 갖고 나머지 3개의 영점은 $\frac{1}{3}<|z|<2$ 에서 가짐을 보여라.

**문제 4.7** 만일 $a>e$이면, 방정식 $e^z=az^n$은 단위원의 내부에서 $n$개의 근을 가짐을 보여라. $n=2$ 일 때, 두 근은 모두 실근임을 보여라.

**문제 4.8** $a>1$일 때, $f(z)=z+e^{-z}$은 우반평면에 있는 꼭 한 점에서 $a$를 취함을 보여라.

**문제 4.9** $R$이 아무리 작더라도, 충분히 큰 $n$에 대하여 함수

$$1+\frac{1}{z}+\frac{1}{2!z^2}+\cdots+\frac{1}{n!z^n}$$

의 모든 영점은 원판 $|z|<R$에 놓여있음을 보여라.

**문제 4.10** $\{f_n(z)\}$는 영역 $D$의 모든 긴밀부분집합 위에서 $f(z)$로 평등수렴하는 해석함수열이라 하자. $z_n \in D$에 대하여 $f_n(z_n)=0$이라 하자. $D$에 속하는 $\{z_n\}$의 모든 극한점은 $f(z)$의 영점임을 보여라.

**문제 4.11** $f(z)$는 $z=z_0$에서 해석적이고 $f(z)-f(z_0)$는 $z_0$에서 중복도 $n$의 영점을 갖는다고 하자. 그러면 근방 $N_\delta(z_0), N_\epsilon(f(z_0))$가 존재하여 $N_\epsilon(f(z_0))$의 각 점은 $N_\delta(z_0)$에서 적어도 한 점 이상 많아야 $n$개의 서로 다른 점들의 상(image)임을 보여라.

**문제 4.12** 만일 함수 $f(z)$는 $z_0$에서 해석적이고 $f'(z_0)\neq 0$이면, $z_0$의 어떤 근방에서 $f(g(z))=z$를 만족하는 해석함수 $g(z)$가 존재함을 보여라. 이를 **역함수정리**(inverse function theorem)라고 한다.

9장

# 로랑급수와 유수정리

1. 특이점의 분류
2. 로랑급수
3. 실적분의 계산

이 장에서는 함수 $f(z)$가 점 $z_0$에서 해석적이 아닐 때 그 점에서 함수의 움직임을 살펴볼 것이다. 이러한 경우에는 함수 $f(z)$가 테일러 급수로 전개될 수 없지만, 로랑급수로 전개될 수 있다는 것을 보일 것이다. 또한, 7장과 8장에서 다룬 복소적분방법은 실가함수의 정적분을 계산하는 데 이용될 수 있다는 것을 보일 것이다.

## 1. 특이점의 분류

일가함수 $f(z)$가 점 $z_0$에서 **특이성(singularity)**을 갖는다는 것은 $f(z)$가 점 $z_0$에서 해석적이 아닐 때를 말한다. 이러한 점은 **특이점(singular point)**이라 한다.

$f(z)$는 점 $z_0$에서 해석적이 아니지만, $z_0$가 제거된 $z_0$의 근방에서 해석적일 때, $f(z)$는 $z_0$에서 **고립특이성(isolated singularity)**을 갖는다고 한다. 이러한 점 $z_0$은 **고립특이점(isolated singular point)**이라고 한다.

고립특이점 $z_0$의 근방에서 함수 $f(z)$의 움직임은 다음과 같이 분류할 수 있다.

(i) $f(z)$는 $z_0$가 제거된 $z_0$의 근방에서 유계이다.

(ii) $\lim_{z \to z_0} f(z) = \infty$

(iii) $f(z)$는 (i)과 (ii)를 모두 만족하지 않는다.

**예제 1.1** (i) 함수 $f(z) = \dfrac{\sin z}{z}, z \neq 0$는 원점이 제거된 원점의 근방에서 유계이다. 왜냐하면, $\lim_{z \to 0} \dfrac{\sin z}{z} = 1$이므로, 임의의 $\epsilon > 0$에 대하여 $\delta > 0$가 존재하여 $0 < |z| < \delta$일 때 $\left| \left| \dfrac{\sin z}{z} \right| - 1 \right| \leq \left| \dfrac{\sin z}{z} - 1 \right| < \epsilon$이 성립한다. 이것은 $\epsilon = 1$일 때도 성립한다. 그러므로 $0 < |z| < \delta$일 때 $0 < \left| \dfrac{\sin z}{z} \right| < 2$이다. $z \neq 0$일 때

$$
\begin{aligned}
f(z) = \frac{\sin z}{z} &= \frac{1}{z}\left(z - \frac{1}{3!}z^3 + \frac{1}{5!}z^5 - \cdots\right) \\
&= 1 - \frac{1}{3!}z^2 + \frac{1}{5!}z^4 - \cdots
\end{aligned}
$$

이므로, 만일

$$g(z) := \begin{cases} f(z), & z \neq 0 \\ 1, & z = 0 \end{cases}$$

이라 정의하면, $g(z)$는 원점에서 해석적이다.

(ii) 함수 $f(z) = \frac{1}{z}$, $z \neq 0$은 원점에서 고립특이성을 갖고 $\lim_{z \to 0} \frac{1}{z} = \infty$이다.

(iii) $f(z) = e^{\frac{1}{z}}, z \neq 0$에 대하여 $z = x$는 실수일 때 다음을 알 수 있다.

$$\lim_{x \to 0+} e^{\frac{1}{x}} = \infty, \quad \lim_{x \to 0-} e^{\frac{1}{x}} = 0$$

따라서 원점의 어떤 근방에서도 $e^{\frac{1}{z}}$은 유계도 아니고 $\infty$로 접근하지도 않는다.

(iii)에서 보여준 예로 인하여 모든 고립특이성은 (i), (ii), 또는 (iii)과 같은 세 가지로 분류한다. 이러한 세 가지 고립특이성은 중요한 특성을 갖는다. 그 특성은 다음 세 정리에서 얻어질 것이다.

**▶정리 1.2** **(리만 정리)** 만일 $f(z)$는 점 $z_0$에서 고립특이성을 갖고 $z_0$가 제거된 $z_0$의 근방 $N_r'(z_0)$에서 유계이면, $f(z)$는 $z_0$에서 해석적이 되도록 $f(z_0)$을 정의할 수 있다.

증명 함수 $h(z) = \begin{cases} (z - z_0)^2 f(z), & z \in N_r'(z_0) \\ 0, & z = z_0 \end{cases}$에 대하여 $h'(z_0) = 0$임을 쉽게 알 수 있다. 그러므로 $h(z)$는 $N_r(z_0)$에서 해석적이다. 따라서 $h(z)$는 다음과 같이 거듭제곱급수로 나타낼 수 있다.

$$h(z) = \sum_{n=0}^{\infty} c_n (z - z_0)^n = \sum_{n=2}^{\infty} c_n (z - z_0)^n, \quad z \in N_r(z_0)$$

$z \neq z_0$일 때 $(z - z_0)^2 f(z) = \sum_{n=2}^{\infty} c_n (z - z_0)^n$이므로,

$$f(z) = \sum_{n=2}^{\infty} c_n (z - z_0)^{n-2} = \sum_{n=0}^{\infty} c_{n+2} (z - z_0)^n$$

이다. 이때, $N_r(z_0)$에 놓여있는 $z_0$을 에워싼 단일폐등심선 $C$에 대하여 $f(z_0)$

을 다음과 같이 정의하자.

$$f(z_0) = c_2 = \frac{1}{2\pi i}\int_C \frac{f(z)}{z-z_0}dz$$

그러면 다음을 얻는다.

$$f(z) = \sum_{n=0}^{\infty} c_{n+2}(z-z_0)^n, \quad z \in N_r(z_0)$$

이것은 정리를 증명한다.

**따름정리 1.3** 만일 함수 $f(z)$는 점 $z_0$에서 고립특이성을 갖고 $z_0$의 어떤 근방에서 유계이면, $\lim_{z \to z_0} f(z)$가 존재한다.

**증명** 정리 1.2의 증명에서와 같이,

$$f(z) = \sum_{n=0}^{\infty} c_{n+2}(z-z_0)^n, \; f(z_0) = c_2 := \frac{1}{2\pi i}\int_C \frac{f(z)}{z-z_0}dz$$

로 정의하자. 그러면 $f(z)$는 $z_0$에서 해석적이다. 해석함수는 연속이므로, $\lim_{z - z_0} f(z) = f(z_0)$이다. 그러므로 $\lim_{z \to z_0} f(z)$는 존재한다.

정리 1.2의 조건들을 만족하는 함수는 $z = z_0$에서 특이성을 갖고 있다. 왜냐하면 그 함수는 $z = z_0$에서 정의되어 있지 않기 때문이다.

만일 함수 $f(z)$는 점 $z_0$에서 고립특이성을 갖고 $\lim_{z \to z_0} f(z)$가 존재하면, 그 특이성은 **제거가능특이성**(removable singularity)이라 한다. 이러한 점은 **제거가능특이점**(removable singular point)이라 한다. 만일 함수 $f(z)$는 점 $z_0$에서 고립특이성을 갖고 $z_0$의 어떤 근방에서 유계이면, 따름정리 1.3에 의하여 $z_0$는 제거가능특이점이다. 실제로, 제거가능특이성을 갖는 함수는 해석함수로 간주한다. 예를 들어, 함수 $\frac{\sin z}{z}$는 정함수 $f(z)$로 간주한다. 이때 $f(0) = \lim_{z \to 0} \frac{\sin z}{z} = 1$로 생각한다. 이 함수에 대한 매클로린 급수전개는 다음과 같다.

$$f(z) = \frac{\sin z}{z} = \frac{1}{z}(z - \frac{1}{3!}z^3 + \frac{1}{5!}z^5 - \cdots) = 1 - \frac{1}{3!}z^2 + \frac{1}{5!}z^4 - \cdots$$

$z_0$가 제거된 $z_0$의 근방에서 해석적인 함수 $f(z)$가 위수 $k$의 극 $z_0$를 갖는다는 것은

$$\lim_{z \to z_0}(z - z_0)^k f(z) = A \neq 0, \infty$$

일 때를 말한다. 이제 (ii)와 같은 특이성을 특성화하자.

**▶정리 1.4** 만일 함수 $f(z)$는 점 $z_0$에서 고립특이성을 갖고 $\lim_{z \to z_0} f(z) = \infty$ 이면, $f(z)$는 점 $z_0$에서 극을 갖는다.

**증명** $\lim_{z \to z_0} f(z) = \infty$ 이므로, $g(z) = \frac{1}{f(z)}$ 는 $z_0$가 제거된 $z_0$의 어떤 근방 $N_r'(z_0)$에서 유계이다. 정리 1.2에 의하여 $g(z)$는 $z_0$에서 제거가능특이성을 가지므로, $g(z)$는 다음과 같이 나타낼 수 있다.

$$g(z) = \frac{1}{f(z)} = \sum_{n=0}^{\infty} a_n (z - z_0)^n, \ \ z \in N_r(z_0)$$

따라서 다음을 알 수 있다.

$$a_0 = \lim_{z \to z_0} g(z) = \lim_{z \to z_0} \frac{1}{f(z)} = 0$$

한편, $g(z)$의 계수는 모두 0이 될 수 없다. 왜냐하면 만일 $g(z)$의 계수가 모두 0이라면, $N_r'(z_0)$에서 $f(z) \equiv \infty$을 의미하기 때문이다.

이제 $a_k$는 $g(z)$의 계수 중에서 0이 아닌 최초의 계수라고 하면, $g(z)$는 다음과 같이 쓸 수 있다.

$$g(z) = \frac{1}{f(z)} = \sum_{n=k}^{\infty} a_n (z - z_0)^n$$

즉,

$$\frac{1}{(z-z_0)^k f(z)} = \sum_{n=k}^{\infty} a_n (z-z_0)^{n-k}.$$

따라서 다음을 얻는다.

$$\lim_{z \to z_0} \frac{1}{(z-z_0)^k f(z)} = a_k \neq 0$$

즉,

$$\lim_{z \to z_0} (z-z_0)^k f(z) = \frac{1}{a_k} \neq 0.$$

그러므로 $f(z)$는 점 $z_0$에서 위수가 $k$인 극을 갖는다.

(참고) 만일 $f(z)$는 $z=z_0$에서 극을 가지면, 정의에 의하여 $\lim_{z \to z_0} f(z) = \infty$ 이다. 그러므로 정리 1.4에 의하여 고립특이점 $z=z_0$가 극이기 위한 필요충분조건은 $\lim_{z - z_0} f(z) = \infty$ 이다.

**따름정리 1.5** 만일 함수 $f(z)$는 점 $z_0$에서 고립특이성을 갖고 $\lim_{z \to z_0} f(z) = \infty$ 이면, 함수 $f(z)$는 점 $z_0$에서 위수 $k$의 극을 갖는다. 이때, $f(z)$는 다음과 같이 표현될 수 있다.

$$f(z) = \sum_{n=-k}^{\infty} b_n (z-z_0)^n$$

**증명** 정리 1.4의 증명으로부터

$$\frac{1}{(z-z_0)^k f(z)} = a_k + a_{k+1}(z-z_0) + \cdots \quad (a_k \neq 0)$$

는 점 $z_0$에서 해석적임을 알 수 있다. $a_k \neq 0$이므로, 연속성에 의하여

$$\frac{1}{(z-z_0)^k f(z)} \neq 0$$

이 되는 $z_0$의 근방이 존재한다. 따라서 $(z-z_0)^k f(z)$는 $z_0$에서 해석적이고, 이 근방에서

$$(z-z_0)^k f(z) = \sum_{m=0}^{\infty} c_m (z-z_0)^m \quad (c_0 = \frac{1}{a_k} \neq 0)$$

이 성립한다. 즉,

$$f(z) = \sum_{m=0}^{\infty} c_m (z-z_0)^{m-k}.$$

이때, $n = m-k, b_n = c_{m+k}$라 놓으면, 다음을 얻는다.

$$f(z) = \sum_{n=-k}^{\infty} b_n (z-z_0)^n$$

제거가능특이점도 아니고 극도 아닌 고립특이점은 **고립진성특이점**(isolated essential singular point)이라 한다.

**▸정리 1.6** (Casorati–Weierstrass **정리**) 만일 함수 $f(z)$는 점 $z_0$에서 고립진성특이성을 가지면, $z_0$가 제거된 $z_0$의 각 근방에서 $f(z)$는 모든 복소수에 접근한다.

증명 어떤 복소수 $a$와 어떤 제거된 근방 $0 < |z-z_0| < \delta$의 모든 $z$에 대하여

$$|f(z)-a| \geqq \epsilon > 0$$

이라 가정하다. 이때 $g(z) = \dfrac{1}{f(z)-a}$로 놓으면,

$$|g(z)| = \left|\frac{1}{f(z)-a}\right| \leqq \frac{1}{\epsilon}$$

이므로, 정리 1.2에 의하여 $g(z)$는 제거가능특이점을 갖는다. 그러므로 $g(z)$는 다음과 같이 쓸 수 있다.

$$g(z) = \frac{1}{f(z)-a} = a_0 + a_1(z-z_0) + a_2(z-z_0)^2 + \cdots$$

이때 $\lim_{z\to z_0}\frac{1}{f(z)-a}=a_0$이다.

만일 $a_0\neq 0$이면, $\lim_{z\to z_0}f(z)=\frac{1}{a_0}+a$이므로, $f(z)$는 $z_0$에서 제거가능특이성을 갖는다. 이것은 고립진성특이성에 모순이다.

만일 $a_0=0$이면, $a_k$는 $g(z)$의 계수 중에서 0이 아닌 최초의 계수라고 가정하자. 그러면

$$\frac{1}{(z-z_0)^k(f(z)-a)}=a_k+a_{k+1}(z-z_0)+\cdots$$

을 얻는다. 이 경우에

$$\lim_{z\to z_0}(z-z_0)^k(f(z)-a)=\lim_{z\to z_0}(z-z_0)^kf(z)=\frac{1}{a_k}$$

이므로, $f(z)$는 $z_0$에서 위수 $k$의 극을 갖는다. 이것은 고립진성특이성에 모순이다. 그러므로 $z_0$가 제거된 $z_0$의 각 근방에서 $f(z)$는 모든 복소수에 접근한다.

**따름정리 1.7** 만일 함수 $f(z)$는 점 $z_0$에서 고립진성특이성을 가지면, 임의의 복소수 $a$ 에 대하여 복소수열 $\{z_n\}$이 존재하여 $\lim_{n\to\infty}z_n=z_0$이고 $\lim_{n\to\infty}f(z_n)=a$이다.

**증명** 각 자연수 $n$에 대하여 $\delta_n>0$이고 $\lim_{n\to\infty}\delta_n=0$인 수열 $\{\delta_n\}$을 취하자. 그러면 정리 1.6에 의하여 $0<|z_n-z_0|<\delta_n$에 대하여 $|f(z_n)-a|<\frac{1}{n}$을 만족하는 복소수열 $\{z_n\}$이 존재한다. 따라서 $z_n\to z_0$일 때 $f(z_n)\to a$이다.

다음 정리는 정리 1.6을 일반화한 것이다.

**정리 1.8** **(Picard 대정리)** 고립진성특이점의 근방에서 함수는 하나의 복소수를 제외하고 각 복소수를 무한 번 취한다.

**예제 1.9** $f(z)=e^{\frac{1}{z}}$은 $z=0$에서 고립진성특성을 갖고 절대로 0을 취하지 않는다. Picard 대정리에 의하여 $f(z)=e^{\frac{1}{z}}$은 원점의 근방에서 0 이외의 모든 복소수를 무한 번 취한다. 예를 들어, $e^{\frac{1}{z}}=i$를 만족하는 원점의 각 근방의 점 $z$를 구해 보자. $Re\, z=0$ 일 때에만 $|e^{\frac{1}{z}}|=|i|=1$이 성립한다. 따라서 $z=yi$로 놓으면,

$$e^{\frac{1}{yi}}=e^{-\frac{i}{y}}=\cos\frac{1}{y}-i\sin\frac{1}{y}=i$$

이기 위한 필요충분조건은 $\frac{1}{y}=-\frac{\pi}{2}+2n\pi$ ($n$은 정수)이다. 이때

$$z_n=\frac{1}{(-\pi/2+2n\pi)i}$$

로 놓으면, 각 자연수 $n$에 대하여 $e^{\frac{1}{z_n}}=i$가 된다. 각 자연수 $n$에 대하여 $z_n$은 원점의 각 근방에 속한다.

만일 함수 $f(z)$는 $\infty$가 제거된 $\infty$의 근방 $R<|z|<\infty$에서 해석적이면, $f(z)$는 $\infty$에서 고립특이성을 갖는다. $f(z)$는 $|z|>R$에서 해석적이기 위한 필요충분조건은 $f(\frac{1}{z})$는 $|\frac{1}{z}|<\frac{1}{R}$에서 해석적이다. 그러므로 $f(z)$는 $z=\infty$에서 고립특이성을 갖기 위한 필요충분조건은 $f(\frac{1}{z})$는 $z=0$에서 고립특이성을 갖는다. 더욱이, $f(z)$가 $z=\infty$에서 제거가능특이성(극, 고립진성특이성)을 갖는다는 것은 $f(\frac{1}{z})$이 $z=0$에서 제거가능특이성(극, 고립진성특이성)을 가질 때라고 정의한다.

**예제 1.10** 함수 $f(z)=z^2+1$은 $z=\infty$에서 위수 2의 극을 갖는다. 왜냐하면 $f(\frac{1}{z})=\frac{1}{z^2}+1$은 $z=0$에서 위수 2의 극을 갖기 때문이다.

**예제 1.11** 함수 $f(z)=e^z$는 $z=\infty$에서 고립진성특이성을 갖는다. 왜냐하면 $f(\frac{1}{z})=e^{1/z}$는 $z=0$에서 고립진성특이성을 갖기 때문이다.

이러한 정의와 함께, 정함수의 새로운 움직임을 살펴볼 수 있다. 만일 $f(z)=\sum_{n=0}^{k} a_n z^n$은 $k$차 다항식이면, $f(\frac{1}{z})=\frac{1}{z^k}(a_k+\sum_{n=0}^{k-1} a_n z^{n-k})$은 $z=0$에서 위수 $k$의 극을 갖는다. 그러므로 $f(z)$는 $z=\infty$에서 위수 $k$의 극을 갖는다. 8.2절의 정리 2.6은 정리 1.4의 특별한 경우라는 것을 알 수 있다. 즉, 다항식 $f(z)$에 대하여 $\lim_{z\to\infty} f(z)=\infty$이다. 왜냐하면 다항식 $f(z)$는 $z=\infty$에서 극을 갖기 때문이다.

정함수 $f(z)$는 $z=\infty$에서 위수 $k$의 극을 갖기 위한 필요충분조건은

$$\lim_{z\to 0} z^k f(\frac{1}{z})=\lim_{z\to\infty}\frac{f(z)}{z^k}=A\neq 0,\infty$$

이다.

더욱이, 만일 정함수 $f(z)$에 대하여 $\lim_{z\to\infty}\frac{f(z)}{z^k}=A\neq 0,\infty$이면, 충분히 큰 $r$에 대하여 $|z|=r$일 때 $|f(z)|\leq Mr^k$이므로, 8.2절의 정리 2.5에 의하여 $f(z)$는 $k$차 다항식이다. 따라서 초월정함수는 $z=\infty$에서 극을 가질 수 없다. 즉, 초월정함수는 $z=\infty$에서 고립진성특이성을 갖는다.

8.2절의 정리 2.3과 이 절의 정리 1.6을 비교해 보자. 8.2절의 정리 2.3은 단순히 상수가 아닌 정함수가 모든 복소수에 임의로 접근할 수 있다는 것이다. 그러나 정리 1.6은 초월정함수가 모든 원 $|z|=R$의 외부에 있는 모든 복소수에 임의로 접근할 수 있다는 것이다. 물론 상수가 아닌 초월정함수(다항식)의 움직임은 8.2절에서 이미 충분히 알아보았다.

다음에, 고립이 아닌 특이성에 대한 예를 살펴보자.

**예제 1.12** 함수 $f(z)=\frac{1}{\sin(1/z)}$에 대한 극한 $\lim_{z\to 0} f(z)$는 존재하지 않으므로, $f(z)$는 원점에서 특이성을 갖는다. 더 나아가, $z_n=\frac{1}{n\pi}$($n$은 정수)도 $f(z)$의 특이점이다. $\lim_{n\to\infty} z_n=0$ 이므로, 원점이 제거된 원점의 각 근방은 $f(z)$의 특이점을

포함한다. 따라서 $f(z)$는 $z=0$ 에서 고립이 아닌 특이점이다.

(참고) 제거가능특이점, 극, 진성특이점 등은 일가함수의 유일한 고립특이점이라는 것을 알았다. 원점은 다가함수 $\log z$에 대한 고립특이점으로 생각할 수 있다. 왜냐하면 $\log z$의 어떤 분지는 원점 이외의 다른 점에서 해석적이기 때문이다. 점 $z_0$가 함수 $f(z)$의 **분지점(branch point)**이라는 것은 $z_0$을 내부의 점으로 포함하는 각 단일폐곡선 $C$에 대하여 $z$가 $C$를 따라갈 때 $f(z)$가 본래의 값으로 되돌아오지 않을 때를 말한다. 원점은 $\log z$에 대한 분지점이다. 일가함수가 아닌 모든 다가함수는 분지점을 갖는다. 해석함수는 일가함수이므로, 어떤 고립특이점도 분지점이 될 수 없다.

**문제 1.1** 만일 함수 $f(z)$는 점 $z_0$에서 고립특이성을 갖고 $\lim_{z\to z_0}(z-z_0)^{\alpha}f(z)=M\neq 0,\infty$ 이면, $\alpha$는 정수임을 증명하여라.

**문제 1.2** 만일 함수 $f(z)$는 원점이 제거된 어떤 원점의 근방에서 해석적이고 $\lim_{z\to 0}zf(z)=0$이면, 원점은 $f(z)$의 제거가능특이점임을 보여라.

**문제 1.3** $\tan z$는 $\pm i$를 함숫값으로 갖지 않음을 보여라. 이것은 Picard 정리에 모순인가?

**문제 1.4** 다음 각 함수에 대한 모든 특이점을 구하고, 그 특이성을 분류하여라.

(a) $\tan z$ (b) $\dfrac{1}{e^{1/z}+1}$ (c) $\dfrac{1}{\sin z-\cos z}$

(d) $e^{z+\frac{1}{z}}$ (e) $\dfrac{(z-1)^{1/2}}{z+1}$

**문제 1.5** 다음 각 함수에 대하여 $z=\infty$의 특이성을 분류하여라.

(a) $\dfrac{2z^2+1}{3z^2-10}$ (b) $\dfrac{z^2}{z+1}$ (c) $\dfrac{z^2+10}{e^z}$

(d) $\dfrac{e^z}{z^2+10}$ (e) $\tan z-z$ (f) $\dfrac{1}{z}+\sin z$

**문제 1.6** 임의의 서로 다른 복소수 $z_0, z_1, z_2$에 대하여 $z_0$는 제거가능특이점, $z_1$은 위수 $k$의 극, 그리고 $z_2$는 진성특이점으로 갖는 함수 $f(z)$를 구하여라.

**문제 1.7** $f(z)$는 확장된 복소평면에서 극 이외의 다른 특이점을 갖지 않기 위한 필요충분조건은 $f(z)$는 유리함수임을 보여라.

**문제 1.8** 만일 함수 $f(z)$는 점 $z_0$로 수렴하는 복소수열 $\{z_n\}$에서 극을 가지면, $z_0$은 $f(z)$의 극이 아님을 보여라.

**문제 1.9** 만일 함수 $f(z)$는 점 $z_0$에서 위수 $m$의 극을 갖고, $P(z)$는 $n$차 다항식이면, $P(f(z))$는 점 $z_0$에서 위수 $mn$의 극을 가짐을 보여라.

## 2. 로랑급수

점 $z_0$에서 해석적인 함수 $f(z)$는 $z_0$의 어떤 근방에서 $f(z)=\sum_{n=0}^{\infty}a_n(z-z_0)^n$과 같은 거듭제곱급수로 나타낼 수 있다는 것을 안다. 만일 $f(z)$는 $z=z_0$에서 위수 $k$의 극을 가지면, 따름정리 1.5에 의하여 $z_0$가 제거된 어떤 근방에서 $f(z)=\sum_{n=-k}a_n(z-z_0)^n, a_{-k}\neq 0$와 같은 급수가 존재한다는 것을 안다.

이 절에서는 다음과 같은 급수를 특성화할 것이다.

$$\sum_{n=-\infty}^{\infty}a_n(z-z_0)^n$$

급수 $\sum_{n=1}^{\infty}b_n(\frac{1}{z-z_0})^n$은 $\frac{1}{z-z_0}$에 관한 거듭제곱급수로 볼 수 있다. 만일 그 급수의 수렴반경은 $R$이라면, 그 급수는 $\frac{1}{|z-z_0|}<R$, 즉 $|z-z_0|>\frac{1}{R}=R_1$에서 절대수렴한다. 따라서 그 급수는 $|z-z_0|>R_1$에서 해석적이다. 이때 이 급수는 함수 $f_1(z)$를 나타낸다. 또한, 만일 급수 $\sum_{n=0}^{\infty}a_n(z-z_0)^n$의 수렴반경은 $R_2$이라면, $f_2(z)=\sum_{n=0}^{\infty}a_n(z-z_0)^n$는 $|z-z_0|<R_2$에서 해석적이다. 이때, 만일 $R_1<R_2$이면 $f_1(z)$와 $f_2(z)$는 모두 $R_1<|z-z_0|<R_2$에서 해석적이다. 따라서 함수

$$f(z)=f_1(z)+f_2(z)=\sum_{n=1}^{\infty}b_n(z-z_0)^{-n}+\sum_{n=0}^{\infty}a_n(z-z_0)^n$$

은 $R_1<|z-z_0|<R_2$에서 해석적이다. $b_n=a_{-n}$으로 놓으면, 다음을 얻는다.

$$f(z)=\sum_{n=-\infty}^{\infty}a_n(z-z_0)^n$$

이러한 형식의 급수는 **로랑(Laurant)급수**라고 한다.

이제 고리에서 해석적인 함수는 로랑급수를 갖는다는 것을 보이자.

**정리 2.1** **(로랑 정리)** 만일 함수 $f(z)$는 $R_1<|z-z_0|<R_2$에서 해석적이면, $f(z)$ 은

다음과 같은 로랑급수로 전개할 수 있다.

$$f(z) = \sum_{n=-\infty}^{\infty} a_n (z - z_0)^n, \quad a_n = \frac{1}{2\pi i}\int_C \frac{f(\zeta)}{(\zeta - z_0)^{n+1}} d\zeta$$

여기서 $C$는 $R_1 < |z - z_0| < R_2$에 포함된 $z_0$을 에워싼 임의의 단일폐등심선으로서 시계반대방향으로 완전히 일회전하는 것이다.

증명 $f(z)$는 다중연결영역 $(R_1 <)R_1' < |z - z_0| < R_2'(< R_2)$에서 해석적이다. 그의 경계

$$C_1 : |z - z_0| = R_1', \quad C_2 : |z - z_0| = R_2'$$

는 시계반대방향으로 일회전하는 원들일 때 $R_1' < |z - z_0| < R_2'$에 속하는 점 $z$에 대하여 코시의 적분공식을 적용하면, 다음을 얻는다.

$$f(z) = \frac{1}{2\pi i}\int_{C_2} \frac{f(\zeta)}{\zeta - z} d\zeta - \frac{1}{2\pi i}\int_{C_1} \frac{f(\zeta)}{\zeta - z} d\zeta$$

첫 번째 복소적분을 살펴보자. $\zeta \in C_2$에 대하여 $\left|\frac{z - z_0}{\zeta - z_0}\right| < 1$이므로, 다음을 알 수 있다.

$$\frac{1}{\zeta - z} = \frac{1}{(\zeta - z) - (z - z_0)} = \frac{1}{(\zeta - z)(1 - \dfrac{z - z_0}{\zeta - z_0})}$$

$$= \frac{1}{\zeta - z}\sum_{n=0}^{\infty}\left(\frac{z - z_0}{\zeta - z_0}\right)^n = \sum_{n=0}^{\infty}\frac{1}{(\zeta - z_0)^{n+1}}(z - z_0)^n$$

이 급수는 $C_2$ 위에서 평등수렴한다. 따라서 8.1절의 따름정리 1.6에 의하여 다음을 얻는다.

$$\frac{1}{2\pi i}\int_{C_2} \frac{f(\zeta)}{\zeta - z} d\zeta = \sum_{n=0}^{\infty}\left(\frac{1}{2\pi i}\int_{C_2} \frac{f(\zeta)}{(\zeta - z_0)^{n+1}}(z - z_0)^n d\zeta\right)$$

$$= \sum_{n=0}^{\infty}\left(\frac{1}{2\pi i}\int_{C_2} \frac{f(\zeta)}{(\zeta - z_0)^{n+1}} d\zeta\right)(z - z_0)^n$$

$$= \sum_{n=0}^{\infty} a_n (z-z_0)^n$$

여기서

$$a_n = \frac{1}{2\pi i}\int_{C_2} \frac{f(\zeta)}{(\zeta - z_0)^{n+1}} d\zeta \ (n = 0, 1, 2, \cdots)$$

이다.

$f(z)$는 점 $z_0$에서 해석적이 아닐 수도 있으므로, 일반적으로 $a_n \neq \frac{f^{(n)}(z_0)}{n!}$ 이다.

다음에, 두 번째 복소적분을 살펴보자. $\zeta \in C_1$에 대하여 $\left| \frac{\zeta - z_0}{z - z_0} \right| < 1$이므로, 다음을 알 수 있다.

$$-\frac{1}{\zeta - z} = \frac{1}{(z-z_0)(1 - \frac{\zeta - z_0}{z - z_0})}$$

$$= \sum_{m=0}^{\infty} \frac{(\zeta - z_0)^m}{(z-z_0)^{m+1}}$$

이 급수는 $C_1$ 위에서 평등수렴한다. 따라서 8.1절의 따름정리 1.6에 의하여 다음을 얻는다.

$$-\frac{1}{2\pi i}\int_{C_1} \frac{f(\zeta)}{\zeta - z} d\zeta = \sum_{m=0}^{\infty} \left(\frac{1}{2\pi i}\int_{C_1} \frac{f(\zeta)}{(z-z_0)^{m+1}} (\zeta - z_0)^m d\zeta\right)$$

$$= \sum_{n=0}^{\infty} \left(\frac{1}{2\pi i}\int_{C_1} f(\zeta)(\zeta - z_0)^m d\zeta\right) \frac{1}{(z-z_0)^{m+1}}$$

만일 $n = m+1$ 로 놓으면 다음을 얻는다.

$$-\frac{1}{2\pi i}\int_{C_1} \frac{f(\zeta)}{(\zeta - z)^{-n+1}} d\zeta = \sum_{n=1}^{\infty} a_{-n} (z-z_0)^{-n}$$

여기서

$$a_{-n} = \frac{1}{2\pi i}\int_{C_1} \frac{f(\zeta)}{(\zeta - z_0)^{-n+1}} d\zeta \ (n = 1, 2, \cdots)$$

이다. 그러므로 다음을 얻는다.

$$f(z) = \frac{1}{2\pi i}\int_{C_2} \frac{f(\zeta)}{\zeta - z} d\zeta - \frac{1}{2\pi i}\int_{C_1} \frac{f(\zeta)}{\zeta - z} d\zeta$$
$$= \sum_{n=-\infty}^{\infty} a_n (z - z_0)^n$$

이제 점 $z_0$에 관하여 시계반대방향으로 완전히 일회전하면서 $R_1' < |z - z_0| < R_2'$에 포함된 임의의 단일폐등심선 $C$를 취하자. $\frac{f(\zeta)}{\zeta - z_0}$는 폐등심선 $C_1$과 $C$ (또는 $C_2$와 $C$) 로 둘러싸인 영역에서 해석적이므로, 코시의 적분공식에 의하여 계수들이 $C_1, C_2$ 대신에 $C$ 에 의하여 계산될 수 있다. 따라서 다음을 알 수 있다.

$$a_n = \frac{1}{2\pi i}\int_{C} \frac{f(\zeta)}{(\zeta - z_0)^{n+1}} d\zeta \ (n = 0, \pm 1, \pm 2, \cdots)$$

$R_1', R_2'$ 는 각각 $R_1, R_2$에 임의로 가깝게 취해질 수 있으므로, 이것은

$$R_1 < |z - z_0| < R_2$$

의 모든 $z$에 대하여 성립한다.

참고) $R_1 < |z - z_0| < R_2$에서 $f(z)$의 로랑급수전개, 즉,

$$f(z) = \sum_{n=-\infty}^{\infty} a_n (z - z_0)^n$$

에서 $z - z_0$의 음이 아닌 정수 거듭제곱들의 급수는 원 $|z - z_0| = R_2$의 내부에서 수렴하고, $z - z_0$의 음의 정수 거듭제곱들의 급수는 원 $|z - z_0| = R_1$의 외부에서 수렴한다. 이때 $z - z_0$ 의 음의 정수 거듭제곱들의 급수, 다시 말해 $\sum_{n=-\infty}^{-1} a_n (z - z_0)^n$은 로랑급수의 **주부(principal part)**라 하고, 음이 아닌 거듭

제곱들의 급수, 즉 $\sum_{n=0}^{\infty} a_n(z-z_0)^n$은 **해석부(analytic part)**라 한다.

참고2 $R_1 = 0$인 특별한 경우에 점 $z_0$는 $f(z)$의 고립특이점이다. 이때 로랑급수의 주부가 0이기 위한 필요충분조건은 $z_0$는 제거가능특이점이다. 주부가 유한개의 항을 갖기 위한 필요충분조건은 $z_0$는 극이다. 주부가 무한개의 항을 갖기 위한 필요충분조건은 $z_0$는 진성특이점이다.

참고3 해석함수에 대한 거듭제곱급수 전개와 같이, 함수의 로랑급수전개도 유일하다. 즉, 만일

$$f(z) = \sum_{n-\infty}^{\infty} a_n(z-z_0)^n$$

$$= \sum_{n=-\infty}^{\infty} b_n(z-z_0)^n \ (R_1 < |z-z_0| < R_2)$$

이면, 각 정수 $n$에 대하여 $a_n = b_n$이다. 왜냐하면 임의의 정수 $k$에 대하여 각 로랑급수는 $z_0$을 에워싸고, $R_1 < |z-z_0| < R_2$에 포함된 원 $C$ 위에서 평등수렴한다. 따라서 다음을 얻는다.

$$\sum_{n=-\infty}^{\infty} a_n \int_C (z-z_0)^{n+k} dz = \sum_{-\infty}^{\infty} b_n \int_C (z-z_0)^{n+k} dz$$

$\int_C (z-z_0)^m dz = \begin{cases} 2\pi i, & m=-1 \\ 0, & m \neq -1 \end{cases}$ 이므로, 다음을 얻는다.

$$2\pi i a_{-k-1} = 2\pi i b_{-k-1}$$

그러므로 모든 정수 $k$에 대하여 $a_k = b_k$이다.

참고4 로랑급수 $f(z) = \sum_{n-\infty}^{\infty} a_n(z-z_0)^n$의 계수 $a_n$은 항상

$$a_n = \frac{1}{2\pi i}\int_C \frac{f(\zeta)}{(\zeta-z_0)^{n+1}} d\zeta \ (n = 0, \pm 1, \pm 2, \cdots)$$

에 의해서만 구해지는 것이 아니다. 다른 방법으로도 구할 수 있다. 특히, $z_0$을 둘러싸는 단일폐등심선 $C$에 대하여

$$\int_C (z-z_0)^n dz = \begin{cases} 2\pi i, & n=-1 \\ 0, & n \neq -1 \end{cases}$$

이므로, $\int_C f(z)dz = 2\pi i a_{-1}$이다. 그러므로 계수 $a_{-1}$은 복소적분 $\int_C f(z)dz$을 구할 때 중요한 역할을 한다.

이제 로랑급수의 계수를 다른 방법으로 구하는 예를 들어보자.

**예제 2.2** $\sin z = z - \frac{1}{3!}z^3 + \frac{1}{5!}z^5 - \cdots$ 이므로, $f(z) = \frac{\sin z}{z}$ $(|z| > 0)$의 로랑급수 전개는 다음과 같다.

$$f(z) = \frac{1}{z} - \frac{1}{3!}z^2 + \frac{1}{5!}z^4 - \cdots$$

따라서 함수 $f(z)$는 원점에서 단일극을 갖는다. $f(z)$의 주부는 $\frac{1}{z}$이므로, $\int_{|z|=1} \frac{\sin z}{z} dz = 2\pi i$이다.

**예제 2.3** $e^z = 1 + z + \frac{1}{2!}z^2 + \frac{1}{3!}z^3 + \cdots$ 이므로, $f(z) = e^{\frac{1}{z}}$ $(|z| > 0)$의 로랑급수전개는 다음과 같다.

$$f(z) = 1 + \frac{1}{z} + \frac{1}{2!}\frac{1}{z^2} + \frac{1}{3!}\frac{1}{z^3} + \cdots$$

따라서 $f(z)$는 원점에서 진성특이성을 갖는다. $f(z)$의 주부는 $\frac{1}{z} + \frac{1}{2!}\frac{1}{z^2} + \frac{1}{3!}\frac{1}{z^3} + \cdots$ 이고 $a_{-1} = 1$이므로, $\int_{|z|=1} e^{\frac{1}{z}} dz = 2\pi i$이다.

**예제 2.4** 함수 $f(z)=\dfrac{1}{z^2+1}=\dfrac{1}{(z+i)(z-i)}$는 $z=\pm i$에서 단일극을 갖는다. 우선 이 함수를 $0<|z-i|<2$에서 로랑급수 전개를 구해보자.

$$\frac{1}{z+i}=\frac{1}{2i[1+\frac{z-i}{2i}]}=\frac{1}{2i}\sum_{n=0}^{\infty}(-1)^n(\frac{z-i}{2i})^n$$

이므로, $0<|z-i|<2$에서 $f(z)$의 로랑급수는 다음과 같다.

$$\begin{aligned} f(z)&=\frac{1}{(z-i)(z+i)}=\frac{1}{2i(z-i)}\sum_{n=0}^{\infty}(-\frac{1}{2i})^n(z-i)^n \\ &=-\sum_{n=-1}^{\infty}(-\frac{1}{2i})^{n+2}(z-i)^n \\ &=-\sum_{n=-1}^{\infty}(\frac{i}{2})^{n+2}(z-i)^n \end{aligned}$$

이때, $f(z)$의 주부는 $-(\frac{i}{2})\frac{1}{z-i}$이고 $a_{-1}=-\frac{i}{2}$이다. 그러므로

$$\int_{|z-i|=1}\frac{1}{z^2+1}dz=-\frac{i}{2}\cdot 2\pi i=\pi$$

이다. 이것은 코시의 적분공식에 의하여 구할 수도 있다.

같은 방법으로 $0<|z+i|<2$에서 $f(z)=\dfrac{1}{z^2+1}=\dfrac{1}{(z+i)(z-i)}$의 로랑급수 전개를 구해보자.

$$\frac{1}{z-i}=\frac{1}{2i[1-\frac{z+i}{2i}]}=-\frac{1}{2i}\sum_{n=0}^{\infty}(\frac{z+i}{2i})^n$$

이므로, $0<|z+i|<2$에서 $f(z)$의 로랑급수는 다음과 같다.

$$\begin{aligned} f(z)=\frac{1}{z^2+1}=\frac{1}{(z+i)(z-i)}&=-\sum_{n=-1}^{\infty}(\frac{1}{2i})^{n+2}(z+i)^n \\ &=-\sum_{n=-1}^{\infty}(-\frac{i}{2})^{n+2}(z+i)^n \end{aligned}$$

이때 $f(z)$ 의 주부는 $\frac{i}{2}\frac{1}{z+i}$ 이고 $a_{-1}=\frac{i}{2}$ 이다. 그러므로

$$\int_{|z+i|=1}\frac{1}{z^2+1}dz=\frac{i}{2}\cdot 2\pi i=-\pi$$

이다. 이것은 코시의 적분공식에 의하여 구할 수도 있다.

다음의 복소적분은 코시의 적분공식에 의하여 쉽게 구할 수 있다.

$$\int_{|z|=2}\frac{1}{z^2+1}dz=\int_{|z|=2}\frac{1}{2i}\left(\frac{1}{z-i}-\frac{1}{z+i}\right)dz$$

$$=\frac{1}{2i}\left[\int_{|z|=2}\frac{1}{z-i}dz-\int_{|z|=2}\frac{1}{z+i}dz\right]=\frac{1}{2i}[2\pi i-2\pi i]=0$$

**예제 2.5** 함수 $f(z)=\frac{1}{(z-1)(z-2)}$ 는 $z=1$ 과 $z=2$ 에서 단일극을 갖는다.

(a) $0<|z-1|<1$ 에서 $f(z)$ 의 로랑급수 전개는 다음과 같다.

$$f(z)=\frac{1}{(z-1)(z-2)}=-\frac{1}{(z-1)[1-(z-1)]}=-\sum_{n=-1}^{\infty}(z-1)^n$$

$f(z)$ 의 주부는 $-\frac{1}{z-1}$ 이고 $a_{-1}=-1$ 이다. 그러므로

$$\int_{|z-1|=\frac{1}{2}}\frac{1}{(z-1)(z-2)}dz=-2\pi i$$

이다.

(b) $0<|z-2|<1$ 에서 $f(z)$ 의 로랑급수 전개는 다음과 같다.

$$f(z)=\frac{1}{(z-1)(z-2)}=\frac{1}{(z-2)[1+(z-2)]}=\sum_{n=-1}^{\infty}(-1)^{n+1}(z-2)^n$$

$f(z)$ 의 주부는 $\frac{1}{z-2}$ 이고 $a_{-1}=1$ 이다. 그러므로

$$\int_{|z-2|=\frac{1}{2}}\frac{1}{(z-1)(z-2)}dz=2\pi i$$

이다.

(c) $1 < |z| < 2$에서 $f(z)$의 로랑급수 전개는 다음과 같다.

$$f(z) = \frac{1}{(z-1)(z-2)} = \frac{1}{z-2} - \frac{1}{z-1} = -\frac{1}{2(1-\frac{z}{2})} - \frac{1}{z(1-\frac{1}{z})}$$

$$= -\frac{1}{2}\sum_{n=0}^{\infty}(\frac{z}{2})^n - \frac{1}{z}\sum_{n=0}^{\infty}(\frac{1}{z})^n$$

$$= -\sum_{n-\infty}^{-1} z^n - \sum_{n=0}^{\infty}\frac{1}{2^{n+1}}z^n$$

그러므로 $f(z)$의 주부는 $-\sum_{-\infty}^{-1} z^n$ 이고 $a_{-1} = -1$이다. 이때,

$$\int_{|z|=\frac{3}{2}} \frac{1}{(z-1)(z-2)}dz = -2\pi i$$

이다. 이것은 코시의 적분공식에 의하여 구할 수도 있다.

(d) $|z| < 1$에서 $f(z)$는 해석적이므로, $f(z)$의 매클로린 급수전개는 다음과 같다.

$$f(z) = \frac{1}{(z-1)(z-2)} = \frac{1}{z-2} - \frac{1}{z-1} = -\frac{1}{2(1-\frac{z}{2})} + \frac{1}{(1-z)}$$

$$= -\frac{1}{2}\sum_{n=0}^{\infty}(\frac{z}{2})^n + \sum_{n=0}^{n} z^n$$

$$= \sum_{n=0}^{\infty}(1 - \frac{1}{2^{n+1}})z^n$$

이때, 코시정리에 의하여 $\int_{|z|=\frac{1}{2}} \frac{1}{(z-1)(z-2)}dz = 0$이다.

(e) $|z| > 2$에서 $f(z)$의 로랑급수 전개는 다음과 같다.

$$f(z) = \frac{1}{(z-1)(z-2)} = \frac{1}{z-2} - \frac{1}{z-1} = \frac{1}{z(1-\frac{2}{z})} - \frac{1}{z(1-\frac{1}{z})}$$

9장 로랑급수와 유수정리

$$= \frac{1}{z}\sum_{n=0}^{\infty}(\frac{2}{z})^n - \frac{1}{z}\sum_{n=0}^{\infty}(\frac{1}{z})^n$$

$$= \sum_{n=-\infty}^{-1}(\frac{1}{2^{n+1}} - 1)z^n$$

그러므로 $f(z)$의 주부는 $\sum_{n=-\infty}^{-1}(\frac{1}{2^{n+1}} - 1)z^n$이고 $a_{-1} = 0$이다. 이때,

$$\int_{|z|=3}\frac{1}{(z-1)(z-2)}dz = 0$$

이다.

만일 $f(z)$는 $z = z_0$에서 단일극을 가지면, $\lim_{z\to z_0}(z-z_0)f(z) = a_{-1} \neq 0, \infty$ 이 존재하므로,

$$\begin{aligned}(z-z_0)f(z) &= a_{-1} + a_0(z-z_0) + a_1(z-z_0)^2 + \cdots \\ &= a_{-1} + g(z)\end{aligned}$$

로 놓을 수 있다. 여기서 $g(z)$는 $z = z_0$에서 해석적이다. 그러므로 $f(z)$의 $z - z_0$에 관한 로랑급수 전개에서 $f(z)$의 주부는 $a_{-1}(z-z_0)^{-1}$이다.

**예제 2.6** 함수 $f(z) = \frac{z}{z^2+4}$는 $z = \pm 2i$에서 단일극을 갖는다.

$$\lim_{z\to 2i}(z-2i)\frac{z}{(z-2i)(z+2i)} = \frac{1}{2}, \quad \lim_{z\to -2i}(z+2i)\frac{z}{(z-2i)(z+2i)} = \frac{1}{2}$$

이므로, $f(z)$의 $z - 2i$에 관한 로랑급수의 전개에서 $f(z)$의 주부는 $\frac{1}{2}\frac{1}{z-2i}$ 이고, $f(z)$의 $z+2i$ 에 관한 로랑급수의 전개에서 $f(z)$의 주부는 $\frac{1}{2}\frac{1}{z+2i}$ 이다.

**예제 2.7** 함수 $f(z) = \frac{1}{z^4+1}$은 $z_k = e^{\frac{(2k+1)\pi i}{4}}$ $(k = 0,1,2,3)$ 에서 단일극을 갖는다.

$$\lim_{z \to z_k}(z - z_k)\frac{1}{z^4 + 1} = \frac{1}{4z_k^3} \ (k = 0,1,2,3)$$

이므로, $f(z)$의 $z - z_k$ $(k = 0,1,2,3)$에 관한 로랑급수의 전개에서 $f(z)$의 주부는 $\dfrac{1}{4z_k^3}\dfrac{1}{z - z_k}$이다.

**예제 2.8** $\sin\pi z = 0$의 해는 모든 정수 $n$이고 단근이므로, 함수 $f(z) = \cot\pi z$는 모든 정수 $n$에 대하여 $z_n = n$에서 단일극을 갖는다.

$$\lim_{z \to n}(z - n)\frac{\cos\pi z}{\sin\pi z} = \frac{\cos n\pi}{\pi\cos n\pi} = \frac{1}{\pi}$$

이므로, $f(z)$의 $z - n$에 관한 로랑급수의 주부는 $\dfrac{1}{\pi}\dfrac{1}{z - n}$이다.

다항식 $P(z)$를 다항식 $Q(z)$로 나누는 방법으로 함수

$$f(z) = \frac{a_0 + a_2 z + \cdots}{b_0 + b_1 z + \cdots}, b_0 \neq 0$$

의 주부는 급수 $a_0 + a_1 z + \cdots$를 급수 $b_0 + b_1 z + \cdots$로 나눔으로써 구할 수 있다. 그러면 $f(z)$는 $z = 0$에서 해석적이다.

$$\begin{array}{r l}
 & \dfrac{a_0}{b_0} + \dfrac{1}{b_0}\left(a_1 - \dfrac{a_0 b_1}{b_0}\right)z + \cdots \\ \hline
b_0 + b_1 z + \cdots \,\big) & a_0 + a_1 z + \cdots \\
 & a_0 + \dfrac{a_0 b_1}{b_0}z + \cdots \\ \hline
 & \left(a_1 - \dfrac{a_0 b_1}{b_0}\right)z + \cdots \\
 & \left(a_1 - \dfrac{a_0 b_1}{b_0}\right)z + \dfrac{b_1}{b_0}\left(a_1 - \dfrac{a_0 b_1}{b_0}\right)z^2 + \cdots \\ \hline
\end{array}$$

그러면 $\dfrac{a_0 + a_1 z + \cdots}{b_0 + b_1 z + \cdots} = c_0 + c_1 z + \cdots$로 나타난다. 이때

$$a_0 + a_1 z + \cdots = (b_0 + b_1 z + \cdots)(c_0 + c_1 z + \cdots)$$

이므로, $a_n = \sum_{k=0}^{n} b_k c_{n-k}, n = 0, 1, 2, \cdots$ 이다. 이것으로부터 $c_k$를 구할 수 있다.

이러한 방법을 사용하여 함수 $f(z)$의 주부를 구하는 예를 들어 보자.

**예제 2.9** 원점의 근방에서 함수 $f(z) = \dfrac{\pi \cot \pi z}{z^4}$에 대한 로랑급수의 주부를 구하여라.

**풀이**

$$\frac{\pi \cot \pi z}{z^4} = \frac{\pi \cos \pi z}{z^4 \sin \pi z} = \frac{\pi}{\pi z^5} \frac{1 - \frac{1}{2!}(\pi z)^2 + \frac{1}{4!}(\pi z)^4 + \cdots}{1 - \frac{1}{3!}(\pi z)^2 + \frac{1}{5!}(\pi z)^4 + \cdots}$$

$$= \frac{1}{z^5}\left(1 + \frac{\pi^2}{3} z^2 - \frac{\pi^4}{45} z^4 + \cdots\right)$$

이므로, $f(z)$의 $z$에 관한 로랑급수 전개에서 $f(z)$의 주부는 $\dfrac{1}{z^5} + \dfrac{\pi^2}{3}\dfrac{1}{z^3} - \dfrac{\pi^4}{45}\dfrac{1}{z}$이다. 이때 $a_{-1} = -\dfrac{\pi^4}{45}$이므로, $\displaystyle\int_{|z| = \frac{1}{2}} \frac{\pi \cot \pi z}{z^4} dz = 2\pi i \cdot \left(-\frac{\pi^4}{45}\right) = -\frac{2}{45}\pi^5 i$이다.

**문제 2.1** 다음 각 영역에서 $\dfrac{1}{(z+1)(z^2+2)}$의 로랑급수를 구하여라.

(a) $1 < |z| < \sqrt{2}$ (b) $|z| > \sqrt{2}$ (c) $|z| < 1$

**문제 2.2** $|z| > 0$에서 $e^{z^2} + e^{1/z^2}$의 로랑급수를 구하여라.

**문제 2.3** $0 < |a| < |b|$일 때, 다음의 각 영역에서 $\dfrac{1}{(z-a)(z-b)}$의 로랑급수를 구하여라.

(a) $|z| < |a|$ (b) $|a| < |z| < |b|$

(c) $|z| > |b|$ (d) $0 < |z-a| < |a-b|$

(e) $0 < |z-b| < |a-b|$

**문제 2.4** 다음 각 함수의 로랑급수에 대한 주부를 구하여라.

(a) $\dfrac{z^2}{z^4-1}\,(0 < |z-i| < \sqrt{2})$ (b) $\dfrac{z^2}{z^4-1}\,(0 < |z+i| < \sqrt{2})$

(c) $\dfrac{e^z}{z^4}\,(|z| > 0)$ (d) $\dfrac{\sin z}{z^4}\,(|z| > 0)$

(e) $\dfrac{z^3}{(z-1)^2(z-2)}\,(0 < |z-1| < 1)$

**문제 2.5** 다음 각 함수의 로랑급수를 구하여라.

(a) $z^n e^{1/z}\,(|z| > 0)$ (b) $e^{1/(z-1)}\,(|z| > 1)$

**문제 2.6** $|z| > 0$에서 $\sin z \sin\dfrac{1}{z}$의 로랑급수를 구하여라.

**문제 2.7** 원점 근방에서 $\dfrac{e^z}{(1-\cos z)^2}$의 로랑급수의 주부를 구하여라.

**문제 2.8** $R > 1$일 때, $f(z)$는 $|z_0| = 1$인 점 $z_0$에서 단일극을 가지고 그 점을 제외한 원판 $|z| < R$에서 해석적이라고 하자. 이때, $f(z) = \sum_{n=0}^{\infty} a_n z^n$에 대하여 $\lim_{n\to\infty}\dfrac{a_n}{a_{n+1}} = z_0$임을 보여라.

**문제 2.9** 원점의 근방에서 $(1+z)^{1/z}$의 여러 가지 분지를 생각하자.

(a) 이러한 분지들 중에서 하나는 $|z| < 1$에서 해석적임을 보여라. 이것을 $f_0(z)$라고 하자.

(b) $f_0(z) = \sum_{n=0}^{\infty} a_n z^n$에서 $a_0, a_1, a_2$의 값을 구하여라.

(c) $f(z)$는 $f_0(z)$와 다른 $(1+z)^{1/z}$의 분지라고 하자. 이때, $g(z)=\dfrac{f(z)}{f_0(z)}$의 성질은 무엇인가? 또한, $|z|>0$에서 $g(z)$의 로랑급수를 구하여라.

## 3. 실적분의 계산

만일 $f(z)$는 $z_0$가 제거된 $z_0$의 근방에서 해석적이면, $f(z)$는 다음과 같은 로랑급수로 전개할 수 있다.

$$f(z)=\sum_{n=-\infty}^{\infty} a_n(z-z_0)^n$$

더욱이, $z_0$을 에워싼 단일폐등심선 $C$에 대하여 $\int_C (z-z_0)^n dz=\begin{cases}2\pi i, & n=-1\\ 0, & n\neq -1\end{cases}$ 이므로,

$$\frac{1}{2\pi i}\int_C f(z)dz=a_{-1}$$

임을 알 수 있다. 이때, 계수 $a_{-1}$은 $z_0$에서 $f(z)$의 **유수(residue)**라고 하고 다음과 같이 나타낸다.

$$Res(f(z),z_0)=a_{-1}$$

그러므로 복소적분 $\int_C f(z)dz$를 계산하는 것은 $f(z)$의 로랑급수의 어떤 계수를 구하는 것을 말해 준다. 다음 세 예제에서 $C$는 원점을 둘러싸는 단일폐등심선이다.

**예제 3.1** $\int_C e^{1/z}dz$를 구하여라.

**풀이** $e^{1/z}=1+\frac{1}{z}+\frac{1}{2!}\frac{1}{z^2}+\cdots$ 이므로, $z=0$에서 $e^{1/z}$의 유수는 $a_{-1}=1$이다. 그러므로 $\int_C e^{1/z}dz=2\pi i$이다.

**예제 3.2** $\int_C \sin\frac{1}{z^2}dz$를 구하여라.

**풀이** $\sin\frac{1}{z^2}=\frac{1}{z^2}-\frac{1}{3!}\frac{1}{z^6}+\frac{1}{5!}\frac{1}{z^{10}}-\cdots$ 이므로, $z=0$에서 $\sin\frac{1}{z^2}$의 유수는 0이다.

그러므로 $\int_C \sin\frac{1}{z^2}dz = 0$이다.

**예제 3.3** $\int_C z^2\sin\frac{1}{z}dz$를 구하여라.

**풀이** $z^2\sin\frac{1}{z} = z^2(\frac{1}{z} - \frac{1}{3!}\frac{1}{z^3} + \frac{1}{5!}\frac{1}{z^5} - \cdots) = z - \frac{1}{3!}\frac{1}{z} + \frac{1}{5!}\frac{1}{z^3} - \cdots$ 이므로, $z=0$ 에서 $z^2\sin\frac{1}{z}$ 의 유수는 $-\frac{1}{6}$ 이다. 그러므로 $\int_C z^2\sin\frac{1}{z}dz = -\frac{1}{6}\cdot 2\pi i = -\frac{1}{3}\pi i$ 이다.

위의 예에서는 $\frac{1}{2\pi i}\int_C f(z)dz = a_1$을 사용하지 않고, 복소적분은 계산할 수 없다. 다음 정리는 이를 일반화한 것이다.

**정리 3.4** **(유수정리)** 만일 $f(z)$는 단일폐등심선 $C$의 내부에서 고립특이점 $z_1, z_2, \cdots, z_n$을 제외한 $C$의 내부와 $C$ 위에서 해석적이면, 다음이 성립한다.

$$\int_C f(z)dz = 2\pi i\sum_{i=1}^{n} Res(f(z), z_i)$$

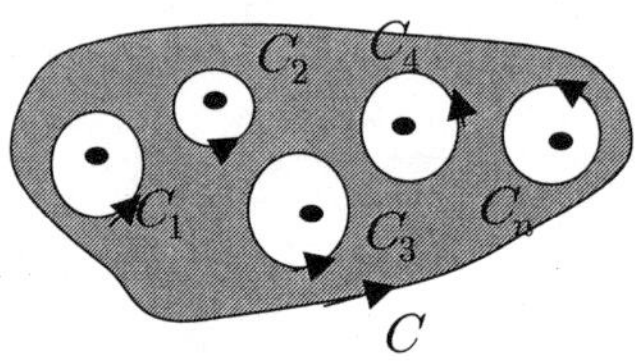


**증명** 각 고립특이점 $z_i$에 대하여 $C$의 내부에 포함되고 시계반대방향을 갖는 $z_i$를 에워싼 원을 $C_i$을 서로 교차하지 않도록 택하자. 이때, 다중연결영역에 대한 코시 정리에 의하여

$$0 = \int_{C - C_1 - \cdots - C_n} f(z)dz = \int_C f(z)dz - \int_{C_1} f(z)dz - \cdots - \int_{C_n} f(z)dz$$

이므로, 다음을 얻는다.

$$\frac{1}{2\pi i}\int_C f(z)dz = \sum_{i=1}^{n}\frac{1}{2\pi i}\int_{C_i} f(z)dz = \sum_{i=1}^{n} Res(f(z), z_i)$$

**예제 3.5** 여러 가지 단일폐등심선 $C$에 대하여 $\int_C \frac{1}{z(z-3)}dz$를 구해보자.

**풀이** (i) $f(z)=\frac{1}{z(z-3)}$은 원 $C: |z|=4$의 내부에서 단일극 $z=0$, $z=3$을 갖는다. 그러므로

$$Res(f(z),0)=\lim_{z\to 0} zf(z) = -\frac{1}{3},\ Res(f(z),3)=\lim_{z\to 3} zf(z)=\frac{1}{3}$$

이다. 따라서 유수정리에 의하여

$$\int_{|z|=4}\frac{1}{z(z-3)}dz = 2\pi i(Res(f(z),0)+Res(f(z),3))=0$$

이다.

(ii) $f(z)=\frac{1}{z(z-3)}$은 원 $C: |z|=2$의 내부에서 단일극 $z=0$을 갖는다. 그러므로

$$\int_{|z|=2}\frac{1}{z(z-3)}dz = 2\pi i Res(f(z),0) = -\frac{2}{3}\pi i$$

이다.

(iii) $f(z)=\frac{1}{z(z-3)}$은 원 $|z-3|=1$의 내부에서 단일극 $z=3$을 갖는다. 그러므로

$$\int_{|z-3|=1}\frac{1}{z(z-3)}dz = 2\pi i Res(f(z),3) = \frac{2}{3}\pi i$$

이다.

예제 3.5에서의 복소적분은 유수정리 대신에 코시의 적분공식을 이용하여 계산할 수 있다.

$$\frac{1}{z(z-3)} = \frac{1}{3}\left(\frac{1}{z-3} - \frac{1}{z}\right)$$

이므로,

$$\frac{1}{2\pi i}\int_C \frac{1}{z(z-3)}dz = \frac{1}{3}\left[\frac{1}{2\pi i}\int_C \frac{1}{z-3}dz - \frac{1}{2\pi i}\int_C \frac{1}{z}dz\right]$$

이다. 이것은 코시의 적분공식으로부터 구할 수 있다. 사실, 코시의 적분공식은 유수정리의 특별한 경우이다. 함수 $f(z)$는 점 $z_0$을 둘러싸는 단일폐등심선의 내부와 그 위에서 해석적이라 하자. $f(z_0) \neq 0$이라 하자. 그러면 $g(z) = \dfrac{f(z)}{z-z_0}$는 $z_0$에서 단일극을 갖는다. 그러므로 $z_0$에서 $g(z)$의 유수는 $\lim\limits_{z \to z_0}(z-z_0)g(z) = f(z_0)$이다. 따라서

$$\int_C g(z)dz = \int_C \frac{f(z)}{z-z_0}dz = 2\pi i f(z_0)$$

이다.

만일 함수 $f(z)$는 $z = z_0$에서 위수 $k$의 극을 가지면, $z = z_0$에서 해석적인 함수 $g(z)$에 대하여 다음이 성립함을 알 수 있다.

$$(z-z_0)^k f(z) = a_{-k} + a_{-k+1}(z-z_0) + \cdots + a_{-1}(z-z_0)^{k-1} + (z-z_0)^k g(z)$$

이때, 양변을 $k-1$번 미분한 후에 $z \to z_0$를 취하면, 다음을 얻는다.

$$a_{-1} = Res(f(z), z_0) = \frac{1}{(k-1)!}\lim_{z \to z_0}\frac{d^{k-1}}{dz^{k-1}}[(z-z_0)^k f(z)]$$

이를 응용하는 예를 들어보자.

**예제 3.6** $\displaystyle\int_{|z-1|=1} \frac{z^4 - z^3 - 17z + 2}{(z-1)^3}dz$를 구하여라.

풀이 $f(z)=\dfrac{z^4-z^3-17z+2}{(z-1)^3}$는 원 $|z-1|=1$의 내부에서 위수 3의 극 $z=1$을 갖는다. 그러므로

$$a_{-1}=Res(f(z),1)=\frac{1}{2!}\lim_{z\to 1}\frac{d^2}{dz^2}(z-1)^3 f(z)$$
$$=\frac{1}{2}\lim_{z\to 1}\frac{d^2}{dz^2}(z^4-z^3-17z+2)=3$$

이다. 유수정리에 의하여

$$\int_{|z-1|=1}\frac{z^4-z^3-17z+2}{(z-1)^3}dz=2\pi i Res(f(z),1)=6\pi i$$

이다. 이것은 코시의 적분공식에 의하여 구할 수도 있다.

이제 유수를 결정하는 여러 가지 방법을 적용하여, 단일폐등심선을 따라 복소함수를 적분함으로써 실적분을 계산하는 중요한 응용에 대하여 알아보자. 통상적인 방법은 실축 위에서 실가함수가 되는 복소함수를 수반한다. 그러므로 실구간은 복소적분의 등심선을 구성하는 매끄러운 곡선들 중에서 하나가 된다. 미적분학에서 배운 **특이적분(improper integral)**을 회상하자. 특이적분 $\int_a^\infty f(x)dx$가 수렴한다는 것은 $\lim_{R\to\infty}\int_a^R f(x)dx$가 존재할 때를 말하고, 그 값을 특이적분의 값이라고 정의한다.

**예제 3.7** 등심선적분을 이용하여 다음을 보여라.

$$\int_{-\infty}^{\infty}\frac{1}{1+x^2}dx=\pi$$

증명 복소함수 $f(z)=\dfrac{1}{1+z^2}$을 생각하자. 이 함수 $f(z)$는 실축 위에서 $\dfrac{1}{1+x^2}$이다. $f(z)$는 $z=\pm i$에서 단일극을 갖는다. 임의의 $R>0$에 대하여 $i$를 둘러싸는 폐등심선 $C$는 다음 그림과 같이 선택하자.

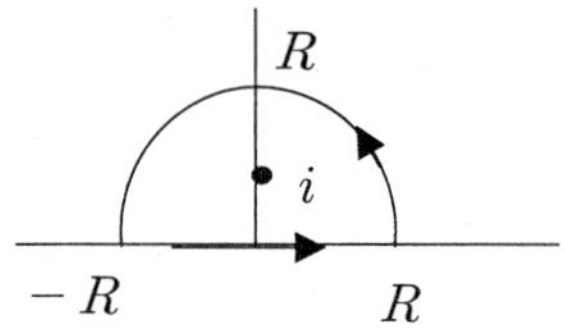


$z=i$는 $f(z)$의 단일극이므로, $\lim\limits_{z\to i}(z-i)f(z)=\lim\limits_{z\to i}\dfrac{1}{2z}=\dfrac{1}{2i}$이다. 그러므로 유수정리에 의하여 $\displaystyle\int_C \frac{1}{1+z^2}dz = 2\pi i \cdot \frac{1}{2i} = \pi$이다. 한편, 충분히 큰 모든 $R$에 대하여

$$\int_C \frac{1}{1+z^2}dz = \int_{-R}^{R} \frac{1}{1+x^2}dx + \int_0^{\pi} \frac{1}{1+R^2e^{2i\theta}} \cdot Rie^{i\theta}d\theta$$

이다.

$$\left| \int_0^{\pi} \frac{iRe^{i\theta}}{1+R^2e^{2i\theta}}d\theta \right| \leq \int_0^{\pi} \left| \frac{iRe^{i\theta}}{1+R^2e^{2i\theta}} \right| d\theta \leq \int_0^{\pi} \frac{R}{R^2-1}d\theta = \frac{\pi R}{R^2-1}$$

이므로, $R \to \infty$를 위하면, 짜내기 정리에 의하여 $\displaystyle\lim_{R\to\infty}\int_0^{\pi} \frac{iRe^{i\theta}}{1+R^2e^{2i\theta}}d\theta = 0$이다. 그러므로

$$\pi = \lim_{R\to\infty}\int_C \frac{1}{1+z^2}dz = \int_{-\infty}^{\infty} \frac{1}{1+x^2}dx$$

이다.

(참고) 등심선적분을 이용하여 실적분을 계산할 때 적당한 복소함수와 등심선을 취해야 한다. 예제 3.7에서는 복소함수를 쉽게 선택하였다. 그러나 일반적인 경우에는 그렇지 않다. 예제 3.7에서의 등심선은 아래 반원으로 선택해도 무방하다.

**예비정리 3.8** $0 < \theta \leq \dfrac{\pi}{2}$에서 $\dfrac{\sin\theta}{\theta} \geq \dfrac{2}{\pi}$이다.

**증명** $f(\theta)=\frac{\sin\theta}{\theta}$로 놓자. $f(0):=1$이라 정의하자. 그러면 $\lim_{\theta\to 0}\frac{\sin\theta}{\theta}=1$이므로, $f(\theta)$는 구간 $[0,\frac{\pi}{2}]$에서 연속이고, $f(\frac{\pi}{2})=\frac{2}{\pi}$이다. 그러므로 함수 $f(\theta)$는 $0<\theta\leq\frac{\pi}{2}$에서 순감소함수임을 보이면 충분하다. 즉, $f'(\theta)<0$. $0<\theta\leq\frac{\pi}{2}$에 대하여

$$f'(\theta)=\frac{\theta\cos\theta-\sin\theta}{\theta^2}=\frac{\cos\theta-\frac{\sin\theta}{\theta}}{\theta}$$

이다. 평균값의 정리에 의하여 다음을 얻을 수 있다. 어떤 $\zeta$ $(0<\zeta<\theta)$ 에 대하여

$$\frac{\sin\theta}{\theta}=\frac{\sin\theta-\sin 0}{\theta-0}=\cos\zeta\ .$$

그러므로 $f'(\theta)=\frac{\cos\theta-\cos\zeta}{\theta}<0$ $(0<\zeta<\theta\leq\frac{2}{\pi})$이므로, $f(\theta)$는 $0<\theta\leq\frac{\pi}{2}$에서 순감소함수이다. 따라서 $0<\theta\leq\frac{\pi}{2}$에서 $f(\theta)\geq f(\frac{\pi}{2})=\frac{2}{\pi}$이다.

**예제 3.9** $\int_0^\infty\frac{\sin x}{x}dx=\frac{\pi}{2}$임을 보여라.

**풀이** 예제 3.7에서와 같은 등심선 $C$를 따라 복소적분 $\int_C\frac{\sin z}{z}dz$을 이용하여 실적분 $\int_0^\infty\frac{\sin\theta}{\theta}d\theta$을 계산할 수 없는 이유를 알아보자. 첫 번째 이유는 복소함수 $\frac{\sin z}{z}$는 $z=0$에서 특이성을 가지므로, 그 복소함수는 특이점을 지나는 경로를 따라 적분할 수 없다. 그러나 그 특이점 $z=0$은 제거가능특이성을 갖는다. 그러므로 이러한 어려움을 극복할 수 있다. 그보다 더 중요한 두 번째 이유는 다음과 같다. 반원을 따라 $\frac{\sin z}{z}$를 적분하면,

$$\int_0^\pi \frac{\sin(Re^{i\theta})}{Re^{i\theta}} Rie^{i\theta} d\theta = i\int_0^\pi \sin(Re^{i\theta}) d\theta$$

은 $R \to \infty$ 일 때 유한극한으로 접근하지 않기 때문이다.

복소함수 $\frac{e^{iz}}{z}$ 를 생각하자. 이때 실축 위에서 $\frac{e^{ix}}{x} = \frac{\cos x}{x} + i\frac{\sin x}{x}$ 이므로, $\frac{\sin x}{x} = Im\frac{e^{ix}}{x}$ 이다. 폐등심선 $C$는 충분히 큰 $R > 0$과 충분히 작은 $\epsilon > 0$에 대하여 다음 그림과 같이 취하자.

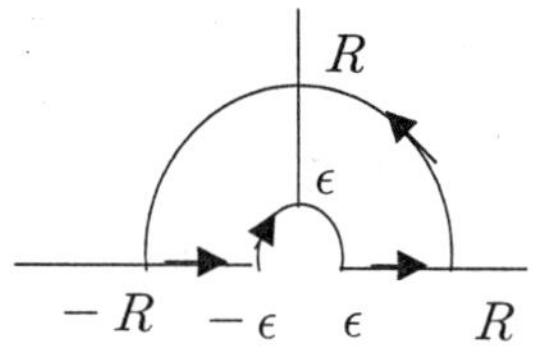


그러면 함수 $\frac{e^{iz}}{z}$ 는 $C$의 내부와 그 위에서 해석적이다. 그러므로 코시정리에 의하여

$$\int_C \frac{e^{iz}}{z} dz = 0$$

이다. 한편, 직접 계산에 의하여 다음을 알 수 있다.

$$\begin{aligned}
\int_C \frac{e^{iz}}{z} dz &= \int_{-R}^{-\epsilon} \frac{e^{ix}}{x} dx - \int_0^\pi \frac{e^{i\epsilon e^{i\theta}}}{\epsilon e^{i\theta}} i\epsilon e^{i\theta} d\theta + \int_\epsilon^R \frac{e^{ix}}{x} dx + \int_0^\pi \frac{e^{iRe^{i\theta}}}{Re^{i}\theta} iRe^{i\theta} d\theta \\
&= \int_\epsilon^R \frac{e^{ix} - e^{-ix}}{x} dx + i\int_0^\pi e^{iRe^{i\theta}} d\theta - i\int_0^\pi e^{i\epsilon e^{i\theta}} d\theta \\
&= 2i\int_\epsilon^R \frac{\sin x}{x} dx + i\int_0^\pi e^{iRe^{i\theta}} d\theta - i\int_0^\pi e^{i\epsilon e^{i\theta}} d\theta .
\end{aligned}$$

그러므로

$$\int_\epsilon^R \frac{\sin x}{x} dx = \frac{1}{2}\left[\int_0^\pi e^{i\epsilon e^{i\theta}} d\theta - \int_0^\pi e^{iRe^{i\theta}} d\theta\right]$$

이다.

이때

$$\left| \int_0^{\pi} e^{iRe^{i\theta}} d\theta \right| \leqq \int_0^{\pi} \left| e^{iRe^{i\theta}} \right| d\theta = \int_0^{\pi} e^{-R\sin\theta} d\theta$$

이다. $t = \frac{\pi}{2} - \theta$로 놓으면 다음을 얻는다.

$$\int_0^{\pi} e^{-R\sin\theta} d\theta = \int_{-\frac{\pi}{2}}^{\frac{\pi}{2}} e^{-R\cos t} dt = 2\int_0^{\frac{\pi}{2}} e^{-R\cos t} dt$$

다시 $t = \frac{\pi}{2} - \theta$라 놓으면, $\int_0^{\frac{\pi}{2}} e^{-R\cos t} dt = \int_0^{\frac{\pi}{2}} e^{-R\sin\theta} d\theta$이므로, 예비정리에 의하여 다음이 성립함을 알 수 있다.

$$\left| \int_0^{\pi} e^{iRe^{i\theta}} d\theta \right| \leqq 2\int_0^{\frac{\pi}{2}} e^{-R\sin\theta} d\theta \leqq 2\int_0^{\frac{\pi}{2}} e^{-\frac{2R}{\pi}\theta} d\theta = \frac{\pi}{R}(1 - e^{-R})$$

그러므로 짜내기 정리의 의하여 $\lim_{R \to \infty} \int_0^{\pi} e^{iRe^{i\theta}} d\theta = 0$임을 알 수 있다. 또한,

$$e^{i\epsilon e^{i\theta}} = 1 + (i\epsilon e^{i\theta}) + \frac{1}{2!}(i\epsilon e^{i\theta})^2 + \frac{1}{3!}(i\epsilon e^{i\theta})^3 + \cdots$$

이므로, $0 < \epsilon < 1$에 대하여

$$\begin{aligned} \left| e^{i\epsilon e^{i\theta}} - 1 \right| &\leqq \frac{1}{2!}\epsilon^2 + \frac{1}{3!}\epsilon^3 + \cdots = \epsilon\left(\frac{1}{2!}\epsilon + \frac{1}{3!}\epsilon^2 + \cdots\right) < \epsilon\left(\frac{1}{2!} + \frac{1}{3!} + \cdots\right) \\ &= \epsilon(e - 1) \end{aligned}$$

을 얻는다. 그러므로 $e^{i\epsilon e^{i\theta}}$는 $0 \leqq \theta \leqq \pi$에서 $\epsilon \to 0_+$일 때 1로 평등수렴한다. 따라서

$$\lim_{\theta \to 0_+} \int_0^{\pi} e^{i\epsilon e^{i\theta}} d\theta = \int_0^{\pi} \lim_{\epsilon \to 0_+} e^{i\epsilon e^{i\theta}} d\theta = \pi$$

임을 알 수 있다. 그러므로 $\lim_{\epsilon \to 0_+} \lim_{R \to \infty} \int_{\epsilon}^{R} \frac{\sin x}{x} dx = \int_0^{\infty} \frac{\sin x}{x} dx = \frac{\pi}{2}$이다.

참고 예제 3.9에서의 폐등심선 $C$는 다음 그림과 같은 폐등심선으로 대체해도 같은 결과를 얻는다.

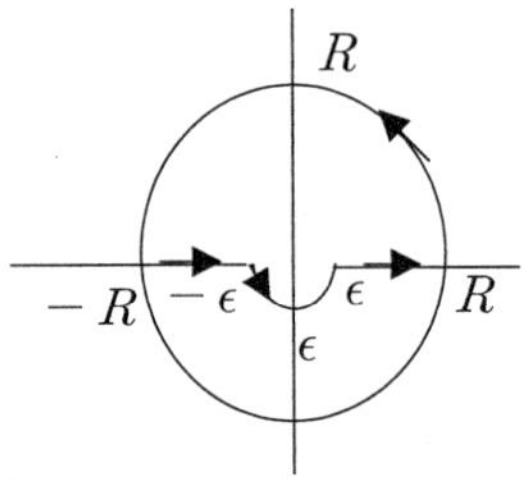


다음 적분은 미적분학에서 이중적분을 이용하여 보일 수 있다. 그러나 등심선 적분과 관련하여 실적분을 계산할 것이다.

**예비정리 3.10** $\displaystyle\int_0^{\infty} e^{-x^2}dx = \frac{\sqrt{\pi}}{2}$

**증명** 충분히 큰 $R>0$에 대하여 $I=\displaystyle\int_0^R e^{-x^2}dx$로 놓자. 그러면

$$I^2 = \left(\int_0^R e^{-x^2}dx\right)\left(\int_0^R e^{-y^2}dy\right) = \int_0^R\int_0^R e^{-(x^2+y^2)}dxdy$$

이다. 이것은 정사각형 $S=\{(x,y)\in\mathbb{R}^2 \mid 0\leqq x,y\leqq R\}$에서 함수 $e^{-(x^2+y^2)}$의 이중적분이다. $C_1, C_2$는 각각 중심이 원점이고 반지름이 $R, \sqrt{2}R$인 제 사분면의 원판들이라 하자.

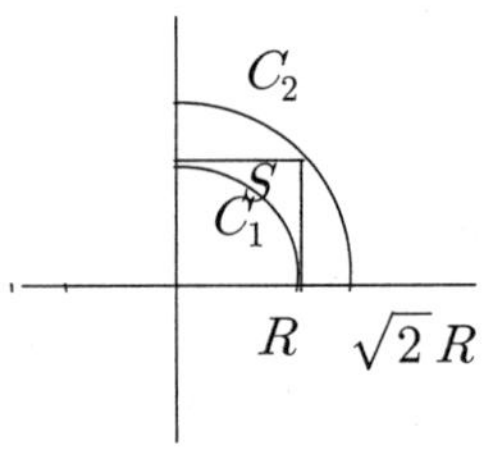


$$\iint_{C_1} e^{-(x^2+y^2)}dxdy \leqq \iint_S e^{-(x^2+y^2)}dxdy \leqq \iint_{C_2} e^{-(x^2+y^2)}dxdy$$

이다. 극좌표로 원판 위에서 이중적분을 계산하면,

$$\frac{\pi}{4}(1-e^{-R^2}) = \int_0^{\pi/2}\int_0^R e^{-r^2} r dr d\theta \le (\int_0^R e^{-x^2}dx)^2$$

$$\le \int_0^{\pi/2}\int_0^{\sqrt{2}R} e^{-r^2} r dr d\theta = \frac{\pi}{4}(1-e^{-2R^2})$$

이다. 이때 $R \to \infty$를 취하면, 다음을 얻는다.

$$(\int_0^{\infty} e^{-x^2}dx)^2 = \frac{\pi}{4}$$

그러므로 $\int_0^{\infty} e^{-x^2}dx = \frac{\sqrt{\pi}}{2}$ 이다.

**예제 3.11** $\int_0^{\infty} \sin x^2 dx = \int_0^{\infty} \cos x^2 dx = \frac{1}{2}\sqrt{\frac{\pi}{2}}$ 임을 보여라.

**증명** 이 특이적분들은 수렴하는지 명백하지 않다. 0에서 $R$까지의 실축, 원 $|z| = R$ 의 $R$에서 $Re^{\frac{\pi}{4}i}$까지의 호와 반직선 $\theta = \frac{\pi}{4}$의 $Re^{\frac{\pi}{4}i}$에서 0까지의 선분으로 이루어진 폐등심선 $C$를 따라 복소적분 $\int_C e^{iz^2}dz$를 구해보자.

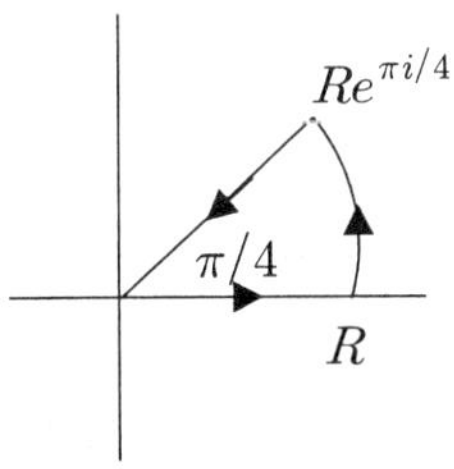


함수 $f(z) = e^{iz^2}$은 폐등심선 $C$의 내부와 그 위에서 해석적이므로, 코시정리에 의하여 다음을 알 수 있다.

$$\int_C e^{iz^2}dz = 0$$

한편, 직접 계산에 의하여 다음을 알 수 있다.

$$\int_C e^{iz^2}dz = \int_0^R e^{ix^2}dx + \int_0^{\frac{\pi}{4}} e^{iR^2e^{2i\theta}} iRe^{i\theta}d\theta - \int_0^R e^{i(te^{\frac{\pi}{4}i})^2} e^{\frac{\pi}{4}i}dt$$

그러므로 다음을 얻는다.

$$\int_0^R e^{ix^2}dx + \int_0^{\frac{\pi}{4}} e^{iR^2e^{2i\theta}} iRe^{i\theta}d\theta = \int_0^R e^{i(te^{\frac{\pi}{4}i})^2} e^{\frac{\pi}{4}i}dt$$

이때, 예비정리에 의하여

$$\lim_{R\to\infty}\int_0^R e^{i(te^{\frac{\pi}{4}i})^2} e^{\frac{\pi}{4}i}dt = \lim_{R\to\infty} e^{\frac{\pi}{4}i}\int_0^R e^{-t^2}dt = e^{\frac{\pi}{4}i}\int_0^\infty e^{-t^2}dt = e^{\frac{\pi}{4}i}\frac{\sqrt{\pi}}{2}$$

임을 알 수 있다. 또한 예비정리에 의하여 다음을 알 수 있다.

$$\begin{aligned}\left|\int_0^{\frac{\pi}{4}} e^{iR^2e^{2i\theta}} iRe^{i\theta}d\theta\right| &\leqq \int_0^{\frac{\pi}{4}} \left|e^{iR^2e^{2i\theta}} iRe^{i\theta}\right| d\theta \\ &= R\int_0^{\frac{\pi}{4}} e^{-R^2\sin 2\theta}d\theta = \frac{R}{2}\int_0^{\frac{\pi}{2}} e^{-R^2\sin\theta}d\theta \\ &\leqq \frac{R}{2}\int_0^{\frac{\pi}{2}} e^{-\frac{2R^2}{\pi}\theta}d\theta = \frac{\pi}{4R}(1-e^{-R^2})\end{aligned}$$

그러므로 짜내기 정리에 의하여 $\lim_{R\to\infty}\int_0^{\frac{\pi}{4}} e^{iR^2e^{2i\theta}} iRe^{i\theta}d\theta = 0$ 이다. 따라서 다음을 얻는다.

$$\int_0^\infty e^{ix^2}dx = \lim_{R\to\infty}\left(\int_0^R e^{i(te^{\frac{\pi}{4}i})^2} e^{\frac{\pi}{4}i}dt\right) = e^{\frac{\pi}{4}i}\int_0^\infty e^{-t^2}dt$$

즉,

$$\begin{aligned}\int_0^\infty \cos x^2 dx + i\int_0^\infty \sin x^2 dx = \int_0^\infty e^{ix^2}dx &= e^{\frac{\pi}{4}i}\int_0^\infty e^{-t^2}dt \\ &= \frac{\sqrt{\pi}}{2}\left(\frac{\sqrt{2}}{2} + i\frac{\sqrt{2}}{2}\right).\end{aligned}$$

이것으로부터 다음을 알 수 있다.

$$\int_0^{\infty} \cos x^2 dx = \int_0^{\infty} \sin x^2 dx = \frac{1}{2}\sqrt{\frac{\pi}{2}}$$

다음 예는 피적분함수가 삼각함수 $\sin\theta$와 $\cos\theta$의 유리함수로 되어있는 실적분에 관한 것이다. 등심선 적분을 이용하여 정적분 $\int_0^{2\pi} g(\cos\theta, \sin\theta)d\theta$을 구할 수도 있다.

단위원 $C: z = e^{i\theta}$ $(0 \leqq \theta \leqq 2\pi)$ 위의 점 $z = e^{i\theta}$에 대하여

$$\cos\theta = \frac{e^{i\theta} + e^{-i\theta}}{2} = \frac{1}{2}(z + \frac{1}{z}),\ \sin\theta = \frac{e^{i\theta} - e^{-i\theta}}{2i} = \frac{1}{2i}(z - \frac{1}{z})$$

이고 $dz = ie^{i\theta}d\theta$에서 $d\theta = \frac{1}{iz}dz$이므로

$$\int_0^{2\pi} g(\cos\theta, \sin\theta)d\theta = \int_{|z|=1} g(\frac{z + \frac{1}{z}}{2}, \frac{z - \frac{1}{z}}{2i})\frac{1}{iz}dz$$

이다.

**예제 3.12** $\int_0^{2\pi} \frac{\cos\theta}{5 + 4\cos\theta}d\theta$를 구하여라.

**풀이** $$\int_0^{2\pi} \frac{\cos\theta}{5 + 4\cos\theta}d\theta = \int_{|z|=1} \frac{\frac{z + 1/z}{2}}{5 + 4\frac{z + 1/z}{2}}\frac{1}{iz}dz$$

$$= \int_{|z|=1} \frac{1}{iz}\frac{z^2 + 1}{4z^2 + 10z + 4}dz$$

의 피적분함수 $f(z) = \frac{1}{iz}\frac{z^2 + 1}{4z^2 + 10z + 4}$은 원 $|z| = 1$ 내부에서 단일극

$z=0,-\dfrac{1}{2}$을 갖는다. 그러므로

$$Res(f(z),0)=\lim_{z\to 0} zf(z)=\lim_{z\to 0}\frac{1}{i}\frac{z^2+1}{4z^2+10z+4}=\frac{1}{4i}$$

$$Res(f(z),-\frac{1}{2})=\lim_{z\to -1/2}(z+\frac{1}{2})f(x)=\lim_{z\to -1/2}\frac{z^2+1}{4iz(z+2)}=-\frac{5}{12i}$$

이다. 유수정리에 의하여 다음을 얻는다.

$$\int_{|z|=1}\frac{1}{iz}\frac{z^2+1}{4z^2+10z+4}dz=\int_{|z|=1}\frac{z^2+1}{4iz(z+\frac{1}{2})(z+2)}dz$$

$$=2\pi i[Res(f(z),0)+Res(f(z),-\frac{1}{2})]$$

$$=2\pi i(\frac{1}{4i}-\frac{5}{12i})=-\frac{\pi}{3}.$$

다음 예는 다가복소함수를 수반하는 것이다.

**예제 3.13** $0<\lambda<1$에 대하여 $\displaystyle\int_0^\infty \frac{x^{\lambda-1}}{1+x}dx=\frac{\pi}{\sin\pi\lambda}$임을 보여라.

**증명** 다가복소함수 $f(z)=\dfrac{z^{\lambda-1}}{1+z}$를 $0<\arg z<2\pi$일 때 적당한 등심선을 따라 적분할 것이다. 이 함수는 $z=-1=e^{\pi i}$에서 단일극을 갖는다. 그러므로

$$Res(f(z),-1)=\lim_{z\to -1}(z+1)f(z)=e^{\pi i(\lambda-1)}$$

이다. 이 함수는 역시 원점에서 분지점을 갖는다. 유수정리는 단지 일가함수에만 적용할 수 있으므로, 원점은 적분경로인 단일폐등심선 $C$의 내부에 있을 수 없다. $C$는 다음 그림과 같은 폐등심선을 취하자.

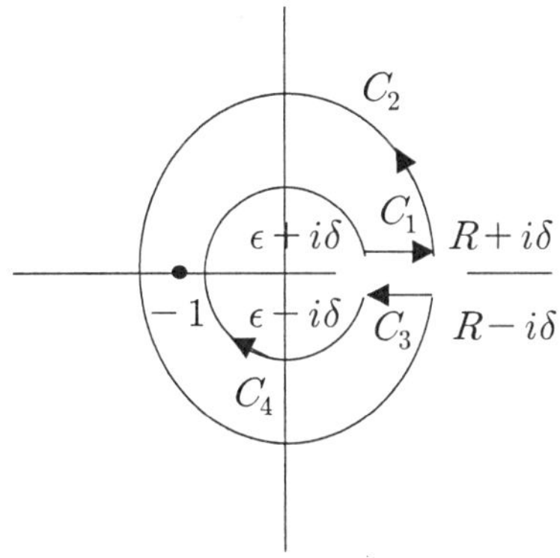


여기서 양의 실축은 $f(z)$에 대한 분지절단선이다. $C$의 내부에 있는 $f(z)$의 유일한 특이점은 $z=-1$이다. 그러므로 유수정리에 의하여

$$\int_C \frac{z^{\lambda-1}}{1+z}dz = 2\pi i e^{\pi i(\lambda-1)} = -2\pi i e^{\pi i \lambda}$$

이다. 이 적분값은 $\delta, R, \epsilon$과는 무관하고 단지 $z=-1$인 $C$의 내부에 있다는 사실에만 의존한다. 한편, $\int_C \frac{z^{\lambda-1}}{1+z}dz = \sum_{i=1}^{4}\int_{C_i}\frac{z^{\lambda-1}}{1+z}dz$이다. 이때 구하고자 하는 실적분의 값을 구하기 위하여 $\delta \to 0_+, R \to \infty, \epsilon \to 0_+$를 취하려고 한다.

$$\int_{C_1}\frac{z^{\lambda-1}}{1+z}dz = \int_\epsilon^R \frac{(x+i\delta)^{\lambda-1}}{1+(x+i\delta)}dx$$

이다. 적분에 관한 평균값의 정리에 의하여

$$\left|\int_\epsilon^R \left[\frac{(x+i\delta)^{\lambda-1}}{1+(x+i\delta)} - \frac{x^{\lambda-1}}{1+x}\right]dx\right| \le \int_\epsilon^R \left|\frac{(x+i\delta)^{\lambda-1}}{1+(x+i\delta)} - \frac{x^{\lambda-1}}{1+x}\right| dx$$

$$= \left|\frac{(x_0+i\delta)^{\lambda-1}}{1+(x_0+i\delta)} - \frac{x_0^{\lambda-1}}{1+x_0}\right|(R-\epsilon), \epsilon < x_0 < R$$

이므로, $\lim_{\delta\to 0+}\int_{C_1}\frac{z^{\lambda-1}}{1+z}dz = \int_\epsilon^R \frac{x^{\lambda-1}}{1+x}dx$임을 알 수 있다.

$z$가 원점에 관하여 완전히 1회전할 때, 그의 편각은 $2\pi$ 만큼 증가하므로,

$$\int_{C_3}\frac{z^{\lambda-1}}{1+z}dz=\int_R^{\epsilon}\frac{(xe^{2\pi i}-i\delta)^{\lambda-1}}{1+(xe^{2\pi i}-i\delta)}dx$$

이다. 적분에 관한 평균값의 정리에 의하여

$$\begin{aligned}&\left|\int_R^{\epsilon}\frac{(xe^{2\pi i}-i\delta)^{\lambda-1}}{1+(xe^{2\pi i}-i\delta)}dx-\int_R^{\epsilon}\frac{(xe^{2\pi i})^{\lambda-1}}{1+x}dx\right|\\&\leq\int_{\epsilon}^{R}\left|\frac{(xe^{2\pi i}-i\delta)^{\lambda-1}}{1+(xe^{2\pi i}-i\delta)}-\frac{(xe^{2\pi i})^{\lambda-1}}{1+x}\right|dx\\&\leq\left|\frac{(x_0e^{2\pi i}-i\delta)^{\lambda-1}}{1+(x_0e^{2\pi i}-i\delta)}-\frac{(x_0e^{2\pi i})^{\lambda-1}}{1+x_0}\right|(R-\epsilon),\epsilon<x_0<R\end{aligned}$$

이므로, $\lim_{\delta\to0+}\int_{C_3}\frac{z^{\lambda-1}}{1+z}dz=e^{2\pi i(\lambda-1)}\int_R^{\epsilon}\frac{x^{\lambda-1}}{1+x}dx=-e^{2\pi i\lambda}\int_{\epsilon}^{R}\frac{x^{\lambda-1}}{1+x}dx$ 임을 알 수 있다.

그러므로

$$\lim_{\delta\to0+}\left(\int_{C_1}\frac{z^{\lambda-1}}{1+z}dz+\int_{C_3}\frac{z^{\lambda-1}}{1+z}dz\right)=(1-e^{2\pi i\lambda})\int_{\epsilon}^{R}\frac{x^{\lambda-1}}{1+x}dx$$

이다. $\delta\to0+$를 취하면, 등심선 $C_1, C_2$는 $x$-축과 일치하는 것으로 간주할 수 있다.

$$\begin{aligned}\left|\int_{C_2}\frac{z^{\lambda-1}}{1+z}dz\right|&\leq\int_0^{2\pi}\left|\frac{(Re^{i\theta})^{\lambda-1}iRe^{i\theta}}{1+Re^{i\theta}}\right|d\theta\\&\leq\int_0^{2\pi}\frac{R^{\lambda}}{R-1}d\theta=\frac{2\pi R^{\lambda}}{R-1},\\\left|\int_{C_4}\frac{z^{\lambda-1}}{1+z}dz\right|&\leq\int_0^{2\pi}\left|\frac{(\epsilon e^{i\theta})^{\lambda-1}i\epsilon e^{i\theta}}{1+\epsilon e^{i\theta}}\right|d\theta\\&\leq\int_0^{2\pi}\frac{\epsilon^{\lambda}}{1-\epsilon}d\theta=\frac{2\pi\epsilon^{\lambda}}{1-\epsilon}.\end{aligned}$$

$0<\lambda<1$이므로, 짜내기 정리에 의하여

$$\lim_{R\to\infty}\int_{C_2}\frac{z^{\lambda-1}}{1+z}dz=0,\ \lim_{\epsilon\to 0+}\int_{C_4}\frac{z^{\lambda-1}}{1+z}dz=0$$

이다. 그러므로

$$\lim_{\delta\to 0+,\epsilon\to 0+,R\to\infty}\left(\int_{C_1}\frac{z^{\lambda-1}}{1+z}dz+\int_{C_3}\frac{z^{\lambda-1}}{1+z}dz\right)=(1-e^{2\pi i\lambda})\int_0^\infty\frac{x^{\lambda-1}}{1+x}dx$$

이다. 따라서

$$-2\pi i e^{\pi i(\lambda-1)}=\int_C\frac{z^{\lambda-1}}{1+z}dz=(1-e^{2\pi i\lambda})\int_0^\infty\frac{x^{\lambda-1}}{1+x}dx$$

이다. 그러므로

$$\int_0^\infty\frac{x^{\lambda-1}}{1+x}dx=\frac{2\pi i e^{\pi i(\lambda-1)}}{e^{2\pi i\lambda}-1}=\frac{2\pi i}{e^{\pi i\lambda}-e^{-\pi i\lambda}}=\frac{\pi}{\sin\pi\lambda}$$

이다.

**문제 3.1** 다음 각 함수의 특이점에서 유수를 구하여라.

(a) $\frac{1}{\cos z}$ (b) $\tan z$ (c) $\frac{z}{(z-1)^2(z-2)}$

(d) $z^n\sin\frac{1}{z}$ (e) $z^n\cos\frac{1}{z}$

**문제 3.2** $\lim_{R\to\infty}\int_{|z|=R}\left|\frac{\sin z}{z}\right||dz|=\infty$ 임을 보여라.

**문제 3.3** 다음 적분을 구하여라.

(a) $\int_{|z|=\frac{1}{2}}\sin\left(\frac{z}{1+z+z^2+\cdots+z^n}\right)dz, n\in\mathrm{N}$

(b) $\int_{|z|=\frac{5}{2}}e^{z^2}\pi\cot\pi z\,dz$

**문제 3.4** 각 정수 $n$에 대하여 다음 적분을 구하여라.

(a) $\displaystyle\int_{|z|=n} \tan\pi z dz$ (b) $\displaystyle\int_{|z|=n+\frac{1}{2}} \cot\pi z dz$

**문제 3.5** 복소적분을 이용하여 다음을 보여라.

(a) $\displaystyle\int_0^\infty \frac{1}{x^6+1}dx = \frac{\pi}{3}$ (b) $\displaystyle\int_0^\infty \frac{x^2}{1+x^4}dx = \frac{\pi}{2\sqrt{2}}$

(c) $\displaystyle\int_{-\infty}^\infty \frac{1}{x^2+x+1}dx = \frac{2\pi}{\sqrt{3}}$ (d) $\displaystyle\int_{-\infty}^\infty \frac{x}{(x^2+2x+2)^2}dx = -\frac{\pi}{2}$

**문제 3.6** 다음을 보여라.

(a) $\displaystyle\int_0^\infty \frac{\cos x}{x^2+1}dx = \frac{\pi}{2e}$

(b) $\displaystyle\int_{-\infty}^\infty \frac{x\sin ax}{x^2+1}dx = \begin{cases} \pi e^{-a}, & a>0 \\ -\pi e^{a}, & a<0 \end{cases}$

**문제 3.7** $0, R, R+yi, yi$를 꼭짓점으로 갖는 직사각형 $C$에 대한 복소적분 $\displaystyle\int_C e^{-z^2}dz$을 이용하여 다음을 구하여라.

$$\int_0^\infty e^{-x^2}\cos xy dx$$

**문제 3.8** (a) 다음 폐등심선 $C$를 따라 $\dfrac{e^{iz}-1}{z}$를 적분함으로써 $\displaystyle\int_0^\infty \frac{\sin x}{x}dx = \frac{\pi}{2}$ 임을 보여라.

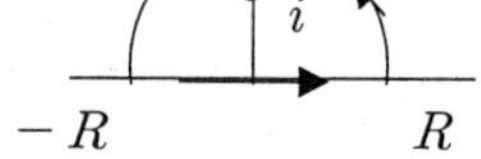

(b) 다음 폐등심선 $C$를 따라 $\dfrac{1-e^{2iz}}{z^2}$를 적분함으로써 $\displaystyle\int_0^{\infty}\frac{\sin^2 x}{x^2}dx=\frac{\pi}{2}$ 임을 보여라.

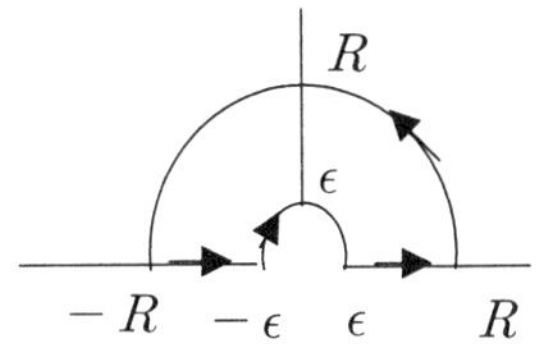


(c) 다음 폐등심선 $C$를 따라 $\dfrac{1+2iz-e^{2iz}}{z^2}$를 적분함으로써 $\displaystyle\int_0^{\infty}\frac{\sin^2 x}{x^2}dx=\frac{\pi}{2}$ 임을 보여라.

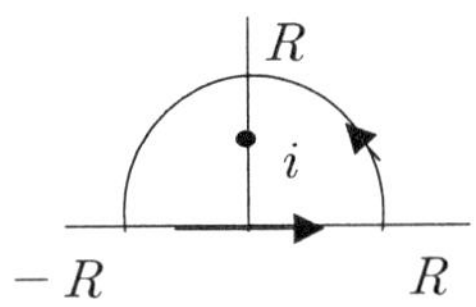


**문제 3.9** 실수 $t\neq\pm 1$에 대하여 $\displaystyle\int_0^{2\pi}\frac{1}{1-2t\cos\theta+t^2}d\theta=\frac{2\pi}{|t^2-1|}$ 임을 보여라.

**문제 3.10** 다음을 보여라.

(a) $\displaystyle\int_0^{\frac{\pi}{2}}\frac{d\theta}{1+\sin^2\theta}=\frac{\pi}{2\sqrt{2}}$

(b) $\displaystyle\int_0^{2\pi}\frac{1}{a^2\sin^2\theta+b^2\cos^2\theta}d\theta=\frac{2\pi}{ab}\quad(a>b>0)$

**문제 3.11** $-1<\lambda<1$에 대하여 다음이 성립함을 보여라.

(a) $\displaystyle\int_0^{\infty}\frac{x^{\lambda}}{(1+x)^2}dz=\frac{\pi\lambda}{\sin\pi\lambda}$ (b) $\displaystyle\int_0^{\infty}\frac{x^{\lambda}}{1+x^2}dx=\frac{\pi}{2\cos\frac{\pi\lambda}{2}}$

**문제 3.12** 적분경로 $C$는 $-R, R, R+2\pi i, -R+2\pi i$를 꼭짓점으로 갖는 직사각형이라 할 때, $C$를 따라서 $\dfrac{e^{\lambda z}}{1+e^{z}}$, $0<\lambda<1$를 적분함으로써 $\displaystyle\int_{-\infty}^{\infty}\frac{e^{\lambda x}}{1+e^{x}}dx=\frac{\pi}{\sin\pi\lambda}$ 임을 보여라. 또한, 이 결과를 이용하여 $\displaystyle\int_{0}^{\infty}\frac{x^{\lambda-1}}{1+x}dx=\frac{\pi}{\sin\pi\lambda}$ $(0<\lambda<1)$ 임을 보여라.

**문제 3.13** 다음을 보여라.

$$\lim_{R\to\infty}\int_{1-iR}^{1+iR}\frac{a^z}{z}dz=\begin{cases}0, & 0<a<1\\ 2\pi i, & a>1\end{cases}$$

10장

# 조화함수

5장에서, 만일 해석함수는 연속 2계도함수를 가지면, 그 함수의 실부 또는 허부는 조화함수임을 보였다. 또한, 8장에서 모든 해석함수는 연속 2계도함수를 가짐을 보였다. 따라서 해석함수의 실부는 항상 조화함수가 된다.

이 장에서는 이의 역이 어느 정도 참이 되는가를 알아볼 것이다. 단일연결영역에서는 모든 조화함수가 어떤 해석함수의 실부가 됨을 보일 것이다. 또 이 결과를 이용하여 해석함수에 대한 정리와 유사한 조화함수에 대한 여러 가지 정리를 증명할 것이다. 특히, 코시의 적분공식과 유사한 **Poisson 적분공식**은 원판 내부에서의 조화함숫값이 그 경계에서의 함숫값의 움직임으로부터 결정되는 방법을 제시해 준다는 것을 보일 것이다.

## 1. 해석함수와의 비교

만일 영역 $D \subset \mathbb{R}^2$에서 정의된 연속실가함수 $u(x,y)$가 연속 2계 편도함수를 갖고 라플라스 방정식

$$u_{xx} + u_{yy} = 0$$

을 만족하면, $u(x,y)$는 $D$에서 조화함수라고 함을 상기하자. 5.3절에서 코시-리만 방정식을 이용하여 주어진 조화함수 $u(x,y)$의 조화공액함수 $v(x,y)$를 어떻게 구하는지를 예증하였다. 즉, $f(z) = u(x,y) + iv(x,y) = u(z) + iv(z)$가 해석적이 되는 $v(x,y)$를 찾아보았다. 그 방법은 두 조건

$$u_x = v_y, u_y = -v_x$$

을 만족하는 모든 함수 $v(z)$를 구하는 일이 수반되었다. 이 방법은 편적분 $\int v_y dy$가 명확히 구해질 수 있을 때 가능하다. 이제 주어진 조화함수를 실부로 갖는 해석함수의 존재성에 대한 일반적인 조건을 찾아보자. 우선 코시-리만 방정식에 의하여 임의의 해석함수 $f(z) = u(z) + iv(z)$의 도함수는

$$f'(z) = u_x - iu_y$$

로 표현됨을 주목하자.

**▶정리 1.1** 단일연결영역 $D$에서 실가조화함수 $u(z)$에 대하여 $D$에서 해석적인 함수 $f(z)$가 존재하여 $Ref(z)=u(z)$이다.

**증명** $g(z)=u_x-iu_y$로 놓으면, $u$는 조화함수이므로, 다음을 얻는다.

$$\frac{\partial}{\partial x}(Reg)-\frac{\partial}{\partial y}(Img)=u_{xx}-(-u_{yy})=0,$$

$$\frac{\partial}{\partial x}(Reg)=\frac{\partial}{\partial y}(Img).$$

$u$는 $C^2$-급이므로,

$$\frac{\partial}{\partial y}(Reg)+\frac{\partial}{\partial x}(Reg)=u_{xy}+(-u_{yx})=0$$

$$\frac{\partial}{\partial y}(Reg)=-\frac{\partial}{\partial x}(Img)$$

이다. 따라서 $g$는 코시-리만 방정식을 만족한다. 또한,

$$\frac{\partial}{\partial x}(Reg),\frac{\partial}{\partial y}(Reg),\frac{\partial}{\partial x}(Img),\frac{\partial}{\partial y}(Img)$$

는 모두 연속이므로, 5.2절의 정리 2.5에 의하여 $g(z)$는 $D$에서 해석적이다.

다음에 $D$의 임의의 점 $z_0$를 취하고 $F(z)=\int_{z_0}^{z}g(\zeta)d\zeta$로 놓으면 Morera 정리의 8.1절의 따름정리 1.8에 의하여 $F(z)$는 $D$에서 해석적이고,

$$F'(z)=g(z)=u_x-iu_y$$

이다. 또한, $F(z)$의 도함수는 다음과 같이 표현된다.

$$F'(z)=\frac{\partial}{\partial x}(ReF(z))-i\frac{\partial}{\partial y}(ReF(z))$$

따라서 $u_x=\frac{\partial}{\partial x}(ReF(z)),u_y=\frac{\partial}{\partial y}(ReF(z))$이다. 그러므로

$$ReF(z)=u(z)+C, C\text{는 실수}$$

10장 조화함수

이다. 그러므로 함수 $f(z) := F(z) - C$는 $D$에서 해석적이고 $Ref(z) = u(z)$ 이다.

**따름정리 1.2** 단일연결영역 $D$에서 실가조화함수 $u(z)$에 대하여 $D$에서 해석적인 함수 $f(z)$가 존재하여 $Imf(z) = u(z)$이다.

**증명** 정리 1.1에 의하여 해석함수 $h(z)$가 존재하여 $Reh(z) = u(z)$이다. 그러면 $f(z) := ih(z)$는 해석적이고 $Imf(z) = Reh(z) = u(z)$이다.

정리 1.1에서 영역이 단일연결영역이라는 조건은 필수적이다. 예를 들어, 함수

$$u(z) = u(x,y) = \ln\sqrt{x^2+y^2}$$

은 $\mathbb{C} - \{0\}$ 에서 조화적이다. 더욱이, $u(z)$는 이 영역에서 '거의' $Logz$의 실부이다. 여기서 '거의'라고 말한 이유는 $Logz$가 음의 실수축에서 연속이 아니기 때문이다. 만일 어떤 함수

$$f(z) = \ln\sqrt{x^2+y^2} + iv(x,y)$$

가 $\mathbb{C} - \{0\}$ 에서 해석적이었다면, $g(z) := f(z) - Logz$는 음의 실축을 따라서 절단된 평면으로 이루어진 영역 $D$에서 해석적이었을 것이다. 특히, $g(z)$는 $D$에서 순허수이므로, 코시-리만 방정식을 응용하면, $g(z)$는 $D$에서 상수임을 알 수 있다. 따라서 $D$에서 실부가 $\ln\sqrt{x^2+y^2}$ 인 임의의 해석함수는 $Logz + iC$($C$는 상수)꼴이 된다. 그러나 $Logz + iC$는 음의 실축 위에서 연속이 되도록 정의할 수조차 없으므로, $\mathbb{C} - \{0\}$ 에서 실부가 $u(z)$인 해석함수를 정의할 수 없다.

그러나

$$u(x,y) = \ln\sqrt{x^2+y^2}, x^2+y^2 \neq 0$$

은 다가함수 $\log z$의 실부인 일가함수임을 주목하라. 더욱이, $u(x,y)$는 국소적으로 해석함수의 실부이다. 즉, 주어진 $z_0$에 대하여 $\arg z$의 분지 $\phi(z)$는

$$\log z = \ln\sqrt{x^2+y^2} + i\phi(z)$$

가 $z_0$의 어떤 근방에서 해석적이 되도록 정의될 수 있다. 물론 근방은 단일연결영역이므로,

실부가 $\ln\sqrt{x^2+y^2}$ 인 해석함수의 존재성이 정리 1.1에 의하여 보장된다.

이제 정리 1.1에 의하여 8장의 몇 가지 정리를 수정하여 조화함수에 대한 유사한 정리를 얻을 수 있다. 다음 정리는 조화함수의 경우에 있어서 Liouville 정리와 유사한 것이다.

**정리 1.3** 평면에서 유계조화함수는 상수이다.

**증명** $u(z)$는 평면에서 조화적이고 유계라고 가정하자. 정리 1.1에 의하여 실부가 $u(z)$인 정함수 $f(z)$가 존재한다. 그러면 $g(z):=e^{f(z)}$도 역시 정함수이다. $|g(z)|=e^{u(z)}$이므로, $g(z)$는 평면에서 유계정함수이다. Liouville 정리에 의하여 $g(z)$는 상수이다. 따라서 $u(z)=\ln|g(z)|$는 상수이다.

**참고** 정리 1.3을 다음과 같이 다시 서술할 수 있다. 만일 정함수의 실부 또는 허부가 유계이면, 그 함수는 상수이다.

이제 해석함수에 대한 Gauss의 평균값의 정리와 유사한 정리를 증명해 보자.

**정리 1.4** $u(z)$가 원판 $|z-z_0|\leq r$을 포함하는 영역에서 조화적이면, 다음이 성립한다.

$$u(z_0)=\frac{1}{2\pi}\int_0^{2\pi}u(z_0+re^{i\theta})d\theta$$

**증명** $f(z)$는 $|z-z_0|\leq r$에서 해석적이고, 그의 실부는 $u(z)$라고 하자. Gauss의 평균값의 정리에 의하여

$$f(z_0)=\frac{1}{2\pi}\int_0^{2\pi}f(z_0+re^{i\theta})d\theta$$

이다. 따라서

$$u(z_0)=Ref(z_0)=\frac{1}{2\pi}\int_0^{2\pi}Ref(z_0+re^{i\theta})d\theta=\frac{1}{2\pi}\int_0^{2\pi}u(z_0+re^{i\theta})d\theta$$

이다.

해석함수에 대한 최대, 최소절댓값 정리와 유사한 조화함수에 관한 최대, 최소원리가 있다.

**정리 1.5** 상수가 아닌 조화함수는 영역 $D$에서 최댓값 또는 최솟값을 갖지 않는다.

조화함수 $u(z)$가 점 $z_0$에서 최댓값을 갖기 위한 필요충분조건은 조화함수 $-u(z)$가 점 $z_0$에서 최솟값을 갖는 것임을 유의하자. 그러므로 최솟값의 원리는 최댓값의 원리로부터 직접 유도될 수 있다.

증명1 해석함수에 대한 최대절댓값 정리는 Gauss의 평균값의 정리와 해석함수가 연속이라는 사실의 결과이다. 같은 방법으로 조화함수에 관한 평균값 원리로부터 조화함수에 관한 최댓값 원리를 추론할 수 있다.

증명2 $u(z)$는 영역 $D$에서 상수가 아닌 조화함수라고 가정하자. 정리 1.2에 의하여 점 $z_0 \in D$의 어떤 근방에서 해석적인 함수 $f(z)=u(z)+iv(z)$가 존재한다. $g(z)=e^{f(z)}$로 놓으면, $|g(z)|=e^{u(z)}$이다. 만일 이 근방에서 $u(z_0)$이 $u(z)$의 최댓값이라면, $|g(z_0)|$은 이 근방에서 $|g(z)|$의 최댓값이다. 이것은 해석함수에 대한 최대절댓값 정리에 모순이다.

증명3 $u(z)$는 영역 $D$에서 상수가 아닌 조화함수라고 가정하자. $z_0 \in D$라고 하자. 그러면 정리 1.2에 의하여 $N_\delta(z_0)$에서 해석적인 함수 $f(z)=u(z)+iv(z)$가 존재한다. 열린사상 정리에 의하여 $N_\epsilon(f(z_0))$가 존재하여 $N_\epsilon(f(z_0)) \subset f(N_\delta(z_0))$이다. 특히, 어떤 $z_1 \in N_\delta(z_0)$에 대하여 $Re f(z_1)=u(z_0)+\frac{\epsilon}{2}$이다. 그러므로 $z_0$는 $D$에서 $u(z)$의 최댓값이 아니다.

참고 조화함수에 관한 최솟값 원리는 실제로 해석함수에 관한 최소절댓값 정리보다 더욱 강하다. 최소절댓값 정리에서 해석함수가 영역에서 0이 아니라는 가정은 조화함수에 대해서는 필요가 없다. 물론, 조화함수는 영역에서 음의 값을 취할 수 있지만, 해석함수의 절댓값은 음이 될 수 없다.

**따름정리 1.6** $u(z)$는 유계영역 $D$에서 조화적이고, $D$의 경계는 폐등심선 $C$라고 가정하자.

만일 $u(z)$는 $D \bigcup C$에서 연속이고, $C$ 위에서 $u(z) = K$($K$는 상수)이면, $D$에서 $u(z) \equiv K$이다.

증명 $D \bigcup C$는 긴밀집합이므로, $u(z)$는 $D \bigcup C$에서 최댓값과 최솟값을 갖는다. 정리 1.5에 의하여 $u(z)$는 $D$에서 최댓값과 최솟값을 가질 수 없으므로, $u(z)$는 $C$ 위에서 최댓값과 최솟값을 갖는다. 그러므로 $\max_{z \in D \cup C} u(z) = \min_{z \in D \cup C} u(z) = K$이다. 따라서 $D$에서 $u(z) \equiv K$이다.

참고 따름정리 1.6에서 영역이 유계라는 가정은 필수적이다. 영역 $Rez > 0$의 경계는 $Rez = 0$이다. 함수 $u(z) = x$는 $Rez > 0$에서 조화적이고, $Rez \geq 0$에서 연속이다. 경계 $Rez = 0$ 위에서는 $u(z) = 0$이다. 그러나 $Rez > 0$에서 $u(z) \neq 0$이다.

**예비정리 1.7** $u_1(z), u_2(z)$는 유계영역 $D$에서 조화적이고, $D$의 경계는 폐등심선 $C$라고 가정하자. 만일 $u_1(z), u_2(z)$는 $D \bigcup C$에서 연속이고, $C$ 위에서 $u_1(z) = u_2(z)$이면, $D$에서 $u_1(z) = u_2(z)$이다.

증명 $u(z) = u_1(z) - u_2(z)$로 놓고, 따름정리 1.6을 적용하면 결과가 나온다.

따름정리 1.6과 예비정리 1.7에서 닫힌유계면분의 경계 위에서 조화함수의 움직임이 면분 전체에서 조화함수의 움직임을 결정한다는 사실을 보였다. 이 결과는, 해석함수에 대한 경우와 같이, 면분의 임의의 점열로 개선될 수 있는 것은 아니다. 예를 들어, 상수가 아닌 함수 $u(z) = x$는 허축 위에서 $u(z) = 0$이고 평면에서 조화적이다. 따라서 8.2절의 정리 2.12에서 '해석적'은 '조화적'으로 대치될 수 없다. 즉, $u(z)$가 영역 $D$에서 조화적이고, $u(z_n) = 0$이며, $z_n \to z_0 \in D$이더라도 $u(z) \equiv 0$임을 보장할 수 없다. 그러나 다음은 성립한다.

**정리 1.8** 만일 $u(z)$는 영역 $D$에서 조화적이고 $D$의 어떤 점의 근방에서 상수이면, $u(z)$는 $D$에서 상수이다.

증명 집합 $A$는 $u(z)$가 $z_0 \in D$의 어떤 근방에서 상수가 되는 모든 점 $z_0$의 집합이라 하자. 분명히, $A$는 공집합이 아닌 열린집합이다. 이제 $A = D$임을 증명하기 위하여 $B=D-A$가 열린집합임을 보이면 충분하다. 왜냐하면, $D$는 연결집합이므로 $B=\varnothing$이기 때문이다.

$B$는 열린집합이 아니라고 가정하자. $z_0\in B=D\bigcap A^c$라고 하자. 그러면 $z_0\in D, z_0\not\in A$이므로, $N_\epsilon(z_0)\subset D$가 존재하여 $A\bigcap N_\epsilon(z_0)\neq\varnothing$이다. 그러므로 $z_1\in A\bigcap N_\epsilon(z_0)$가 존재한다. 따라서 $N_\delta(z_1)\subset D$가 존재하여 $N_\delta(z_1)\subset A\bigcap N_\epsilon(z_0)$이다. 정리 1.1에 의하여 $N_\epsilon(z_0)$에서 해석적인 함수 $f(z)$가 존재하여 $Ref(z)=u(z)$이다. $u(z)$는 $N_\delta(z_1)$에서 상수이므로, 이 근방에서

$$u_x=u_y=0$$

이다. 따라서 이 근방에서 $f'(z)=u_x-iu_y=0$이다. $f'(z)$에 8.2절의 정리 2.12를 응용하면, $N_\epsilon(z_0)$에서 $f'(z)=0$임을 알 수 있다. 따라서 5.1절의 정리 1.12에 의하여 $f(z)$는 $N_\epsilon(z_0)$에서 상수이다. 그러므로 $u(z)=Ref(z)$도 $N_\epsilon(z_0)$에서 상수이다. 따라서 $z_0\in A$이다. 이것은 모순이다.

해석함수의 최대절댓값과 그 실부의 최댓값 사이에 흥미로운 관계가 있다.

**정리 1.9** (Borel–Carathéodory) $f(z)$는 원판 $|z|\leq R$에서 해석적이라 가정하자.

$$M(r)=\max_{|z|=r}|f(z)|, A(r)=\max_{|z|=r}Ref(z)$$

로 놓자. 그러면 $0<r<R$에 대하여 다음이 성립한다.

$$M(r)\leq\frac{2r}{R-r}A(R)+\frac{R+r}{R-r}|f(0)|$$

**증명** 만일 $f(z)=K$는 상수이면,

$$M(r)=|K|,\ A(R)=ReK\leq|K|,\ |f(0)|=|K|$$

이므로

$$M(r)=|K|=\frac{-2r}{R-r}|K|+\frac{R+r}{R-r}|K|$$

$$\leq \frac{-2r}{R-r}A(R)+\frac{R+r}{R-r}|f(0)|$$

$$\leq \frac{2r}{R-r}A(R)+\frac{R+r}{R-r}|f(0)|$$

이다. 그러므로 결과가 나온다.

$f(z)$는 상수가 아니라고 가정하자. 만일 $f(0)=0$이면, 정리 1.5에 의하여 $A(R)>A(0)=0$이다. $|z|\leq R$에 대하여 $A(R)\geq Ref(z)$이므로

$$Re[2A(R)-f(z)]=2A(R)-Ref(z)\geq A(R)>0$$

이다. 따라서 함수

$$g(z):=\frac{f(z)}{2A(R)-f(z)}$$

는 $|z|\leq R$에서 해석적이다. 더욱이, $f(z)=u+iv$로 놓으면,

$$2A(R)-u=Re[2A(R)-f(z)]\geq A(R)\geq Ref(z)=u$$

이므로, 다음을 얻는다.

$$|g(z)|=[\frac{u^2+v^2}{(2A(R)-u^2)+v^2}]^{1/2}\leq[\frac{u^2+v^2}{u^2+v^2}]^{1/2}=1$$

그러므로 Schwarz의 정리에 의하여 다음이 성립한다.

$$\max_{|z|=r}|g(z)|\leq\frac{r}{R}$$

그러나 $g(z)=\dfrac{f(z)}{2A(R)-f(z)}$이므로, $f(z)=\dfrac{2A(R)g(z)}{1+g(z)}$이다. 따라서

$$|f(z)|=|\frac{2A(R)g(z)}{1+g(z)}|\leq\frac{2A(R)r/R}{1-|g(z)|}\leq\frac{2A(R)r/R}{1-r/R}=\frac{2rA(R)}{R-r}$$

이다. 그러므로 $M(r)\leq\dfrac{2r}{M-r}A(R)$이다. $f(0)=0$이므로, 결과가 나온다.

만일 $f(0)\neq0$이면, 위의 부등식을 $f(z)-f(0)$에 응용하면, 다음을 얻는다.

10장 조화함수

$$|f(z)-f(0)| \leqq \frac{2r}{R-r}\max_{|z|=R} Re[f(z)-f(0)]$$
$$\leqq \frac{2r}{R-r}(A(R)+|f(0)|)$$

따라서

$$|f(z)| \leqq \frac{2r}{R-r}(A(R)+|f(0)|)+|f(0)|$$
$$=\frac{2r}{R-r}A(R)+\frac{R+r}{R-r}|f(0)|$$

이다. 그러므로 결과가 나온다.

정리 1.9는 다음과 같이 8.2절의 정리 2.5와 이 절의 정리 1.3을 동시에 일반화시키는데 이용될 수 있다.

**정리 1.10** $f(z)$는 정함수이고, 어떤 음이 아닌 실수 $\lambda$에 대하여

$$Ref(z) \leqq Mr^{\lambda}(|z|=r>r_0)$$

이라 하자. 그러면 $f(z)$는 기껏해야 $\lambda$차의 다항식이다.

**증명** 정리 1.9에서 $R=2r$로 놓으면, 충분히 큰 $M_1$에 대하여 다음이 성립한다.

$$|f(z)| \leqq \frac{2r}{2r-r}A(2r)+\frac{2r+r}{2r-r}|f(0)|$$
$$\leqq 2M\cdot(2r)^{\lambda}+3|f(0)| \leqq M_1 r^{\lambda}$$

따라서 결과는 8.2절의 정리 2.5로부터 나온다.

**문제 1.1** 단일연결영역 $D$에서 조화함수는 모든 계수의 편도함수를 가짐을 보여라.

**문제 1.2** 만일 $u(z)$는 평면에서 상수가 아닌 조화함수이면, $u(z)$는 모든 실수값에 임의로 접근할 수 있음을 보여라.

**문제 1.3** 평균값 원리를 $|z| \leq r < 1$에 대한 $\ln|1+z|$에 적용한 다음에 $r \to 1$을 취함으로써

$$\int_0^{\pi} \ln \sin\theta d\theta = -\pi \ln 2$$

임을 보여라.

**문제 1.4** 함수 $f(z), g(z)$는 단일폐등심선 $C$의 내부와 그 위에서 해석적이고, $C$ 위에서 $Ref(z) = Reg(z)$라고 하자. 그러면 $f(z) = g(z) + i\beta$ ($\beta$는 실수인 상수)임을 보여라.

**문제 1.5** 함수 $f(z), g(z)$는 단일폐등심선 $C$의 내부에서 해석적이고 그 위에서 연속이라 하자. $C$ 위에서 $Ref(z) = Reg(z)$라고 하자. 그러면 $f(z) = g(z) + i\beta$ ($\beta$는 실수인 상수)임을 보여라.

**문제 1.6** 만일 $u(z)$는 $0 < |z - z_0| < R$에서 유계조화함수이면, $\lim_{z \to z_0} u(z)$가 존재함을 보여라.

**문제 1.7** 만일 $u_1(z), u_2(z)$는 단일연결영역 $D$에서 조화적이고, $u_1(z)u_2(z) \equiv 0$이면, $D$에서 $u_1(z) \equiv 0$ 또는 $u_2(z) \equiv 0$임을 보여라.

**문제 1.8** 만일 함수 $u(z) = u(x,y)$는 $u(z) \leq |z|^n$을 만족하는 모든 곳에서 조화적이면, $u(z)$는 두 변수 $x, y$의 다항식임을 보여라.

**문제 1.9** 함수 $f(z)$는 원판 $|z| \leq R$에서 해석적이라 하자. $A(r) = \max_{|z|=r} Ref(z)$로 놓자. 그러면 $r < R$에 대하여

$$\max_{|z|=r} \frac{|f^{(n)}(z)|}{n!} \leq \frac{2^{n+2}R}{(R-r)^{n+1}}[A(R) + |f(0)|]$$

이 성립함을 보여라.

## 2. Poisson 적분공식

이 절에서는 코시의 적분공식과 유사한 조화함수에 대한 공식을 알아볼 것이다. 만일 $f(z)$는 단일폐등심선 $C$의 내부와 그 위에서 해석적이면, $C$의 내부의 모든 점 $z$에 대하여 다음이 성립한다.

$$f(z)=\frac{1}{2\pi i}\int_C \frac{f(\zeta)}{\zeta-z}d\zeta$$

이제 $C$ 위에서의 함숫값 $Ref(\zeta)$를 가지고 $C$의 내부의 점 $z$에서 $Ref(z)$에 대한 식을 구하고 싶다. 그러나 불행히도 식

$$Re\left[\frac{1}{2\pi i}\int_C \frac{f(\zeta)}{\zeta-z}d\zeta\right]$$

는 $C$ 위에서의 $Ref(\zeta)$와 $Imf(\zeta)$를 모두 포함하는 식으로 되고 만다.

만일 실변수 $t$의 복소가함수 $\phi(t)$에 대하여

$$f(z)=\frac{1}{2\pi i}\int_C \frac{f(\zeta)}{\zeta-z}d\zeta=\int_a^b \phi(t)dt$$

로 변환된다면,

$$Ref(z)=Re\int_a^b \phi(t)dt=\int_a^b Re\phi(t)dt$$

이다. 조화함수에 대한 평균값 원리를 증명할 때, 이와 유사한 변환을 시행하였음을 상기하자. 이것 때문에 원주 위에서의 조화함수의 값을 가지고 원의 중심에서의 값을 결정할 수 있다. 그러나 원에 대한 코시의 적분공식과 유사한 조화함수의 공식은 원의 내부의 모든 점에서 조화함수의 값을 원 위의 값에 의해서 표현한 식이다. 다음 항등식은 그와 같은 관계를 구하는 데 유용하다.

$$\zeta=Re^{i\phi}, z=re^{i\theta}, r<R$$

이라 놓자. 그러면

$$Re\left[\frac{\zeta+z}{\zeta-z}\right]=\frac{R^2-r^2}{|\zeta-z|^2}=\frac{R^2-r^2}{R^2-2rR\cos(\theta-\phi)+r^2}$$

이다. 왜냐하면 $\frac{\zeta+z}{\zeta-z}=\frac{(\zeta+z)(\bar{\zeta}-\bar{z})}{|\zeta-z|^2}=\frac{R^2-r^2+2irR\sin(\theta-\phi)}{|\zeta-z|^2}$ 이므로, $Re[\frac{\zeta+z}{\zeta-z}]=\frac{R^2-r^2}{|\zeta-z|^2}$ 이다. 한편,

$$\begin{aligned}|\zeta-z|^2=(\zeta-z)(\bar{\zeta}-\bar{z})&=(Re^{i\phi}-re^{i\theta})(Re^{-i\phi}-re^{-i\theta})\\&=R^2-rR(e^{i(\theta-\phi)}+e^{-i(\theta-\phi)})+r^2\\&=R^2-2rR\cos(\theta-\phi)+r^2\end{aligned}$$

이다.

**▶정리 2.1** **(Poisson 적분공식)** $u(z)$는 원판 $|z|\leq R$을 포함하는 영역에서 조화함수라고 하자. 그러면 $z=re^{i\theta}, r<R$에 대하여 다음이 성립한다.

$$u(re^{i\theta})=\frac{1}{2\pi}\int_0^{2\pi}\frac{R^2-r^2}{R^2-2rR\cos(\theta-\phi)+r^2}u(Re^{i\phi})d\phi$$

**증명** 정리 1.1에 의하여 원판 $|z|\leq R$에서 해석적인 함수 $f(z)$가 존재하여 $Ref(z)=u(z)$이다. 코시의 적분공식에 의하여

$$f(z)=\frac{1}{2\pi i}\int_{|z|=R}\frac{f(\zeta)}{\zeta-z}d\zeta,\ |z|<R$$

이다. 만일 $z=0$이면, 즉, $r=0$이면, Gauss의 평균값의 정리로부터 결과가 나온다. 왜냐하면

$$\begin{aligned}f(0)&=\frac{1}{2\pi i}\int_{|z|=R}\frac{f(\zeta)}{\zeta}d\zeta\\&=\frac{1}{2\pi i}\int_0^{2\pi}\frac{f(Re^{i\phi})}{Re^{i\phi}}Rie^{i\phi}d\phi\\&=\frac{1}{2\pi}\int_0^{2\pi}f(Re^{i\phi})d\phi\end{aligned}$$

이므로, $u(0)=Ref(0)=\frac{1}{2\pi}\int_0^{2\pi}Ref(Re^{i\phi})d\phi=\frac{1}{2\pi}\int_0^{2\pi}u(Re^{i\phi})d\phi$ 이다.

$z=re^{i\theta}\neq 0$이라 가정하자. $z_1=\dfrac{R^2}{\bar{z}}=\dfrac{R^2}{r}e^{i\theta}$로 놓자. 그러면 점 $z_1$은 원점으로부터 점 $z$를 지나는 반직선 위에 있으면서 원 $|\zeta|=R$의 외부에 있다. 그러므로

$$0=\frac{1}{2\pi i}\int_{|z|=R}\frac{f(\zeta)}{\zeta-z_1}d\zeta=\frac{1}{2\pi i}\int_{|z|=R}\frac{\bar{z}f(\zeta)}{\bar{z}\zeta-R^2}d\zeta$$

이다. 따라서

$$\begin{aligned}
f(z)=f(z)-0&=\frac{1}{2\pi i}\int_{|\zeta|=R}\frac{f(\zeta)}{\zeta-z}d\zeta-\frac{1}{2\pi i}\int_{|\zeta|=R}\frac{\bar{z}f(\zeta)}{\bar{z}\zeta-R^2}d\zeta\\
&=\frac{1}{2\pi i}\int_{|\zeta|=R}[\frac{1}{\zeta-z}+\frac{\bar{z}}{R^2-\bar{z}\zeta}]f(\zeta)d\zeta\\
&=\frac{1}{2\pi i}\int_{|\zeta|=R}\frac{R^2-r^2}{(\zeta-z)(R^2-\bar{z}\zeta)}f(\zeta)d\zeta\\
&=\frac{1}{2\pi i}\int_0^{2\pi}\frac{R^2-r^2}{(Re^{i\phi}-re^{i\theta})(R^2-rRe^{i(\phi-\theta)})}f(Re^{i\phi})iRe^{i\phi}d\phi\\
&=\frac{1}{2\pi i}\int_0^{2\pi}\frac{R^2-r^2}{(Re^{i\phi}-re^{i\theta})(Re^{-i\phi}-re^{-i\theta})}f(Re^{i\phi})id\phi\\
&=\frac{1}{2\pi}\int_0^{2\pi}\frac{R^2-r^2}{R^2-2rR\cos(\theta-\phi)+r^2}f(Re^{i\phi})d\phi
\end{aligned}$$

이다. 그러므로

$$\begin{aligned}
u(re^{i\theta})=Ref(re^{i\theta})&=\frac{1}{2\pi}\int_0^{2\pi}\frac{R^2-r^2}{R^2-2rR\cos(\theta-\phi)+r^2}Ref(Re^{i\phi})d\phi\\
&=\frac{1}{2\pi}\int_0^{2\pi}\frac{R^2-r^2}{R^2-2rR\cos(\theta-\phi)+r^2}u(Re^{i\phi})d\phi
\end{aligned}$$

이다.

**따름정리 2.2** $r<R$과 임의의 $\theta$에 대하여 다음이 성립한다.

$$\frac{1}{2\pi}\int_0^{2\pi}\frac{R^2-r^2}{R^2-2rR\cos(\theta-\phi)+r^2}d\phi=1$$

**증명** 정리 2.1에서 $u(z)=1$로 놓으면, 결과가 나온다.

**따름정리 2.3** 만일 $f(z)=u(z)+iv(z)$는 원판 $|z| \le R$에서 해석적이면, $z=re^{i\theta}$, $r<R$에 대하여 다음이 성립한다.

$$u(re^{i\theta})=\frac{1}{2\pi}\int_0^{2\pi}\frac{R^2-r^2}{R^2-2rR\cos(\theta-\phi)+r^2}u(Re^{i\phi})d\phi$$
$$v(re^{i\theta})=\frac{1}{2\pi}\int_0^{2\pi}\frac{R^2-r^2}{R^2-2rR\cos(\theta-\phi)+r^2}v(Re^{i\phi})d\phi$$

**증명** 정리 2.1의 증명에서 $f(re^{i\theta})=\frac{1}{2\pi}\int_0^{2\pi}\frac{R^2-r^2}{R^2-2rR\cos(\theta-\phi)+r^2}f(Re^{i\phi})d\phi$

이므로, 실부와 허부를 취하면, 결과가 나온다.

**따름정리 2.4** 따름정리 2.3의 $v(re^{i\theta})$는 다음과 같이 표현될 수 있다.

$$v(re^{i\theta})=\frac{1}{2\pi}\int_0^{2\pi}\frac{2rR\sin(\theta-\phi)}{R^2-2rR\cos(\theta-\phi)+r^2}u(Re^{i\phi})d\phi+v(0)$$

**증명** $\zeta=Re^{i\phi}, z=re^{i\theta}$이라 하고

$$g(z)=\frac{1}{2\pi}\int_0^{2\pi}\frac{\zeta+z}{\zeta-z}u(\zeta)d\phi$$

이라 정의하자. 이제 $Ref(z)=Reg(z)$임을 보일 것이다. 우선 다음을 생각하자.

$$\frac{g(z+h)-g(z)}{h}=\frac{1}{2\pi}\int_0^{2\pi}\frac{2\zeta}{(\zeta-z)(\zeta-(z+h))}u(\zeta)d\phi$$

그러면 다음이 성립함을 알 수 있다.

$$g'(z)=\lim_{h\to 0}\frac{g(z+h)-g(z)}{h}=\frac{1}{2\pi}\int_0^{2\pi}\frac{2\zeta}{(\zeta-z)^2}u(\zeta)d\phi$$

따라서 $g(z)$는 해석적이다. 또한,

$$Reg(z) = Re[\frac{1}{2\pi}\int_0^{2\pi}\frac{\zeta+z}{\zeta-z}u(\zeta)d\phi] = \frac{1}{2\pi}\int_0^{2\pi}Re[\frac{\zeta+z}{\zeta-z}]u(\zeta)d\phi$$
$$= \frac{1}{2\pi}\int_0^{2\pi}\frac{R^2-r^2}{R^2-2rR\cos(\theta-\phi)+r^2}u(\zeta)d\phi = Ref(z)$$

이다. $u_x = v_y, v_x = -u_y$이고 $(Reg)_x = (Img)_y, (Img)_x = -(Reg)_y$이므로, $v_y = (Img)_y, v_x = (Img)_x$이다. 따라서 다음을 얻는다.

$$v(re^{i\theta}) = Imf(z) = Img(z) + C$$

$\frac{\zeta+z}{\zeta-z} = \frac{R^2-r^2+2irR\sin(\theta-\phi)}{R^2-2rR\cos(\theta-\phi)+r^2}$이고 $g(z) = \frac{1}{2\pi}\int_0^{2\pi}\frac{\zeta+z}{\zeta-z}u(\zeta)d\phi$이므로,

$$g(z) = \frac{1}{2\pi}\int_0^{2\pi}\frac{R^2-r^2+2rR\sin(\theta-\phi)}{R^2-2rR\cos(\theta-\phi)+r^2}u(\zeta)d\phi$$

이다. 그러므로

$$v(re^{i\theta}) = \frac{1}{2\pi}\int_0^{2\pi}\frac{2rR\sin(\theta-\phi)}{R^2-2rR\cos(\theta-\phi)+r^2}u(Re^{i\phi})d\phi + C$$

$r=0$을 대입하면, $C = v(0)$이므로, 결과가 나온다.

참고1 일반적으로 해석함수는 그의 실부에 의하여 허상수 이내에서 결정됨을 알 수 있다. 함수 $f(z) = u(z) + iv(z)$가 원판 $|z| \le R$에서 해석적인 경우에는 따름정리 2.3과 2.4는 이러한 관계를 명백하게 해준다. 즉,

$$f(z) = \frac{1}{2\pi}\int_0^{2\pi}\frac{R^2-2irR\sin(\theta-\phi)}{R^2-2rR\cos(\theta-\phi)+r^2}u(Re^{i\phi})d\phi + iv(0)$$
$$= \frac{1}{2\pi}\int_0^{2\pi}\frac{Re^{i\theta}+re^{i\theta}}{Re^{i\theta}-re^{i\theta}}u(Re^{i\phi})d\phi + iv(0)$$

참고2 $P_r(\theta-\phi) = \frac{R^2-r^2}{R^2-2rR\cos(\theta-\phi)+r^2}$은 Poisson 핵(kernel)이라 한다.

$$\frac{R-r}{R+r} \le P_r(\theta-\phi) \le \frac{R+r}{R-r}$$

임을 알 수 있다.

앞으로 보이겠지만, 정리 2.1의 결론은 보다 약한 가정 아래에서도 성립한다. 즉, 원 $|z|=R$ 위에서 조화적이라는 가정은 필요하지 않다.

**▸정리 2.5** 만일 $u(z)$는 열린원판 $|z|<R$에서 조화적이고, 닫힌원판 $|z|\leq R$에서 연속이면, $z=re^{i\theta}, r<R$에 대하여 다음이 성립한다.

$$u(re^{i\theta})=\frac{1}{2\pi}\int_0^{2\pi}\frac{R^2-r^2}{R^2-2rR\cos(\theta-\phi)+r^2}u(Re^{i\phi})d\phi$$

**증명** $\{t_n\}$은 1로 수렴하는 양의 증가실수열이라 하자. 그러면 각 $n$에 대하여 함수 $u(t_nz)$는 닫힌원판 $|z|\leq R$에서 조화적이다. $u_n(z)=u(t_nz)$라 놓으면, 정리 2.1에 의하여 다음이 성립한다.

$$u_n(re^{i\theta})=\frac{1}{2\pi}\int_0^{2\pi}\frac{R^2-r^2}{R^2-2rR\cos(\theta-\phi)+r^2}u_n(Re^{i\phi})d\phi$$

$u_n(z)$는 $z=re^{i\theta}$에서 연속이므로, 다음이 성립한다.

$$\lim_{n\to\infty}u_n(re^{i\theta})=\lim_{n\to\infty}u(t_nre^{i\theta})=u(re^{i\theta})$$

이제 다음을 보이기만 하면, 증명이 완성된다.

$$\frac{1}{2\pi}\int_0^{2\pi}\frac{R^2-r^2}{R^2-2rR\cos(\theta-\phi)+r^2}u_n(Re^{i\phi})d\phi$$
$$\to\frac{1}{2\pi}\int_0^{2\pi}\frac{R^2-r^2}{R^2-2rR\cos(\theta-\phi)+r^2}u(Re^{i\phi})d\phi$$

이것은 차가

$$\left|\frac{1}{2\pi}\int_0^{2\pi}P_r(\theta-\phi)(u_n(Re^{i\phi})-u(Re^{i\phi}))d\phi\right|$$
$$\leq\frac{1}{2\pi}\int_0^{2\pi}\frac{R+r}{R-r}\left|u_n(Re^{i\phi})-u(Re^{i\phi})\right|d\phi$$

이므로, 위의 부등식의 우변을 작게 할 수 있음을 보이면 충분하다.

$u(z)$는 긴밀집합 $|z| \leq R$에서 연속이므로 평등연속이다. 따라서 임의의 $\epsilon > 0$에 대하여 자연수 $N$이 존재하여 $n > N$일 때, 모든 $|\zeta| \leq R$에 대하여

$$|u_n(\zeta) - u(\zeta)| < \epsilon$$

이 성립한다. 그러므로 다음을 얻는다.

$$\frac{1}{2\pi}\int_0^{2\pi} \frac{R+r}{R-r} |u_n(Re^{i\phi}) - u(Re^{i\phi})| d\phi \leq \epsilon \frac{R+r}{R-r}$$

$\epsilon > 0$은 임의이므로 결과가 나온다.

정리 2.5에서는 열린원판 $|z| < R$에서 조화적이고 닫힌원판 $|z| \leq R$에서 연속인 함수는 열린원판에서의 함숫값이 경계에서의 함숫값에 의하여 결정되는 성질을 가짐을 보였다.

원 $|z| = R$ 위에서 연속인 실가함수 $F(\theta)$를 가지고 시작해보자, 각 $\theta$에 대하여

$$\lim_{r \to R} u(re^{i\theta}) = F(\theta), r < R$$

을 만족하는 성질을 갖는 조화함수 $u(z)$가 존재할까?

더욱 일반적으로, Dirichlet 문제는 다음과 같은 문제를 다루는 것이다.

"주어진 영역 $D$에 대하여 $D$의 경계에서 주어진 함숫값을 취하는 $D$에서의 조화함수는 존재할까?"

다음 정리는 원판에 대하여 이와 같은 Dirichlet 문제와 관련된 것이다.

**▶정리 2.6** $F(\phi)$는 실변수 $\phi(0 \leq \phi \leq 2\pi)$에 관한 연속함수이고 $F(0) = F(2\pi)$이라 하자. 그러면

$$u(re^{i\theta}) = \frac{1}{2\pi}\int_0^{2\pi} \frac{R^2 - r^2}{R^2 - 2rR\cos(\theta - \phi) + r^2} F(\phi) d\phi, r < R$$

로 정의된 함수 $u(z)$는 다음을 만족한다.

(i) $u(z)$는 열린원판 $|z| < R$에서 조화적이다.

(ii) 각 고정된 $\theta(0 \leq \theta \leq 2\pi)$에 대하여

$$\lim_{r \to R} u(re^{i\theta}) = F(\theta), r < R$$

이다.

**증명** (i)을 증명하기 위하여 $\zeta = Re^{i\phi}, z = re^{i\theta}$이라 놓고

$$g(z) = \frac{1}{2\pi}\int_0^{2\pi} \frac{\zeta + z}{\zeta - z} F(\phi) d\phi$$

이라 정의하자. 그러면 따름정리 2.4의 증명으로부터 $g(z)$는 $|z| < R$에서 해석적임을 알 수 있다. 또한, $Re\,g(z) = u(z)$임을 알 수 있다. $g(z)$는 해석적이므로, $u(z)$는 조화함수이다.

(ii)를 증명하기 위해서는 각 $\theta(0 \leqq \theta \leqq 2\pi)$와 각 $\epsilon > 0$에 대하여 $\delta > 0$가 존재하여 $0 < R - r < \delta$일 때 $|u(re^{i\theta}) - F(\theta)| < \epsilon$이 성립함을 보여야 한다. 따름정리 2.2에 의하여 $\frac{1}{2\pi}\int_0^{2\pi} P_r(\theta - \phi) d\phi = 1$이므로,

$$u(re^{i\theta}) - F(\theta) = \frac{1}{2\pi}\int_0^{2\pi} P_r(\theta - \phi)[F(\phi) - F(\theta)] d\phi$$

이다. $\phi = \theta$일 때, $P_r(\theta - \theta) = P_r(0) = \frac{R + r}{R - r}$이므로, $\lim_{r \to R} P_r(0) = \infty$이고, $\phi \neq \theta$일 때, $\lim_{r \to R} P_r(\theta - \phi) = 0$이다.

$|u(re^{i\theta}) - F(\theta)|$가 임의로 작게 될 수 있음을 보이기 위하여 적분을 두 부분으로 나누어 생각해보자. 하나는 점 $\phi = \theta$에서 $F(\phi)$의 연속성을 이용할 것이고, 다른 하나는 점 $Re^{i\theta}$의 근방을 제외한 영역에서 $P_r(\theta - \phi)$의 움직임을 이용할 것이다.

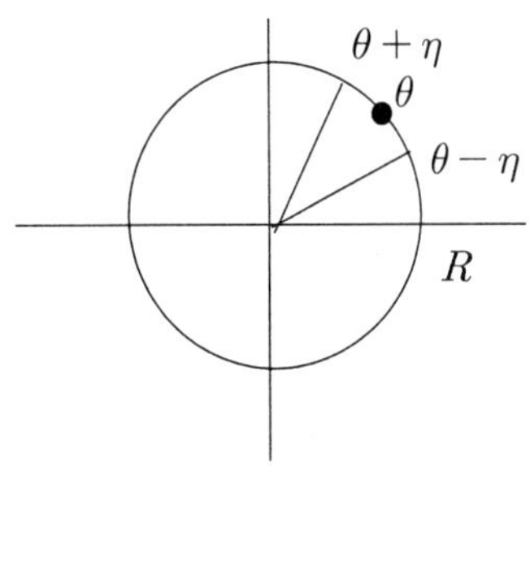

$F(\phi)$는 $\phi=\theta$에서 연속이므로, 임의의 $\epsilon>0$에 대하여 $\eta>0$가 존재하여 $|\phi-\theta|<\eta$일 때 $|F(\phi)-F(\theta)|<\epsilon/2$이 성립한다.

$$I_1=\frac{1}{2\pi}\int_{\theta-\eta}^{\theta+\eta}P_r(\theta-\phi)[F(\phi)-F(\theta)]d\phi$$

$$I_2=\frac{1}{2\pi}\int_{\theta+\eta}^{2\pi+\theta-\eta}P_r(\theta-\phi)[F(\phi)-F(\theta)]d\phi$$

이라 놓자. $P_r(\theta-\phi)F(\phi)$는 주기함수이므로,

$$|u(re^{i\theta})-F(\theta)|\leqq|I_1|+|I_2|$$

이다. $P_r(\theta-\phi)>0$이므로,

$$\begin{aligned}|I_1|&\leqq\frac{1}{2\pi}\int_{\theta-\eta}^{\theta+\eta}P_r(\theta-\phi)|F(\phi)-F(\theta)|d\phi\\&\leqq\frac{\epsilon}{2}\frac{1}{2\pi}\int_{\theta-\eta}^{\theta+\eta}P_r(\theta-\phi)d\phi<\frac{\epsilon}{2}\end{aligned}$$

이다. 한편, $\theta+\eta\leqq\phi\leqq 2\pi+\theta-\eta$일 때 $\eta\leqq\phi-\theta\leqq 2\pi-\eta$이므로, $P_r(\theta-\phi)\leqq P_r(\eta)$이다. $R^2-2rR\cos\eta+r^2$은 $r=R\cos\eta$일 때 최소값을 갖는다. 따라서

$$P_r(\theta-\phi)\leqq P_r(\eta)\leqq\frac{(R+r)(R-r)}{R^2(1-\cos^2\eta)}\leqq\frac{2}{R\sin^2\eta}(R-r):=m(R-r).$$

여기서 $m$은 $r$과 무관한 양의 상수이다. $F(\phi)$는 닫힌구간 $[\theta+\eta,2\pi+\theta-\eta]$에서 연속이므로, $M>0$이 존재하여 $|F(\phi)|\leqq M,\ \forall\phi\in[\theta+\eta,2\pi+\theta-\eta]$이다. 따라서

$$\begin{aligned}|I_2|&\leqq\frac{1}{2\pi}\int_{\theta+\eta}^{2\pi+\theta-\eta}P_r(\theta-\phi)|F(\phi)-F(\theta)|d\phi\\&\leqq 2mM(R-r):=K(R-r).\end{aligned}$$

여기서 $K$는 $r$과 무관한 양의 상수이다. $\delta=\dfrac{\epsilon}{2K}$로 놓으면, $R-r<\delta=\dfrac{\epsilon}{2K}$

일 때 $|I_2| < \frac{\epsilon}{2}$이다. 그러므로 $R-r<\delta$일 때,

$$|u(re^{i\theta})-F(\theta)| \le |I_1| + |I_2| < \frac{\epsilon}{2}+\frac{\epsilon}{2}=\epsilon$$

을 얻는다.

(참고1) 정리 2.6에서 $F(\phi)$는 $F(Re^{i\phi})$이라 하고,

$$(HF)(re^{i\theta}) := \begin{cases} F(Re^{i\phi}), & r=R \\ \frac{1}{2\pi}\int_0^{2\pi} P_r(\theta-\phi)F(Re^{i\phi})d\phi, & r<R \end{cases}$$

이라 정의하면, $HF$는 닫힌원판 $|z| \le R$에서 연속임을 알 수 있다. 따름정리 2.3에 의하여 정리 2.1의 함수 $u(z)$는 정리 2.6의 조건을 만족할 수 있는 유일한 함수이다.

(참고2) 정리 2.6에서 함수 $F(\phi)$가 조각적으로 연속이라고만 가정해도 결론 (i)은 역시 성립하고 (ii)는 $F$가 연속인 점 $\theta$에서만 $\lim_{r\to R} u(re^{i\theta})=F(\theta)$가 성립한다.

**예제 2.7** $|z|<R$에 대하여 다음을 만족하는 조화함수 $u(z)$를 구하여라.

$$\lim_{r\to R} u(re^{i\theta}) = \begin{cases} 1, & 0<\theta<\pi \\ 0, & \pi<\theta<2\pi \end{cases}$$

**풀이** $\zeta = Re^{i\phi}, z=re^{i\theta}$에 대하여

$$u(z)=\frac{1}{2\pi}\int_0^{\pi} P_r(\theta-\phi)d\phi = \frac{1}{2\pi}\int_0^{\pi} Re[\frac{\zeta+z}{\zeta-z}]d\phi$$

는 $|z|<R$에서 조화적이다.

$$\int \frac{1}{a+b\cos t}dt,\ x=\tan\frac{t}{2},\ \cos\frac{t}{2}=\frac{1}{\sqrt{1+x^2}}, \sin\frac{t}{2}=\frac{x}{\sqrt{1+x^2}},$$

$$dx=\frac{1}{2}\sec^2\frac{t}{2}dt, dt=2\cos^2\frac{t}{2}dx=\frac{2}{1+x^2}dx,$$

$$\cos t = \cos^2\frac{t}{2} - \sin^2\frac{t}{2} = \frac{1-x^2}{1+x^2}.$$

$$\int \frac{1}{a+b\cos t}dt = \int \frac{1}{a+b\dfrac{1-x^2}{1+x^2}} \cdot \frac{2}{1+x^2}dx = \int \frac{2}{a(1+x^2)+b(1-x^2)}dx$$

$$= \int \frac{2}{a+b+(a-b)x^2}dx = \frac{2}{a-b}\int \frac{1}{\dfrac{a+b}{a-b}+x^2}dx$$

$$= \frac{2}{a-b}\sqrt{\frac{a-b}{a+b}}\tan^{-1}(x/\sqrt{\frac{a+b}{a-b}}) + C$$

$$= \frac{2}{\sqrt{a^2-b^2}}\tan^{-1}(\tan\frac{t}{2}/\sqrt{\frac{a+b}{a-b}}) + C$$

$a = R^2+r^2, b = -2rR, t = \phi-\theta$로 놓으면, 다음을 얻는다.

$$a^2-b^2 = (R^2+r^2)^2-(2rR)^2 = (R+r)^2(R-r)^2,\ \sqrt{a^2-b^2} = (R+r)(R-r)$$

$$a+b = (R-r)^2, a-b = (R+r)^2,\ \sqrt{\frac{a+b}{a-b}} = \frac{R-r}{R+r}$$

$$u(z) = \frac{R^2-r^2}{2\pi} \cdot \frac{2}{(R+r)(R-r)}\tan^{-1}(\tan\frac{\phi-\theta}{2}/\frac{R-r}{R+r}) \Big|_0^\pi$$

$$= \frac{1}{\pi}\tan^{-1}(\tan\frac{\phi-\theta}{2}/\frac{R-r}{R+r}) \Big|_0^\pi$$

$$= \frac{1}{\pi}[\tan^{-1}(\frac{R+r}{R-r}\tan\frac{\pi-\theta}{2}) - \tan^{-1}(\frac{R+r}{R-r}\tan\frac{-\theta}{2})].$$

$$\tan(\alpha-\beta) = \frac{\tan\alpha-\tan\beta}{1+\tan\alpha\tan\beta}$$

$$\tan\frac{\pi-\theta}{2} = \cot\frac{\theta}{2}$$

$$\tan(-\theta) = -\tan\theta$$

$$\tan\frac{\theta}{2} + \cot\frac{\theta}{2} = 2\mathrm{cosec}\theta$$

이므로

$$\tan\pi u(z) = \frac{\frac{R+r}{R-r}[\tan\frac{\pi-\theta}{2} - \tan\frac{-\theta}{2}]}{1+(\frac{R+r}{R-r})^2\tan\frac{\pi-\theta}{2}\tan\frac{-\theta}{2}} = \frac{2\frac{R+r}{R-r}\operatorname{cosec}\theta}{1-(\frac{R+r}{R-r})^2}$$

$$= \frac{R^2-r^2}{-2rR\sin\theta}$$

이다.

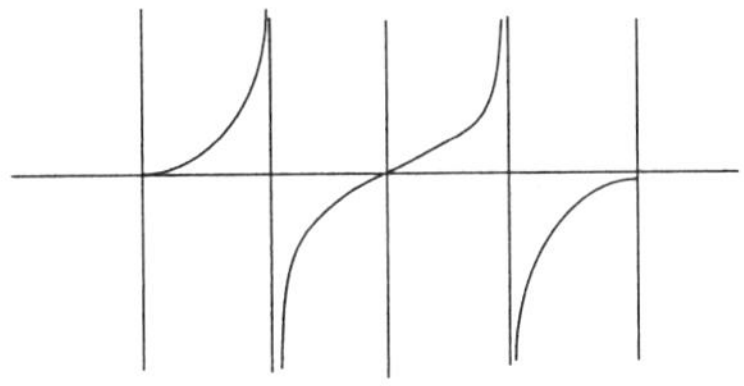

역 탄젠트함수의 분지를 선택하여 그 값을 구간 $[0,\pi]$에 있도록 제한하면, 다음을 얻는다.

$$u(re^{i\theta}) = \frac{1}{\pi}\tan^{-1}\frac{R^2-r^2}{-2rR\sin\theta}$$

이러한 분지에서

$$\lim_{r\to R}\tan^{-1}\frac{R^2-r^2}{-2rR\sin\theta} = \begin{cases}\pi, & 0<\theta<\pi \\ 0, & \pi<\theta<2\pi\end{cases}$$

이다. 그러므로 경계조건

$$\lim_{r\to R}u(re^{i\theta}) = \begin{cases}1, & 0<\theta<\pi \\ 0, & \pi<\theta<2\pi\end{cases}$$

가 만족된다.

(참고) 이 절에서의 결과들은 중심이 원점인 원판 $|z| \leq R$에서 정의된 함수들에 대하여 증명되었다. 평행이동에 의하여 중심이 $z_0$인 원판 $|z-z_0| \leq R$에서 정의된 함수들에 대해서도 증명할 수 있다. 예를 들어, $u(z)$는 원판 $|z-z_0| \leq R$를 포함하는 영역에서 조화함수라고 하자. $z-z_0 = re^{i\theta}$로 놓으면, 정리 2.1의 결론은 원 $|z-z_0| = R$의 내부의 임의의 점에서 대하여 성립한다.

**문제 2.1** (a) $\rho = Re^{i\phi}, z = re^{i\theta}, r < R$에 대하여 다음이 성립함을 보여라.

$$\frac{\rho + z}{\rho - z} = 1 + 2\sum_{n=1}^{\infty}\left(\frac{r}{R}\right)^n e^{in(\theta - \phi)}.$$

(b) 다음을 보여라.

$$\frac{R^2 - r^2}{R^2 - 2rR\cos\alpha + r^2} = 1 + 2\sum_{n=1}^{\infty}\left(\frac{r}{R}\right)^n \cos n\alpha \quad (\alpha\text{는 실수})$$

**문제 2.2** $\displaystyle\int_0^{2\pi} \frac{\sin(\theta - \phi)}{R^2 - 2rR\cos(\theta - \phi) + r^2} d\phi = 0$임을 보여라.

**문제 2.3** 만일 함수 $u(z)$는 $|z| > R$에서 해석적이고 $|z| \geq R$에서 연속이면, $\rho = Re^{i\phi}, z = re^{i\theta}, r > R$에 대하여 다음을 보여라.

$$u(z) = -\frac{1}{2\pi}\int_0^{2\pi} Re\left[\frac{\rho + z}{\rho - z}\right] u(Re^{i\phi}) d\phi$$

**문제 2.4** $\displaystyle\lim_{r \to R} u(re^{i\theta}) = \begin{cases} 0, & 0 < \theta < \pi \\ 1, & \pi < \theta < 2\pi \end{cases}$ 를 만족하는 원판 $|z| < R$에서 조화적인 함수 $u(z)$를 구하여라.

**문제 2.5** 함수 $\displaystyle u(re^{i\theta}) = \frac{2}{\pi}\tan^{-1}\frac{2r\sin\theta}{1 - r^2}, r < 1$은 $|z| < 1$에서 조화적이고 다음 경계조건을 만족함을 보여라.

$$\lim_{r \to 1} u(re^{i\theta}) = \begin{cases} 1, & 0 < \theta < \pi \\ -1, & \pi < \theta < 2\pi \end{cases}$$

**문제 2.6** $\displaystyle F(\theta) = \frac{\theta}{2}, 0 \leq \theta \leq 2\pi$로 놓자. 그러면 함수 $\displaystyle u(re^{i\theta}) = \tan^{-1}\frac{r\sin\theta}{1 + r\cos\theta}$는 $|z| < 1$에서 조화적이고, 모든 $\theta$에 대하여 $\displaystyle\lim_{r \to 1} u(re^{i\theta}) = F(\theta)$임을 보여라.

**문제 2.7** $f = u + iv$는 상반평면과 실선 위에서 해석적이고 유계라고 하자. 그러면 $z = x + iy, y > 0$에 대하여 다음을 보여라.

$$u(z) = \frac{1}{\pi}\int_{-\infty}^{\infty} \frac{yu(t,0)}{(t-x)^2 + y^2} dt$$

$$v(z) = \frac{1}{\pi}\int_{-\infty}^{\infty} \frac{yv(t,0)}{(t-x)^2 + y^2} dt$$

## 3. 양의 조화함수

Poisson 적분공식의 응용으로서 다음을 증명한다.

**[Harnack의 부등식]** $u(z)$는 원판 $|z-z_0|<R$에서 조화적이고, 모든 $z$에 대하여 $u(z)\geqq 0$이라 하자. 그러면 $z-z_0=re^{i\theta}$에 대하여 다음 부등식이 성립한다.

$$u(z_0)\frac{R-r}{R+r}\leqq u(z_0+re^{i\theta})\leqq u(z_0)\frac{R+r}{R-r},\ r<R$$

증명 이 부등식은 더 작은 원판 $|z-z_0|\leqq R'<R$에 대하여 증명하면 충분하다. 그 다음에 $R'\to R$을 취하면 된다. 이러한 이유 때문에 $u(z)$는 닫힌원판 $|z-z_0|\leqq R$에서 조화적이라고 가정해도 무방하다. 그러면 정리 2.5에 의하여

$$u(z_0+re^{i\theta})=\frac{1}{2\pi}\int_0^{2\pi}P_r(\theta-\phi)u(z_0+Re^{i\phi})d\phi$$

이다. $u(z)\geqq 0$이고, $\dfrac{R-r}{R+r}\leqq P_r(\theta-\phi)\leqq\dfrac{R+r}{R-r}$이므로, 다음을 얻는다.

$$\begin{aligned}\frac{R-r}{R+r}\frac{1}{2\pi}\int_0^{2\pi}u(z_0+Re^{i\phi})d\phi &\leqq u(z_0+re^{i\theta})\\ &\leqq\frac{R+r}{R-r}\frac{1}{2\pi}\int_0^{2\pi}u(z_0+Re^{i\phi})d\phi\end{aligned}$$

평균값의 성질에 의하여

$$\frac{1}{2\pi}\int_0^{2\pi}u(z_0+Re^{i\phi})d\phi=u(z_0)$$

이므로, 결과가 나온다.

정리 1.4에서 모든 조화함수는 평균값의 성질을 갖는다는 것을 보였다. 연속함수에 대하여 그 역도 성립한다.

**▸정리 3.1** 영역 $D$는 각 $z_0 \in D$에 대하여 원판 $|z-z_0| \leq r$을 포함한다고 하자. $u(z)$는 $D$에서 연속인 실가함수이고, 각 점 $z_0 \in D$에 대하여

$$u(z_0) = \frac{1}{2\pi}\int_0^{2\pi} u(z_0 + re^{i\theta})d\theta$$

를 만족한다고 하자. 그러면 $u(z)$는 $D$에서 조화적이다.

**증명** 정리 2.6의 결과로서 $|z-z_0| < r$에서는 조화적이고 $|z-z_0| \leq r$에서는 연속이며 $|z-z_0| = r$에서는 $u(z)$인 함수 $u_1(z)$가 존재한다. $u_1(z)-u(z)$는 $|z_1-z_2| \leq r$에서 연속이고 평균값의 성질을 만족하므로, 정리 1.5에 의하여 $u_1(z)-u(z)$는 경계에서 최댓값과 최솟값을 갖는다. $|z-z_0| = r$에서 $u_1(z)-u(z)=0$이므로, $|z-z_0| < r$에서 $u_1(z) \equiv u(z)$이다. 그러므로 $u(z)$는 $z_0$의 근방에서 조화적이다. $z_0$은 임의이므로, $u(z)$는 $D$에서 조화적이다.

이와 같이, 연속함수가 영역에서 조화적이기 위한 필요충분조건은 그 함수가 영역의 각 점에서 평균값의 성질을 만족하는 것이다. 이에 대한 응용으로서 8.1절의 정리 1.9와 유사한 정리를 증명한다.

**▸정리 3.2** 만일 $\{u_n(z)\}$는 영역 $D$의 모든 긴밀부분집합 위에서 함수 $u(z)$로 평등수렴하는 조화함수열이면, $u(z)$는 $D$에서 조화적이다.

**증명** $u_n(z)$는 연속이므로, 6.2절의 정리 2.6에 의하여 $u(z)$도 연속이다. $z_0 \in D$에 대하여 $D$에 포함된 원판 $|z-z_0| \leq r$을 고정시키자. 그러면 각 $n$에 대하여

$$u_n(z_0) = \frac{1}{2\pi}\int_0^{2\pi} u_n(z_0 + re^{i\theta})d\theta.$$

8.1절의 정리 1.5에 의하여 다음을 알 수 있다.

$$\begin{aligned} u(z_0) &= \lim_{n\to\infty} u_n(z_0) = \lim_{n\to\infty}\frac{1}{2\pi}\int_0^{2\pi} u_n(z_0 + re^{i\theta})d\theta \\ &= \frac{1}{2\pi}\int_0^{2\pi} u(z_0 + re^{i\theta})d\theta \end{aligned}$$

따라서 정리 3.1에 의하여 결과가 나온다.

Harnack의 부등식은 조화함수열에 관련된 정리를 유도한다.

**정리 3.3** **(Harnack의 원리)** $\{u_n(z)\}$는 영역 $D$에서 정의된 조화함수열이고, 모든 $z \in D$와 각 $n$에 대하여 $u_{n+1}(z) \geq u_n(z)$이라 하자. 만일 $\{u_n(z)\}$는 $D$의 적어도 한 점에서 수렴하면, $\{u_n(z)\}$는 $D$의 모든 점에서 수렴한다. 더 나아가, 그 수렴성은 $D$의 긴밀집합들 위에서 평등수렴하고 그 극한함수는 $D$에서 조화적이다.

증명 $u_n(z) \geq 0$이라 가정해도 무방하다. 만일 아니라면, $u_n(z)$를 $u_n(z) - u_1(z)$로 대체하여 증명하면 되기 때문이다. 단조성에 의하여 각 점 $z \in D$에 대하여 $\{u_n(z)\}$는 수렴하거나 $\infty$로 발산한다.

$$A = \{z \in D \mid u_n(z) \to \infty\},$$
$$B = \{z \in D \mid \lim_{n\to\infty} u_n(z)\text{는 존재한다.}\}$$

라 놓자. $z_0 \in D$에 대하여 $D$에 포함된 원판 $|z - z_0| \leq R$을 선택하자. 그러면 $|z - z_0| \leq \dfrac{R}{2}$의 모든 점 $z$에 대하여 Harnack의 부등식

$$\frac{1}{3}u_n(z_0) = \frac{R - R/2}{R + R/2}u_n(z_0) \leq u_n(z) \leq \frac{R + R/2}{R - R/2}u_n(z_0) = 3u_n(z_0)$$

이 성립한다. 만일 $u_n(z_0) \to \infty$이라면, 좌측 부등식에 의하여 $|z - z_0| \leq R/2$에 대하여 $u_n(z) \to \infty$이다. 만일 $\{u_n(z_0)\}$가 수렴한다면, 우측 부등식에 의하여 $|z - z_0| \leq R/2$에 대하여 $\{u_n(z)\}$는 수렴한다. 그러므로 $A, B$는 열린집합이고 $D = A \bigcup B$이다. $D$는 연결집합이므로, $A = \varnothing$이거나 $B = \varnothing$이다. 그러나 가정에 의하여 $B \neq \varnothing$이므로, $A = \varnothing$이다. 따라서 $B = D$이다. 그러므로 $\{u_n(z)\}$는 $D$에서 수렴한다.

다음에 $\{u_n(z)\}$는 $D$의 긴밀부분집합들 위에서 평등수렴함을 보여야만 한다. Harnack의 부등식을 $u_{n+p}(z) - u_n(z)$에 응용하면, $|z - z_0| \leq R/2$, $p = 1, 2, \cdots$에 대하여

$$u_{n+p}(z)-u_n(z) \leqq 3[u_{n+p}(z_0)-u_n(z_0)]$$

가 성립한다. 코시판정법에 의하여 $n > N(\epsilon)$일 때 $u_{n+p}(z_0)-u_n(z_0) < \epsilon/3$이므로, $\{u_n(z)\}$는 어떤 긴밀 근방에서 평등수렴한다. $z_0$는 임의이므로, $D$의 각 점의 긴밀근방이 존재하여 그 근방에서 $\{u_n(z)\}$는 평등수렴한다.

$K \subset D$는 긴밀집합이라 하자. 그러면 $K$의 각 점의 근방이 존재하여 그 근방에서 $\{u_n(z)\}$는 평등수렴한다. Heine-Borel 정리에 의하여 유한개의 그러한 근방들은 $K$를 덮는다. 그러나 유한개의 다른 집합들 위에서 평등수렴하는 함수열은 그들의 합집합 위에서 평등수렴한다. 그러므로 $\{u_n(z)\}$는 $K$ 위에서 평등수렴한다. 끝으로, 정리 3.2에 의하여 극한함수는 $D$에서 조화적이다.

(참고) 정리 3.3의 대우명제로서, 만일 조화함수열이 영역 $D$의 어떤 점에서 $\infty$로 발산하면, 그 함수열은 $D$의 모든 점에서 $\infty$로 발산한다. 이것은 함수열 $u_n(z) = x+n$을 고려하면 알 수 있다. 이 함수열은 모든 영역에서 조화적이고 정리 3.3의 조건을 만족한다.

원판 $|z| < 1$에서 양의 실부를 갖는 해석함수들의 집합에 대하여 살펴보자. 이미 알고 있는 조화함수들의 성질을 응용하자. Harnack의 부등식에 의하여, 만일 $u(z)$는 $|z| < 1$에서 양의 조화함수이고 $u(0)=1$이면, 다음을 알 수 있다.

$$u(z) \leqq \frac{1+|z|}{1-|z|}u(0) = \frac{1+|z|}{1-|z|}, \quad |z| < 1$$

이를 해석함수에로 일반화해 보자.

**▸정리 3.4** $f(z)$는 $|z| < 1$에서 해석적이고 $f(0)=1$이라 하자. 만일 $|z| < 1$에서 $Ref(z) > 0$이면, 다음 부등식이 성립한다.

$$|f(z)| \leqq \frac{1+|z|}{1-|z|}, \quad |z| < 1.$$

**증명 1** $Ref(z) = u(z)$로 놓자. $f(z) = u(z)+iv(z), 1 = f(0) = u(0)+iv(0)$이므로, $v(0)=0$이다. 따름정리 2.4 이후의 참고 1에 의하여 $|z| < R < 1$일 때

$$f(z)=\frac{1}{2\pi}\int_0^{2\pi}\frac{Re^{i\theta}+re^{i\theta}}{Re^{i\theta}-re^{i\theta}}u(Re^{i\phi})d\phi+iv(0)$$
$$=\frac{1}{2\pi}\int_0^{2\pi}\frac{Re^{i\theta}+re^{i\theta}}{Re^{i\theta}-re^{i\theta}}u(Re^{i\phi})d\phi$$

이다. 그러므로

$$|f(z)|\leq\frac{R+|z|}{R-|z|}\frac{1}{2\pi}\int_0^{2\pi}u(Re^{i\phi})d\phi=\frac{R+|z|}{R-|z|}u(0)=\frac{R+|z|}{R-|z|}$$

이다. 이때, $R\to 1-$을 취하면, 결과가 나온다.

증명 2 이 증명은 Harnack의 부등식보다 Schwarz의 부등식(Schwarz lemma)에 의존한다. 만일 $Ref(z)>0$이면, 함수

$$g(z)=\frac{f(z)-1}{f(z)+1}$$

은 $|z|<1$에서 $|g(z)|<1$을 만족한다. $g(0)=0$이므로, Schwarz의 부등식에 의하여 $|g(z)|\leq|z|, |z|<1$이다. $f(z)=\dfrac{1+g(z)}{1-g(z)}$이므로,

$$|f(z)|\leq\frac{1+|g(z)|}{1-|g(z)|}\leq\frac{1+|z|}{1-|z|}$$

이다.

참고1 이 정리는 Harnack의 부등식을 일반화한 것이다. 왜냐하면 $Ref(z)\leq|f(z)|$이기 때문이다.

참고2 $f(0)=1$이라는 가정은 부등식의 일반성을 제한하지 않는다. 왜냐하면, 만일 $Ref(z)>0$이면, 정리 3.4는 함수

$$h(z)=\frac{f(z)-iImf(0)}{Ref(0)}$$

에 응용될 수 있기 때문이다. 이때, $Reh(z)>0$이고 $h(0)=1$이다.

(참고3) 만일 단지 $|z| < 1$에 대하여 $Ref(z) \geq 0$이라 가정했다면, 열린사상 정리에 의하여 $|z| < 1$에서 $Ref(z) > 0$이다.

다음 정리는 역시 조화함수나 Schwarz의 예비정리에 의존하는 방법으로 증명될 수 있다.

**▶정리 3.5** $f(z) = 1 + \sum_{n=1}^{\infty} a_n z^n$는 $|z| < 1$에서 해석적이라 하자. 만일 $|z| < 1$에서 $Ref(z) > 0$이면, $|a_n| \leq 2$이다.

(증명1) $f(z) = u(re^{i\theta}) + iv(re^{i\theta}), a_n = \alpha_n + i\beta_n$로 놓자.

$$f(z) = 1 + \sum_{m=1}^{\infty} (\alpha_m + i\beta_m)(\cos m\theta + i\sin m\theta) r^m$$

$$= 1 + \sum_{m=1}^{\infty} [(\alpha_m \cos m\theta - \beta_m \sin m\theta) + i(\alpha_m \sin m\theta + \beta_m \cos m\theta) r^m$$

이므로,

$$u(re^{i\theta}) = 1 + Re \sum_{m=1}^{\infty} a_m z^m = 1 + \sum_{m=1}^{\infty} (\alpha_m \cos m\theta - \beta_m \sin m\theta) r^m$$

이다. 이 급수는 원 $|z| = r < 1$ 위에서 평등수렴한다. 8.1절의 정리 1.5에 의하여 $\cos n\theta$ 또는 $\sin n\theta$를 곱한 다음에 항별로 적분할 수 있다.

$$\begin{cases} \int_0^{2\pi} \cos n\theta \cos m\theta d\theta = 0, n \neq m \\ \int_0^{2\pi} \sin n\theta \sin m\theta d\theta = 0, n \neq m \\ \int_0^{2\pi} \cos n\theta \sin m\theta = 0 \end{cases}$$

이므로,

$$\frac{1}{\pi}\int_0^{2\pi} u(re^{i\theta}) \cos n\theta d\theta = \frac{1}{\pi}\int_0^{2\pi} \alpha_n r^n \cos^2 n\theta d\theta = \alpha_n r^n,$$

$$\frac{1}{\pi}\int_0^{2\pi} u(re^{i\theta}) \sin n\theta d\theta = \frac{1}{\pi}\int_0^{2\pi} (-\beta_n r^n \sin^2 n\theta) d\theta = -\beta_n r^n$$

이다. 그러므로

$$a_n r^n = (\alpha_n + i\beta_n) r^n = \frac{1}{\pi}\int_0^{2\pi} u(re^{i\theta}) e^{-in\theta} d\theta$$

이다. 따라서

$$|a_n| r^n \leq \frac{1}{\pi}\int_0^{2\pi} u(re^{i\theta}) |e^{-in\theta}| d\theta = \frac{1}{\pi}\int_0^{2\pi} u(re^{i\theta}) d\theta$$

이다. 평균값의 성질에 의하여

$$\frac{1}{\pi}\int_0^{2\pi} u(re^{i\theta}) d\theta = 2u(0) = 2$$

이다. 그러므로 $|a_n| r^n \leq 2$이다. 이때, $r \to 1-$를 취하면, 결과가 나온다.

증명 2 함수 $g(z) = \dfrac{f(z)-1}{f(z)+1}$는 $|z| < 1$에서 해석적이고 $g(0)=0$, $|g(z)| < 1$임을 알 수 있다. $g(z) = zh(z)$로 놓으면, $g'(z) = h(z) + zh'(z)$, $g'(0) = h(0)$이므로, 최대절댓값 정리에 의하여

$$|h(0)| \leq \max_{|z|=r} |h(z)| = \max_{|z|=r} \left|\frac{g(z)}{z}\right| \leq \frac{1}{r}$$

이다. 이때 $r \to 1$을 취하면, $|g'(0)| = |h(0)| \leq 1$이다. 한편,

$$g'(z) = \frac{f'(z)(f(z)+1) - f'(z)(f(z)-1)}{(f(z)+1)^2}$$

이고 $f(0) = 1, f'(0) = a_1$이므로, $g'(0) = a_1/2$이다. 그래서 $|a_1| \leq 2$이다. 정리의 조건을 만족하는 $1 + a_n z + \cdots$ 꼴의 새로운 함수를 구축함으로써 $|a_n| \leq 2$임을 보일 것이다.

$$\sum_{k=1}^{n} e^{(2k\pi i)m/n} = \begin{cases} n, & n \mid m \\ 0, & (\text{그 이외의 경우}) \end{cases}$$

임을 유의하자. 그러면 $w^n = e^{2k\pi i} z$이라 놓으면, 함수

$$h(z)=\frac{1}{n}\sum_{k=1}^{n}f(e^{2k\pi i/n}z^{1/n})=\frac{1}{n}\sum_{k=1}^{n}f(w)=1+a_nz+\cdots$$

는 $|z|<1$에서 해석적이고 양의 실부를 갖는다. 그러므로 $|a_n|\leq 2$이다.

함수 $f(z)=\dfrac{1+z}{1-z}$는 원 $|z|=1$을 허축 위로 전사하고 원판 $|z|<1$을 오른쪽 반평면 위로 전사한다. 이 함수는 앞의 두 정리에서 등식이 성립할 수 있다는 것을 보여준다. 즉, $z$가 양의 실수일 때, $Ref(z)=\dfrac{1+|z|}{1-|z|}$이고,

$$f(z)=\frac{1+z}{1-z}=(1+z)\sum_{n=0}^{\infty}z^n=1+2\sum_{n=1}^{\infty}z^n$$

이다.

**문제 3.1** $\{u_n(z)\}$는 영역 $D$에서 조화함수열이고, 각 $z\in D$와 각 자연수 $n$에 대하여 $u_{n+1}(z)\geq u_n(z)$라고 하자. 만일 어떤 $z_0\in D$에 대하여 $u_n(z_0)\to\infty$이면, $D$의 모든 긴밀부분집합 위에서 평등하게 $u_n(z)\to\infty$임을 보여라.

**문제 3.2** $K$는 영역 $D$의 긴밀부분집합이라 하자. $z_0\in D$라고 하자. 그러면 실수인 상수 $A,B$가 존재하여 모든 $z\in K$와 $D$에서 조화적인 모든 함수 $u(z)$에 대하여

$$A\cdot u(z_0)\leq u(z)\leq B\cdot u(z_0)$$

가 성립함을 보여라.

**문제 3.3** 연속인 실가함수 $u(z)$가 영역 $D$에서 **부분조화적(subharmonic)**이라는 것은 $D$에 포함된 모든 원판 $|z-z_0|\leq r$에 대하여

$$u(z_0)\leq\frac{1}{2\pi}\int_0^{2\pi}u(z_0+re^{i\theta})d\theta$$

가 성립할 때를 말한다. 상수가 아닌 부분조화함수 $u(z)$는 영역 $D$에서 최댓값을 가질 수 없다는 것을 보여라.

**문제 3.4** $f(z)$는 $|z|<1$에서 해석적이고, $Ref(z)>0$라고 하자. 만일 $f(0)=1$이면, 정리 3.4를 $\frac{1}{f(z)}$에 적용하여 $|f(z)| \geqq \frac{1-|z|}{1+|z|}$가 성립함을 보여라.

**문제 3.5** $g(z)$는 $|z|<1$에서 해석적이고 $g(0)=1$이라 하자. 만일 $Reg(z)>\alpha$이면,

$$|g(z)| \leqq \frac{1+(1-2\alpha)|z|}{1-|z|}, \quad |z|<1$$

이 성립함을 보여라. 또한, $|g(z)| \geqq \frac{1-(1-2\alpha)|z|}{1-|z|}$, $|z|<1$이 성립함을 보여라.

**문제 3.6** $g(z)=1+\sum_{n=1}^{\infty} a_n z^n$은 $|z|<1$에서 해석적이고, $Reg(z)>\alpha$라고 하자. 그러면 모든 $n$에 대하여 $|a_n| \leqq 2(1-\alpha)$임을 보여라.

11장

# 등각사상과 리만사상 정리

1. 등각사상
2. 정규족(normal family)
3. 리만사상 정리

3장과 4장에서 다룬 사상의 성질에 대한 연구는 도함수가 소개되지 않은 관계로 제한적이었다. 그것이 보완되었을 때, 이전의 몇 가지의 함수들을 다시 살펴본다. 도함수는 두 곡선의 사잇각을 함수에 의한 그들의 상(image)의 사잇각에 관련시킨다는 것을 보게 될 것이다. 더욱이, 도함수가 곡선의 '뒤틀림(distorsion)'을 측정한다는 것을 알게 될 것이다.

원판과 반평면을 원판과 반평면 위로, 원판을 타원의 내부 위로 전사하는 해석함수들을 앞에서 이미 구축하였다. 이 장의 주요한 결과는 리만사상 정리인데, 이것은 주어진 단일연결영역을 또 다른 주어진 단일연결영역 위에로 전사하는 해석함수가 거의 항상 존재한다는 것이다. 이의 증명방법은 **정규족(normal family)**에 달려있는데, 이것은 함수족들로부터 극한함수들을 추출할 수 있게 해 주는 개념이다. 점열로부터 극한점들을 추출하는 방법을 이미 앞에서 다루었다(Bolzano-Weierstrass 정리).

## 1. 등각사상

평면에서 원점을 지나는 임의의 직선은 $\sigma(s) = se^{i\alpha}$에 의하여 매개변수로 표현될 수 있다. 여기서 $s$는 실수이고 $\alpha$는 양의 실축과 그 직선 사이의 각을 라디안으로 잰 것이다. 더욱 일반적으로, 점 $z_0$를 지나고 실축과 각 $\alpha$를 이루는 직선은 $\sigma(s) = z_0 + se^{i\alpha}$($s$는 실수)로 표현될 수 있다.

이제 함수 $f$는 매끄러운 곡선 $z(t)$ 위에서 해석적이라 가정하자. 그러면 $f$에 의한 $z(t)$의 상도 매끄러운 곡선이 된다. 이때 그 도함수는 $f'(z(t))z'(t)$이다. 매끄러운 곡선은 각 점에서 접선을 갖는 것으로 특성화된다. 우리의 목적은 한 점에서의 곡선에 대한 접선의 기울기와 그 점의 상에서 상곡선(image curve)에 대한 접선의 기울기를 비교하는 것이다.

$z_0 = z(t_0)$는 곡선 $z = z(t)$ 위의 점이고, $w = w(t) = f(z(t))$, $w_0 = f(z_0)$라고 가정하자. 곡선 위의 점 $z_0$과 다른 임의의 점 $z$에 대하여 다음 등식이 성립한다.

$$w - w_0 = \frac{f(z) - f(z_0)}{z - z_0}(z - z_0)$$

따라서

$$\arg(w - w_0) = \arg\frac{f(z) - f(z_0)}{z - z_0} + \arg(z - z_0)\,(\mathrm{mod}\,2\pi).$$

이것이 의미를 갖도록 $f(z) \neq f(z_0)$라고 가정하자. $\arg(z-z_0)$는 $z$-평면에서 점 $z$와 점 $z_0$을 지나는 직선과 $x$축 사이의 각이고, $\arg(w-w_0)$는 $w$-평면에서 점 $w$와 점 $w_0$을 지나는 직선과 $u$축 사이의 각임을 유의하자.

따라서 $z$가 곡선 $z(t)$를 따라서 $z_0$으로 접근할 때, $\arg(z-z_0)$는 값 $\theta$로 접근한다. 여기서 $\theta$는 $z_0$에서의 곡선 $z(t)$에 대한 접선과 $x$축이 이루는 각이다. 같은 방법으로, $\arg(w-w_0)$은 값 $\phi$로 접근한다. 이때 $\phi$는 $w_0$에서의 곡선 $f(z(t))$에 대한 접선과 $u$축이 이루는 각이다.

이제 $\arg f'(z_0)$가 의미를 갖도록 $f'(z_0) \neq 0$이라 가정하자. 그러면 위의 식에서 극한을 취하면, 다음을 얻는다.

$$\phi = \arg f'(z_0) + \theta \pmod{2\pi}$$

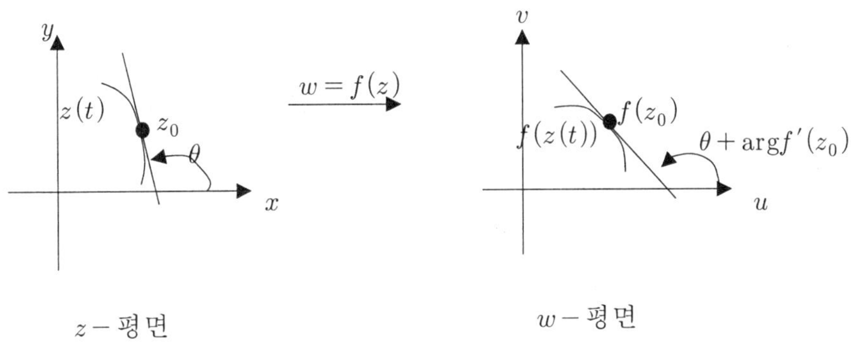


즉, 한 점 $z_0$에서의 곡선 $z(t)$에 대한 접선과 그 점의 상 $f(z_0)$에서의 상곡선 $f(z(t))$에 대한 접선 사이의 차이점은 단지 그 점에서의 함수의 도함수에만 의존한다는 것이다.

만일 두 매끄러운 곡선이 한 점에서 만나면, 이 두 곡선의 사잇각은 그 교점에서 이 곡선들에 대한 접선들의 사잇각으로 정의한다. 그러면 다음을 얻는다.

**정리 1.1** $f(z)$는 점 $z_0$에서 해석적이고, $f'(z_0) \neq 0$이라 가정하자. $C_1, C_2$는 점 $z_0$에서 만나는 $z$-평면에서의 매끄러운 곡선이고 $C_1', C_2'$는 각각 $f$에 의한 $C_1, C_2$의 상이라 하자. 그러면 $C_1$, $C_2$의 사잇각은 $C_1'$, $C_2'$의 사잇각과 같다.

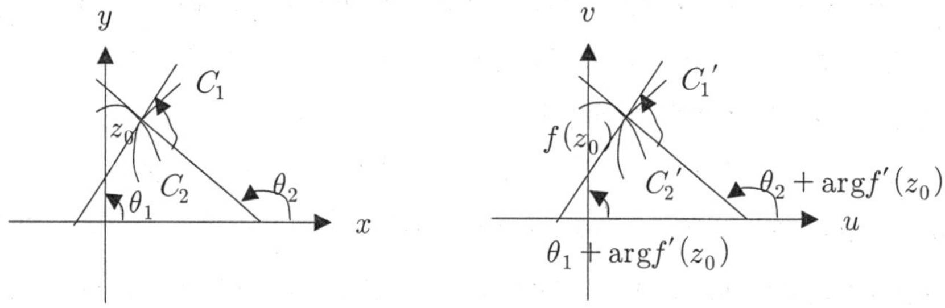


**증명** $C_1$과 $C_2$에 대한 접선이 $x$-축과 이루는 각을 각각 $\theta_1, \theta_2$라고 하자. 그러면 $C_1$, $C_2$의 사잇각은 $\theta_2-\theta_1$이다. $C_1'$과 $C_2'$에 대한 접선이 $u$-축과 이루는 각은 각각

$$\theta_1+\arg f'(z_0)\,(\mathrm{mod}\,2\pi), \theta_2+\arg f'(z_0)\,(\mathrm{mod}\,2\pi)$$

이므로, 그 사잇각은 $\theta_2+\arg f'(z_0)-(\theta_1+\arg f'(z_0))=\theta_2-\theta_1$이다.

각의 크기와 방향을 보존하는 함수는 **등각사상(conformal mapping)**이라 한다. 정리 1.1은 해석함수가 그의 도함수가 0이 아닌 모든 점에서 등각적임을 말해준다. 각의 크기는 보존하지만 방향은 보존하지 않는 함수는 **공형사상(isogonal mapping)**이라 한다. 이와 같은 함수의 예는 $f(z)=\bar{z}$이다. $\bar{z}$는 양의 실축과 양의 허축을 각각 양의 실축과 음의 실축으로 사상한다. 두 곡선은 각 평면에서 직각으로 만나지만, '시계반대방향'의 각은 '시계방향'의 각으로 사상된다.

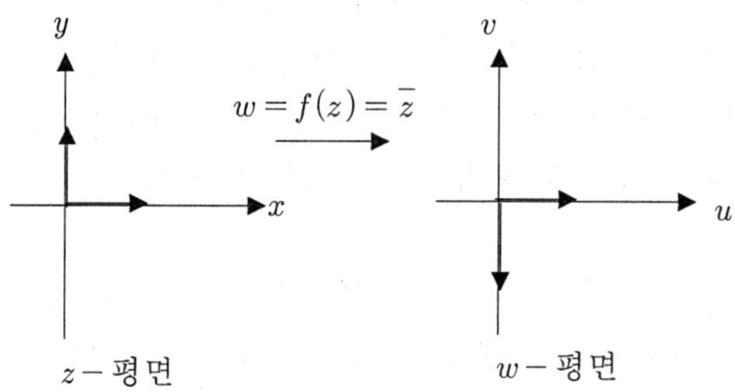


$f(z)$는 점 $z_0$에서 0이 아닌 도함수를 갖는 해석함수라고 가정하자. $z$가 $z_0$에 가까이 있을 때, 점 $z$와 $z_0$ 사이의 거리와 이들의 상 $f(z)$와 $f(z_0)$ 사이의 거리 사이에는 흥미로운 관계가 존재한다. 다음을 주목하자.

$$|f'(z_0)| = \lim_{z \to z_0} \frac{|f(z) - f(z_0)|}{|z - z_0|}$$

이때 $\lim_{z - z_0} \frac{|f(z) - f(z_0)| - |f'(z_0)|\ |z - z_0|}{|z - z_0|} = 0$이므로,

$$|f(z) - f(z_0)| = |f'(z_0)|\ |z - z_0| + o(|z - z_0|)$$

이다. 여기서 $g(z) = o(|z - z_0|)$는 $\lim_{z - z_0} \frac{g(z)}{|z - z_0|} = 0$을 의미한다.

다시 말해, $z_0$에 가까운 점 $z$에 대하여 다음이 성립한다.

$$|f(z) - f(z_0)| \approx |f'(z_0)|\ |z - z_0|$$

$\lim_{z \to z_0} \frac{f(z) - f(z_0) - f'(z_0)(z - z_0)}{|z - z_0|} = 0$이므로,

$$f(z) = f(z_0) + f'(z_0)(z - z_0) + o(|z - z_0|)$$

이다. 여기서 $g(z) = o(|z - z_0|)$는 $\lim_{z - z_0} \frac{g(z)}{|z - z_0|} = 0$을 의미한다.

다시 말해, $z$가 $z_0$에 가까이 있을 때 $f(z)$가 일차함수 $f(z_0) + f'(z_0)(z - z_0)$에 의하여 근사될 수 있다는 것이다. 이것은 $z - z_0$의 고차의 거듭제곱을 무시할 수 있기 때문에 의미가 있다.

$|f(z) - f(z_0)| \approx |f'(z_0)|\ |z - z_0|$에 의하여 $z_0$의 '작은' 근방은 $|f'(z_0)|$에 의하여 확대 또는 축소된 원과 비슷한 형태로 전사된다.

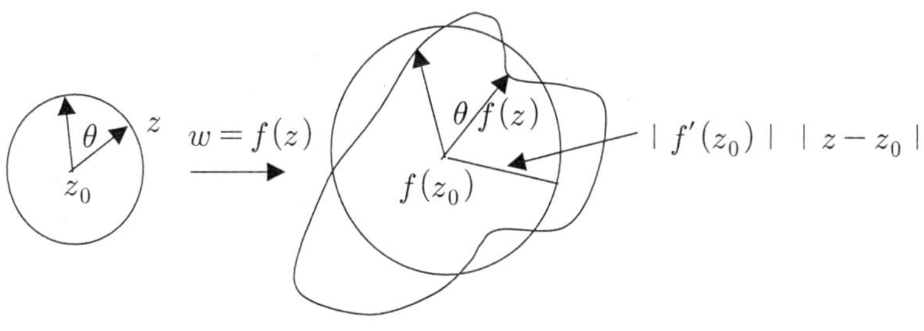


따라서 $f'(z_0)$은 기하학적으로 두 가지 역할을 한다. 하나는 $f(z) - f(z_0) \approx f'(z_0)(z - z_0)$

11장 등각사상과 리만사상 정리

이므로, $\phi = \arg f'(z_0) + \theta \pmod{2\pi}$에 의하여 $\arg f'(z_0)$는 회전을 측정하고, 또 다른 하나는 $|f(z) - f(z_0)| \approx |f'(z_0)||z - z_0|$에 의하여 $|f'(z_0)|$는 가까운 점에 대한 상의 확대(또는 축소)나 뒤틀림을 측정한다.

이제 한 가지 흥미로운 비교는 실변수함수와 복소변수함수의 도함수 사이에서 이루어질 수 있다. 만일 미분가능한 실변수함수에 대하여 그의 도함수가 0이 아니면, 그 함수는 구간에서 단사임을 보장할 수 있다. 그러나 어떤 영역 위의 복소변수함수에 대해서는 그렇지 않을 수 있다. 비록 $e^z$의 도함수는 결코 0이 되지는 않지만 모든 $z$에 대하여 $e^z = e^{z+2\pi i}$이다. 물론 도함수가 결코 0이 아니지만 적어도 국소적으로 그 함수가 단사가 된다는 것은 기하학적으로 분명하다. 이제 이것을 정식으로 보이도록 하자.

**정리 1.2** 만일 $f(z)$는 $z_0$에서 해석적이고 $f'(z_0) \neq 0$이면, $f(z)$는 $z_0$의 어떤 근방에서 단사이다.

**증명**

$$f(z) - f(z_0) = f'(z_0)(z - z_0) + \frac{f''(z_0)}{2!}(z - z_0)^2 + \cdots$$
$$= (z - z_0)g(z), g(z_0) \neq 0$$

이므로, $h(z) = f(z) - f(z_0)$는 $z = z_0$에서 단일영점을 갖는다. $0 < |z - z_0| \leq \delta$에서 $h(z) \neq 0$인 충분히 작은 $\delta > 0$을 선택하고,

$$\epsilon = \min_{|z - z_0| = \delta} |h(z)| = \min_{|z - z_0| < \delta} |f(z) - f(z_0)|$$

이라 하자. $|w - f(z_0)| < \epsilon$라고 하자. $|z - z_0| = \delta$ 위에서

$$|h(z)| \geq \epsilon > |w - f(z_0)|$$

이므로, Rouché 정리에 의하여 $|z - z_0| < \delta$에서 $h(z)$의 영점의 수와 $h(z) - w + f(z_0)$의 영점의 수는 같다. $h(z)$는 $|z - z_0| < \delta$에서 단일영점을 가지므로, $h(z) - w + f(z_0) = f(z) - w$도 단일영점을 갖는다. 만일 $f(z_1) = f(z_2) = w$, $|z_i - z_0| < \delta$이면, $z_1, z_2$는 $f(z) - w$의 영점이다. $f(z) - w$는 단일영점을 가지므로, $z_1 = z_2$이다. 따라서 $f(z)$는 $|z - z_0| < \delta$에서 단사이다.

도함수가 0의 값을 취하더라도 실변수함수는 단사가 될 수 있다. 예를 들어, 함수 $f(x)=x^3$의 도함수는 원점에서 0이지만 이 함수는 실직선 위에서 단사이다. 그러나 복소변수함수의 경우에는 그런 일이 일어날 수 없음을 다음에 의하여 알 수 있다.

**▸정리 1.3** 만일 $f(z)$는 영역 $D$에서 해석적이고 단사이면, $D$에서 $f'(z)\neq 0$이다.

**증명** $D$의 어떤 점 $z_0$에서 $f'(z_0)=0$이라 가정하자. 그러면

$$f(z)-f(z_0)=\frac{f''(z_0)}{2!}(z-z_0)^2+\cdots$$

은 $z_0$에서 위수 $k(\geqq 2)$의 영점을 갖는다. 그러면 8.2절의 따름정리 2.11에 의하여 $f(z)-f(z_0)$와 $f'(z)$는 구멍 뚫린 원판 $0<|z-z_0|\leqq r$에서 어떤 영점도 갖지 않는 원 $|z-z_0|=r$이 존재한다.

$$m=\min_{|z-z_0|=r}|f(z)-f(z_0)|,$$
$$g(z)=f(z)-f(z_0)-a, 0<|a|<m$$

이라 하자. 이제 $g(z)$는 $|z-z_0|\leqq r$에서 적어도 두 개의 서로 다른 영점을 가짐을 보일 것이다. $g(z_0)=-a\neq 0$이고 $0<|z-z_0|\leqq r$에서는 $g'(z)=f'(z)\neq 0$임을 유의하자. 따라서 $|z-z_0|\leqq r$에서 $g(z)$의 모든 영점은 단일이다. $|z-z_0|=r$에서

$$|f(z)-f(z_0)|\geqq m>|a|$$

이므로, Rouché 정리에 의하여 $g(z)$는 $|z-z_0|<r$에서 $f(z)-f(z_0)$의 영점의 수와 같다. $g(z)$의 모든 영점은 단일이고 $f(z)-f(z_0)$의 영점의 수는 $k(\geqq 2)$이므로, $g(z)$의 영점은 $k$개의 서로 다른 점이다. 즉, $f(z_i)=f(z_0)+a, i=1,2,\cdots,k$. $f(z)$는 단사이므로, $z_1=z_2=\cdots=z_k$이다. 이것은 모순이다. 그러므로 $D$에서 $f'(z)\neq 0$이다.

이제 미분가능한 함수에 관한 결과를 요약해보자. 실변수함수의 경우에는 구간 위에서 도함수가 0이 되지 않는다는 조건은 함수가 그 구간에서 단사가 되는 충분조건이지만 필요조건은 아니었다. 그러나 복소변수함수의 경우에는 영역 위에서 도함수가 0이 되지 않는다는 조

건은 함수가 그 영역에서 단사가 되는 필요조건이지만 충분조건은 아니다.

해석함수가 단일연결영역에서 단사가 되는 충분조건은 함수가 경계 위에서 단사가 되는 것이다. 정확히 표현하면 다음과 같다.

**▶정리 1.4** $f(z)$는 단일연결영역 $D$와 그의 경계인 단일폐등심선 $C$ 위에서 해석적이라 하자. 만일 $f(z)$는 $C$ 위에서 단사이면, $f(z)$는 $D$에서 단사이다.

**증명** $C$ 위의 모든 점 $z$에 대하여 $w_0 = f(z_0) \neq f(z)$가 되는 $D$의 임의의 점 $z_0$를 취하자. 편각원리에 의하여 $D$에서의 $f(z) - f(z_0)$의 영점의 수는

$$\frac{1}{2\pi}\Delta_C \arg[f(z) - f(z_0)]$$

이다. 가정에 의하여 $C$의 상은 단일폐등심선이다. 이를 $C'$으로 나타내자.

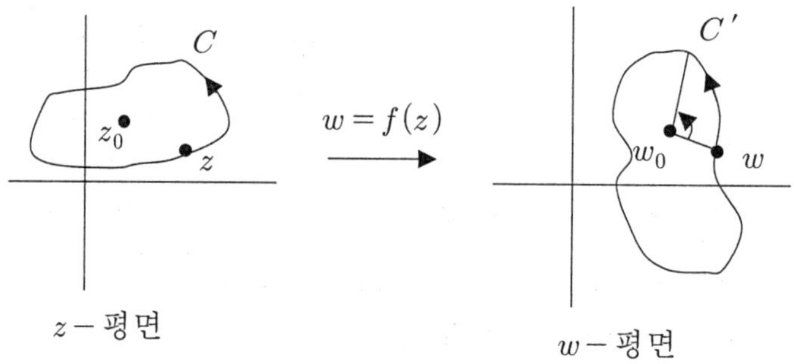


따라서 $w = f(z)$가 등심선 $C'$을 따라갈 때, $w - w_0 = f(z) - f(z_0)$의 편각에 대한 순수한 변화는 등심선이 시계반대방향으로 도느냐, 시계방향으로 도느냐에 따라 $+2\pi$ 또는 $-2\pi$가 된다. $f(z)$는 $D$에서 적어도 한 번 $w_0$을 취하므로,

$$\frac{1}{2\pi}\Delta_C \arg[f(z) - f(z_0)] = \frac{1}{2\pi}\Delta_C [w - w_0] = 1$$

이다. 즉, $f(z)$는 $D$에서 꼭 한 번 $w_0 = f(z_0)$을 취한다. 이것은 $z$가 $C$ 위에 있을 때, $f(z) \neq f(z_0)$인 $D$의 모든 점 $z_0$에 대하여 정리를 증명한 것이다. 만일 $C$ 위의 어떤 점 $z$에 대하여 $f(z) = f(z_0)$이면, $\Delta_C \arg[f(z) - f(z_0)]$는 정의되지 않는다. 만일 $f(z_0) = f(z_0') = f(z), z_0, z_0' \in D, z \in C$이면, $C$의 상 $C'$은

단일폐등심선이므로, $z_0 = z_0'$이다.

정리 1.1의 증명에서는 도함수가 0이 아닌 것에 의존하였다. 이제 도함수가 0이 되는 임계점의 근방에서의 해석함수의 움직임을 알아보자. 만일 해석함수 $f(z)$의 도함수가 $z = z_0$에서 위수 $k-1$의 영점을 가지면,

$$f(z) = f(z_0) + \frac{f^{(k)}(z_0)}{k!}(z-z_0)^k + \frac{f^{(k+1)}(z_0)}{(k+1)!}(z-z_0)^{k+1} + \cdots$$

이다. 따라서

$$\arg[f(z) - f(z_0)] = k\arg(z-z_0) + \arg[\frac{f^{(k)}(z_0)}{k!} + \frac{f^{(k+1)}(z_0)}{(k+1)!}(z-z_0) + \cdots]$$

이다. $\theta$는 $z_0$에서의 매끄러운 곡선에 대한 접선과 $x$-축이 이루는 각이고, $\phi$는 $f(z_0)$에서 이 곡선의 상에 대한 접선과 $u$-축이 이루는 각이라 가정하자. 만일 $z$가 이 곡선을 따라서 $z_0$으로 접근하면,

$$\phi = k\theta + \arg\frac{f^{(k)}(z_0)}{k!}$$

이다. $k=1$인 특수한 경우에는 앞에서와 보았듯이 $\phi = \theta + \arg f'(z_0)$이다. 일반적으로, 상곡선에 대한 접선은 본래의 곡선에 의존할 뿐만 아니라 문제의 점에서의 처음으로 0이 아닌 도함수의 계수와의 편각에도 의존한다. $\phi = \theta + \arg f'(z_0)$가 정리 1.1로 귀착되듯이 $\phi = k\theta + \arg\dfrac{f^{(k)}(z_0)}{k!}$은 다음으로 귀착된다.

**▸정리 1.5** $f(z)$는 점 $z_0$에서 해석적이고 $f'(z)$는 $z_0$에서 위수 $k-1$의 영점을 갖는다고 가정하자. 만일 매끄러운 두 곡선이 $z$-평면에서 각 $\theta$로 만나면, 이들의 상은 $w$-평면에서 각 $k\theta$로 만난다.

**증명** 두 곡선에 대한 접선이 실축에 관하여 각 $\theta_1$과 $\theta_2$를 이룬다고 가정하자. 그러면 $\theta = \theta_2 - \theta_1$은 두 곡선의 사잇각이다. 따라서 이 두 곡선의 상의 사잇각 $\phi$는 다음과 같다.

$$\phi = k\theta_2 + \arg\frac{f^{(k)}(z_0)}{k!} - (k\theta_1 + \arg\frac{f^{(k)}(z_0)}{k!}) = k\theta$$

정리 1.1과 정리 1.5를 결합하면, 해석함수가 어떤 점에서 등각적이기 위한 필요충분조건은 그 함수가 그 점에서 0이 아닌 도함수를 갖는 것임을 알 수 있다.

이제, 3장에서 다룬 일차분수변환을 등각사상의 관점에서 다시 살펴보자. 변환

$$w = f(z) = \frac{az+b}{cz+d}, ad-bc \neq 0$$

은 확장된 평면에서 그 평면 위로의 전단사 연속사상을 나타내고, $f(-\frac{d}{c}) = \infty, f(\infty) = \frac{a}{c}$ 임을 상기하자. $f'(z) = \frac{ad-bc}{(cz+d)^2} \neq 0$이므로, 이 사상은 $z \neq -\frac{d}{d}$인 모든 유한인 점 $z$에 대하여 등각적이다.

앞에서 보았듯이, 점이 $\infty$의 점으로 사상되는가에 따라 원 또는 직선은 원 또는 직선 위에로 사상된다. 예를 들어, 반전 $w = \frac{1}{z}$은 원점을 지나지 않는 직선을 원 위로 사상한다. 특히, 직선 $y = x+1$과 $y = -x+1$은 각각 다음의 원들 위로 사상된다.

$$(u+\frac{1}{2})^2 + (v+\frac{1}{2})^2 = (\frac{1}{\sqrt{2}})^2,$$

$$(u-\frac{1}{2})^2 + (v+\frac{1}{2})^2 = (\frac{1}{\sqrt{2}})^2.$$

언뜻 보면, 다음 그림은 오해를 야기할 수 있다.

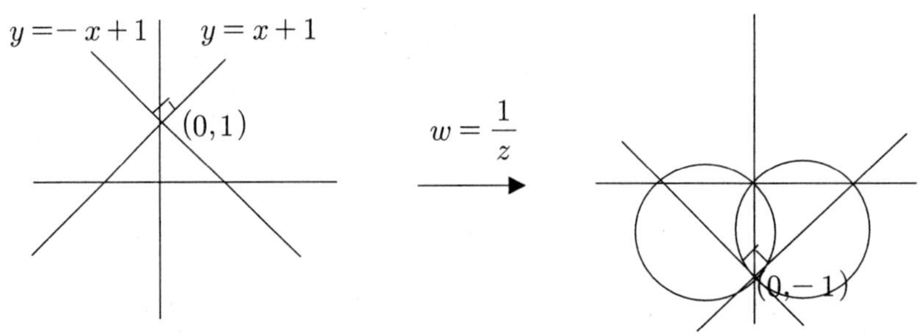


이것은 한 점에서 만나는 한 쌍의 직선이 두 점에서 만나는 한 쌍의 원 위로 사상됨을 보여준다. 그러나 이들 직선은 역시 $\infty$의 점에서 만난다는 것을 잊어서는 안 된다. 두 직선 위의 점

$(0,1)$은 점 $(0,-1)$로 사상되고, 반면에 $\infty$의 점은 원점으로 사상된다. 두 직선이 점 $(0,1)$에서 직각으로 만나듯이, 두 원은 점 $(0,-1)$에서 직각으로 만난다. 이것은 정리 1.1의 결과이다.

그러나 두 직선이 $\infty$의 점에서 어떤 각으로 만나는가? 이에 관해서는 다음과 같은 정의가 필요하다. 즉, 확장된 평면 위에서의 두 매끄러운 곡선에 대하여 만일 변환 $w=\frac{1}{z}$에 의한 이들의 상이 원점에서 각 $\alpha$로 만난다는 것은 이들 곡선이 $\infty$의 점에서 각 $\alpha$로 만난다는 것이다. 그림의 두 원이 원점에서 직각으로 만나므로, 직선 $y=x+1$과 $y=-x+1$은 $\infty$의 점에서 직각으로 만난다.

이 정의에 의하여 모든 변환 $w=f(z)=\frac{az+b}{cz+d}, ad-bc\neq 0$은 $\infty$의 점에서 등각적임을 보일 수 있다. 여기서 살펴보아야 할 것은 다음과 같은 두 가지 경우이다.

**경우1** $c\neq 0$일 때, $z=\frac{1}{\zeta}, f(z)=g(\frac{1}{z})$로 놓으면,

$$g(\zeta)=f(\frac{1}{\zeta})=\frac{a/\zeta+b}{c/\zeta+d}=\frac{b\zeta+a}{d\zeta+c}$$

이다. $g'(0)=\frac{bc-ad}{c^2}\neq 0$이므로, $g(\zeta)$는 $\zeta=0$에서 등각적이다. 그러나 이것은 $f(z)$가 $z=\infty$에서 등각적임을 의미한다.

**경우2** $c=0$일 때, $f(z)=\frac{az+b}{d}$는 일차함수이고, $z=\infty$를 $w=\infty$로 사상한다. $z=\frac{1}{\zeta}, w=\frac{1}{\omega}, h(z)=\frac{1}{f(1/z)}$로 놓으면,

$$\frac{1}{\omega}=\frac{a/\zeta+b}{d}=\frac{b\zeta+a}{d\zeta}, \omega=\frac{d\zeta}{b\zeta+a}$$

이다. $h'(0)=\frac{d}{a}\neq 0$이므로, $h(\zeta)$는 $\zeta=0$에서 등각적이다. 즉, $f(z)$는 $z=\infty$에서 등각적이다.

따라서 일차분수변환은 확장된 평면에서 그 평면 위로의 단사등각사상이다.

4장에서 보았듯이, 지수함수 $e^z$는 $y$-축에 평행한 직선을 원점을 중심으로 하는 원 위로 전사하고 $x$-축에 평행한 직선을 원점에서 방사하는 반직선 위로 전사한다. 이 두 직선의 상곡선들은 직각으로 교차한다는 것은 초등기하의 사실이다.

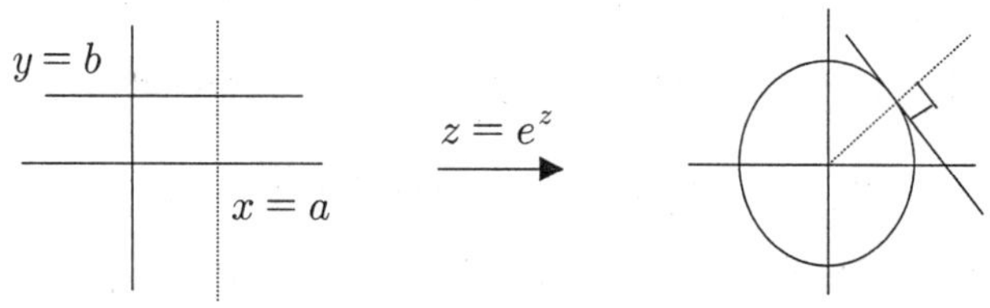


끝으로, 함수 $w=\cos z$는 $y$-축에 평행한 직선들을 타원들 위로 전사하고, $x$-축에 평행한 직선들을 쌍곡선들 위로 전사한다. 정리 1.1에 의하여 이러한 원뿔곡선들은 직각으로 만난다.

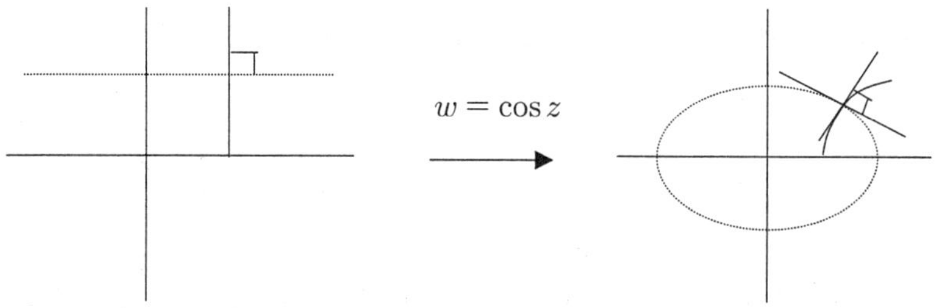


**문제 1.1** 주어진 복소수 $z_0$와 $\epsilon>0$에 대하여 $z_0$에서 해석적인 함수 $f(z)$가 존재하여 $f'(z_0)\neq 0$이고 $f(z)$는 $|z-z_0|<\epsilon$에서 단사가 아님을 보여라.

**문제 1.2** $z^2$는 영역 $D$에서 단사이기 위한 필요충분조건은 $D$는 원점을 지나는 경계를 갖는 반평면에 포함되는 것임을 보여라.

**문제 1.3** 두 매끄러운 곡선이 $\infty$에서 각 $\alpha$로 만나기 위한 필요충분조건은 입체사영에서 그들의 상이 북극점에서 각 $\alpha$로 만나는 것임을 보여라.

**문제 1.4** $f(z)$는 해석함수이고 $f'(z_0)\neq 0$라고 하자. 그러면 $f(\bar{z})$와 $\overline{f(z)}$는 점 $z_0$에서 공형적임을 보여라.

**문제 1.5** 만일 일차분수변환 $w=\dfrac{1}{z}$에 의하여 두 직선이 원점에서 서로 접하는 두 원 위로 전사되면, 그 두 직선은 평행함을 보여라.

**문제 1.6** $f(z)=e^z$가 단사가 되는 중심이 원점인 가장 큰 원판의 반지름을 구하여라.

**문제 1.7** $f(z)=e^z$에 대하여 $\arg f'(z)$를 구하여라. 이를 이용하여, $y$-축과 $x$-축에 평행한 직선들이 각각 원과 반직선 위로 전사됨을 보여라.

**문제 1.8** $f(z)$는 $z_0$에서 해석적이고 $f'(z_0)\neq 0$라고 하자. 그러면 $z_0$을 포함하고 넓이가 $A$인 '작은' 직사각형은 넓이가 근사적으로 $|f'(z_0)|^2 A$인 도형으로 전사됨을 보여라.

**문제 1.9** 함수 $w=z^n$은 반직선 $\arg z=\theta, 0\leq\theta\leq\dfrac{2\pi}{n}$을 반직선 $\arg z=n\theta$ 위로 전사함을 보여라.

**문제 1.10** 만일 $f(z)$는 영역 $D$에서 상수가 아닌 해석함수이면, $D$의 가산개의 점에서만 $f'(z)=0$임을 보여라. 따라서 $f(z)$는 $D$의 가산개의 점을 제외한 모든 점에서 국소적으로 단사등각적임을 보여라.

**문제 1.11** $f(z)=z+\dfrac{1}{z}$는 $z=\pm 1$을 제외한 모든 곳에서 등각적임을 보여라.

## 2. 정규족(normal family)

점별수렴성과 평등수렴성의 차이점뿐만 아니라 점별연속성과 평등연속성 사이의 중요한 차이점을 이미 다루었다. 이것은 국소적인 성질과 대역적인 성질 사이의 차이점이다. 이와 관련된 또 다른 경우를 만나게 된다. 이제 함수족에서 성립하는 평등성을 요구할 것이다.

함수족 $\mathcal{F}$가 집합 $A \subset \mathbb{C}$ 에서 **평등유계(uniformly bounded)**라는 것은 $M > 0$이 존재하여 모든 $f \in \mathcal{F}$와 모든 $z \in A$에 대하여 $|f(z)| \leq M$일 때를 말한다. 만일 함수족 $\mathcal{F}$가 평등유계이면, 분명히 각 원소 $f \in \mathcal{F}$는 유계이다. 그러나 그 역은 성립하지 않는다. 예를 들어, 함수열 $f_n(z) = nz$는 원판 $|z| \leq R$에서 유계이지만, 함수족 $\mathcal{F} = \{f_n(z) \mid n = 1, 2, \cdots\}$은 평등유계가 아니다.

함수족 $\mathcal{F}$가 집합 $A$에서 **국소적으로 평등유계(locally uniformly bounded)**라는 것은 각 점 $z \in A$에 대하여 $z$의 근방이 존재하여 그 근방에서 $\mathcal{F}$가 평등유계일 때를 말한다.

함수열 $f_n(z) = \dfrac{1}{1-z^n}$은 원판 $|z| < 1$에서 국소적으로 평등유계이지만, 원판 $|z| < 1$에서는 평등유계가 아니다.

이제 국소평등유계에 관한 특성화를 살펴보자.

**정리 2.1** 함수족 $\mathcal{F}$가 영역 $D$에서 국소적으로 평등유계이기 위한 필요충분조건은 $\mathcal{F}$가 $D$의 모든 긴밀부분집합에서 평등유계인 것이다.

증명 $(\Rightarrow)$ $K \subset D$는 긴밀집합이라 하자. $K$의 각 점에 대하여 $\mathcal{F}$가 평등유계인 근방을 취하자. 이 근방들은 $K$의 열린덮개이다. Heine-Borel 정리에 의하여 $K$의 유한 열린덮개가 존재한다. 즉, $z_1, \cdots z_n \in K$가 존재하여 $K \subset \bigcup_{i=1}^{n} N_{\epsilon_i}(z_i)$이고, 각 $i = 1, 2, \cdots, n$에 대하여 $M_i > 0$이 존재하여 모든 $f \in \mathcal{F}$와 모든 $z \in N_{\epsilon_i}(z_i)$에 대하여 $|f(z)| \leq M_i$이다. 이때 $M = \max\{M_1, \cdots, M_n\}$이라 놓으면, 모든 $f \in \mathcal{F}$와 모든 $z \in K$에 대하여 $|f(z)| \leq M$이다. 따라서 $\mathcal{F}$는 $K$에서 평등유계이다.

$(\Leftarrow)$ 각 점 $z \in D$의 근방의 폐포는 긴밀집합이므로 결과가 나온다.

국소적으로 평등유계인 해석함수들의 함수족에 제한함으로써 다음과 같은 부수적인 결과를 얻는다.

**▶정리 2.2** $\mathcal{F}$는 영역 $D$에서 국소적으로 평등유계라고 하자. 그러면 $\mathcal{F}$에 속하는 모든 함수들의 $n$계도함수로 이루어진 함수족 $\mathcal{F}^{(n)}$도 역시 $D$에서 국소적으로 평등유계이다.

**증명** $n=1$일 때, 이를 증명하면 충분하다. 왜냐하면, 그 결과는 수학적 귀납법으로 얻을 수 있기 때문이다. 점 $z_0 \in D$는 고정시키자. 그리고 모든 $f \in \mathcal{F}$는 원 $C: |z-z_0| = r$의 내부와 그 위의 모든 점 $z$에 대하여 $|f(z)| \leq M$이라 가정하자. 그러면 $|z-z_0| \leq \frac{r}{2}$의 점 $z$에 대하여 코시의 적분공식을 이용하면,

$$|f'(z)| = \left|\frac{1}{2\pi i}\int_C \frac{f(\zeta)}{(\zeta - z)^2} d\zeta\right|$$
$$\leq \frac{1}{2\pi (r/2)^2}\int_C |f(\zeta)|\,|d\zeta| \leq \frac{4M}{r}$$

을 얻는다. 따라서 $\mathcal{F}'$는 $z_0$의 근방 $|z-z_0| \leq \frac{r}{2}$에서 평등유계이다. $z_0$는 임의이므로 $\mathcal{F}'$는 $D$에서 국소적으로 평등유계이다.

다음에 평등연속의 개념을 확장해보자.

함수족 $\mathcal{F}$가 영역 $D$에서 **동등연속(equicontinuous)**이라는 것은 임의의 $\epsilon > 0$에 대하여 $\delta = \delta(\epsilon) > 0$가 존재하여 $|z_1 - z_0| < \delta, z_0, z_1 \in D$일 때 모든 $f \in \mathcal{F}$에 대하여

$$|f(z_1) - f(z_0)| < \epsilon$$

이 성립할 때를 말한다. 분명히, 동등연속함수족의 각 원소는 평등연속이다.

어떤 함수족은 동등연속이 아니면서 그 함수족의 각 원소가 평등연속이 될 수도 있다. 예를 들어, 각 $f_n(z) = nz$는 $|z| \leq R$에서 평등연속이다. 왜냐하면, 임의의 $\epsilon > 0$에 대하여 $\delta = \delta(\epsilon) = \frac{\epsilon}{n} > 0$이 존재하여 $|z_1 - z_2| < \delta = \frac{\epsilon}{n}$, $|z_i| \leq R, i = 1,2$일 때

$$|f_n(z_1) - f_n(z_2)| = n|z_1 - z_2| < \epsilon$$

이 성립한다. 그러나 $\delta$는 모든 $n$과 무관하게 취해질 수 없다. 따라서 함수족 $\{nz\}$는

$|z| \leq R$에서 동등연속이 아니다.

국소적으로 평등유계인 해석함수족과 동등연속인 해석함수족 사이에는 중요한 관계가 있다.

**▶정리 2.3** 만일 $\mathscr{F}$는 영역 $D$에서 국소적으로 평등유계인 해석함수들의 함수족이면, $\mathscr{F}$는 $D$의 긴밀부분집합들 위에서 동등연속이다.

**증명** $K \subset D$가 닫힌원판일 때 증명하면 충분하다. $D$의 일반적인 긴밀집합에 대한 증명은 정리 2.1의 증명과 유사하다. 정리 2.2에 의하여 $\mathscr{F}$에 속하는 모든 함수들의 도함수들로 이루어진 함수족 $\mathscr{F}'$는 역시 $D$에서 국소적으로 평등유계이다. 그러므로 정리 2.1에 의하여 모든 $f \in \mathscr{F}$와 모든 $z \in K$에 대하여 $|f'(z)| \leq M$이라 가정할 수 있다. 그러면 $z_0, z_1 \in K$에 대하여

$$|f(z_1) - f(z_0)| = \left| \int_{z_0}^{z_1} f'(z)dz \right| \leq M|z_1 - z_0|$$

이다. 여기서 $z_0$으로부터 $z_1$에 이르는 적분경로는 직선으로 취했다. $\delta = \dfrac{\epsilon}{M}$을 취함으로써 함수족 $\mathscr{F}$는 원판 $K$에서 동등연속임을 알 수 있다.

**참고** 정리 2.3의 역은 참이 아니다. 예를 들어, $f_n(z) = z + n$은 평면의 모든 긴밀부분집합에서 동등연속이지만, 평면의 임의의 근방에서 평등유계가 아니다.

2장에서 모든 유계복소수열은 수렴하는 부분복소수열을 포함함을 보였다. 이 절에서는 함수열에 대한 이와 유사한 결과를 얻는 것이다. 이러한 관점에서 어떤 형태의 수렴성이 가장 타당하고 가장 적합한가는 명백하지 않다. 이 상황을 명확히 하기 위해서는 다음과 같은 정의가 필요하다.

함수족 $\mathscr{F}$가 영역 $D$에서 **정규족**이라는 것은 $\mathscr{F}$의 모든 함수열 $\{f_n\}$이 $D$의 각 긴밀부분집합들 위에서 평등수렴하는 부분함수열 $\{f_{n_k}\}$를 포함할 때를 말한다.

예를 들어, 복소수열 $\{z^n\}$으로 이루어진 함수족 $\mathscr{F} = \{z, z^2, z^3, \cdots\}$은 영역 $|z| < 1$에서 정규이다. 실제로, 복소수열 그 자체는 $|z| < 1$의 모든 긴밀부분집합 위에서 0으로 평등수렴한다.

$$\sup_{|z| \leq r < 1} |z^n| \leq r^n \to 0$$

그러나 복소수열이나 임의의 부분복소수열은 $|z|<1$에서 평등수렴하지 않는다. 왜냐하면, $|z|<1$에 대하여 $\sup_{|z|<1}|z^n| \geq |z^n|$이므로,

$$\sup_{|z|<1}|z^n| \geq |(1-\frac{1}{n})^n| \to e^{-1}$$

이기 때문이다.

유계복소수열이 서로 다른 극한으로 수렴하는 다른 부분복소수열들을 포함할 수 있듯이, 정규족도 긴밀부분집합 위에서 서로 다른 함수로 평등수렴하는 다른 부분함수열을 포함할 수도 있다. 예를 들어, 함수열

$$f_n(z)=\begin{cases} z^n, & n\text{은 홀수} \\ 1-z^n, & n\text{은 짝수} \end{cases}$$

으로 이루어진 함수족 $\mathscr{F}$를 생각하자. 이때, 부분함수열 $\{f_{2n+1}\}$은 $|z|<1$의 모든 긴밀부분집합 위에서 0으로 평등수렴하고, 부분함수열 $\{f_{2n}\}$은 $|z|<1$의 모든 긴밀부분집합 위에서 1로 평등수렴한다.

점집합 $E$가 집합 $A$에 **조밀(dense)하다**는 것은 $\overline{E}=A$, 즉 각 점 $z\in E$의 임의의 근방 $N(z)$에 대하여 $N(z)\cap A\neq\varnothing$일 때를 말한다. 평면의 모든 영역은 조밀한 점열을 포함한다. 예를 들어, 영역 $D$에서의 두 유리수 좌표를 갖는 점집합은 가산이므로 수열로 표현될 수 있다. 이러한 점열들의 집합은 $D$에 조밀하다.

**예비정리 2.4** $\{f_n(z)\}$는 영역 $D$에서 국소적으로 평등유계인 해석함수열이라 하자. 만일 $\{f_n(z)\}$는 $D$의 조밀한 부분집합의 모든 점에서 수렴하면, 이 함수열은 $D$의 각 긴밀부분집합 위에서 평등수렴한다.

**증명** $K\subset D$는 긴밀집합일 때, $\{f_n(z)\}$는 $K$ 위에서 평등수렴함을 보이고자 한다. 정리 2.3에 의하여 $\{f_n(z)\}$는 $K$ 위에서 동등연속이다. 따라서 임의의 $\epsilon>0$에 대하여 $\delta=\delta(\epsilon)>0$이 존재하여 $|z-z'|<\delta, z, z'\in K$일 때 모든 $n$에 대하여

$$|f_n(z)-f_n(z')|<\frac{\epsilon}{3}$$

이 성립한다. $K$는 긴밀집합이므로, 반지름이 $\frac{\delta}{2}$인 유한개, 즉 $p$개의 근방들은 $K$를 덮는다. 이들 $p$개의 근방의 각각에서 $\{f_n\}$이 수렴하는 $K$의 조밀부분집합으로부터 점 $z_k(k=1,2,\cdots,p)$를 취하자. 그런 다음에

$$|f_n(z_k)-f_m(z_k)| < \frac{\epsilon}{3}$$

이 되도록 충분히 큰 $n$과 $m$을 취하자. 그러면 각 $z \in K$에 대하여 $z_k \in K$가 존재하여

$$|f_n(z)-f_m(z)| \leqq |f_n(z)-f_n(z_k)| + |f_n(z_k)-f_m(z_k)|$$
$$+ |f_m(z_k)-f_m(z)| < \epsilon$$

이 성립한다. 따라서 함수열 $\{f_n(z)\}$은 $K$에서 평등코시이다. 그러므로 $\{f_n(z)\}$는 $K$에서 평등수렴한다.



이 예비정리는 $\{f_n(z)\}$가 $D$에서 정규족임을 결정한다는 것을 주목하자. 이제 대각화 과정에 의하여 함수열이 조밀부분집합에서 수렴한다는 가정이 없더라도 이 결론이 참임을 보이도록 하자.

**정리 2.5** **(Montel 정리)** 만일 $\mathscr{F}$는 영역 $D$에서 해석함수들의 함수족이고 국소적으로 평등유계이면, $\mathscr{F}$는 $D$에서 정규족이다.

증명 $\mathscr{F}$의 함수열 $\{f_n\}$이 주어질 때, $\{f_n\}$의 어떤 부분함수열이 $D$의 긴밀부분집합 위에서 평등수렴함을 보여야 한다. $D$에서 조밀한 임의의 점열 $\{z_k\}$를 취하자. 예비정리에 의하여 점열 $\{z_k\}$의 각 점에서 수렴하는 $\{f_n\}$의 부분함수열을 만들기만 하면 충분하다.

가정에 의하여 복소수열 $\{f_n(z_1)\}$은 유계이다. 따라서 2.2절의 정리 2.6에 의하여 $z_1$에서 수렴하는 $\{f_n\}$의 부분함수열이 존재한다. 이 부분함수열을 $\{f_{n,1}\}$으로 나타내자. 그러나 복소수열 $\{f_{n,1}(z_2)\}$도 유계이다. 따라서 $z_2$에서 수렴하는 $\{f_{n,1}\}$의 부분함수열이 존재한다. 이 부분함수열을 $\{f_{n,2}\}$으로 나타

내자. $\{f_{n,2}\}$는 $\{f_{n,1}\}$의 부분함수열이므로 $\{f_{n,2}\}$도 역시 $z_1$에서 수렴한다.

이러한 논의를 계속해가면, $z_1, z_2, \cdots, z_m$에서 수렴하는 $\{f_n\}$의 $m$-번째 부분함수열 $\{f_{n,m}\}$을 만들 수 있다.

$$f_{1,1}(z), f_{2,1}(z), f_{3,1}(z), \cdots, f_{m,1}(z), \cdots$$

$$f_{1,2}(z), f_{2,2}(z), f_{3,2}(z), \cdots, f_{m,2}(z), \cdots$$

$$f_{1,3}(z), f_{2,3}(z), f_{3,3}(z), \cdots, f_{m,3}(z), \cdots$$

$$\vdots$$

$$f_{1,m}(z), f_{2,m}(z), f_{3,m}(z), \cdots, f_{m,m}(z), \cdots$$

$$\vdots$$

이제 위의 도표에서 대각선을 이루는 함수열 $\{f_{n,n}\}$을 생각하자. 각 고정된 $m$에 대하여 수열 $\{f_{n,n}(z_m)\}(n \geq m)$은 수렴하는 복소수열 $\{f_{n,m}(z_m)\}$의 부분복소수열이다. 그러므로 $\{f_{n,n}(z)\}$는 점열 $\{z_k\}$의 모든 점에서 수렴하는 $\{f_n\}$의 부분함수열이다.

Bolzano-Weierstrass 정리는 모든 유계인 무한점집합에 대하여 극한점이 존재함을 보장하므로, 모든 유계수열에 대하여 수렴하는 부분수열의 존재성도 보장한다. Montel 정리는 '해석함수열'에 대한 Bolzano 정리와 유사한 성질이라 할 수 있다. 어떤 의미에서 이것은 모든 국소적으로 평등유계인 해석함수족과 관련된 수렴하는 함수열의 존재를 보장하고 있다.

이러한 유사성을 한 단계 더 발전시키면, 두 정리는 모두 동일한 결함을 갖게 된다. Bolzano 정리의 극한점은 집합의 원소일 필요는 없다. 한편, Montel 정리의 수렴하는 함수열의 극한함수도 정규족의 원소일 필요는 없다. 예를 들어, 함수족 $\{z^n\}$은 $|z| < 1$의 모든 긴밀부분집합들 위에서 0으로 평등수렴하므로 $|z| < 1$에서 정규족이다. 그러나 0은 함수족 $\{z^n\}$의 원소가 아니다.

자신의 모든 극한점을 포함하는 유계집합은 긴밀집합임을 상기하자. 이것은 다음과 같은 정의로 귀착된다. 함수들의 정규족 $\mathscr{F}$가 **긴밀(compact)**이라는 것은 수렴하는 $\mathscr{F}$의 모든 함수열의 평등극한함수가 $\mathscr{F}$의 원소일 때를 말한다.

**예제 2.6** 원판 $|z|<1$에서 양의 실부를 갖는 다음과 같은 형식의 해석함수족 $\mathcal{F}$는 긴밀정규족이다.

$$f(z)=1+\sum_{n=1}^{\infty}a_n z^n$$

**증명** 10.3절의 정리 3.4에 의하여 모든 함수 $f\in\mathcal{F}$는 다음 부등식을 만족한다.

$$|f(z)|\leq\frac{1+|z|}{1-|z|},\ |z|=r<1$$

따라서 $\mathcal{F}$는 국소적으로 평등유계이고, Montel 정리에 의하여 정규족이다. $\mathcal{F}$가 긴밀임을 보이기 위하여 $\mathcal{F}$의 함수열 $\{f_n\}$이 함수 $g$로 평등수렴한다고 가정하자. 이제 $g\in\mathcal{F}$임을 보이자. 8.1절의 정리 1.9에 의하여 $g$는 $|z|<1$에서 해석적이다. 모든 $n$에 대하여 $f_n(0)=1$이므로, $g(0)=1$이다. 또한, 모든 $n$에 대하여 $Ref_n(z)>0$이므로, $|z|<1$에 대하여 $Reg(z)\geq 0$이다. 그러나 열린사상 정리에 의하여 $|z|<1$에서 $Reg(z)>0$이어야 한다. 따라서 $g\in\mathcal{F}$이다. 그러므로 $\mathcal{F}$는 긴밀이다.

**문제 2.1** 영역 $D$의 각 점에 대하여 함수족 $\mathcal{F}$가 동등연속인 근방이 존재한다고 하자. 그러면 $\mathcal{F}$는 $D$의 긴밀부분집합들 위에서 동등연속임을 보여라.

**문제 2.2** 함수족 $\mathcal{F}=\{nz\}$는 어떤 면분에서도 동등연속이 아님을 보여라.

**문제 2.3** 만일 $\mathcal{F}$는 영역 $D$에서 해석적인 함수들의 국소평등유계 함수족이면, $\mathcal{F}$에 속하는 함수들의 도함수들로 이루어진 함수족 $\mathcal{F}'$는 $D$의 긴밀부분집합들 위에서 동등연속임을 보여라.

**문제 2.4** $\mathcal{F}$는 원판 $|z|<1$에서 해석적인 함수들로 이루어진 정규족이라 하자.

$$\mathcal{G}=\{g(z)\mid g(z)=\int_0^z f(\zeta)d\zeta, f\in\mathcal{F}\}$$

라고 하자. 그러면 $\mathcal{G}$는 $|z|<1$에서 정규족임을 보여라.

**문제 2.5** $f_n(z) = \begin{cases} z^n, & n\text{은 홀수} \\ 1-z^n, & n\text{은 짝수} \end{cases}$ 라고 하자. 그러면 함수족 $\mathcal{F} = \{f_n\}$은 $|z| < 1$에서 정규족임을 보여라.

**문제 2.6** $\mathcal{F} = \{f(z) \mid f(z) = \sum_{n=0}^{\infty} a_n z^n, \ |a_n| \leq n\}$는 원판 $|z| < 1$에서 해석함수들의 긴밀정규족임을 보여라.

**문제 2.7** $\mathcal{F}$는 영역 $D$에서 $|f(z)| \leq M$을 만족하는 모든 해석함수들의 함수족이라 하자. 그러면 $\mathcal{F}$는 $D$에서 긴밀정규족임을 보여라.

## 3. 리만사상 정리

$D_1, D_2$는 단일연결영역이라 하자. 그러면 $D_1$에서 $D_2$로 전사하는 해석함수가 거의 항상 존재한다. 우선 '전형적인' 예외를 살펴보자. $D_1 = \mathbb{C}$ 이고 $D_2 = \{z \in \mathbb{C} \mid |z| < 1\}$ 이라 하자. Liouville 정리에 의하여 상수함수는 그의 상이 단위원판에 포함되는 유일한 정함수이므로, 원판 $|z| < 1$로 전사하는 상수가 아닌 정함수는 존재하지 않는다.

이 절의 핵심 정리는 해석적인 단사사상이 전 평면이 아닌 두 단일연결영역 사이에 존재함을 말해주는 것이다. 이러한 놀라운 결과를 증명하기 전에 **단엽함수(univalent function)**(이것은 단사함수에 대한 다른 표현이다.)에 관한 몇 가지 예비지식이 필요하다.

**▶정리 3.1** $\{f_n(z)\}$는 영역 $D$에서 단엽해석함수열이고 $D$의 각 긴밀부분집합 위에서 상수가 아닌 함수 $f(z)$로 평등수렴한다고 하자. 그러면 $f(z)$는 $D$에서 단엽해석함수이다.

**증명** $f(z)$의 해석성은 8.1절의 정리 1.9로부터 나온다. $f(z)$가 $D$에서 단사임을 증명하기 위하여 $f(z_0) = f(z_1) = a$가 되는 서로 다른 두 점 $z_0, z_1 \in D$가 존재한다고 가정하자. $C_0, C_1$는 그의 중심이 각각 $z_0, z_1$인 서로소인 원으로서 $D$에 포함된다고 하자. 더욱이, 어느 원 위의 점 $z$에 대해서도 $f(z) \neq a$라고 가정하자. 또한, $m = \min_{z \in C_0 \cup C_1} |f(z) - a|$ 이라 하자. 이제, $C_0 \cup C_1$ 위의 점 $z$에 대하여 $|f_n(z) - f(z)| < m$이 되도록 충분히 큰 $n$을 취하자. 그러면 Rouché 정리에 의하여 함수

$$f_n(z) - a = (f_n(z) - f(z)) + (f(z) - a)$$

는 $C_0$의 내부에서 적어도 하나의 영점을 가지며 $C_1$의 내부에서 적어도 하나의 영점을 갖는다. $f_n(z)$는 $D$에서 단사이므로, 그 두 영점들은 같다. 이것은 모순이다.

단엽함수열의 평등극한함수는 상수가 될 수도 있음을 유의하자. 예를 들어, 함수열 $f_n(z) = \frac{z}{n}$는 평면의 임의의 긴밀부분집합 위에서 0으로 평등수렴한다.

**▸정리 3.2** $f(z)$는 영역 $D$에서 단엽해석함수이고, $g(z)$는 $f(z)$에 의한 상 위에서 단엽해석함수라고 하자. 그러면 합성함수 $g(f(z))$는 $D$ 위에서 단엽해석함수이다.

**증명** $g(f(z))$의 해석성은 5.1절의 정리 1.6으로부터 나온다. $g(f(z))$가 단사임을 보이기 위하여 $z_0, z_1 \in D$에 대하여 $g(f(z_0)) = f(f(z_1))$이라 가정하자. $g$는 단사이므로, $f(z_0) = f(z_1)$이다. 다시 $f$는 단사이므로, $z_0 = z_1$이다.

**▸정리 3.3** $f$는 $D_1$에서 $D_2$ 위로 전사하는 단엽해석함수라고 하자. 그러면 모든 $z \in D_1$에 대하여 $g(f(z)) = z$로 정의되는 역함수 $g$는 $D_2$에서 $D_1$ 위로 사상하는 단엽해석함수이다.

**증명** $g$의 단엽성은 $f$의 단엽성의 직접적인 결과이다. $g$의 해석성을 보이기 위하여 점 $w_0 \in D_2$를 고정시키자. 그러면 유일한 점 $z_0 \in D_1$이 존재하여 $f(z_0) = w_0$이다. 이제 $w = f(z)$로 놓으면,

$$\frac{g(w) - g(w_0)}{w - w_0} = \frac{z - z_0}{f(z) - f(z_0)}$$

이다. 열린사상 정리에 의하여 $f$는 열린집합을 열린집합 위로 전사하므로, $g$는 $D_2$에서 연속이다. 따라서 $\lim_{w - w_0} z = \lim_{w \to w_0} g(w) = g(w_0) = g(f(z_0)) = z_0$이다. 정리 1.3에 의하여 $f'(z_0) \neq 0$이다. 따라서

$$g'(w_0) = \lim_{w \to w_0} \frac{g(w) - g(w_0)}{w - w_0} = \frac{1}{f'(z_0)}$$

이다. 그러므로 $g$는 $D_2$에서 해석적이다.

만일 함수 $f, g$가 각각 영역 $D_1, D_2$에서 원판 $|z| < 1$ 위로 전사하는 단엽해석함수이면, $g^{-1}(f(z))$는 $D_1$에서 $D_2$ 위로 전사하는 단엽해석함수이다.

그러므로 단위원판 내부 위로 단엽해석적으로 전사되는 영역들은 역시 서로 단엽해석적으로 전사될 수 있다.

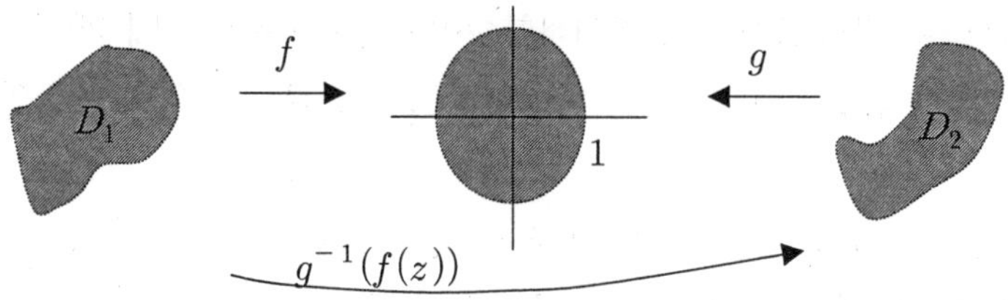


$f$는 영역 $D$에서 단엽해석적이고 원판 $|z|<1$ 위로 전사한다고 하자. 이와 같은 성질을 갖는 다른 함수들이 존재할까? 일반적으로, 그러한 함수는 무수히 많이 존재한다. 이것을 알기 위하여 3.2절에서

$$g(z)=e^{i\alpha}\frac{z-z_0}{1-\overline{z_0}z},\ |z_0|<1, \alpha\text{는 실수}$$

꼴의 모든 함수는 단위원의 내부를 자기 자신으로 전사함을 이미 논하였다. 그러므로 함수 $g(f(z))$와 $f(z)$는 동시에 $D$를 $|z|<1$ 위로 전사한다. 다음 예비정리는 유일한 사상함수를 만드는 조건들을 암시한다.

**예비정리 3.4** $f(z)$는 $|z|<1$에서 그 자신 위로 전사하는 단엽해석함수라 하자. 만일 $f(0)=0$이고 $f'(0)>0$이면, $f(z)=z$이다.

**증명** Schwarz 정리에 의하여 $|f(z)|\leqq|z|$이다. Schwarz 정리를 역함수에 응용하면, 다시 $|z|\leqq|f(z)|$를 얻는다. 따라서 $0<|z|\leqq 1$에 대하여 $\left|\frac{f(z)}{z}\right|=1$이다. $f(0)=0$이므로, 5.3절의 정리 3.4에 의하여 실수 $\alpha$에 대하여 $f(z)=e^{i\alpha}z$이다. $f'(0)>0$이므로 결과가 나온다.

**정리 3.5** **(리만사상 정리)** $D$는 전평면이 아닌 단일연결영역이라 하고 $z_0\in D$라고 하자. 그러면 $D$에서 원판 $|z|<1$ 위로 전사하는 유일한 단엽해석함수 $f(z)$가 존재하여 $f(z_0)=0, f'(z_0)>0$이다.

**증명** 우선 유일성을 증명하자. 만일 $f, g$는 모두 $D$에서 $|z|<1$ 위로 전사하는 단엽해석함수이면서 주어진 조건을 만족한다고 가정하자. 그러면 $h=g\circ f^{-1}$는 단위원판의 내부를 그 자신 위로 전사하는 단엽해석함수이다. 더욱이,

$$h(0) = g(f^{-1}(0)) = g(z_0) = 0,$$

$$h'(0) = \frac{g'(z_0)}{f'(z_0)} > 0$$

이다. 따라서 예비정리에 의하여 $h$는 항등함수이다. 즉, $h(z) = g(f^{-1}(z)) = z$. $f^{-1}(z) = w$이기 위한 필요충분조건은 $z = f(w)$이므로, $g(w) = f(w)$, 즉 $g = f$이다.

존재성을 증명하기 위하여 우선 $D$에서 원판 $|z| < 1$에로의 단엽해석함수가 존재함을 보이도록 한다. $D$는 전평면이 아니므로, 점 $a \notin D$가 존재한다. 실제로 만일 $D$의 외부에 원판 $|z-a| < \epsilon$이 존재하면, $D$의 모든 점 $z$에 대하여 $|z-a| > \epsilon$이다. 이 경우에 $\frac{\epsilon}{z-a}$는 $D$의 모든 점을 단위원판의 내부로 사상하는 단엽해석함수이다. 그러나 $D$의 여집합이 임의의 원판을 포함하지 않을 수도 있다. 예를 들어, $D$는 어떤 점 $z_0$에서 $\infty$로 방사하는 반직선을 뺀 평면일 수도 있다.

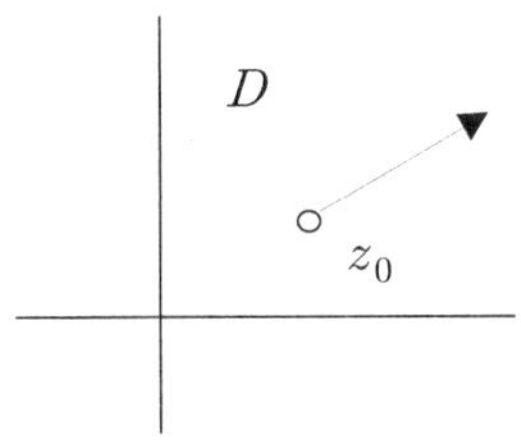


이러한 종류의 영역에 대한 곤란한 점을 피하기 위해서 영역을 그 크기의 '반' 위로 사상하는 제곱근함수의 분지를 생각할 것이다.

7.4절의 따름정리 4.10에 의하여 $a \notin D$일 때, $\phi(z) = \sqrt{z-a}$의 해석분지는 단일연결영역에서 정의될 수 있다. 더 나아가, $\phi(z)$는 $D$에서 단엽이다. 왜냐하면, 만일 $\phi(z_1) = \phi(z_2), z_1, z_2 \in D$이면, $(\phi(z_1))^2 = (\phi(z_2))^2 = z_1 - a = z_2 - a$이기 때문이다.

이제 $D'$는 $\phi(z)$에 의한 상이라 하자. 그러면 $D'$의 여집합은 원판을 포함한다(사실, 이것은 반평면을 포함한다). 이를 보이기 위하여 두 점 $b$와 $-b$는 동시에 $D'$에 속할 수 없음을 보이면 된다. 만일 이 두 점이 $D'$에 속한다면, $D$의 서로 다른 두 점 $z', z''$가 존재하여 $\phi(z') = b, \phi(z'') = -b$이다. 이때, $[\phi(z')]^2 = z' - a = [\phi(z'')]^2 = z'' - a$이므로, $z' = z''$이다. 이것은 모순이다.

다음에, 원판 $|z-c|<\epsilon$이 $D'$에 포함되도록 점 $c$와 $\epsilon>0$을 취하자. 그러면 원판 $|z+c|<\epsilon$은 $D'$의 여집합에 포함된다. 따라서 $D'$의 모든 점 $z$에 대하여 $|z+c|>\epsilon$이다. 따라서 함수 $\psi(z)=\dfrac{\epsilon}{z+c}$는 $D'$을 단위원판으로 사상하는 단엽해석함수이다. 그러므로 합성함수 $\psi(\phi(z))$는 $D$에서 단위원판으로 사상하는 단엽해석함수이다.

이제 적당한 일차분수변환에 의하여 이 함수는 부수적인 조건 $f_0(z_0)=0$, $f_0'(z_0)>0$을 만족하는 함수 $f_0(z)$로 변환될 수 있다.

함수족 $\mathcal{F}$의 모든 함수 $g$는 $D$에서 단엽해석함수이고

$$g(z_0)=0, g'(z_0)>0, |g(z)|<1, \forall z\in D$$

를 만족한다고 하자. $f_0(z)\in\mathcal{F}$이므로, $\mathcal{F}\neq\varnothing$이다. 정리의 조건을 만족하는 함수 $f$가 존재한다면, $f$는 분명히 $\mathcal{F}$에 속해야 한다. 이 함수는 $\mathcal{F}$에 속하는 어떤 다른 함수보다 $z_0$에서 더욱 큰 도함수를 갖는다는 것을 보일 것이다. $z_0$에서 최대도함수를 갖는 함수가 $\mathcal{F}$에서 존재함을 보이기 위하여 정규족의 이론을 응용해야 한다.

$\mathcal{F}$는 $D$에서 국소적으로 평등유계(실제로는 평등유계)이므로, 정리 2.5에 의하여 $\mathcal{F}$는 정규족이다.

$$A=\sup\{g'(z_0)\mid g(z)\in\mathcal{F}\}$$

이라 놓자. 여기서 $A$는 무한일 수도 있다. $A$의 정의에 의하여 함수열 $f_n\in\mathcal{F}$가 존재하여 $f_n'(z_0)\to A$이다. $\mathcal{F}$의 정규성에 의하여 $D$의 긴밀부분집합들 위에서 해석함수 $f(z)$로 평등수렴하는 부분함수열 $\{f_{n_k}\}$가 존재한다. 8.1절의 따름정리 1.11을 응용하면, $f'(z_0)=A$임을 알 수 있다. 따라서 $A$는 유한이다. 또한, $f'(z_0)\geq f_0'(z_0)>0$이므로, 함수 $f(z)$는 $D$에서 상수가 아니다. 따라서 정리 3.1에 의하여 $f(z)$는 단엽이다. 그러므로 $f\in\mathcal{F}$이다.

이제 이러한 함수 $f(z)$가 구하고자 하는 함수임을 보일 것이다. 단위원판의 내부의 어떤 $\alpha$에 대하여 $f(z)\neq\alpha, \forall z\in D$라고 가정하자. 그러면 함수

$$F(z)=\sqrt{\frac{f(z)-\alpha}{1-\overline{\alpha}f(z)}}$$

의 분지는 $D$에서 정의될 수 있다. $F(z)$의 단엽성은 $f(z)$의 단엽성으로부터 나오고, 부등식 $|F(z)|<1$은 부등식 $|f(z)|<1$로부터 나온다. 그러나 $F(z)$는 $F(z_0)=0, F'(z_0)>0$을 만족하지 않는다. 그러므로 함수

$$G(z)=\frac{|F(z_0)|}{F(z_0)}\frac{F(z)-F(z_0)}{1-\overline{F(z_0)}F(z)}$$

를 생각하자. 이 함수는 $G(z_0)=0, G'(z_0)>0$을 만족하므로, $G(z)\in \mathcal{F}$ 이다. 더욱이,

$$G'(z_0)=\frac{|F'(z_0)|}{1-|F(z_0)|^2}=\frac{1+|\alpha|}{2\sqrt{|\alpha|}}A>A=f'(z_0)$$

이다. 이것은 $f'(z_0)$의 최대성에 모순이다. 따라서 $f(z)$는 단위원판의 내부로 전사된다.

(참고1) 두 영역 $D_1, D_2$이 **등각적으로 동치**(conformally equivalent)라는 것은 단사등각적인 방법으로 $D_1$에서 $D_2$ 위로 전사하는 해석함수가 존재할 때를 말한다.

영역에서의 단엽성은 0이 아닌 도함수를 보장하므로, 리만사상 정리는 전 평면이 아닌 임의의 두 단일연결영역이 등각적으로 동치임을 보여준다.

(참고2) 위의 정리의 증명에서 단엽해석함수는 단일연결영역에서 단일연결영역 위로 전사한다고 가정하였다. 그러나 단일연결영역의 단사연속함수에 의한 상은 다중연결영역이 될 수 없다는 것은 초등 위상수학에서 증명된다. 따라서 단일연결영역은 다중연결영역과 등각적으로 동치가 될 수 없다.

(참고3) 일차분수변환은 원과 직선을 원과 직선으로 전사함을 상기하자. 따라서 원판 또는 반평면이 아닌 영역에서 단위원 내부로 전사하는 등각사상은 일차분수변환이 아닌 다른 함수이다. 더 나아가, 리만사상 정리의 유일성에 의하여 일차분수변환이 아닌 어떤 단엽함수도 원판 또는 반평면을 단위원 내부로 전사할 수 없다.

(참고4) 이러한 관점에서 진지하게 생각해야만 한다. 많은 존재성 정리에서와 같이, 리만사상 정리는 실제적인 구성에서 간파할 수 없는 약점을 갖는다. 그러므로 잘

알려지지 않은 두 단일연결영역이 주어질 때, 적당한 함수를 결정하기 위한 기술을 전개하기 전과 같이 꾸준히 노력해야만 한다.

(참고5) 임의의 다각형의 내부를 단위원판의 내부로 전사하는 함수의 존재성은 위의 리만사상 정리에 의하여 보장된다. 이것은 몇 가지 단계를 거쳐서 이루어진다. Schwarz-Christoffel 공식은 위반평면을 임의의 다각형의 내부로 전사하는 단엽해석함수를 준다. 이때 위반평면을 단위원판의 내부로 전사하는 일차분수변환과 그러한 사상의 역사상을 합성하면, 원하는 사상을 얻는다.

**문제 3.1** 함수 $f(z)$는 단위원판 $|z|<1$을 자기 자신 위로 전사하는 해석함수라고 하자. $f(z)$는 단엽이기 위한 필요충분조건은 $f(z)$는

$$f(z)=e^{i\alpha}\frac{z-z_0}{1-\overline{z_0}z},\ |z_0|<1,\ \alpha\text{는 실수}$$

꼴임을 보여라.

**문제 3.2** 평면은 위반평면과 등각적 동치가 아님을 보여라. 더 일반적으로, 평면은 단지 자기 자신과 등각적 동치임을 보여라.

**문제 3.3** 정사각형의 내부는 원의 내부로 등각적으로 전사될 수 있다 하더라도, 정사각형은 원으로 등각적으로 전사될 수 없음을 보여라.

**문제 3.4** $D_i, i=1,2$는 고리 $0<r_i<|z|<R_i$라고 하자. 만일 $\frac{R_1}{r_1}=\frac{R_2}{r_2}$이면, $D_1$를 $D_2$로 전사하는 단엽해석함수를 구하여라.

**문제 3.5** $D_1, D_2$가 등각적으로 동치이고, $D_2, D_3$도 등각적으로 동치라고 하자. 그러면 $D_1, D_3$는 등각적으로 동치임을 보여라.

12장

# 단엽함수

1. 집합 $S$
2. $S$의 부분집합

이 장에서는 단엽함수에 대하여 계속 알아본다. 해석적으로, 단엽함수는 0이 아닌 도함수를 갖는다(11.1절의 정리 1.3). 기하학적으로, 단엽함수는 단순곡선을 단순곡선으로 전사한다. 기하학적 또는 해석적인 특성에 관한 정리를 증명하기 위하여 이러한 성질들과 다른 성질들이 어떻게 결합되는지를 보여줄 것이다. 예를 들어, 단엽함수에 대한 계수의 범위는 원판의 내부로 전사되는 영역에 관한 정보를 제공해 준다. 역으로, 어떤 기하학적 성질을 만족하는 영역 $D$는 상이 $D$인 임의의 단엽함수의 계수의 범위를 얻을 수 있게 해준다.

## 1. 집합 $S$

단엽해석함수는 단일연결영역을 단일연결영역 위로 전사하는 멋진 성질을 갖는다. 리만사상 정리에 의하여, 전 평면이 아닌 임의의 단일연결영역에서 정의된 단엽함수는 단위원판에서 정의된 것과 결합할 수 있다. 그러므로 영역을 제한하여 이러한 함수들은 원판 $|z|<1$에서 정의할 것이다. 역시, 만일 함수가 원점에서 영점을 갖고 그 도함수가 원점에서 1을 갖는다고 가정하면, 결과는 더 멋진 형식을 가질 것이다. 단엽함수의 도함수는 결코 0이 아니므로, 모든 단엽함수 $f(z)$에 대하여 함수 $\dfrac{f(z)-f(0)}{f'(0)}$는 원점에서 영점을 갖고 원점에서 그 도함수는 1 이다. 그러므로 위와 같은 제한조건을 만족하는 함수들의 집합은 하나의 문자로 나타낼 만한 가치가 있다.

$S$는 $f(0)=0, f'(0)=1$을 만족하는 원판 $|z|<1$에서 단엽해석함수 $f$들의 집합이라 하자. 그러면 $f(z)\in S$는 다음과 같이 나타낼 수 있다.

$$f(z)=1+z+a_2z^2+a_3z^3+\cdots,\ |z|<1$$

$T$는 영역 $|z|>1$에서 단엽해석함수

$$g(z)=z+b_0+\frac{b_1}{z}+\frac{b_2}{z^2}+\cdots$$

들의 집합이라 하자.

다음의 관계는 $T$에 관한 정보로부터 $S$에 관한 정보를 이끌어 내게 할 것이다.

**▸정리 1.1** 만일 $f(z)\in S$이면, $1/f(1/z)\in T$이다.

**증명** 우선 $1/f(1/z_1)=1/f(1/z_2)$, $|z_i|>1, i=1,2$라고 가정하자. 그러면

$$f(1/z_1)=f(1/z_2),\ \left|\frac{1}{z_i}\right|<1, i=1,2$$

이다. $f$는 단엽(단사)이므로, $z_1=z_2$를 얻고, 따라서 $1/f(1/z)$는 $|z|>1$에서 단엽이다.

만일 $|z|>1$에서 $f(1/z)\neq 0$이라는 것을 보이면, $1/f(1/z)$의 해석성은 $f(z)$의 해석성으로부터 나온다. 만일 $0<|1/z_0|<1$에서 $f(1/z_0)=0$이라면, $f(0)=f(1/z_0)=0$이고 $f$는 $|z|<1$에서 단엽이므로, $1/z_0=0$이어야 한다. 이것은 모순이다. 그러므로 $1/f(1/z)\in T$이다.

다음 정리는 그의 증명 때문에 **넓이정리(area theorem)**로 알려져 있다.

**정리 1.2** 만일 $g(z)=z+b_0+\dfrac{b_1}{z}+\dfrac{b_2}{z^2}+\cdots\in T$이면, $\displaystyle\sum_{n=1}^{\infty}n|b_n|^2\leq 1$이다.

**증명** 단엽함수 $g(z)$는 원 $|z|=r>1$을 단일폐곡선 $C$ 위로 전사한다. $g(z)=u(z)+iv(z)$로 놓자. $C$로 둘러싸인 영역 $R$의 넓이를 $A(r)$이라 하면,

$$A(r)=\iint_R dudv$$

이다. 각 $r>1$에 대하여 $A(r)>0$임을 유의하자. 만일 $P(u,v)=-\dfrac{v}{2}$, $Q(u,v)=\dfrac{u}{2}$로 놓으면, Green 정리에 의하여

$$\begin{aligned}A(r)&=\frac{1}{2}\int_C udv-vdu=\int_C P(u,v)du+Q(u,v)dv\\&=\iint_R(Q_u-P_v)dudv=\iint_R dudv\end{aligned}$$

이다. 그러므로

$$A(r) = \frac{1}{2}\int_C udv - vdu$$
$$= \frac{1}{2}\int_0^{2\pi}(u\frac{\partial v}{\partial\theta} - v\frac{\partial u}{\partial\theta})d\theta > 0$$

이다.

$g'(z) = \frac{1}{iz}\frac{\partial g}{\partial\theta}$ 이고 $z = re^{i\theta}, dz = ire^{i\theta}d\theta = izd\theta$ 이다. 위의 선적분을 계산하기 위하여 다음 적분을 생각하자.

$$\frac{1}{2}\int_{|z|=r}\overline{g(z)}g'(z)dz = \frac{1}{2}\int_0^{2\pi}(u-iv)[\frac{1}{iz}(\frac{\partial u}{\partial\theta} + i\frac{\partial v}{\partial\theta}]izd\theta$$
$$= \frac{1}{2}\int_0^{2\pi}(u\frac{\partial u}{\partial\theta} + v\frac{\partial v}{\partial\theta})d\theta + \frac{i}{2}\int_0^{2\pi}(u\frac{\partial v}{\partial\theta} - v\frac{\partial u}{\partial\theta})d\theta$$

이때 $A(r) = Im\frac{1}{2}\int_{|z|=r}\overline{g(z)}g'(z)dz$ 이다. 위의 등식을 간단히 하기 위하여

$g(z) = z + \sum_{m=0}^{\infty} b_m z^{-m}$ 이라 놓으면, $g'(z) = 1 - \sum_{n=1}^{\infty} nb_n z^{-n-1}$ 이다. 따라서

$$\frac{1}{2}\int_{|z|=r}\overline{g(z)}g'(z)dz$$
$$= \frac{1}{2}\int_{|z|=r}(\bar{z} + \sum_{m=0}^{\infty}\overline{b_m}\bar{z}^{-m})(1 - \sum_{n=1}^{\infty} nb_n z^{-n-1})dz$$

이다.

$\int_{|z|=r}\bar{z}^{-m}z^{-n-1}dz = \begin{cases} 2\pi ir^{-2m}, n=m \\ 0, \quad\quad n \neq m \end{cases}$ 임을 유의하자. 그리고

$$\int_{|z|=r}\bar{z}dz = \int_0^{2\pi} re^{-i\theta}ire^{i\theta}d\theta = \int_0^{2\pi} r^2 id\theta = 2\pi ir^2$$
$$\int_{|z|=r}\bar{z}z^{-n-1}dz = \int_0^{2\pi} re^{-i\theta}r^{-n-1}e^{-i(n+1)\theta}ire^{i\theta}d\theta$$
$$= r^{-n+1}\int_0^{2\pi} e^{-i(n+1)\theta}id\theta = r^{-n+1}[-\frac{1}{n+1}e^{-i(n+1)\theta}]_0^{2\pi} = 0$$

$$\int_{|z|=r} \bar{z}^{-m} dz = \int_0^{2\pi} r^{-m} e^{im\theta} ire^{i\theta} d\theta$$

$$= r^{-m+1} \int_0^{2\pi} e^{i(m+1)\theta} i d\theta = r^{-m+1} [\frac{1}{m+1} e^{i(m+1)\theta}]_0^{2\pi} = 0$$

이므로, 다음을 얻는다.

$$\frac{1}{2}\int_{|z|=r} \overline{g(z)} g'(z) dz = \frac{1}{2}\int_{|z|=r} (\bar{z} + \sum_{m=0}^{\infty} \overline{b_m} \bar{z}^{-m})(1 - \sum_{n=1}^{\infty} nb_n z^{-n-1}) dz$$

$$= \frac{1}{2}\int_{|z|=r} \bar{z} dz - \frac{1}{2}\int_{|z|=r} \bar{z} \sum_{n=1}^{\infty} nb_n z^{-n-1} dz + \frac{1}{2}\int_{|z|=r} \sum_{m=0}^{\infty} \overline{b_m} \bar{z}^{-m} dz$$

$$- \frac{1}{2}\int_{|z|=r} (\sum_{m=0}^{\infty} \overline{b_m} \bar{z}^{-m})(\sum_{n=1}^{\infty} nb_n z^{-n-1}) dz$$

$$= \pi i [r^2 - \sum_{n=1}^{\infty} n|b_n|^2 r^{-2n}]$$

그러므로

$$A(r) = Im \frac{1}{2}\int_{|z|=r} \overline{g(z)} g'(z) dz = \pi [r^2 - \sum_{n=1}^{\infty} n|b_n|^2 r^{-2n}] > 0$$

이다. 따라서 $\sum_{n=1}^{n} n|b_n|^2 r^{-2n} < r^2, r > 1$이다. 이때, $r \to 1_+$를 취하면,

$$\sum_{n=1}^{n} n|b_n|^2 \leq 1$$

을 얻는다.

참고) $A(r) = Im \frac{1}{2}\int_{|z|=r} \overline{g(z)} g'(z) dz = \pi [r^2 - \sum_{n=1}^{\infty} n|b_n|^2 r^{-2n}]$이므로 원 $|z| = r$의 상에 의하여 둘러싸인 영역의 면적은 많아야 $\pi r^2$이다. 이것은 원에 의하여 둘러싸인 영역의 면적이다. $g(z) = z + b_0$에 대해서만 원 $|z| = r$

의 상에 의하여 둘러싸인 영역의 면적은 $\pi r^2$이다. 더 나아가, 정리의 결론에서 등식이 성립하기 위한 필요충분조건은 $|z|=r>1$의 상에 의하여 둘러싸인 면적은 $r \to 1_+$ 임에 따라 임의로 작게 되는 것이다.

참고2 만일 $b_1=1$이면, $\sum_{n=1}^{\infty} n|b_n|^2 \le 1$이므로, $b_n=0, n>1$이다. 3.3절에서 $g(z)=z+\frac{1}{z}$의 성질을 다루었다. 특히, 이 함수는 $|z|=r>1$을 타원 위로 전사함을 보였고, $r$이 1에 접근함에 따라 타원은 선분 $[-2,2]$로 접근함을 보였다.

넓이정리에 의하여 표현되었듯이, $T$의 함수의 계수의 범위는 $S$의 함수의 계수의 범위를 얻게 해 준다. 그러나 첫 째로 다음 정리가 필요하다.

**예비정리 1.3** 만일 $f(z) \in S$이면, $z\sqrt{\frac{f(z^2)}{z^2}} \in S$이다.

증명 $f(z)=z+\sum_{n=2}^{\infty} a_n z^n, g(z)=z\sqrt{\frac{f(z^2)}{z^2}}=z\sqrt{1+a_2z^2+a_3z^4+\cdots}$이라 놓자. 그러면 $g(z)$는 해석적이고, $g(0)=0, g'(0)=1$이다. $g(z)$가 단엽임을 보이기 위하여 $g(z_1)=g(z_2)$이라 가정하자. 그러면 $f(z_1^2)=f(z_2^2)$이다. $f$는 단엽이므로, $z_1^2=z_2^2$, 즉, $z_1=\pm z_2$이다. 만일 $z_1=-z_2$이라면, $g(z_1)=z_1\sqrt{\frac{f(z_1^2)}{z_1^2}}$ $=-z_2\sqrt{\frac{f(z_2^2)}{z_2^2}}=-g(z_2)$이므로, 가정에 모순이다. 따라서 $z_1=z_2$이다. 그러므로 $g$는 단엽이다.

참고 $\sqrt{f(z^2)}$은 원점에서 영점을 갖기 때문에 $\sqrt{f(z^2)}=e^{\frac{1}{2}\mathrm{Log} f(z^2)}$은 원점에서 의미가 없다. 그러므로 $\sqrt{f(z^2)}$ 대신에 $z\sqrt{\frac{f(z^2)}{z^2}}$으로 나타내는 것이 필요했다.

**정리 1.4** 만일 $f(z)=z+a_2z^2+\cdots \in S$이면, $|a_2| \le 2$이다.

**증명** 예비정리 1.3에 의하여 $g(z)=z\sqrt{\frac{f(z^2)}{z^2}}\in S$이다.

$$g(z)=z\sqrt{\frac{f(z^2)}{z^2}}=z\sqrt{1+a_2z^2+a_3z^4+\cdots}$$

이므로, $g'''(0)=3a_2$임을 알 수 있다. $g(0)=0, g'(0)=1, g''(0)=0$이므로,

$$g(z)=z+\frac{a_3}{2}z^3+\cdots$$

이다. 정리 1.1에 의하여 $1/g(1/z)$의 로랑급수전개는 다음과 같다.

$$1/g(1/z)=\frac{1}{1/z[1+(a_2/2)z^2+\cdots]}=z-\frac{a_2}{2}\frac{1}{z}+\cdots\in T$$

정리 1.2에 의하여

$$|a_2/2|^2=|b_1|^2\leqq\sum_{n=1}^{\infty}n|b_n|^2\leqq 1$$

이다. 그러므로 $|a_2|\leqq 2$이다.

**참고** 증명의 단계들을 다시 살펴보면, 등식이 성립할 때를 결정할 수 있다. 왜냐하면, 만일 $a_2=2e^{i\alpha}$($\alpha$는 실수), 즉 $|a_2/2|=1$이면, $\sum_{n=1}^{\infty}n|b_n|^2=1$이므로 $b_n=0, n>1$이다. 그러므로 $1/g(1/z)=z-e^{i\alpha}/z$이다. 즉,

$$g(1/z)=1/(z-e^{i\alpha}/z), g(z)=1/(1/z-e^{i\alpha}z)=z/(1-e^{i\alpha}z^2)=z\sqrt{\frac{f(z^2)}{z^2}}.$$

따라서 $f(z)=\frac{z}{(1-e^{i\alpha}z)^2}=z+2e^{i\alpha}z^2+3e^{i\alpha}z^3+\cdots$이다. 이 함수의 두 번째 계수의 범위에서 등식이 존재한다는 의미에서 이 함수는 정리 1.4에 대한 **최선의 함수**(extremal function)이다. 이러한 함수들이 모든 계수에 대한 범위에서 최선의 함수가 되는지에 관한 의문은 다음과 같은 유명한 추측을 야기한다.

[**Bieberbach 추측**] 만일 $f(z) = z + \sum_{n=1}^{\infty} a_n z^n \in S$이면, 모든 $n$에 대하여 $|a_n| \leqq n$이다.

정리 1.4는 $n=2$일 때, 그 추측을 증명한다. 비록 이러한 추측이 1916년에 제시되었지만, 오늘날 그 추측은 $n = 1, 2, \cdots, 6$에 대해서만 증명되었다.

$f(z) = \dfrac{z}{(1-e^{i\alpha}z)^2} = z + 2e^{i\alpha}z^2 + 3e^{i\alpha}z^3 + \cdots$ 에서 $\alpha = 0$로 놓으면,

$$k(z) = \frac{z}{(1-z)^2} = \frac{1}{2}\left(\frac{1+z}{1-z}\right)^2 - \frac{1}{4}$$

을 얻는다. 이러한 함수를 **Koebe 함수**라고 한다. 이 함수는 원판 $|z| < 1$을 $-\frac{1}{4}$에서 음의 실축을 따라 $\infty$로 방사하는 반직선이 평면에서 제거된 평면 위로 전사한다. 다음 정리는 이 사상의 성질이 어떤 의미에서 최선임을 보여준다.

**▶정리 1.5** **(덮개 정리)** 만일 $f(z) \in S$이고 $|z| < 1$에 대하여 $f(z) \neq c$이면, $|c| \geqq \frac{1}{4}$이다.

증명 $f(z) = z + a_2 z^2 + \cdots$로 놓자. $f(z) \neq c$이므로, 함수

$$g(z) = \frac{cf(z)}{c - f(z)} = z + \left(a_2 + \frac{1}{c}\right)z^2 + \cdots$$

는 $S$에 속한다. 정리 1.4를 $g(z)$에 적용하면, $\left|\frac{1}{c}\right| - |a_2| \leqq \left|a_2 + \frac{1}{c}\right| \leqq 2$를 얻는다. 정리 1.4를 $f(z)$에 적용하면, $|a_2| \leqq 2$이므로, 결과가 나온다.

참고 위의 정리는 $S$의 모든 함수가 원판 $|z| < 1$을 원판 $|w| < \frac{1}{4}$을 포함하는 영역 위로 전사한다는 것을 말해준다. 함수 $k_\alpha(z) = \dfrac{z}{(1-e^{i\alpha}z)^2}$은 원판

$|z|<1$을 점 $-\frac{1}{4}e^{-i\alpha}$에서 편각 $\alpha$의 직선을 따라 $\infty$로 방사하는 반직선을 제거한 평면 위로 전사한다는 것을 알 수 있다.

정리 1.5를 증명할 때 사용된 기술은 $S$의 보조함수를 구축함으로써 정리 1.4와 결합하여 이루어졌다. $S$의 함수의 도함수에 대한 범위와 관련하여 다음 정리는 유사한 방법을 필요로 할 것이다. 그러나 다음 예비정리가 필요하다.

**예비정리 1.6** 만일 $f(z)\in S, z=re^{i\theta}$이면, $Re[\frac{zf''(z)}{f'(z)}]=r\frac{\partial}{\partial r}\ln|f'(z)|$ 이다.

**증명** $f'(z)\neq 0$이므로, 함수 $\log f'(z)$의 한 분지는 $|z|<1$에서 해석적이다. 따라서

$$\frac{\partial}{\partial r}\log f'(re^{i\theta})=e^{i\theta}\frac{f''(re^{i\theta})}{f'(re^{i\theta})},$$

$$r\frac{\partial}{\partial r}\log f'(re^{i\theta})=re^{i\theta}\frac{f''(re^{i\theta})}{f'(re^{i\theta})},$$

$$r\frac{\partial}{\partial r}\ln|f'(re^{i\theta})|=Re[re^{i\theta}\frac{f''(re^{i\theta})}{f'(re^{i\theta})}]=Re[\frac{zf''(z)}{f'(z)}]$$

이다.

**▸정리 1.7** 만일 $f(z)\in S$이면, $\frac{1-r}{(1+r)^3}\leqq|f'(z)|\leqq\frac{1+r}{(1-r)^3}$, $|z|=r<1$이다.

**증명** 함수 $w=\frac{z+z_0}{1+\overline{z_0}z}$, $|z_0|<1$는 단엽해석함수이고, 단위원판을 자기 자신 위로 전사함을 상기하자. 그러므로 함수

$$g(z)=f(\frac{z+z_0}{1-\overline{z_0}z})=b_0+b_1z+b_2z^2+\cdots$$

는 역시 $|z|<1$에서 단엽해석함수이다. 그러나 $g(z)\notin S$이다. 왜냐하면, $g(z)$는 정규화되어 있지 않기 때문이다. 사실,

12장 단엽함수

$$b_0 = g(0) = f(z_0),$$
$$b_1 = g'(0) = f'(z_0)(1-|z_0|^2),$$
$$b_2 = \frac{g''(0)}{2} = \frac{1}{2}[f''(z_0)(1-|z_0|^2)^2 - 2f'(z_0)\overline{z_0}(1-|z_0|^2)]$$

이다. 함수 $\dfrac{g(z)-b_0}{b_1} = z + \dfrac{b_2}{b_1}z^2 + \cdots$ 는 $S$의 원소이다. 정리 1.4를 이 함수에 적용하면, $\left|\dfrac{b_2}{b_1}\right| \leqq 2$, 즉 $\dfrac{1}{2}\left|\dfrac{f''(z_0)}{f'(z_0)}(1-|z_0|^2) - 2\overline{z_0}\right| \leqq 2$이다. $z_0$는 임의이므로, $z_0 = z = re^{i\theta}, r < 1$로 놓으면,

$$\frac{2|z|}{1-|z|^2}\frac{1}{2}\left|\frac{f''(z)}{f'(z)}(1-|z|^2) - 2\overline{z}\right| \leqq 2 \cdot \frac{2|z|}{1-|z|^2},$$
$$\left|z\frac{f''(z)}{f'(z)} - \frac{2r^2}{1-r^2}\right| \leqq \frac{4r}{1-r^2}$$

을 얻는다. 기하학적으로, 이것은 각 $r$에 대하여 $z\dfrac{f''(z)}{f'(z)}$는 중심이 $\dfrac{2r^2}{1-r^2}$이고 반지름이 $\dfrac{4r}{1-r^2}$인 원판에 놓여있다는 것을 말한다. 특히,

$$\frac{2r^2-4r}{1-r^2} \leqq Re\left[z\frac{f''(z)}{f'(z)}\right] \leqq \frac{2r^2+4r}{1-r^2}$$

이다. 예비정리 1.3에 의하여

$$\frac{2r-4}{1-r^2} \leqq \frac{\partial}{\partial r}\ln|f'(re^{i\theta})| \leqq \frac{2r+4}{1-r^2}$$

이다. 이를 0에서 $r$까지 $r$에 관하여 적분하면,

$$\ln(1-r) - 3\ln(1+r) \leqq \ln|f'(re^{i\theta})| \leqq \ln(1+r) - 3\ln(1-r),$$
$$\frac{1-r}{(1+r)^2} \leqq |f'(re^{i\theta})| \leqq \frac{1+r}{(1-r)^3}$$

을 얻는다.

Koebe 함수 $k(z)=\dfrac{z}{(1-z)^2}$ 의 도함수는 $k'(z)=\dfrac{1+z}{(1-z)^3}$ 이다. 정리 1.7의 상계는 이 함수에 대하여 $z=r$일 때 얻어질 수 있고, 하계는 $z=-r$일 때 얻어질 수 있다. 함수 $k(z)=\dfrac{z}{(1-z)^2}$ 의 최선의 특성으로부터 아마 다음 정리를 추측할 수 있을 것이다.

**▸정리 1.8** 만일 $f(z)\in S$이면, $\dfrac{r}{(1+r)^2}\leq |f(z)| \leq \dfrac{r}{(1-r)^2}$, $|z|=r<1$이다.

**증명** $g(t)=f(te^{i\theta})$로 놓으면, $g'(t)=e^{i\theta}f'(te^{i\theta})$이므로,

$$\begin{aligned}\int_0^r f'(te^{i\theta})dt &= e^{-i\theta}\int_0^r g'(t)dt = e^{-i\theta}[g(r)-g(0)]\\ &= e^{-i\theta}[f(re^{i\theta})-f(0)] = e^{-i\theta}f(re^{i\theta})\end{aligned}$$

이다. 그러므로 정리 1.7에 의하여

$$|f(re^{i\theta})| \leq \int_0^r |f'(te^{i\theta})|\,dt \leq \int_0^r \frac{1+t}{(1-t)^3}dt = \frac{r}{(1-r)^2}$$

이다. $|f(z)| \geq \dfrac{1}{4}$을 만족하는 모든 $z$에 대해서는 $|f(z)| \geq \dfrac{1}{4} > \dfrac{r}{(1+r)^2}$ 이다. 왜냐하면 $\dfrac{r}{(1+r)^2} < \dfrac{1}{4}$이기 때문이다. 그러므로 $|f(z)| < \dfrac{1}{4}$을 만족하는 임의의 $z$를 선택하자. 정리 1.5에 의하여 $w$-평면에서 0으로부터 $f(z)$까지의 선분 $C_0$는 원판 $|z|<1$에서의 어떤 단일등심선 $C$의 상이다. $C_0: g(t)=tf(z), 0\leq t\leq 1$. 그러면

$$|f(z)| = \int_{C_0}|dw| = \int_C |f'(\zeta)|\,|d\zeta|,$$
$$w=f(\zeta), \zeta\in C,\ dw=f'(\zeta)d\zeta$$

이다.

$$\int_C |d\zeta| \geq \int_C d|\zeta| = r = |z|,$$

$$\int_C d|\zeta| = (0\text{에서 } |z| \text{ 까지의 직선 선분의 길이})$$

임을 유의하자. 그러므로

$$|f(z)| = \int_C |f'(\zeta)| \left|\frac{d\zeta}{d|\zeta|}\right| d|\zeta| \geqq \int_C |f'(\zeta)| d|\zeta|$$
$$\geqq \int_0^r \frac{1-t}{(1+t)^3} dt = \frac{r}{(1+r)^2}$$

이다. 그러므로 $\frac{r}{(1+r)^2} \leqq |f(z)|, |z| = r < 1$이다.

(참고) 정리의 결과로서, 집합 $S$는 평등유계이다. 따라서 11.2절의 정리 2.5에 의하여 $S$는 정규족이다. 더욱이, $S$의 임의의 함수열의 극한함수 $f(z)$는 $f(0)=0, f'(0)=1$에 의하여 정규화되어야만 한다. 그러므로 11.3절의 정리 3.1에 의하여 그 극한함수 $f(z)$는 단엽이다. 그래서 집합 $S$는 긴밀이다.

넓이정리는 $T$에 속하는 함수들과 관련이 있다. 이 정리의 증명을 수정하면 다음을 얻는다.

**예비정리 1.9** 만일 $f(z) = z + \sum_{n=2}^{\infty} a_n z^n \in S$이면, $f(z)$에 의한 $|z| = r < 1$의 상에 포함되는 영역의 넓이는 $A(r) = \pi(r^2 + \sum_{n=2}^{\infty} n|a_n|^2 r^{2n})$이다.

(증명) 단엽함수 $f(z)$는 원 $|z| = r < 1$을 단일폐곡선 $C$ 위로 전사한다. $f(z) = u(z) + iv(z)$로 놓자. $C$로 둘러싸인 영역 $R$의 넓이 $A(r)$은

$$A(r) = \iint_R du dv$$

이다.

만일 $P(u,v) = -\frac{v}{2}, Q(u,v) = \frac{u}{2}$로 놓으면, Green 정리에 의하여

$$A(r) = \frac{1}{2}\int_C udv - vdu$$

$$= \frac{1}{2}\int_0^{2\pi} (u\frac{\partial v}{\partial \theta} - v\frac{\partial u}{\partial \theta})d\theta > 0$$

이다. $f'(z) = \frac{1}{iz}\frac{\partial f}{\partial \theta}$ 이므로,

$$\frac{1}{2}\int_{|z|=r} \overline{f(z)}f'(z)dz = \frac{1}{2}\int_0^{2\pi}(u-iv)[\frac{1}{iz}(\frac{\partial u}{\partial \theta}+i\frac{\partial v}{\partial \theta}]izd\theta$$

$$= \frac{1}{2}\int_0^{2\pi}(u\frac{\partial u}{\partial \theta}+v\frac{\partial v}{\partial \theta})d\theta + \frac{i}{2}\int_0^{2\pi}(u\frac{\partial v}{\partial \theta}-v\frac{\partial u}{\partial \theta})d\theta$$

이다. 따라서 $A(r) = Im\frac{1}{2}\int_{|z|=r}\overline{f(z)}f'(z)dz$ 이다. $f(z) = z + \sum_{m=2}^{\infty} a_m z^m$ 이라 놓으면, $f'(z) = 1 + \sum_{n=2}^{\infty} nb_n z^{n-1}$ 이다. 따라서

$$\frac{1}{2}\int_{|z|=r}\overline{f(z)}f'(z)dz = \frac{1}{2}\int_{|z|=r}(\bar{z}+\sum_{m=2}^{\infty}\overline{b_m}\bar{z}^m)(1+\sum_{n=2}^{\infty}na_n z^{n-1})dz.$$

$\int_{|z|=r}\bar{z}^m z^{n-1}dz = \begin{cases} 2\pi i r^{2m}, & n=m \\ 0, & n \neq m \end{cases}$ 임을 유의하자. 이것으로부터 다음을 얻는다.

$$\frac{1}{2}\int_{|z|=r}\overline{f(z)}f'(z)dz = \frac{1}{2}\int_{|z|=r}(\bar{z}+\sum_{m=2}^{\infty}\overline{a_m}\bar{z}^m)(1+\sum_{n=2}^{\infty}na_n z^{n-1})dz$$

$$= \frac{1}{2}\int_{|z|=r}\bar{z}dz - \frac{1}{2}\int_{|z|=r}\bar{z}\sum_{n=1}^{\infty}na_n z^{n-1}dz + \frac{1}{2}\int_{|z|=r}\sum_{m=2}^{\infty}\overline{a_m}\bar{z}^m dz$$

$$+ \frac{1}{2}\int_{|z|=r}(\sum_{m=2}^{\infty}\overline{a_m}\bar{z}^m)(\sum_{n=2}^{\infty}nb_n z^{n-1})dz$$

$$= \pi i[r^2 + \sum_{n=2}^{\infty} n|a_n|^2 r^{2n}].$$

그러므로

$$A(r) = Im\frac{1}{2}\int_{|z|=r} \overline{f(z)}f'(z)dz = \pi[r^2 + \sum_{n=2}^{\infty} n|a_n|^2 r^{2n}]$$

이다.

$$\int_0^{2\pi} |f(re^{i\theta})|^2 d\theta = \int_0^{2\pi} f(z)\overline{f(z)}d\theta = 2\pi(r^2 + \sum_{n=2}^{\infty}|a_n|^2 r^{2n}), 0 < r < 1$$

임을 유의하자.

**예비정리 1.10** $f(z) \in S$에 대하여 $A(r)$은 $f(z)$에 의한 $|z| \leqq r \leqq R < 1$의 상에 포함된 영역의 넓이라고 하자. 그러면

$$\int_0^R \frac{A(r)}{r}dr = \frac{1}{4}\int_0^{2\pi} |f(Re^{i\theta})|^2 d\theta$$

이다.

**증명** 예비정리 1.9에 의하여

$$\begin{aligned}\int_0^R \frac{A(r)}{r}dr &= \pi\int_0^R (r + \sum_{n=2}^{\infty} n|a_n|^2 r^{2n-1})dr \\ &= \frac{\pi}{2}(R^2 + \sum_{n=2}^{\infty}|a_n|^2 R^{2n}) \\ &= \frac{1}{4}\int_0^{2\pi} |f(Re^{i\theta})|^2 d\theta\end{aligned}$$

이다.

정리 1.8로부터 다음을 추론할 수 있다. 모든 $f(z) \in S$에 대하여

$$\frac{1}{2\pi}\int_0^{2\pi} |f(re^{i\theta})| d\theta \leq \frac{r}{(1-r)^2}, 0 < r < 1.$$

그러나 이 부등식이 명확한 것이 아니라는 것은 놀라운 일이 아니다. $S$의 어떤 함수도 두 점 이상에서 크기 $\frac{r}{(1-r)^2}$을 갖지 않는다. 다음 예비정리는 정확한 크기를 준다.

**예비정리 1.11** 만일 $f(z) \in S$이면, $\frac{1}{2\pi}\int_0^{2\pi} |f(re^{i\theta})| d\theta \leqq \frac{r}{1-r}, 0<r<1$이다.

**증명** 예비정리 1.3에 의하여 함수 $g(z) = z\sqrt{\frac{f(z^2)}{z^2}}$는 $S$에 속한다. 정리 1.8을 $f(z)$에 적용하면,

$$|g(z)| \leqq r\sqrt{1/(1-r^2)^2} = \frac{r}{1-r^2}$$

이다. 따라서 $2A(g,r) = \int_0^{2\pi} |g(re^{i\theta})|^2 d\theta \leqq 2\pi(\frac{r}{1-r^2})^2$이므로, $A(r,g) \leqq \pi(\frac{r}{1-r^2})^2$이다. 그러므로

$$\int_0^{2\pi} |g(Re^{i\theta})|^2 d\theta = \int_0^{2\pi} |f(R^2e^{2i\theta})| d\theta = \int_0^{2\pi} |f(R^2e^{i\alpha})| d\alpha$$

이다. 예비정리 1.10에 의하여

$$\int_0^R \frac{A(r,g)}{r} dr = \frac{1}{4}\int_0^{2\pi} |g(Re^{i\theta})|^2 d\theta = \frac{1}{4}\int_0^{2\pi} |f(R^2e^{i\alpha})| d\alpha$$
$$\leqq \pi\int_0^R \frac{r}{(1-r^2)^2} dr$$

이므로,

$$\frac{1}{2\pi}\int_0^{2\pi} |f(R^2e^{i\alpha})| d\alpha \leqq 2\int_0^R \frac{r}{(1-r^2)} dr = \frac{R^2}{1-R^2}.$$

$R(<1)$은 임의이므로, $\frac{1}{2\pi}\int_0^{2\pi} |f(re^{i\theta})| d\theta \leqq \frac{r}{1-r}, 0<r<1$이다.

앞에서 언급했듯이, Bieberbach의 추측은 아직 증명되지 않았다. 그러나 예비정리 1.11은 계수들의 절댓값의 상계에 대해 상당히 좋은 상계를 줄 수 있게 해준다.

**정리 1.12** 만일 $f(z)=z+\sum_{n=2}^{\infty}a_nz^n\in S$이면, 모든 $n$에 대하여 $|a_n| \leqq en$이다.

**증명** 코시의 적분공식에 의하여

$$a_n=\frac{f^{(n)}(0)}{n!}=\frac{1}{2\pi i}\int_{|z|=r}\frac{f(z)}{z^{n+1}}dz, n=2,3,\cdots,0<r<1$$

이다. 따라서 $|a_n| \leqq \frac{1}{2\pi r^n}\int_0^{2\pi}|f(re^{i\theta})|d\theta$이다. 예비정리 1.11에 의하여

$$|a_n| \leqq \frac{1}{r^{n-1}(1-r)}$$

이다. 이 부등식은 모든 $r(0<r<1)$에 대하여 성립하므로, 최선의 범위는 우변이 최소화될 때 얻어진다. 즉, $r=1-\frac{1}{n}$일 때 얻어진다.

$$|a_n| \leqq \frac{n^n}{(n-1)^{n-1}}=n(1+\frac{1}{n-1})^{n-1}<en$$

(참고) 현재까지 알려진 최선의 범위는 $|a_n| < 1.243$이다.

**문제 1.1** 원판 $|z|<1$에서 단엽이지만 해석적이 아닌 함수를 하나 구하여라.

**문제 1.2** (a) 만일 $f(z)\in S$이면, 0이 아닌 임의의 복소수 $t, |t| \leqq 1$에 대하여 $f(tz)/t\in S$임을 보여라.

(b) 만일 $f(z)=\frac{z}{(1-z)^2}$이고 $|t_0|>1$이면, $\frac{f(t_0z)}{t_0}\notin S$임을 보여라.

**문제 1.3** 만일 $f(z)=z+\sum_{k=2}^{\infty}a_kz^k\in S$이면, 각 정수 $n$에 대하여 $g(z)=z+\sum_{k=2}^{\infty}b_kz^k\in S$가 존재하여 $b_n=|a_n|$임을 보여라.

**문제 1.4** 실수 $\alpha$에 대하여 $f(z)=\dfrac{z}{(1-e^{i\alpha}z)^2}\in S$임을 보여라.

**문제 1.5** 실수 $\alpha$에 대하여 $f(z)=\dfrac{z}{(1-e^{i\alpha}z)^3}$은 $|z|<\dfrac{1}{2}$에서는 단엽이지만, 중심이 원점인 더 큰 원판에서는 단엽이 아님을 보여라.

**문제 1.6** 만일 $f(z)\in S$ 이고 $f(z)\neq\dfrac{z}{(1-z)^2}$이면, $f(z)$에 의한 $|z|<1$의 상은 $\dfrac{z}{(1-z)^2}$에 의한 $|z|<1$의 상을 포함하지 않음을 보여라.

**문제 1.7** 만일 $f(z)\in S$이면, 모든 양의 정수 $k$에 대하여 $z\left(\dfrac{f(z^k)}{z^k}\right)^{1/k}\in S$임을 보여라.

**문제 1.8** 함수 $f(z)$는 영역 $D$에서 해석적이고 $C$는 $D$에 놓여있는 폐등심선이라 하자. 그러면 $\int_C \overline{f(z)}f'(z)dz$는 순허수임을 보여라.

**문제 1.9** 만일 $f(z)\in S$이면, $f(z)$는 $|z|<1$을 원판 $|w|<1$을 포함하는 영역으로 전사하기 위한 필요충분조건은 $f(z)=z$임을 보여라.

**문제 1.10** 만일 $f(z)\in S$는 기함수이면, $f(z)$는 $|z|<1$을 원판 $|w|<\dfrac{1}{2}$을 포함하는 영역으로 전사함을 보여라.

**문제 1.11** 만일 $f(z)=z+\sum_{n=2}^{\infty}a_nz^n$이고 $\sum_{n=2}^{\infty}n|a_n|\leq 1$이면, $f(z)\in S$임을 보여라.

**문제 1.12** 만일 $f(z)=z-\sum_{n=2}^{\infty}|a_n|z^n\in S$이면, $\sum_{n=2}^{\infty}n|a_n|\leq 1$임을 보여라.

12장 단엽함수

## 2. $S$의 부분집합

Bieberbach의 추측을 해결하기 위하여 많은 수학자들은 명확한 계수의 범위를 얻을 수 있는 $S$의 부분집합에 대하여 조사해 왔다.

**▸정리 2.1** 만일 $f(z)=z+\sum_{n=2}^{\infty}a_n z^n \in S$이고 $a_n \in \mathbb{R}$ 이면, $|a_n| \leqq n$이다.

**증명** $f(z)=u(z)+iv(z)$라고 하자. $z=re^{i\theta}, r<1$에 대하여

$$Imf(z)=v(re^{i\theta})=\sum_{k=1}^{\infty}a_k r^k \sin k\theta,\ a_1=1$$

로 놓자. 그러면 $\int_{-\pi}^{\pi}\sin k\theta \sin n\theta d\theta=\begin{cases}\pi, & k\neq n\\ 0, & k=n\end{cases}$ 이므로,

$$\frac{2}{\pi}\int_0^{\pi}v(re^{i\theta})\sin n\theta d\theta=\frac{2}{\pi}\int_0^{\pi}a_n r^n \sin^2 n\theta d\theta=a_n r^n$$

이다.

$$\begin{aligned}|\sin(n+1)\theta| &= |\sin n\theta\cos\theta+\cos n\theta\sin\theta| \\ &\leqq |\sin n\theta|+|\sin\theta|\end{aligned}$$

이므로 수학적 귀납법에 의하여 $|\sin n\theta| \leqq n|\sin\theta|$ 임을 알 수 있다. 그러므로

$$|a_n r^n| \leqq \frac{2n}{\pi}\int_0^{\pi}|v(re^{i\theta})|\sin\theta d\theta$$

가 성립한다.

다음에, $v(re^{i\theta})\neq 0, 0<r<1, 0<\theta<\pi$ 임을 보이자.

$$0\neq f(re^{i\theta})-f(re^{-i\theta})=f(z)-\overline{f(z)}$$

$$= \sum_{n=1}^{\infty} a_n r^n (e^{in\theta} - e^{-in\theta})$$

$$= 2i \sum_{n=1}^{\infty} a_n r^n \sin n\theta = 2iv(re^{i\theta})$$

이므로, $v(re^{i\theta}) \neq 0, 0 < r < 1, 0 < \theta < \pi$이다.

$v(re^{i\theta})$는 $\theta$의 연속함수이므로, $v(re^{i\theta}) = \sum_{n=1}^{\infty} a_k r^k \sin k\theta$는 틀림없이 구간 $0 < \theta < \pi$에서 일정한 부호를 갖는다. 따라서

$$r = |a_1 r| = \left| \frac{2}{\pi} \int_0^{\pi} v(re^{i\theta}) \sin\theta d\theta \right| = \frac{2}{\pi} \int_0^{\pi} |v(re^{i\theta})| \sin\theta d\theta.$$

그러므로

$$|a_n r^n| \leq \frac{2n}{\pi} \int_0^{\pi} |v(re^{i\theta})| \sin\theta d\theta = \frac{2n}{\pi} \cdot \frac{\pi r}{2} = nr$$

이다. 이때, $r \to 1-$를 취하면, 결과를 얻는다.

Koebe 함수 $k(z) = \frac{z}{(1-z)^2} = z + \sum_{n=2}^{\infty} a_n z^n$에 대하여 $a_n = n$이므로, 정리 2.1에서 등식이 성립한다.

$S$의 부분집합들의 함수에 의하여 전사되는 영역들의 기하학적 성질을 특수화함으로써 $S$의 부분집합들을 서술할 수 있다. 영역 $D$가 $z_0$에 관한 **별모양(starlike)**이라는 것은 $D$의 임의의 점 $z$에 대하여 $z$에서 $z_0$까지의 직선선분이 $D$에 포함될 때를 말한다. 별의 내부는 별모양이다.

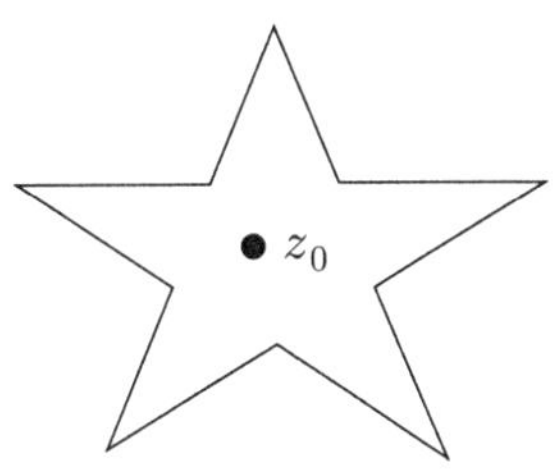


함수 $f(z) \in S$가 (원점에 관한) 별모양이라는 것은 원판 $|z| < 1$이 $f(z)$에 의하여 $w = 0$에 관한 별모양 영역 위로 전사될 때를 말한다. 이러한 별모양함수들의 $S$의 부분집합을 $S^*$로 나타내자.

다음의 예비정리는 별모양 함수들에 의한 더 작은 원판들의 상들은 단위원판의 상의 기하학적 성질을 그대로 유지한다는 것을 보여준다.

**예비정리 2.2** $f(z)\in S$라고 하자. 그러면 $f(z)\in S^*$이기 위한 필요충분조건은 $f(z)$는 각 원판 $|z|<r<1$을 별모양 영역 위로 전사하는 것이다.

**증명** ($\Rightarrow$) $D$는 $f(z)\in S^*$에 의한 $|z|<1$의 상이고, $D_r$은 $f(z)\in S^*$에 의한 $|z|<r<1$의 상이라 하자. 만일 $w\in D$이면, $D$는 별모양 영역이므로, $tw\in D, 0<t<1$이다. 그러므로 함수 $g(z):=f^{-1}(tw)=f^{-1}(tf(z))$는 $|z|<1$에서 해석적이고 $|g(z)|<1$이다. $g(0)=f^{-1}(tf(0))=0$이므로, Schwarz의 예비정리에 의하여 $|g(z)|\leq|z|$이다.

$w_1\in D$를 선택하자. 그러면 $z_1(|z_1|<r)$이 존재하여 $f(z_1)=w_1$이다. 그러므로 임의의 $t(0<t<1)$에 대하여

$$|f^{-1}(tw_1)|=|f^{-1}(tf(z_1))|=|g(z_1)|\leq|z_1|<r$$

이다. 이것은 $tw_1\in D_r$을 의미한다. 이것은 모든 $z_1\in D_r$과 모든 $0<t<1$에 대하여 성립하므로, 영역 $D_r$은 $w=0$에 관한 별모양이다.

($\Leftarrow$) 만일 $f(z)\notin S^*$이면, $w_0\in D$가 존재하여 어떤 $0<t_0<1$에 대하여 $t_0w_0\notin D$이다. 원판 $|z|<r<1$을 선택하고 그의 상 $D_r$은 $w_0$을 포함한다고 가정하자. $D_r\subset D$이므로, $t_0w_0\notin D_r$이다. 그러므로 $f(z)$는 $|z|<r$을 별모양 영역 위로 전사하지 않는다. 이것은 모순이다.

별모양 함수에 대한 해석적 표현을 알아보자.

**정리 2.3** $f(z)\in S$라고 하자. 그러면 $f(z)\in S^*$이기 위한 필요충분조건은

$$Re\left[z\frac{f'(z)}{f(z)}\right]>0,\ |z|<1$$

이다.

**증명** 예비정리 2.2에 의하여 $f(z)\in S^*$이기 위한 필요충분조건은 $f(z)$에 의한 $|z|<r<1$의 상 $D_r$은 별모양 영역이다. 이것은 다음과 동치이다. 각

$\theta(0 \leqq \theta \leqq 2\pi)$에 대하여 $w=0$에서 $w=f(re^{i\theta})$까지의 반지름 벡터는 $D_r$에 포함된다. 이것은 $\arg f(re^{i\theta})$가 $\theta$의 순증가함수임을 의미한다. 왜냐하면, 만일 그렇지 않다면, 반지름 벡터는 적어도 두 점에서 $D_r$의 경계에서 교차하기 때문이다. 따라서 $S^*$의 함수들은 조건 $\frac{\partial}{\partial\theta}\arg f(re^{i\theta})>0$에 의하여 특성화된다. 그러나 $\arg f(re^{i\theta})=Im\log f(re^{i\theta})$이다. 그래서

$$\frac{\partial}{\partial\theta}[Im\log f(re^{i\theta})]=Im[\frac{\partial}{\partial\theta}\log f(re^{i\theta})]$$
$$=Im[i\frac{re^{i\theta}f'(re^{i\theta})}{f(re^{i\theta})}]=Re[z\frac{f'(z)}{f(z)}]>0$$

이다.

(참고) 조건 $\frac{\partial}{\partial\theta}[\arg f(z)]=Re[z\frac{f'(z)}{f(z)}]>0$은 $f(z)$가 $|z|<1$을 별모양 영역 위로 전사한다는 것을 말해 주지만, $f(z)$가 단엽이라는 것은 보장해 주지 않는다. 예를 들어, $f(z)=z^2$은 원판 $|z|<1$을 자기 자신 위로 전사하고 $\frac{\partial}{\partial\theta}[\arg z^2]=\frac{\partial}{\partial\theta}[2\theta]=2>0$을 만족한다. $z^2$의 도함수가 원점에서 0이라는 사실은 그 함수가 원점의 임의의 근방에서 단엽이 될 수 없음을 말해준다. 원판 $|z|<1$을 별모양 영역 위로 전사하는 단엽이 아닌 모든 해석함수는 원점에서 도함수가 0을 가져야 한다는 것은 놀라운 일이다.

**▸정리 2.4** $f(z)=a_1z+a_2z^2+\cdots, a_1=f'(0)\neq0$는 $|z|<1$에서 해석적이라 하자. 만일 $|z|<1$에서 $Re[z\frac{f'(z)}{f(z)}]>0$이면, $f(z)$는 $|z|<1$에서 단엽이다.

**증명** $f(z)$는 $|z|<1$에서 원점 이외의 영점을 갖지 않는다는 것을 유의하자. 왜냐하면, 만일 $f(z_0)=0, 0<|z_0|<1$이면,

$$f(z)=z(z-z_0)^k g(z), g(z_0)\neq0$$
$$\frac{f'(z)}{f(z)}=\frac{1}{z}+\frac{k}{z-z_0}+\frac{g'(z)}{g(z)}$$

$$z\frac{f'(z)}{f(z)}=1+\frac{kz}{z-z_0}+\frac{zg'(z)}{g(z)}$$

이므로, $z\frac{f'(z)}{f(z)}$는 $z_0$에서 단일극을 갖는다. 이것은 $Re[z\frac{f'(z)}{f(z)}]$가 임의로 큰 음의 값을 취한다는 것을 의미한다. 이것은 가정에 모순이다.

$0<r<1$을 선택하자. 11.1절의 정리 1.4에 의하여 $f(z)$가 원 $|z|=r$ 위에서 단엽임을 보이면 충분하다. $f(z)$는 $|z|\leq r$에서 한 개의 영점을 갖고 어떤 극도 갖지 않으므로, 편각원리는 $\Delta_{|z|=r}\arg f(z)=2\pi$임을 말해준다. 즉, $f(z)$는 원 $|z|=r$을 원점을 한 번만 감는 폐등심선 $C_r$ 위로 전사한다. $\arg f(z)$는 $\arg z$와 함께 증가하므로, 그 곡선 $C_r$은 교차할 수 없다. 그러므로 $C_r$은 단일폐등심선이다. $r$은 임의이므로, $f(z)$는 $|z|<1$에서 단엽이다.

(참고) 정리 2.3과 정리 2.4를 결합하면, 해석함수 $f(z)=z+\sum_{n=2}^{\infty}a_nz^n$이 $S^*$에 속하기 위한 필요충분조건은 $Re[z\frac{f'(z)}{f(z)}]>0$인 것이다.

$S^*$에 속하는 함수에 대하여 Bieberbach의 추측이 타당함을 증명해보자.

**정리 2.5** $f(z)=z+\sum_{n=2}^{\infty}a_nz^n\in S^*$라고 하자. 그러면 모든 $n$에 대하여 $|a_n|\leq n$이다.

증명 $f(z)\neq 0, 0<|z|<1$이므로, 함수

$$P(z)=z\frac{f'(z)}{f(z)}=\frac{1+\sum_{n=2}^{\infty}na_nz^{n-1}}{1+\sum_{n=2}^{\infty}a_nz^{n-1}}$$

는 $|z|<1$에서 해석적이다. 그러므로 $P(z)$는

$$P(z)=1+\sum_{n=1}^{\infty}\alpha_nz^n$$

으로 나타낼 수 있다. $f(z)\in S^*$이므로, $Re P(z) = Re[z\frac{f'(z)}{f(z)}] > 0$, $|z| < 1$ 이다. 그러므로 10.3절의 정리 3.5에 의하여 $|\alpha_n| \leqq 2$이다.

$$1 + \sum_{n=1}^{\infty} \alpha_n z^n = P(z) = z\frac{f'(z)}{f(z)} = \frac{1 + \sum_{n=2}^{\infty} n a_n z^{n-1}}{1 + \sum_{n=2}^{\infty} a_n z^{n-1}}$$

이므로,

$$1 + \sum_{n=2}^{\infty} n a_n z^{n-1} = (1 + \sum_{n=2}^{\infty} a_n z^{n-1})(1 + \sum_{n=1}^{\infty} \alpha_n z^n)$$

이다. 이때 계수를 비교하면, 다음을 얻는다.

$$ka_k = a_k + a_{k-1}\alpha_1 + a_{k-2}\alpha_2 + \cdots + a_2\alpha_{k-2} + \alpha_{k-1},$$
$$(k-1)a_k = a_{k-1}\alpha_1 + a_{k-2}\alpha_2 + \cdots + a_2\alpha_{k-2} + \alpha_{k-1},\ k = 2,3,\cdots$$

이다. $|\alpha_n| \leqq 2$이므로,

$$\begin{aligned}(k-1)|a_k| &\leqq |a_{k-1}||\alpha_1| + |a_{k-2}|\alpha_2| + \cdots + \\ &\quad |a_2||\alpha_{k-2}| + |\alpha_{k-1}| \\ &\leqq 2(|a_{k-1}| + |a_{k-2}| + \cdots + |a_2| + 1)\end{aligned}$$

이다. 특히, $k = 2$일 때, $|a_2| \leqq 2$이다. $k = 2,3,\cdots,n-1$일 때, $|a_k| \leqq k$가 성립한다고 가정하자. 그러면 $k = n$일 때

$$\begin{aligned}(n-1)|a_n| &\leqq 2[|a_{n-1}| + |a_{n-2}| + \cdots + |a_2| + 1] \\ &\leqq 2[(n-1) + (n-2) + \cdots + 2 + 1] = \frac{2(n-1)n}{2}\end{aligned}$$

이므로, $|a_n| \leqq n$이 성립한다. 그러므로 수학적 귀납법에 의하여 결과가 나온다.

(참고) Koebe 함수 $k(z) = \frac{z}{(1-z)^2}$는 $S^*$에 속한다. 이것은 $|z| < 1$의 상이 $-\frac{1}{4}$

에서 $\infty$로 방사하는 반직선이 제거된 $w$-평면임 살펴봄으로써 알 수 있다. 또한, 이것은

$$Re\,[z\frac{k'(z)}{k(z)}] = Re\,[\frac{1+z}{1-z}] > 0$$

임을 보임으로써 알 수 있다.

그러므로 $S^*$에 속하는 함수의 계수들의 범위는 개량될 수 없다. 더 나아가, 정리 1.5, 1.7, 1.8에서 $S$에 대하여 얻어진 범위들은 $S^*$에 대하여 예리하게 될 수 없다.

영역 $D$가 **볼록(convex)**이라는 것은 $D$의 임의의 두 점에 대하여 그 두 점을 잇는 선분이 $D$에 포함될 때를 말한다.

함수 $f(z) \in S$가 볼록이라는 것은 원판 $|z| < 1$이 $f(z)$에 의하여 볼록 영역 위로 전사될 때를 말한다. 이러한 볼록함수들의 $S$의 부분집합은 $K$로 나타내기로 하자.

볼록 영역은 분명히 그 영역의 각 점에 관하여 별모양이다. 이것은 기하학적으로 명백하다. 그러므로 $K \subset S^*$이다. 더 나아가, $K$는 $S^*$의 진부분집합이다. 이것을 알기 위하여, Koebe 함수 $k(z) = \dfrac{z}{(1-z)^2}$을 생각하자. 이 함수는 원판 $|z| < 1$을 별모양 영역 위로 전사하지만, 볼록 영역 위로 전사하지 않는다. 그 함수의 상은 $-\dfrac{1}{4} \pm i$를 포함하지만 $-\dfrac{1}{4}$은 포함하지 않는다.

이러한 포함관계의 성질에 의하여 $S^*$의 함수들에 관한 임의의 정리는 역시 $K$의 함수들에 관한 정리이다. 예를 들어, 볼록함수의 $n$-번째 계수의 절댓값은 $n$에 의하여 경계를 이룬다. 이러한 정리와 $S^*$에 대한 다른 정리들은 $K$로 제한될 때 개량될 수 있음을 보일 것이다.

$K$에 대한 정리는 $S^*$에 대한 정리와 유사할 것이다. 예비정리 2.2는 다음 예비정리로 대체된다.

**예비정리 2.6** $f(z) \in S$라고 하자. $f(z) \in K$이기 위한 필요충분조건은 $f(z)$는 각 원판 $|z| < r < 1$을 볼록 영역 위로 전사하는 것이다.

**증명** ($\Rightarrow$) $D$는 $f(z)$에 의한 $|z| < 1$의 상이고, $D_r$은 $f(z)$에 의한 $|z| < r < 1$의 상이라 하자. 그리고 $w_1, w_2 \in D_r$을 선택하자. 모든 $0 < t < 1$에 대하여

$tw_1+(1-t)w_2 \in D_r$ 임을 보이자. $z_i(|z_i|<r<1)$, $i=1,2$가 존재하여 $f(z_i)=w_i$이다. 일반성을 잃지 않고, $|z_1| \leq |z_2|$ 이라 가정할 수 있다. 그러면 함수 $g(z):=tf(\frac{z_1}{z_2}z)+(1-t)f(z)$에 의한 $|z|<1$의 상은 $D$에 포함된다. 그러므로 함수 $h(z):=f^{-1}(g(z))$는 $|z|<1$에서 해석적이고 $|h(z)|<1, h(0)=0$이다. Schwarz의 예비정리에 의하여 $|h(z)| \leq |z|$이다. 특히,

$$|h(z_2)| = |f^{-1}(tw_1+(1-t)w_2)| \leq |z_2| < r$$

이다. $D_r \subset D$이므로, $z_0(|z_0|<1)$이 존재하여 $tw_1+(1-t)w_2=f(z_0)$이다.

$$f^{-1}(tw_1+(1-t)w_2)=f^{-1}(f(z_0))=z_0$$

이므로, $|z_0|<r$이다. 따라서 직선선분 $tw_1+(1-t)w_2$ 위의 각 점은 $D_r$에 포함된다.

($\Leftarrow$) 만일 $f(z)\not\in K$이라면, $D$의 두 점이 존재하여 그 두 점을 잇는 직선선분은 $D$에 포함되지 않는다. 원판 $|z|<r<1$을 선택하고, 그의 상 $D_r$이 그 두 점을 포함한다고 하자. $D_r \subset D$이므로, 그 두 점을 잇는 직선선분은 $D$에 포함될 수 없다. 그러므로 $f(z)$는 $|z|<r$을 볼록 영역 위로 전사하지 못한다. 이것은 모순이다.

**▶정리 2.7** $f(z)$는 $|z|<1$에서 해석적이고 $f(0)=0, f'(0)=1$이라 하자. 그러면 $f(z)\in K$이기 위한 필요충분조건은 $Re[1+z\frac{f''(z)}{f'(z)}]>0$, $|z|<1$이다.

**증명** 예비정리 2.6에 의하여 $f(z)\in K$이기 위한 필요충분조건은 $|z|<r<1$의 상 $D_r$이 볼록 영역인 것이다. 기하학적으로, 이것은 함수 $w=f(re^{i\theta})$가 원 $|z|=r<1$을 단일폐등심선 위로 전사하는 것을 의미하는데, 그의 접선은 $\theta$가 증가함에 따라 시계반대방향으로 회전하는 것이다. 11.1절에서 알 수 있듯이, $w$-평면에서의 접선은 실축 $u$와 이루는 각은 $\frac{\pi}{2}+\theta+\arg f'(re^{i\theta})$이다.

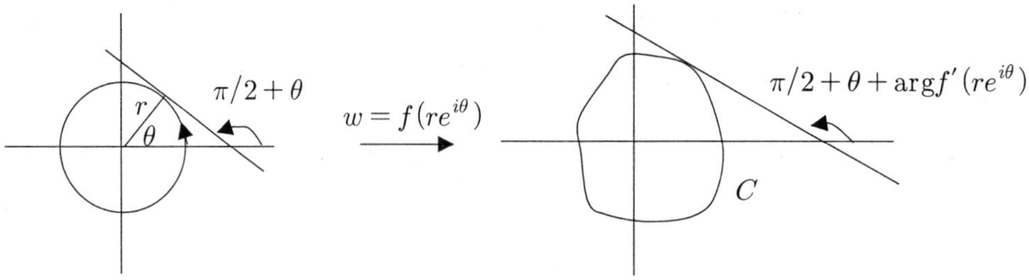


그러므로 볼록함수는 조건 $\frac{\partial}{\partial\theta}[\frac{\pi}{2}+\theta+\arg f'(re^{i\theta})]>0$에 의하여 특성화된다.

$$0<\frac{\partial}{\partial\theta}[\frac{\pi}{2}+\theta+\arg f'(re^{i\theta})]=1+\frac{\partial}{\partial\theta}Im[\log f'(re^{i\theta})]$$

$$=1+Im[i\frac{re^{i\theta}f''(re^{i\theta})}{f'(re^{i\theta})}]=Re[1+z\frac{f''(z)}{f'(z)}]$$

이다.

$z=re^{i\theta}$로 놓으면, $\frac{\partial}{\partial\theta}[\frac{\pi}{2}+\theta+\arg f'(re^{i\theta})]=\frac{\partial}{\partial\theta}[\arg(izf'(z))]=\frac{\partial}{\partial\theta}[z\arg f'(z)]>0$ 이다. 이것은 별모양 영역 위로 전사하는 $zf'(z)$에 대한 조건이다. 따라서 $f(z)\in K$이기 위한 필요충분조건은 $zf'(z)\in S^*$이다. 이것은 $K$의 함수의 계수범위를 결정하기 쉽게 해준다.

**▸정리 2.8** $f(z)=z+\sum_{n=2}^{\infty}a_nz^n\in K$라고 하자. 그러면 $|a_n|\leq 1$이다.

증명 $zf'(z)=z+\sum_{n=2}^{\infty}na_nz^n\in S^*$이다. 그러므로 정리 2.5에 의하여 $n|a_n|\leq n$ 이므로, 결과가 나온다.

참고 함수 $f(z)=z+\sum_{n=2}^{\infty}z^n=\frac{z}{1-z}$는 단엽이고 $|z|<1$을 볼록 영역 $Re w>-\frac{1}{2}$ 위로 전사한다. 따라서 정리 2.8에서의 범위는 최선이다. 그 함수 $f(z)$는, Koebe 함수가 별모양 함수론에서 중요한 것과 마찬가지로, 볼록함수론에서 중요하다. 즉, 그 함수는 볼록함수와 관련된 대부분의 정리들에 대하여 최선일 것

이다. $zf'(z)=\dfrac{z}{(1-z)^2}$은 Koebe 함수임을 유의하는 것이 흥미롭다.

앞의 참고에 의하여 기대했듯이, '$\frac{1}{4}$' 덮개 정리 1.5는 $K$의 함수에 대하여 '$\frac{1}{2}$' 덮개 정리가 된다.

**▶정리 2.9** 만일 $f(z)\in K$이고 $|z|<1$에 대하여 $f(z)\neq c$이면, $|c|\geq\frac{1}{2}$이다.

**증명** 우선 보조함수 $g(z)=(c-f(z))^2$은 $|z|<1$에서 단엽이라는 것을 보이자. 단위원판에서 서로 다른 두 점 $z_0, z_1$을 선택하자. 그러면

$$\begin{aligned} g(z_0)-g(z_1) &= (c-f(z_0))^2-(c-f(z_1))^2 \\ &= (f(z_0)-f(z_1))(f(z_0)+f(z_1)-2c) \end{aligned}$$

이다. $f(z)$는 단엽이므로, $f(z_0)\neq f(z_1)$이다. 또한, $f(z)$의 볼록성 때문에 $\frac{1}{2}(f(z_0)+f(z_1))$은 $|z|<1$의 상에 속한다. 그러므로 $\frac{1}{2}(f(z_0)+f(z_1))\neq c$이다. 따라서 $g(z_0)\neq g(z_1)$이다. 그러므로 $g(z)$는 단엽이다.

$g(z)=c^2-2cz+\cdots$이므로, 정규화된 함수 $h(z):=\dfrac{g(z)-c^2}{-2c}=z+\cdots$는 $S$에 속한다. 더 나아가, $g(z)$는 $|z|<1$에서 결코 0이 아니므로, $h(z)\neq\frac{c}{2}$이다. 정리 1.5를 적용하면, $\left|\frac{c}{2}\right|\geq\frac{1}{4}$, 즉, $|c|\geq\frac{1}{2}$이다.

12.1절에서 부등식 $|a_2|\leq 2$는 $|f(z)|$와 $|f'(z)|$의 범위를 구하는 방법을 보여주었다. 볼록함수에 대한 개량된 계수범위는 $K$의 함수에 대하여 $|f(z)|$와 $|f'(z)|$의 범위를 개량하게 해준다.

**▶정리 2.10** 만일 $f(z)\in K$이면,

$$\frac{r}{1+r}\leq|f(z)|\leq\frac{r}{1-r},$$

$$\frac{1}{(1+r)^2} \leqq |f'(z)| \leqq \frac{1}{(1-r)^2}, \ |z| = r < 1$$

이다.

증명 정리 1.7의 증명을 다소 수정한다.

함수 $w = \frac{z+z_0}{1+\overline{z_0}z}, \ |z_0| < 1$는 단엽해석함수이고, 단위원판을 자기 자신 위로 전사함을 유의하자. 그러므로 함수

$$g(z) := f(\frac{z+z_0}{1-\overline{z_0}z}) = b_0 + b_1 z + b_2 z^2 + \cdots$$

는 역시 $|z| < 1$에서 단엽해석함수이다. 그러나 $g(z) \notin S$이다. 왜냐하면, $g(z)$는 정규화되어 있지 않기 때문이다. 사실,

$$b_0 = g(0) = f(z_0),$$
$$b_1 = g'(0) = f'(z_0)(1-|z_0|^2),$$
$$b_2 = \frac{g''(0)}{2} = \frac{1}{2}[f''(z_0)(1-|z_0|^2)^2 - 2f'(z_0)\overline{z_0}(1-|z_0|^2)]$$

이다. 함수 $\frac{g(z)-b_0}{b_1} = z + \frac{b_2}{b_1}z^2 + \cdots$는 $K$의 원소이다. 정리 2.8을 이 함수에 적용하면, $\left|\frac{b_2}{b_1}\right| \leqq 1$, 즉 $\frac{1}{2}\left|\frac{f''(z_0)}{f'(z_0)}(1-|z_0|^2) - 2\overline{z_0}\right| \leqq 1$이다. $z_0$는 임의이므로, $z_0 = z = re^{i\theta}, r < 1$로 놓으면,

$$\frac{2|z|}{1-|z|^2}\frac{1}{2}\left|\frac{f''(z)}{f'(z)}(1-|z|^2) - 2\overline{z}\right| \leqq \frac{2|z|}{1-|z|^2},$$

$$\left|z\frac{f''(z)}{f'(z)} - \frac{2r^2}{1-r^2}\right| \leqq \frac{2r}{1-r^2}$$

을 얻는다. 기하학적으로, 이것은 각 $r$에 대하여 $z\frac{f''(z)}{f'(z)}$는 중심이 $\frac{2r^2}{1-r^2}$이고 반지름이 $\frac{2r}{1-r^2}$인 원판에 놓여있다는 것을 말한다. 특히,

$$\frac{2r^2-2r}{1-r^2} \leqq Re\left[z\frac{f''(z)}{f'(z)}\right] \leqq \frac{2r^2+2r}{1-r^2}$$

이다. 예비정리 1.3에 의하여

$$-\frac{2}{1+r} \leqq \frac{\partial}{\partial r}\ln|f'(re^{i\theta})| \leqq \frac{2}{1-r}$$

이다. 이를 0에서 $r$까지 $r$에 관하여 적분하면,

$$-2\ln(1+r) \leqq \ln|f'(re^{i\theta})| \leqq -2\ln(1-r),$$

$$\frac{1}{(1+r)^2} \leqq |f'(re^{i\theta})| \leqq \frac{1}{(1-r)^2}$$

을 얻는다.

$|f(z)|$ 의 범위를 구해보자. $g(t)=f(te^{i\theta})$로 놓으면, $g'(t)=e^{i\theta}f'(te^{i\theta})$이므로,

$$\int_0^r f'(te^{i\theta})dt = e^{-i\theta}\int_0^r g'(t)dt = e^{-i\theta}[g(r)-g(0)]$$
$$= e^{-i\theta}[f(re^{i\theta})-f(0)] = e^{-i\theta}f(re^{i\theta})$$

이다. 그러므로

$$|f(re^{i\theta})| \leqq \int_0^r |f'(te^{i\theta})|\,dt \leqq \int_0^r \frac{1}{(1-t)^2}dt = \frac{r}{1-r}$$

이다.

$\frac{r}{1+r} < \frac{1}{2}$이므로, $|f(z)| \geqq \frac{1}{2}$을 만족하는 모든 $z$에 대하여 $|f(z)| \geqq \frac{1}{2} > \frac{r}{1+r}$이다.

$|f(z)| < \frac{1}{2}$을 만족하는 모든 $z$에 대하여 0에서 $f(z)$까지의 선분 $C_0$는 원판 $|z| < 1$에서의 어떤 단일등심선의 상이다. $C_0 : g(t) = tf(z), 0 \leqq t \leqq 1$.

$$|f(z)| = \int_{C_0} |dw| = \int_C |f'(\zeta)|\ |d\zeta|,$$

$$w = f(\zeta), \zeta \in C,\ dw = f'(\zeta)d\zeta.$$

$$\int_C |d\zeta| \geq \int_C d|\zeta| = r,$$

$$\int_C d|\zeta| = (0\text{에서 } |z| \text{ 까지의 직선 선분의 길이})$$

이다. 그러므로

$$|f(z)| = \int_C |f'(\zeta)|\ \left|\frac{d\zeta}{d|\zeta|}\right| d|\zeta| \geq \int_C |f'(\zeta)|\, d|\zeta|$$
$$\geq \int_0^r \frac{1}{(1+t)^2} dt = \frac{r}{1+r}$$

이다. 따라서 $|f(z)| \geq \frac{r}{1+r}$, $|z| = r < 1$이다. 그러므로

$$\frac{r}{1+r} \leq |f(z)| \leq \frac{r}{1-r},\ |z| = r < 1$$

이다.

$S$의 모든 함수는 볼록이 아니더라도 어떤 의미에서 $S$의 각 함수의 볼록성의 정도를 측정할 수 있다. 각 $f \in S$에 실수 $R = R(f)$를 결합시키자. 여기서 원판 $|z| < R \leq 1$은 $f(z)$에 의하여 볼록 영역 위로 전사되는 가장 큰 원판이다. 그러한 수 $R$은 $f(z)$의 **볼록성 반지름**(radius of convexity)이라 한다. 명백히, $f(z) \in K$이기 위한 필요충분조건은 $R = 1$이다.

이제 $S$의 모든 함수가 볼록이 되는 가장 큰 원판을 구해보자.

**▸정리 2.11** 만일 $f(z) \in S$이면, $f(z)$는 원판 $|z| < 2 - \sqrt{3}$을 볼록 영역 위로 전사한다.

**증명** 정리 2.7에 의해 $|z| < r$의 상이 볼록이기 위한 필요충분조건은 $|z| < r$에서 $Re[1 + z\frac{f''(z)}{f'(z)}] > 0$이다. 정리 1.7의 증명에서

$$Re[z\frac{f''(z)}{f'(z)}] \geq \frac{2r^2-4r}{1-r^2}$$

이므로, $Re[1+z\frac{f''(z)}{f'(z)}] \geq 1+\frac{2r^2-4r}{1-r^2}=\frac{1-4r+r^2}{1-r^2}$이다. $2-\sqrt{3}$은 $1-4r+r^2$의 가장 작은 양의 근이다. 그러므로 결과가 나온다.

Koebe 함수 $k(z)=\frac{z}{(1-z)^2}$은 최선의 함수이다. 사실,

$$1+z_0\frac{k''(z_0)}{k'(z_0)}=0, z_0=-(2-\sqrt{3})$$

이다.

다음의 집합은 $K$와 관련이 있다. 그 집합의 각 함수는 어떤 보조볼록함수로 정의된다. 원판 $|z|<1$에서 해석적인 함수 $f(z)=z+\sum_{n=2}^{\infty}a_n z^n$이 **볼록에 가깝다(close-to-convex)**라는 것은 $g\in K$가 존재하여 $Re[\frac{f'(z)}{g'(z)}]>0$, $|z|<1$일 때를 말한다. 다음 예비정리는 볼록에 가까운 모든 함수는 단엽이라는 것을 보여주는 데 사용된다.

**예비정리 2.12** 만일 함수 $\phi(z)$는 볼록 영역 $D$에서 해석적이고, 모든 $z\in D$에 대하여 $Re\phi'(z)>0$이면, $\phi(z)$는 $D$에서 단엽이다.

**증명** 서로 다른 두 점 $z_0, z_1\in D$를 선택하자. 그러면 선분 $z=z_0+t(z_1-z_0)$, $0\leq t\leq 1$은 $D$에 속한다. 이 적분경로를 따라 적분하면, 다음을 얻는다.

$$\begin{aligned}\phi(z_1)-\phi(z_0) &= \int_{z_0}^{z_1}\phi'(z)dz \\ &= \int_0^1 \phi'(z_0+t(z_1-z_0))(z_1-z_0)dt.\end{aligned}$$

따라서 $Re[\frac{\phi(z_1)-\phi(z_0)}{z_1-z_0}]=Re\int_0^1\phi'(z_0+t(z_1-z_0))dt>0$이다. 그러므로

$\phi(z_1) \neq \phi(z_0)$이다. 따라서 $\phi(z)$는 단엽이다.

**▶정리 2.13** 만일 함수 $f(z)$는 볼록에 가까우면, $f(z)$는 단엽이다.

증명 $g(z) \in K$가 존재하여 $Re\left[\frac{f'(z)}{g'(z)}\right] > 0$, $|z| < 1$이다. $\phi(z) = f(g^{-1}(z))$로 놓자. 그러면 $f(z) = \phi(g(z))$이므로, $f'(z) = \phi'(g(z))g'(z)$이다. 그러므로 $g(z)$에 의한 $|z| < 1$의 상인 볼록 영역 $D$에서 $Re\left[\frac{f'(z)}{g'(z)}\right] = Re\phi'(g(z)) > 0$이다. 예비정리 2.12에 의하여 $\phi$는 $D$에서 단엽이다. 11.3절의 정리 3.2에 의하여 $f(z)$는 $|z| < 1$에서 단엽이다.

참고 $g(z)$의 선택을 특수화함으로써, 볼록에 가까운 함수들은 여러 가지 중요한 부분 집합에 속한다는 것을 알게 된다.

(i) 볼록함수 $f(z)$는 볼록에 가까운 함수이다. 이것은 $g(z) = f(z)$로 놓음으로써 알 수 있다.

(ii) 도함수가 양의 실부를 갖는 함수는 볼록에 가까운 함수이다. 이것은 $g(z) = z$로 놓음으로써 알 수 있다.

(iii) 별모양 함수는 볼록에 가까운 함수이다. 이것은 $g(z) = \int_0^z \frac{f(\zeta)}{\zeta} d\zeta$로 놓음으로써 알 수 있다. 왜냐하면, $Re\left[\frac{f'(z)}{g'(z)}\right] = Re\left[z\frac{f'(z)}{f(z)}\right] > 0$이기 때문이다.

$g(z) = \int_0^z \frac{f(\zeta)}{\zeta} d\zeta$는 볼록함수임을 유의하여라. 왜냐하면, $1 + z\frac{g''(z)}{g'(z)} = z\frac{f'(z)}{f(z)}$이기 때문이다.

Bieberbach의 추측은 역시 볼록에 가까운 함수에 대해서도 타당하다. 그 증명 방법은 별모양 함수에 대한 것과 유사하다.

**▶정리 2.14** 만일 $f(z) = z + \sum_{n=2}^{\infty} a_n z^n$이 볼록에 가까우면, 모든 $n$에 대하여 $|a_n| \leq n$이다.

**증명** $g(z)=z+\sum_{n=2}^{\infty}b_nz^n\in K$라 하고 $\frac{f'(z)}{g'(z)}=1+\sum_{n=1}^{\infty}\alpha_nz^n$은 양의 실부를 갖는다고 하자. 그러면

$$1+\sum_{n=2}^{\infty}na_nz^{n-1}=(1+\sum_{k=1}^{\infty}\alpha_kz^k)(1+\sum_{n=2}^{\infty}nb_nz^{n-1})$$

이다. 이를 전개하여 $z^{n-1}$의 계수를 비교하면,

$$na_n=nb_n+(n-1)\alpha_1b_{n-1}+(n-2)\alpha_2b_{n-2}+\cdots+2\alpha_{n-2}b_2+\alpha_{n-1}$$

을 얻는다. 10.3절의 정리 3.5에 의하여 $|\alpha_k|\leqq 2$이고, 정리 2.8에 의하여 $|b_k|\leqq 1$이다. 따라서

$$\begin{aligned} n|a_n| &\leqq n+2[(n-1)+(n-2)+\cdots+1] \\ &= n+(n-1)n=n^2 \end{aligned}$$

이다. 그러므로 $|a_n|\leqq n$이다.

**참고** 볼록에 가까운 함수들의 집합은 별모양 함수들을 포함하므로, 정리 2.5는 정리 12.14의 결과임을 알 수 있다.

별모양 함수가 아니면서 볼록에 가까운 함수의 예를 들어보자. 함수 $f(z)=z+\frac{1}{2}z^2+\frac{1}{3}z^3$가 이러한 함수이다. $g(z)=-Log(1-z)$를 택하자. 이 함수는 $K$에 속한다. 왜냐하면,

$$Re[1+z\frac{g''(z)}{g'(z)}]=Re[1+\frac{z}{1-z}]>\frac{1}{2},\ |z|<1$$

이기 때문이다. 더욱이,

$$Re[\frac{f'(z)}{g'(z)}]=Re[(1+z+z^2)(1-z)]=Re[1-z^3]>0,\ |z|<1$$

이므로, $f(z)$는 볼록에 가까운 함수이다. $f(z)\notin S^*$임을 보이자.

$$Re[z\frac{f'(z)}{f(z)}] = Re[\frac{1+z+z^2}{1+\frac{1}{2}z+\frac{1}{3}z^2}]$$

$$= \frac{Re[(1+z+z^2)(1+\frac{1}{2}\bar{z}+\frac{1}{3}\bar{z}^2)}{|1+\frac{1}{2}z+\frac{1}{3}z^2|^2}$$

이다. 이때 $z = re^{i\theta}$이라 놓으면,

$$A(r,\theta) := Re[(1+z+z^2)(1+\frac{1}{2}\bar{z}+\frac{1}{3}\bar{z}^2)$$
$$= 1+(\frac{3}{2}\cos\theta)r+(\frac{1}{2}+\frac{4}{3}\cos 2\theta)r^2+(\frac{5}{6}\cos\theta)r^3+\frac{1}{3}r^4$$

이다. 그러면 $A(r,\theta)$는 단위원판 내부의 어떤 점에서 음수임을 보여야만 한다. $A(r,\theta)$는 닫힌 단위원판에서 연속이므로, 어떤 $\theta_0$에 대하여 $A(1,\theta_0) < 0$임을 보이면 충분하다. 이것이 증명되었다면, 어떤 구간 $1-\delta < r < 1$에 대하여 $A(r,\theta_0) < 0$이다.

$$A(1,\theta) = \frac{11}{6}+\frac{7}{3}\cos\theta+\frac{4}{3}\cos 2\theta$$

이다. $A(1,\theta)$는 $\cos\theta = -\frac{7}{16}$일 때 최솟값을 갖는다. 그러한 점 $\theta_0$에서

$$\cos 2\theta_0 = 2\cos^2\theta_0 - 1 = -\frac{79}{128}$$

이므로, $A(1,\theta_0) = \frac{11}{6} - \frac{7}{3}\cdot\frac{7}{16} - \frac{4}{3}\cdot\frac{79}{128} = -\frac{1}{96}$이다. 따라서 $z = re^{i\theta_0}$, $1-\delta < r < 1, \cos\theta_0 = -\frac{7}{16}$에 대하여 $Re[z\frac{f'(z)}{f(z)}] < 0$이다. 그래서 $f(z) \notin S^*$이다.

**문제 2.1** 만일 $f(z) \in S, z = re^{i\theta}$이면, 다음을 보여라.

$$r\frac{\partial}{\partial r}\ln|f'(z)| = \frac{\partial}{\partial\theta}\arg f'(z)$$

**문제 2.2** 만일 $f(z) \in S, z = re^{i\theta}$이면, 다음을 보여라.

$$|\arg f'(z)| \leq 2\ln\frac{1+r}{1-r}$$

**문제 2.3** (a) $f(z) = z + Cz^2 \in S$이기 위한 필요충분조건은 $|C| \leq \frac{1}{2}$임을 보여라.

(b) $f(z) \in S^*$이기 위한 필요충분조건은 $|C| \leq \frac{1}{2}$임을 보여라.

(c) $f(z) \in K$이기 위한 필요충분조건은 $|C| \leq \frac{1}{4}$임을 보여라.

**문제 2.4** 임의의 자연수 $n$에 대하여 $f(z) = z + \frac{1}{2}z^2 + \cdots + \frac{1}{n}z^n \in S$임을 보여라.

**문제 2.5** 만일 $f(z) = z + \sum_{n=3}^{\infty} a_n z^n$은 기함수이고 별모양 함수이면, 모든 $n$에 대하여 $|a_n| \leq 1$임을 보여라.

**문제 2.6** 만일 $f(z) = z + \sum_{n=3}^{\infty} a_n z^n$은 기함수이고 볼록함수이면, 모든 $n$에 대하여 $|a_n| \leq \frac{1}{n}$임을 보여라.

**문제 2.7** 만일 $f(z) \in S^*(f(z) \in K)$이면, $e^{-i\alpha}f(ze^{i\alpha}) \in S^*(e^{-i\alpha}f(ze^{i\alpha}) \in K)$임을 보여라.

**문제 2.8** 만일 $f(z) = z + \sum_{n=2}^{\infty} a_n z^n$에 대하여 $Re[z\frac{f'(z)}{f(z)}] > \alpha$, $|z| < 1$이면, $|a_2| \leq 2(1-\alpha)$임을 보여라.

**문제 2.9** $f(z) \in S$이고 $Re[1 + z_0\frac{f''(z_0)}{f'(z_0)}] = 0$, $|z_0| < 1$이라 하자. $|z_0| < r < 1$일 때 $|z| < r$의 상은 볼록이 아님을 보여라.

12장 단엽함수

**문제 2.10** 함수 $f(z)=\sum_{n=1}^{\infty}a_nz^n, g(z)=\sum_{n=1}^{\infty}b_nz^n$ 은 $|z|<1$에서 해석적이고, $f(z), g(z)$는 각각 $|z|<1$을 $D_0, D_1$ 위로 전사한다고 하자. 만일 $D_0 \subset D_1$이면, $|a_1| \leqq |b_1|$ 임을 보여라.

**문제 2.11** 만일 함수 $g(z) \in K$가 존재하여 어떤 실수 $\alpha$와 단위원판의 모든 $z$에 대하여 $Re[e^{i\alpha}\frac{f'(z)}{g'(z)}]>0$이면, $f(z)$는 $|z|<1$에서 단엽임을 보여라.

# 13장

# 정함수와 유리형 함수

이 장은 무한곱의 정의부터 시작하고, 그 무한곱의 수렴성질은 무한급수의 수렴성질과 유사하다는 것을 보인다. 무한급수가 해석함수에 대한 거듭제곱급수 전개의 도구로 사용된 것과 마찬가지로, 무한곱은 해석함수에 대한 곱 전개의 도구로 사용된다. 앞으로 알게 되겠지만, 곱 전개와 급수 전개를 비교하면 어떤 흥미로운 등식들을 결정할 수 있다.

$\infty$로 발산하는 임의의 수열 $\{a_n\}$이 주어지면, $\{a_n\}$에서만 영점을 갖는 정함수를 구할 수 있다는 것을 보일 것이다. 어떤 의미에서, 이 정리는 리만사상 정리보다 더 멋진 정리이다. 왜냐하면 실제로 그러한 정함수를 구축할 수 있기 때문이다.

다음에, $\infty$로 발산하는 임의의 수열 $\{b_n\}$이 주어지면, $\{b_n\}$에서만 극을 갖고, 그 이외에서 해석적인 함수는 항상 찾을 수 있다는 것을 보여줄 것이다. 이 장에서는 영점과 극의 성질 사이의 유사성을 유의할 가치가 있다.

## 1. 무한곱

복소수 $u_n$에 대한 무한곱은 $\prod_{n=1}^{\infty} u_n := u_1 u_2 u_3 \cdots$ 꼴의 표현이다. 무한급수와 유사하게 무한곱이 수렴한다는 것은 $\lim_{n\to\infty}\prod_{k=1}^{n} u_k$가 존재할 때를 정의해 보자. 이렇게 내린 정의는 불완전하다. 왜냐하면, 만일 한 항이 0이라면, 다른 항들의 움직임에 관계없이 반드시 무한곱은 수렴한다. 이것은 확실히 '극한'정의의 취지에 어긋나는 것이다. 따라서 무한곱의 어떤 인자도 0이 아니라고 가정할 것이다. 그렇게 가정하더라도 무한곱은 0이 될 수도 있다. 예를 들어, $\lim_{n\to\infty}\prod_{k=1}^{n}\frac{1}{k}=0$이다. 이러한 경우가 발생하는 것을 피하고 싶다. 이에 대한 이유는 나중에 명백하게 될 것이다.

무한곱 $\prod_{n=1}^{\infty} u_n$이 **수렴한다(converge)**는 것은 $\lim_{n\to\infty}\prod_{k=1}^{n} u_k$가 존재하고 0이 아닐 때를 말한다. 무한곱이 **발산한다(diverge)**는 것은 그것이 수렴하지 않을 때를 말한다.

$P_n=\prod_{k=1}^{n} u_k$로 놓자. 만일 $\prod_{n=1}^{\infty} u_n$이 수렴한다면, 복소수열 $\{P_n\}$은 0이 아닌 어떤 $P$에 접근한다. 따라서 $u_n=\dfrac{P_n}{P_{n-1}}\to\dfrac{P}{P}=1$이다. 그러므로 그 무한곱은 $\prod_{n=1}^{\infty}(1+a_n), u_n=1+a_n$으로 표현하는 것이 편리하다. 여기서 무한곱이 수렴하면, $a_n\to 0$이다.

무한급수의 경우에서와 같이, $a_n \to 0$의 수렴성은 무한곱 $\prod_{n=1}^{\infty}(1+a_n)$의 수렴성에 대하여 충분하지 않다. 예를 들어, $\frac{1}{k} \to 0$이지만,

$$P_n = \prod_{k=1}^{n}(1+\frac{1}{k}) = \frac{3}{2} \cdot \frac{4}{3} \cdot \cdots \cdot \frac{n+1}{n} = \frac{n+1}{2} \to \infty$$

이므로, $\prod_{n=1}^{\infty}(1+\frac{1}{n})$은 발산한다. 비슷하게, $-\frac{1}{k} \to 0$이지만,

$$P_n = \prod_{k=2}^{n}(1-\frac{1}{k}) = \frac{1}{2} \cdot \frac{2}{3} \cdot \cdots \cdot \frac{n-1}{n} = \frac{1}{n} \to 0$$

이므로, $\prod_{n=2}^{\infty}(1-\frac{1}{n})$도 발산한다.

무한급수 $\sum_{n=1}^{\infty} a_n$과 무한곱 $\prod_{n=1}^{\infty}(1+a_n)$을 좀 더 비교하는 것은 매우 자연스러운 일이다. 특히, $a_n \geqq 0$인 특수한 경우에는 특별한 멋진 관계가 있다.

**정리 1.1** 만일 $a_n \geqq 0$이면, 무한곱 $\prod_{n=1}^{\infty}(1+a_n)$이 수렴하기 위한 필요충분조건은 급수 $\sum_{n=1}^{\infty} a_n$이 수렴하는 것이다.

**증명** 모든 항들이 음이 아닌 실수이므로, $a_1+a_2+\cdots+a_n \leqq (1+a_1)(1+a_2)\cdots(1+a_n)$임을 유의하자. 또한,

$$e^x = \sum_{n=0}^{\infty}\frac{x^n}{n!} \geqq 1+x, x \geqq 0$$

이다. 그러므로

$$a_1+a_2+\cdots+a_n \leqq (1+a_1)(1+a_2)\cdots(1+a_n) \leqq e^{a_1}e^{a_2}\cdots e^{a_n}$$

$$\sum_{k=1}^{n} a_k \leqq \prod_{k=1}^{n}(1+a_k) \leqq \exp(\sum_{k=1}^{n} a_k)$$

이다. 만일 $\sum_{n=1}^{\infty} a_n$이 실수 $A$로 수렴하면, $P_n = \prod_{k=1}^{n}(1+a_k)$는 증가수열이고 $e^A$에 의하여 위로 유계이므로 단조수렴정리에 의하여 $P_n$은 수렴한다.

역으로, 만일 $P_n$이 $P$로 수렴하면, 비교판정법에 의하여 $\sum_{k=1}^{\infty} a_n$도 $P$보다 크지 않은 값으로 수렴한다.

다음 정리에서 알 수 있듯이, 항들이 음수일 때도 유사한 결과들을 얻는다.

**▶정리 1.2** 만일 $a_n \geq 0, a_n \neq 1$이면, $\prod_{n=1}^{\infty}(1-a_n)$이 수렴하기 위한 필요충분조건은 $\sum_{n=1}^{\infty} a_n$이 수렴하는 것이다.

**증명** ($\Leftarrow$) $\sum_{n=1}^{\infty} a_n$은 수렴한다고 하자. 그러면 코시판정법에 의하여 충분히 큰 $N$에 대하여 $\sum_{n=N}^{\infty} a_n < \frac{1}{2}$이다. $a_N + a_{N+1} \leqq \sum_{n=N}^{\infty} a_n < \frac{1}{2}$이므로,

$$\begin{aligned}(1-a_N)(1-a_{N+1}) &= 1 - a_N - a_{N+1} + a_N a_{N+1} \\ &\geqq 1 - a_N - a_{N+1} > \frac{1}{2}\end{aligned}$$

이다. 수학적 귀납법에 의하여 $n > N$에 대하여 다음을 알 수 있다.

$$\prod_{k=N}^{n}(1-a_k) \geqq 1 - \sum_{k=N}^{n} a_k > \frac{1}{2}$$

$P_n = \prod_{k=1}^{n}(1-a_k) = P_{N-1}\prod_{k=N}^{n}(1-a_k)$이므로, $\frac{P_n}{P_{N-1}} = \prod_{k=N}^{n}(1-a_k) > \frac{1}{2}$이다. $1-a_{n+1} \leqq 1$이므로, $\frac{P_{n+1}}{P_{N-1}} = \frac{P_n}{P_{N-1}}(1-a_{n+1}) < \frac{P_n}{P_{N-1}}$이다. 따라서 $\{\frac{P_n}{P_{N-1}}\}$은 감소수열이고 아래로 유계이다. 단조수렴정리에 의해 $\{\frac{P_n}{P_{N-1}}\}$은

어떤 값 $P(\frac{1}{2} \leqq P \leqq 1)$에 수렴한다. 그러므로 $P_n \to P_{N-1}P \neq 0$이다. 따라서 $\prod_{k=1}^{\infty}(1-a_k)$는 수렴한다.

($\Rightarrow$) $\prod_{n=1}^{\infty}(1-a_n)$은 수렴한다고 하자. $\sum_{n=1}^{\infty}a_n$은 발산한다고 가정하자. 만일 $a_n \not\to 0$이라면, $1-a_n \not\to 1$이다. $1-a_n = \frac{P_n}{P_{n-1}} \not\to 1$이다. 그러나 $P_n \to P \neq 0$이므로, $\frac{P_n}{P_{n-1}} \to \frac{P}{P} = 1$이다. 이것은 모순이다. 그래서 일반성을 잃지 않고, $a_n \to 0$이라 가정해도 무방하다. 그러면 충분히 큰 $N$에 대하여 $n \geqq N$일 때, $0 \leqq a_n < 1$이다.

$$e^{-x} = 1 - x + (\frac{x^2}{2!} - \frac{x^3}{3!}) + (\frac{x^4}{4!} - \frac{x^5}{5!}) + \cdots$$

이므로, $0 \leqq x < 1$에 대하여 $1 - x \leqq e^{-x}$이다. 왜냐하면 괄호 안의 모든 항들은 음이 아니기 때문이다. 그러므로

$$0 \leqq \prod_{k=N}^{n}(1-a_k) \leqq \prod_{k=N}^{n}\exp(-a_k) = \exp(-\sum_{k=N}^{n}a_k), n \geqq N$$

이다. $n \to \infty$를 취하면, $\sum_{k=N}^{\infty}a_k = \infty$이므로, $\prod_{k=N}^{\infty}(1-a_k) = 0$이다. 그러므로 $\prod_{k=1}^{\infty}(1-a_k)$는 발산한다. 이것은 모순이다. 따라서 $\sum_{n=1}^{\infty}a_n$은 수렴한다.

(참고) 만일 무한곱이 0으로 수렴하는 것을 허용한다면, 정리 1.2는 거짓이다. 이것은 $a_n = \frac{1}{n+1}$인 경우를 생각해 보면 알 수 있다.

$\{a_n\}$에 대한 제한이 완화될 때, $\prod_{n=1}^{\infty}(1+a_n)$과 $\sum_{n=1}^{\infty}a_n$ 사이를 비교하는 것은 그리 간단하지 않다. $\sum_{n=1}^{\infty}a_n$이 수렴할지라도 $\prod_{n=1}^{\infty}(1+a_n)$은 발산하는 경우와 $\sum_{n=1}^{\infty}a_n$

이 발산할지라도 $\prod_{n=1}^{\infty}(1+a_n)$은 수렴하는 경우가 있다. 전자에 대한 하나의 예는 $a_n = \frac{(-1)^{n+1}}{\sqrt{n}}$이고, 후자에 대한 하나의 예는 $a_n = \begin{cases} \frac{1}{\sqrt{n}} + \frac{1}{n}, & n\text{은 홀수} \\ -\frac{1}{\sqrt{n}}, & n\text{은 짝수} \end{cases}$ 이다.

일반적인 경우에, 무한곱을 무한급수와 관련지을 때에는 복소로그를 사용할 것이다. 만일 $\prod_{n=1}^{\infty}(1+a_n) = P \neq 0$이면, $\log[\prod_{n=1}^{\infty}(1+a_n)] = \log P$이다. 그러나 이것은 $\sum_{n=1}^{\infty}\log(1+a_n)$이 $\log P$로 수렴한다는 의미가 아니다. $P_n = \prod_{k=1}^{n}(1+a_k) = e^{\log P_n} = |P_n| e^{i\arg P_n}$이라 하자. 그러면 $|P_n| \to |P|$이다. 그러나 $\arg P_n \to \arg P\ (\mathrm{mod} 2\pi)$이다. $\prod_{k=1}^{\infty}(1+a_n)$의 수렴성과 $\sum_{n=1}^{\infty}\log(1+a_n)$의 수렴성을 비교하기 위하여 필요한 것은 로그함수의 다가성인 것이다. 다음 정리의 증명에서 주요한 단계는 각 $\arg(1+a_k)$의 분지를 동일하게 선택했을 때, 수렴하는 무한곱에 대하여 부분곱의 편각들이 고정점에 관하여 밀집되어 있다는 것을 보여주는 것으로 이루어져 있다.

**정리 1.3** $a_n \in \mathbb{C}, a_n \neq 1$이라고 하자. $\prod_{n=1}^{\infty}(1+a_n)$이 수렴하기 위한 필요충분조건은 $\sum_{n=1}^{\infty} Log(1+a_n)$이 수렴하는 것이다.

**증명** $P_n = \prod_{k=1}^{n}(1+a_k)$로 놓고,

$$\log P_n = \ln|P_n| + i\arg P_n = \sum_{k=1}^{n} Log(1+a_k)$$

이라 하자. 여기서 각 $k$에 대하여 로그의 분지는 $-\pi < Im Log(1+a_k) = Arg(1+a_k) \leq \pi$가 되도록 선택하였다. 이것은 $\log P_n$의 분지를 결정한다.

$P_n \to P \neq 0$이라 가정하자. 그러면 $\ln|P_n| \to \ln|P|$이고 $\arg P_n \to$

$\arg P \pmod{2\pi}$이다. 따라서 실수열 $\{\epsilon_n\} \to 0$과 정수열 $\{m_n\}$이 존재하여

$$\arg P_n = \arg P + 2\pi m_n + \epsilon_n$$

이 성립한다. 충분히 큰 $n$에 대하여 $m_n$이 상수 $m$임을 보일 것이다.

$$\begin{aligned} \arg P_{n+1} - \arg P_n &= Arg(1+a_{n+1}) \\ &= 2\pi(m_{n+1} - m_n) + \epsilon_{n+1} - \epsilon_n \end{aligned}$$

을 생각하자. $1 + a_n = \dfrac{P_n}{P_{n-1}} \to 1$이므로, $a_n \to 0$이다. 그러므로 $Arg(1+a_n) \to 0$이다. 따라서 모든 $n > N$에 대하여

$$2\pi\,|\,m_{n+1} - m_n\,| \leqq |\,Arg(1+a_{n+1})\,| + |\,\epsilon_{n+1}\,| + |\,\epsilon_n\,| < 2\pi$$

이다. 그러므로 $n > N$에 대하여 $m_{n+1} = m_n := m$이다. 따라서 $\arg P_n \to \arg P + 2\pi m$이다. 그러므로 $\sum_{k=1}^{n} Log(1+a_k) \to Log P + i(\arg P + 2m\pi)$, 즉 $\sum_{n=1}^{\infty} Log(1+a_n)$은 수렴한다.

역으로, $\sum_{n=1}^{\infty} Log(1+a_n)$는 복소수 $A$로 수렴한다고 가정하자. 그러면

$$P_n = \exp[\log P_n] = \exp[\sum_{k=1}^{n} Log(1+a_k)]$$

이다. $n \to \infty$를 취하면, $\prod_{k=1}^{\infty}(1+a_k) = e^A \neq 0$이다. 따라서 결과가 나온다.

무한곱 $\prod_{n=1}^{\infty}(1+a_n), a_n \neq -1$이 **절대수렴한다(absolutely converge)**는 것은 $\prod_{n=1}^{\infty}(1+|\,a_n\,|)$가 수렴할 때를 말한다. 무한급수의 경우에서와 마찬가지로, 무한곱이 절대수렴하면, 그 무한곱은 수렴한다. 이것을 보이기 전에 다음 예비정리가 필요하다.

**예비정리 1.4** $a_n \in \mathbb{C}, a_n \neq -1$이라고 하자. $\sum_{n=1}^{\infty} a_n$이 절대수렴하기 위한 필요충분조건은 $\sum_{n=1}^{\infty} Log(1+a_n)$이 절대수렴하는 것이다.

**증명** 만일 두 급수 중에서 하나가 수렴하면, 충분히 큰 $n$에 대하여 $|a_n| < \frac{1}{2}$이다. 왜냐하면, 만일 $\sum_{n=1}^{\infty} a_n$이 수렴하면, $a_n \to 0$이고, 만일 $\sum_{n=1}^{\infty} Log(1+a_n)$이 수렴하면, $Log(1+a_n) \to 0$이므로, $a_n \to 0$이다. 충분히 큰 $n$에 대하여 $|a_n| < \frac{1}{2}$이다.

$|z| < 1$에 대하여 $Log(1+z)$의 매클로린 급수 전개는 다음과 같다.

$$Log(1+z) = z - \frac{z^2}{2} + \frac{z^3}{3} - \frac{z^4}{4} + \cdots = z(1 - \frac{z}{2} + \frac{z^2}{3} - \cdots)$$

$z = a_n$을 대입하면, $n > N$에 대하여

$$\frac{Log(1+a_n)}{a_n} = 1 - \frac{a_n}{2} + \frac{a_n^2}{3} - \cdots := 1 + b_n$$

이다. 여기서

$$|b_n| = \left| -\frac{a_n}{2} + \frac{a_n^2}{3} - \cdots \right| \leq \frac{1}{2}(|a_n| + |a_n|^2 + \cdots)$$
$$= \frac{|a_n|}{2(1-|a_n|)} \leq \frac{1}{2}$$

이다. 그러므로 $|Log(1+a_n)| \leq \frac{3}{2}|a_n|$이고,

$$\left| \frac{Log(1+a_n)}{a_n} \right| = |1+b_n| \geq 1 - |b_n| \geq \frac{1}{2}$$

이므로, $\frac{1}{2}|a_n| \leq |Log(1+a_n)|$이다. 따라서

$$\frac{1}{2}|a_n| \leq |Log(1+a_n)| \leq \frac{3}{2}|a_n|, n > N$$

이다. 그러므로 비교판정법에 의하여 결과가 나온다.

(참고) 예비정리에 의하여 정리 1.1과 정리 1.2는 정리 1.3의 특수한 경우이다.

**정리 1.5** 만일 $\prod_{n=1}^{\infty}(1+a_n)$이 절대수렴하면, $\prod_{n=1}^{\infty}(1+a_n)$은 수렴한다.

증명 $\prod_{n=1}^{\infty}(1+|a_n|)$는 수렴한다고 하자. 정리 1.1에 의하여 $\sum_{n=1}^{\infty}|a_n|$는 수렴한다. 그러면 예비정리 1.4에 의하여 $\sum_{n=1}^{\infty}|Log(1+a_n)|$는 수렴한다. 절대수렴하는 급수는 수렴하므로 $\sum_{n=1}^{\infty}Log(1+a_n)$는 수렴한다. 그러므로 정리 1.3에 의하여 결과가 나온다.

(참고) 절대수렴하는 무한급수에서와 마찬가지로, 절대수렴하는 무한곱의 항들은 재배열하더라도 그 수렴성에는 영향을 끼치지 않는다. 또한, 그 재배열한 무한곱의 값은 변함이 없다.

복소수열의 무한급수 다음에 함수열의 무한급수를 다루었듯이, 이제 함수열의 무한곱에 대하여 살펴보자.

무한곱 $\prod_{n=1}^{\infty}(1+f_n(z))$가 **영역 $D$에서 수렴한다**는 것은 각 점 $z_0 \in D$에서 $\lim_{n\to\infty}\prod_{k=1}^{n}(1+f_k(z_0))$가 존재하고 0이 아닐 때를 말한다. 무한곱 $\prod_{n=1}^{\infty}(1+f_n(z))$가 **영역 $D$에서 평등수렴한다 (uniformly converge)**는 것은 $P_n = \prod_{k=1}^{n}(1+f_k(z))$가 $D$에서 0이 아닌 함수로 평등수렴할 때를 말한다.

무한곱의 평등수렴에 대한 가장 유용한 판정법은 함수열의 급수에 대한 $M$-판정법과 유사하다.

**정리 1.6** $R$은 면분이라 하자. 모든 $z\in R$에 대하여 $|f_n(z)| \leqq M_n$이고 모든 $z\in R$에 대하여 $f_n(z)\neq -1$이라 하자. 만일 $\sum_{n=1}^{\infty} M_n$이 수렴하면, $\prod_{n=1}^{\infty}(1+f_n(z))$는 $R$에서 평등수렴한다.

**증명** $\sum_{n=1}^{\infty} M_n$은 수렴하므로 비교판정법에 의하여 $\sum_{n=1}^{\infty}|f_n(z)|$도 각 점 $z\in R$에서 수렴한다. 정리 1.1에 의하여 $\prod_{n=1}^{\infty}(1+f_n(z))$는 $R$의 각 점에서 절대수렴한다. 그러므로 $\prod_{n=1}^{\infty}(1+f_n(z))$는 $R$의 각 점에서 수렴한다. $P_n(z)=\prod_{k=1}^{n}(1+f_k(z))$가 $R$에서 평등코시열이라는 것을 보이면 충분하다. 임의의 정수 $m,n(m<n)$에 대하여

$$P_n(z)-P_m(z)=\sum_{k=m}^{n-1}[P_{k+1}(z)-P_k(z)]=\sum_{k=m}^{n-1}P_k(z)f_{k+1}(z)$$

이다. 그러나 모든 $k$에 대하여

$$|P_k(z)| \leqq \prod_{n=1}^{\infty}(1+|f_n(z)|) \leqq \exp[\sum_{n=1}^{\infty}|f_n(z)|] \leqq \exp[\sum_{n=1}^{\infty}M_n]:=e^M$$

이다. Weierstrass의 정리에 의하여 $\sum_{n=1}^{\infty}|f_n(z)|$는 $R$에서 평등수렴하므로, 충분히 큰 $m$에 대하여 $\sum_{k=m}^{n}|f_k(z)|<\epsilon, \forall z\in R$이다. 그러므로 모든 $z\in R$에 대하여

$$|P_n(z)-P_m(z)| \leqq \sum_{k=m}^{n-1}|P_k(z)||f_k(z)| \leqq e^M\sum_{k=m}^{n-1}|f_k(z)| < \epsilon e^M$$

이다. $\epsilon>0$은 임의이므로, 결과가 나온다.

(참고) $\{P_n(z)\}$가 평등코시라는 것을 보이는 것은 어떤 점 $z \in D$에 대하여 $P_n(z) \to 0$일 가능성을 배제하지 않는다. 그 이유는 $\{P_n(z)\}$가 역시 0이 아닌 함수로 점별수렴한다는 것을 보이는 것이 필요하기 때문이다.

**문제 1.1** 다음을 구하여라.

(a) $\prod_{n=2}^{\infty}(1-\frac{1}{n^2})$　　(b) $\prod_{n=1}^{\infty}(1+\frac{1}{n(n+2)})$

(c) $\prod_{n=2}^{\infty}(1-\frac{2}{n(n+1)})$　　(d) $\sum_{n=1}^{\infty}(1+(-1)^{n+1}\frac{1}{n})$

**문제 1.2** 다음 무한곱은 수렴하지만 절대수렴하지 않는다는 것을 보여라.

$$(1-\frac{1}{2})(1+\frac{1}{2})(1-\frac{1}{3})(1+\frac{1}{3})(1-\frac{1}{4})\cdots.$$

**문제 1.3** $\{a_n\}$은 실수열이고 $|a_n|<1$이라 하자. 만약에 $\sum_{n=1}^{\infty}a_n$은 수렴한다면, $\prod_{n=1}^{\infty}(1+a_n)$이 수렴하기 위한 필요충분조건은 $\sum_{n=1}^{\infty}a_n^2$은 수렴함을 보여라.

**문제 1.4** $\{a_n\}$은 감소하는 실수열이고 $\lim_{n\to\infty}a_n=0$이라 하자. $\prod_{n=1}^{\infty}[1+(-1)^n a_n]$이 수렴하기 위한 필요충분조건은 $\sum_{n=1}^{\infty}a_n^2$은 수렴함을 보여라.

**문제 1.5** $a_n=(-1)^{n+1}\frac{1}{\sqrt{n}}$이라 하자. 이때 $\prod_{n=1}^{\infty}(1+a_n)$은 발산함을 보여라.

**문제 1.6** $a_n=\begin{cases}\frac{1}{\sqrt{n}}+\frac{1}{n}, & n\text{은 홀수}\\ -\frac{1}{\sqrt{n}}, & n\text{은 짝수}\end{cases}$ 라고 하자. 이때 $\sum_{n=1}^{\infty}a_n$은 발산하지만 $\prod_{n=1}^{\infty}(1+a_n)$은 수렴함을 보여라.

**문제 1.7** 다음 무한곱이 수렴하는 면분을 구하여라.

(a) $\prod_{n=1}^{\infty}(1+z^n)$ (b) $\prod_{n=1}^{\infty}(1-z^{2^n})$ (c) $\prod_{n=2}^{\infty}(1-\frac{1}{n^z})$

**문제 1.8** $|z|<1$에 대하여 $\prod_{n=0}^{\infty}(1+z^{2^n})=\frac{1}{1-z}$ 임을 보여라.

**문제 1.9** 모든 $n$에 대하여 $a_n>0$이고 $\sum_{n=1}^{\infty}a_n$은 수렴한다고 하자. $s_n=\sum_{k=1}^{n}a_k$로 놓자.

그러면 다음을 보여라.

$$a_1\prod_{n=2}^{\infty}(1+\frac{a_n}{s_{n-1}})=\sum_{n=1}^{\infty}a_n$$

## 2. Weierstrass의 곱 정리

0이 아닌 유한개의 복소수 $a_1, a_2, \cdots, a_k$가 주어지면, 이러한 점들에서만 영점을 갖는 정함수는 항상 구할 수 있다. 사실, 이러한 함수는 다항함수 $\prod_{n=1}^{k}(1-\frac{z}{a_k})$인 것이다. 의문은 무한점열에서만 영점을 갖는 정함수는 항상 찾을 수 있느냐는 것이다. 불행히도, 그 답은 부정적이다. 예를 들어, 만일 어떤 정함수가 점열 $\{\frac{1}{n}\}$에서만 영점을 갖는다면, 8.2절의 정리 2.12에 의하여 그 정함수는 항등적으로 0이다. 그러나 만일 점열이 유한극한점을 갖지 않는다면, 그 물음의 답은 확실히 긍정적이라는 것을 보일 것이다.

복소수열 $\{a_n\}$은 $\infty$로 발산한다고 가정하고,

$$0 < |a_1| \leqq |a_2| \leqq \cdots$$

이라 하자. 이러한 복소수열에서만 영점을 갖는 적당한 정함수는 $f(z) = \prod_{n=1}^{\infty}(1-\frac{z}{a_n})$이라 추측할 수 있다. 만일 $f(z)$가 정함수라면, 분명히 $f(z)$는 그 점열에서만 영점을 갖는다.

이제 $f(z)$가 정함수가 되는 $\{a_n\}$에 대한 제한을 결정할 것이다. 무한곱 $\prod_{n=1}^{\infty}(1-\frac{z}{a_n})$이 수렴한다는 것은 복소수열 $\prod_{k=1}^{n}(1-\frac{z}{a_k})$가 0이 아닌 함수로 수렴한다는 것임을 상기하자. 이 조건을 다소 완화하여 무한곱의 인자가 0이 되는 점에서 극한함수가 영점을 갖는 것을 허용하자.

$\sum_{n=1}^{\infty}\frac{1}{|a_n|}$는 수렴한다고 가정하자. 임의의 원판 $|z| \leqq R$에서 $|\frac{z}{a_n}| \leqq \frac{R}{|a_n|}$이므로, 정리 1.5에 의하여 $P_n(z)$는 평면의 모든 긴밀부분집합 위에서 $f(z) = \prod_{n=1}^{\infty}(1-\frac{z}{a_n})$로 평등수렴한다. 그러므로 8.1절의 정리 1.9에 의하여 $f(z)$는 정함수이다. $\{n^2\}$에서만 영점을 갖는 정함수는 $\prod_{n=1}^{\infty}(1-\frac{z}{n^2})$이다. 그러나 양의 정수에서만 영점을 갖는 정함수를 구축하기란 더 어렵다. $\prod_{n=1}^{\infty}(1-\frac{z}{n})$은 정함수를 나타내지 않는다. 사실, $z=-1$이라 놓으면,

$$\lim_{n\to\infty}\prod_{k=1}^{\infty}(1+\frac{1}{k})=\lim_{n\to\infty}\frac{n+1}{2}=\infty$$

이다. 무한곱의 수렴성을 유발하는 인자가 필요하다. 이제 $f(z)=\prod_{n=1}^{\infty}(1-\frac{z}{n})e^{z/n}$이 정함수임을 보일 것이다. 정리 1.3에 의하여

$$\sum_{n=1}^{\infty}Log[(1-\frac{z}{n})e^{z/n}]=\sum_{n=1}^{\infty}[Log(1-\frac{z}{n})+\frac{z}{n}]$$

이 수렴하는 모든 점에서 $f(z)$는 수렴한다. 정리 1.5에 의하여 각 긴밀집합 $|z|\leqq R$ 위에서 $|Log(1-\frac{z}{n})+\frac{z}{n}|\leqq M_n$, $|z|\leqq R$을 만족하는 수렴하는 급수 $\sum_{n=1}^{\infty}M_n$을 찾을 수 있다는 것을 보이면 충분하다. 등식

$$Log(1-\frac{z}{n})=-\sum_{k=1}^{\infty}\frac{1}{k}(\frac{z}{n})^k=-\frac{z}{n}-\frac{1}{2}(\frac{z}{n})^2-\frac{1}{3}(\frac{z}{n})^3-\cdots$$

은 $|z|\leqq R<n$일 때 성립한다. $n\geqq 2R$을 선택하면,

$$|Log(1-\frac{z}{n})+\frac{z}{n}|=|\sum_{k=2}^{\infty}\frac{1}{k}(\frac{z}{n})^k|\leqq\frac{1}{2}\sum_{k=2}^{\infty}(\frac{R}{n})^k=\frac{1}{2}\frac{R^2/n^2}{1-R/n}\leqq\frac{R^2}{n^2}$$

을 얻는다. $M_n=\frac{R^2}{n^2}$으로 놓으면, $n\geqq N>2R$에 대하여

$$\sum_{n=N}^{\infty}|Log(1-\frac{z}{n})+\frac{z}{n}|\leqq\sum_{n=N}^{\infty}\frac{R^2}{n^2}<\infty$$

이므로, $f(z)=\prod_{n=1}^{\infty}(1-\frac{z}{n})e^{z/n}=\prod_{n=1}^{N-1}(1-\frac{z}{n})e^{z/n}\prod_{n=N}^{\infty}(1-\frac{z}{n})e^{z/n}$은 정함수이다.

주어진 특수한 복소수열을 영점으로 갖는 정함수를 구축하는 더 일반적인 방법은 등식

$$Log(1-\frac{z}{a_n})=-\sum_{k=1}^{\infty}\frac{1}{k}(\frac{z}{a_n})^k=-\frac{z}{a_n}-\frac{1}{2}(\frac{z}{a_n})^2-\frac{1}{3}(\frac{z}{a_n})^3-\cdots$$

에 의하여 알 수 있다. 예를 들어, $a_n=\sqrt{n}$에서 영점을 갖는 정함수를 구해보자.

$$Log(1-\frac{z}{a_n})=-\sum_{k=1}^{\infty}\frac{1}{k}(\frac{z}{\sqrt{n}})^k=-\frac{z}{\sqrt{n}}-\frac{1}{2}(\frac{z}{\sqrt{n}})^2-\frac{1}{3}(\frac{z}{\sqrt{n}})^3-\cdots$$

이므로, 위와 같은 방법에 의하여 $\prod_{n=1}^{\infty}(1-\frac{z}{\sqrt{n}})e^{z/\sqrt{n}+\frac{1}{2}(z^2/n)}$ 이 찾고자 하는 정함수이다.

더 일반적으로, 만일 어떤 정수 $p$에 대하여 $\sum_{n=1}^{\infty}\frac{1}{|a_n|^{p+1}}$ 이 수렴하면,

$$f(z)=\prod_{n=1}^{\infty}(1-\frac{z}{a_n})e^{z/a_n+\frac{1}{2}(z/a_n)^2+\cdots+\frac{1}{p}(z/a_n)^p}$$

는 $a_n$ 에서만 영점을 갖는 정함수이다.

위와 같은 방법으로, 일반적으로 모든 수열에 대해서는 아직 설명하지 않았다. 예를 들어, $a_n=\ln n, n=2,3,\cdots$ 에서만 영점을 갖는 정함수를 구축해보자. $\sum_{n=2}^{\infty}\frac{1}{(Logn)^p}$ 는 모든 $p$에 대하여 발산하므로, 구하고자 하는 정함수는 위와 같은 꼴이 아니다. 위와 같은 꼴에서 수렴성을 유발하는 인자들은 모두 차수가 $p$인 다항식열을 수반함을 주목하자. 일반적인 경우에, 다항식의 차수에 관한 평등유계성을 가정하지 않을 것이다. 이때 영점들을 포함하는 급수의 수렴성에 관계없이 적당한 정함수를 구축하게 할 것이다.

**정리 2.1** (Weierstrass의 곱 정리) 유한극한점을 갖지 않는 복소수열이 주어지면, 이 복소수열에서만 영점을 갖는 정함수가 존재한다.

**증명** 구축하고자 하는 정함수 $f(z)$는 $0<|a_1|\leq|a_2|\leq\cdots$를 만족하는 $\{a_n\}$에서 영점을 갖는다고 가정하자. 일반성을 잃지 않고, 모든 $n$에 대하여 $a_n\neq 0$이라 가정했다. 왜냐하면, 만일 이러한 점들 중에서 $k$개가 0이라면, $z^kf(z)$는 구하고자 하는 성질을 갖기 때문이다.

각 $n$에 대하여 $P_n(z)=\frac{z}{a_n}+\frac{1}{2}(\frac{z}{a_n})^2+\cdots+\frac{1}{n}(\frac{z}{a_n})^n$이라 놓자. 이때, 함수 $f(z)=\prod_{n=1}^{\infty}(1-\frac{z}{a_n})e^{P_n(z)}$가 정리를 만족한다는 것을 보이자. 그것은

$$\sum_{n=1}^{\infty}Log[(1-\frac{z}{a_n})e^{P_n(z)}=\sum_{n=1}^{\infty}[Log(1-\frac{z}{a_n})+P_n(z)]$$

가 평면의 임의의 긴밀집합 $|z| \le R$ 위에서 평등수렴함을 보이면 충분하다. $|z| \le R < 2R \le |a_n|$ 에 대하여

$$
\begin{aligned}
&\left| Log(1-\frac{z}{a_n}) + P_n(z) \right| \\
&= \left| -\frac{1}{n+1}(\frac{z}{a_n})^{n+1} - \frac{1}{n+2}(\frac{z}{a_n})^{n+2} - \frac{1}{n+3}(\frac{z}{a_n})^{n+3} - \cdots \right| \\
&\le \left| \frac{z}{a_n} \right|^{n+1} (1 + \left| \frac{z}{a_n} \right| + \left| \frac{z}{a_n} \right|^2 + \cdots) \\
&= \left| \frac{z}{a_n} \right|^{n+1} \frac{1}{1 - \left| \frac{z}{a_n} \right|} \le 2 \left| \frac{z}{a_n} \right|^{n+1} \\
&\le 2 \left| \frac{R}{a_n} \right|^{n+1} \le \frac{1}{2^n}
\end{aligned}
$$

이므로, $|a_N| \ge 2R$인 충분히 큰 $N$에 대하여

$$
\sum_{n=N}^{\infty} \left| Log(1-\frac{z}{a_n}) + P_n(z) \right| \le \sum_{n=N}^{\infty} \frac{1}{2^n} < \infty, \ |z| \le R
$$

이다. 그러므로 정리 1.5에 의하여 결과가 나온다.

(참고1) 위의 정리는 다중근들의 경우도 배제하지 않는다.

(참고2) 그 함수 $f(z)$는 영점들에 의하여 결코 유일하게 결정되는 것은 아니다. 예를 들어, $\prod_{n=1}^{\infty}(1-\frac{z}{n})e^{z/n}$은 $\{n\}$ 에서만 영점을 갖는 정함수이라는 것을 보였다. 위 정리의 증명에서

$$
\prod_{n=1}^{\infty}(1-\frac{z}{n})e^{z/n + \frac{1}{2}(z/n)^2 + \cdots + \frac{1}{n}(z/n)^n}
$$

은 또 다른 그러한 정함수라는 것을 보였다.

$$
\prod_{n=1}^{\infty}(1-\frac{z}{n})e^{z/n + \frac{1}{2}(z/n)^2}, \prod_{n=1}^{\infty}(1-\frac{z}{n})e^{z/n + \frac{1}{2}(z/n)^2 + \frac{1}{3}(z/n)^3}, \cdots
$$

등과 같이, 무수히 많은 그러한 정함수들이다.

두 정함수는 동일한 중복도의 동일한 영점들을 갖는다고 가정하자. 이때 두 함수를 비교해 보자. 복소평면은 단일연결영역이므로, 다음은 7.4절의 정리 4.9의 결과이다.

**▶정리 2.2** 만일 $f_0(z)$와 $f_1(z)$는 동일한 중복도의 동일한 영점들을 갖는 정함수이면, 정함수 $g(z)$가 존재하여 $f_0(z) = e^{g(z)}f_1(z)$이다.

**증명** $f_0(z), f_1(z)$는 공통인수 $h(z)$를 갖는다고 하자. 즉,

$$f_0(z) = h(z)f_0'(z), f_1(z) = h(z)f_1'(z)$$

이고, $f_0'(z), f_1'(z)$는 영점을 갖지 않는다고 하자. 그러면 $f_0'(z)/f_1'(z)$는 영점을 갖지 않는 정함수임을 알 수 있다. 7.4절의 정리 4.9에 의하여 정함수 $g(z)$가 존재하여

$$f_0'(z)/f_1'(z) = e^{g(z)}$$

이다. 따라서 결과가 나온다.

Weierstrass의 곱 정리는 주어진 복소수열만을 영점으로 갖는 정함수는 무한곱으로 구축할 수 있음을 보여준다. 그 역에 관해서는 어떤가?

알려진 영점들을 갖는 정함수가 주어지면, 그 함수에 대한 무한곱은 구축할 수 있는가? 정리 2.2에 의하여 이것은 지수함수의 곱에 이르기까지 항상 가능하다.

정리 2.2의 지수함수 $e^{g(z)}$는 명확하게 결정하기 매우 어렵다. 함수 $\sin\pi z$에 대하여 지수함수를 결정해 보자.

$\sin\pi z$는 모든 정수에서 단일영점을 갖는다는 것을 유의하여라. $\prod_{n=1}^{\infty}(1-\frac{z}{n})e^{z/n}$은 양의 정수에서 단일영점을 갖는 정함수임을 이미 알았다. 마찬가지로, $\prod_{n=1}^{\infty}(1+\frac{z}{n})e^{-z/n}$는 음의 정수에서 단일영점을 갖는 정함수임을 보일 수 있다. 그러므로

$$z\prod_{n=1}^{\infty}(1-\frac{z}{n})e^{z/n}\prod_{n=1}^{\infty}(1+\frac{z}{n})e^{-z/n} = z\prod_{n=1}^{\infty}(1-\frac{z}{n})(1+\frac{z}{n})e^{z/n-z/n} = z\prod_{n=1}^{\infty}(1-\frac{z^2}{n^2})$$

는 각 정수에서 단일영점을 갖는 정함수이다. 무한곱의 절대수렴성에 의하여 위의 무한곱의 인수들의 재배열은 정당화된다. 그러므로 정리 2.2에 의하여 정함수 $g(z)$가 존재하여

$$\sin\pi z = e^{g(z)} z \prod_{n=1}^{\infty}(1-\frac{z^2}{n^2})$$

이다. 만일 $g(z)$가 상수이면, $\sin\pi z = cz\prod_{n=1}^{\infty}(1-\frac{z^2}{n^2})$로 놓자.

$$\lim_{z\to 0}\frac{\sin\pi z}{z} = \pi = \lim_{z\to 0} c\prod_{n=1}^{\infty}(1-\frac{z^2}{n^2}) = c\text{이므로, } \sin\pi z = \pi z\prod_{n=1}^{\infty}(1-\frac{z^2}{n^2})\text{이다.}$$

이제 $g(z)$가 정말로 상수임을 보이자. 이를 보이기 위하여 $z$는 정수가 아니라고 가정하자. 그러면

$$\log\sin\pi z = \log[e^{g(z)} z\prod_{n=1}^{\infty}(1-\frac{z^2}{n^2})]$$

의 도함수는 다음과 같다.

$$\begin{aligned}\pi\cot\pi z &= g'(z) + \frac{1}{z} + \sum_{n=1}^{\infty}\frac{-2z}{n^2(1-z^2/n^2)} \\ &= g'(z) + \frac{1}{z} + \sum_{n=1}^{\infty}\frac{2z}{z^2-n^2}\end{aligned}$$

급수 $\sum_{n=1}^{\infty} Log(1-\frac{z^2}{n^2})$은 정수들을 배제한 긴밀집합들 위에서 평등수렴하므로, 항별 미분할 수 있다. $g'(z)\equiv 0$임을 보이면 충분하다. 정수가 아닌 $z$의 모든 값에 대하여 타당한 $\pi\cot\pi z$에 대한 표현을 또 다른 방법으로 전개할 것이다.

함수 $\pi\cot\pi z$는 각 정수 $k$에서 단일극을 가지므로, 그의 유수는 다음과 같다.

$$\lim_{z\to k}\frac{(z-k)\pi\cos\pi z}{\sin\pi z} = 1$$

그러므로 $R_k = k + \frac{1}{2} > |z|$ ($z$는 정수가 아니다.)에 대하여 유수정리에 의하여

$$\frac{1}{2\pi i}\int_{|\zeta|=R_k}\frac{\pi\cot\pi\zeta}{\zeta-z}d\zeta=\pi\cot\pi z+\sum_{n=-k}^{k}\frac{1}{n-z}$$

이다. 그러나

$$\sum_{n=-k}^{k}\frac{1}{n-z}=-\frac{1}{z}+\sum_{n=1}^{k}(\frac{1}{n-z}-\frac{1}{n+z})=-\frac{1}{z}+\sum_{n=1}^{k}\frac{2z}{n^2-z^2}$$

이다. 따라서

$$\frac{1}{2\pi i}\int_{|z|=R_k}\frac{\pi\cot\pi\zeta}{\zeta-z}d\zeta=\pi\cot\pi z-(\frac{1}{z}+\sum_{n=1}^{k}\frac{2z}{z^2-n^2})$$

이다. 이제 $k\to\infty$일 때, 위의 적분의 움직임을 조사해 보자.

$$\int_{|\zeta|=R_k}\frac{\pi\cot\pi\zeta}{\zeta-z}d\zeta=\int_{C_1}\frac{\pi\cot\pi\zeta}{\zeta-z}d\zeta+\int_{C_2}\frac{\pi\cot\pi\zeta}{\zeta-z}d\zeta$$

로 놓자. 여기서 $C_1$과 $C_2$는 각각 $|\zeta|=R_k$의 위반원과 아래반원이다.

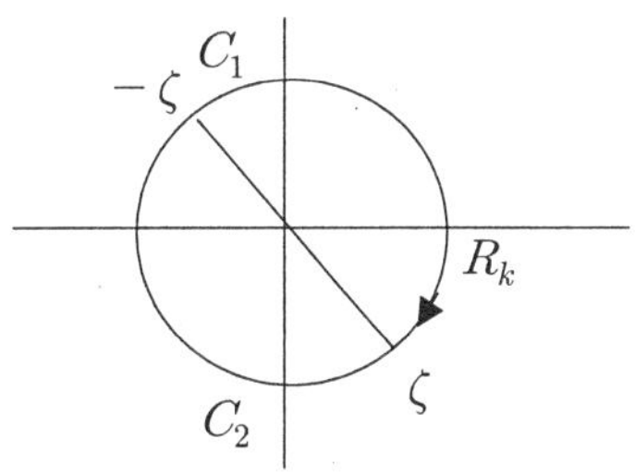


$\zeta$가 $C_2$를 따라서 양의 방향으로 움직일 때 $-\zeta$는 $C_1$을 따라서 양의 방향으로 움직이므로,

$$\int_{C_2}\frac{\pi\cot\pi z}{\zeta-z}d\zeta=\int_{C_1}\frac{\pi\cot\pi(-\zeta)}{-\zeta-z}d(-\zeta)=-\int_{C_1}\frac{\pi\cot\pi\zeta}{\zeta+z}d\zeta$$

이다. 그러므로

$$\int_{|\zeta|=R_k}\frac{\pi\cot\pi\zeta}{\zeta-z}d\zeta=\int_{C_1}\pi\cot\pi\zeta(\frac{1}{\zeta-z}-\frac{1}{\zeta+z})d\zeta=2z\int_{C_1}\frac{\pi\cot\pi\zeta}{\zeta^2-z^2}d\zeta$$

이다. 다음에, $\cot\pi\zeta$는 $|z-k|<\frac{1}{2}$꼴의 모든 원판을 배제한 평면의 임의의 부분집합 위

에서 유계임을 보이자. $\cot\pi z$는 주기가 1이므로, 원판 $|z| < \frac{1}{2}$을 배제한 영역 $-\frac{1}{2} \leq Re z \leq \frac{1}{2}$에서 생각하면 충분하다. $\cot\pi z = i\frac{e^{2\pi iz}+1}{e^{2\pi iz}-1}$은 위반평면 위에서 $Im z \to \infty$일 때, $-i$로 평등수렴하고, 아래반평면 위에서는 $+i$로 평등수렴함을 유의하자. 그러므로 최대절댓값의 정리에 의하여 실수 $M$이 존재하여 그 영역에서

$$|\cot\pi z| \leq M$$

이다. 따라서 이것은 $|z-k| < \frac{1}{2}$꼴의 모든 원판을 배제한 평면에서 성립한다. 그러므로 각 $k$에 대하여

$$\left|\int_{|\zeta|=R_k} \frac{\pi\cot\pi\zeta}{\zeta - z} d\zeta\right| \leq 2\pi|z|M\int_{C_1} \frac{1}{|\zeta^2 - z^2|}|d\zeta|$$
$$\leq \frac{2\pi^2|z|MR_k}{R_k^2 - |z|^2}$$

이다. $k \to \infty$를 취하면, $R_k \to \infty$이므로, 짜내기 정리에 의하여 $\int_{|\zeta|=R_k} \frac{\pi\cot\pi\zeta}{\zeta - z} d\zeta \to 0$ 임을 알 수 있다. 그러므로 정수가 아닌 모든 $z$의 값에 대하여

$$\pi\cot\pi z = \frac{1}{z} + \sum_{n=1}^{\infty} \frac{2z}{z^2 - n^2}$$

이다. 따라서 $g'(z) \equiv 0$이다.

정함수에 대한 무한곱을 구했을 때 그 무한곱을 거듭제곱급수 전개와 비교해 보면 흥미있는 관계로 귀착될 수 있다. 예를 들어,

$$\sin\pi z = \pi z\prod_{n=1}^{\infty}\left(1 - \frac{z^2}{n^2}\right) = \pi z - \frac{(\pi z)^3}{3!} + \frac{(\pi z)^5}{5!} - \cdots$$

이므로, 무한곱에서 $z^3$항은 다음과 같다.

$$\pi z(-z^2)\left(1 + \frac{1}{2^2} + \frac{1}{3^2} + \cdots\right) = -\pi z^3 \sum_{n=1}^{\infty} \frac{1}{n^2}$$

매클로린 급수 전개의 유일성에 의하여 $\sum_{n=1}^{\infty}\frac{1}{n^2}=\frac{\pi^2}{6}$ 임을 알 수 있다.

이미 알아보았듯이, 함수 $f(z)=\prod_{n=1}^{\infty}(1+\frac{z}{n})e^{-z/n}$ 은 음의 정수에서만 영점을 갖는 정함수이다. 함수 $f(z-1)$은 양이 아닌 정수에서만 영점을 갖는 정함수이다. 즉,

$$f(z-1)=\prod_{n=1}^{\infty}(1+\frac{z-1}{n})e^{(z-1)/n}=z\prod_{n=2}^{\infty}(1+\frac{z-1}{n})e^{(z-1)/n}.$$

그러므로 정리 2.2에 의하여 정함수 $g(z)$가 존재하여

$$f(z-1)=e^{g(z)}zf(z)$$

이다.

$$\log[f(z-1)]=\log[e^{g(z)}zf(z)]$$

이므로, 이를 미분하면, 다음을 얻는다.

$$\sum_{n=1}^{\infty}(\frac{1}{n+z-1}-\frac{1}{n})=g'(z)+\frac{1}{z}+\sum_{n=1}^{\infty}(\frac{1}{n+z}-\frac{1}{n})$$

$$\begin{aligned}\sum_{n=1}^{\infty}(\frac{1}{n+z-1}-\frac{1}{n})&=(\frac{1}{z}-1)+\sum_{n=2}^{\infty}(\frac{1}{n+z-1}-\frac{1}{n})\\&=\frac{1}{z}-1+\sum_{n=1}^{\infty}[(\frac{1}{n+z}-\frac{1}{n})+(\frac{1}{n}-\frac{1}{n+1})]\\&=\frac{1}{z}-1+\sum_{n=1}^{\infty}(\frac{1}{n+z}-\frac{1}{n})+1\\&=\frac{1}{z}+\sum_{n=1}^{\infty}(\frac{1}{n+z}-\frac{1}{n})\end{aligned}$$

이므로, $g'(z)\equiv 0$이다. $g(z)=\gamma$(상수)라 놓으면, $z=1$일 때,

$$1=f(0)=e^{\gamma}\prod_{n=1}^{\infty}(1+\frac{1}{n})e^{-1/n}$$

이다. 그러므로

$$\gamma = \sum_{n=1}^{\infty}[\frac{1}{n} - Log(1+\frac{1}{n})] = \lim_{N\to\infty}[1+\frac{1}{2}+\frac{1}{3}+\cdots+\frac{1}{N} - Log(N+1)]$$

이다. 이러한 상수 $\gamma$는 **Euler 상수**라고 한다. 이 값은 근사적으로 0.577이다. 이 극한이 존재한다는 사실은 조화급수 $\sum_{n=1}^{\infty}\frac{1}{n}$이 발산한다는 것을 보여주는 정교한 방법을 제시해 준다.

정함수 $f(z) = \prod_{n=1}^{\infty}(1+\frac{z}{n})e^{-z/n}$에 대하여 함수

$$\Gamma(z) := \frac{1}{e^{\gamma z}zf(z)}$$

는 **감마함수(gamma function)**라고 한다. 이 함수는 음의 정수들과 원점을 제외한 모든 점에서 해석적이다. 이러한 제외된 점들에서 감마함수는 단일극을 갖는다.

$f(z-1) = e^{g(z)}zf(z)$에서 $g(z) = \gamma$이므로, $f(z) = e^{\gamma}(z+1)f(z+1)$이다. 이것은 감마함수의 가장 중요한 성질을 결정하게 해준다. 즉,

$$\Gamma(z+1) = \frac{1}{e^{\gamma(z+1)}(z+1)f(z+1)} = \frac{1}{e^{\gamma z}f(z)} = z\Gamma(z).$$

$z = n$(양의 정수)일 때,

$$\Gamma(n+1) = n\Gamma(n) = n(n-1)\Gamma(n-1) = \cdots = n(n-1)\cdots 2\cdot\Gamma(1)$$

이다. $f(z-1) = e^{\gamma}zf(z)$이므로, $1 = f(0) = e^{\gamma}f(1)$이다. 그러므로 $\Gamma(1) = \frac{1}{e^{\gamma}f(1)} = \frac{1}{e^{\gamma}e^{-\gamma}}$ $= 1$이다. 따라서 $\Gamma(n+1) = n!$이다.

감마함수와 사인함수 사이에 흥미로운 관계가 존재한다.

$\sin\pi z = \pi z f(z)f(-z)$와 $f(z) = \frac{1}{ze^{\gamma z}\Gamma(z)}$를 응용하면, 다음을 얻는다.

$$\sin\pi z = \frac{\pi}{e^{\gamma z}\Gamma(z)(-z)e^{-\gamma z}\Gamma(-z)} = \frac{\pi}{-z\Gamma(-z)\Gamma(z)}$$

$-z\Gamma(-z) = \Gamma(1-z)$이므로, 음이 아닌 정수인 모든 $z$의 값에 대하여

$$\frac{\pi}{\sin\pi z} = \Gamma(z)\Gamma(1-z)$$

이다. 특히, $z=\frac{1}{2}$일 때, $\Gamma(\frac{1}{2})=\sqrt{\pi}$이다.

(참고1) $\frac{1}{\Gamma(z)}=e^{\gamma z}z\prod_{n=1}^{\infty}(1+\frac{z}{n})e^{-z/n}$은 정함수임을 유의하자.

(참고2) 실해석학에서 함수 $\Gamma(x)=\int_0^{\infty}t^{x-1}e^{-t}dt, t>0$는 다양하게 연구되었다. 흥미롭게도, $\Gamma(z)=\frac{1}{e^{\gamma z}zf(z)}$는 $z$의 양의 실수값에 대하여 적분형태로 표현될 수 있다. 다음 장에서, 감마함수를 복소적분으로 다시 정의하여 적분이 수렴하는 모든 점에서 두 정의는 동일한 함수를 나타낸다는 것을 보일 것이다.

(참고3) $\Gamma(\frac{1}{2})$은 이러한 적분정의에 의해서도 구할 수 있다. $\Gamma(\frac{1}{2})=\int_0^{\infty}t^{-1/2}e^{-t}dt$에서 $t=y^2$으로 놓으면,

$$\Gamma(\frac{1}{2})=2\int_0^{\infty}e^{-y^2}dy=2\cdot\frac{\sqrt{\pi}}{2}=\sqrt{\pi}$$

이다.

**문제 2.1** $z=\ln n, n=2,3,\cdots$에서만 영점을 갖는 정함수를 구하여라.

**문제 2.2** 다음 두 성질을 만족하는 정함수 $f(z)$를 구하여라.

(i) $f(z)$는 $z=1,2,\cdots$에서만 영점을 갖는다.
(ii) $f(z)$는 $z=n$에서 중복도 $n$의 영점을 갖는다.

**문제 2.3** (a) $\prod_{n=1}^{\infty}(1+\frac{1}{n^2})$의 값을 구하여라.

(b) $\prod_{n=2}^{\infty}(1-\frac{1}{n^4})=(e^{\pi}-e^{-\pi})/8\pi$임을 보여라.

**문제 2.4** (a) $e^{2z}-1$과 $\sin iz$은 동일한 점에서 단일영점들을 가짐을 보여라.

(b) $\dfrac{e^{2z}-1}{\sin iz}=e^{g(z)}$로 놓자. 이때 $g(z)$를 구하여라.

**문제 2.5** $\sin\pi z$의 거듭제곱급수와 무한곱 전개에서 $z^5$항의 계수를 비교하여 $\displaystyle\sum_{n=1}^{\infty}\frac{1}{n^4}=\frac{\pi^4}{90}$ 임을 보여라.

**문제 2.6** $\displaystyle\prod_{n=1}^{\infty}(1-\frac{z}{n})e^{z/n+5(z/n)^2}$은 정함수임을 보여라.

**문제 2.7** $0<|a_1|\leq|a_2|\leq\cdots\to\infty$라고 하자. 이때 $\displaystyle\prod_{n=1}^{\infty}(1-\frac{z}{a_n})e^{Q_n(z)}$는 정함수임을 보여라. 여기서 $Q_n(z)=\dfrac{z}{a_n}+\dfrac{1}{2}(\dfrac{z}{a_n})^2+\cdots+\dfrac{1}{[\ln n]}(\dfrac{z}{a_n})^{[\ln n]}$이다.

**문제 2.8** $\displaystyle\cos z=\prod_{n=1}^{\infty}[1-\frac{4z^2}{(2n-1)^2\pi^2}]$ 임을 보여라.

**문제 2.9** 만일 $a$는 정수가 아니면, $\displaystyle f(z)=\prod_{n=-\infty,n\neq0}^{\infty}(1+\frac{z}{a+n})e^{-z/n}$은 정함수임을 보여라. 또한, $f(z)=\dfrac{a\sin\pi(z+a)}{(z+a)\sin\pi a}$ 임을 보여라.

**문제 2.10** $\displaystyle\prod_{n=1}^{\infty}(1+\frac{1}{n^2}+\frac{1}{n^4})$을 구하여라.

**문제 2.11** $\sin\pi z$의 무한곱 전개를 이용하여 다음을 보여라.

(a) $\dfrac{\pi}{2}=\dfrac{2}{1}\cdot\dfrac{2}{3}\cdot\dfrac{4}{3}\cdot\dfrac{4}{5}\cdot\dfrac{6}{5}\cdot\dfrac{6}{7}\cdot\cdots$

(b) $\sqrt{2}=\dfrac{2}{1}\cdot\dfrac{2}{3}\cdot\dfrac{6}{5}\cdot\dfrac{6}{7}\cdot\dfrac{10}{9}\cdot\dfrac{10}{11}\cdot\cdots$

(c) $\sqrt{3}=2\cdot\frac{2}{3}\cdot\frac{4}{3}\cdot\frac{8}{9}\cdot\frac{10}{9}\cdot\frac{14}{15}\cdot\frac{16}{15}\cdot\cdots$

**문제 2.12** Euler 상수 $\gamma$는 $\gamma=\lim_{n\to\infty}(1+\frac{1}{2}+\frac{1}{3}+\cdots+\frac{1}{n}-\ln n)$으로 나타낼 수 있음을 보여라.

**문제 2.13** $\frac{d}{dz}\frac{\Gamma'(z)}{\Gamma(z)}=\sum_{n=0}^{\infty}\frac{1}{(z+n)^2}$ 임을 보여라.

**문제 2.14** $\Gamma(z)\sin\pi z$는 정함수임을 보여라.

**문제 2.15** $e^z-1$의 무한곱 전개를 구하여라.

## 3. Mittag-Leffler의 정리

함수가 영역 $D$에서 **유리형(meromorphic)**이라는 것은 그 함수가 $D$에서 극 이외의 특이성을 갖지 않을 때를 말한다. 만일 영역을 구체적으로 언급하지 않으면, 유리형 함수는 전평면에서 유리형 함수라고 가정할 것이다. 정의의 결과로서, 전평면에서 유리형 함수 $f(z)$는 임의의 유계영역에서 무수히 많은 극들을 가질 수 없다. 왜냐하면, 만일 그렇다면, 극들의 점열은 극한점 $p$를 가져야만 한다. $f(z)$는 $p$의 임의의 근방에서 해석적이 될 수 없으므로, 그 극한점 $p$는 극이 아닌 특이점이다.

정함수 $f(z)$에 대하여 $\dfrac{1}{f(z)}$은 유리형이다. 그의 극들은 정함수의 영점들로 이루어진다. 더 일반적으로, 유리형 함수는 다음과 같은 특성을 갖는다.

**▸정리 3.1** 함수가 유리형이기 위한 필요충분조건은 그 함수는 정함수들의 몫으로 나타낼 수 있다.

증명 ($\Leftarrow$) $f(z)=g(z)/h(z)$라고 가정하자. 여기서 $g(z)$와 $h(z)$는 동일한 영점들을 갖지 않는 정함수이다. 임의의 동일한 영점들은 소약될 수 있다. 그러면 $f(z)$의 유일한 특이점들은 $h(z)$의 영점들인 극들이다. 그러므로 함수 $f(z)$는 유리형이다.

($\Rightarrow$) 함수 $f(z)$는 유리형이라 가정하자. 그러면 Weierstrass의 곱 정리에 의하여 정함수 $h(z)$가 존재하여 그의 영점들이 $f(z)$의 극들과 일치하고, 영점의 차수는 극의 위수와 일치한다. 그러므로 함수 $g(z):=f(z)h(z)$는 정함수이다. 따라서 $f(z)=g(z)/h(z)$는 정함수들의 몫이다.

이 절에서, Weierstrass의 곱 정리와 유사한 유리형 함수에 대한 정리를 증명할 것이다. 유한개의 복소수 $b_1, b_2, \cdots, b_n$이 주어지면, 유리함수

$$\frac{1}{z-b_1}+\frac{1}{z-b_2}+\cdots+\frac{1}{z-b_n}$$

는 각 점 $b_i$에서 단일극을 갖는다. 이 유리함수는 유리형이다. 만일 주어진 복소수들이 무한개이면, 각 점에서 극을 갖는 유리형 함수를 구축하는 문제는 좀 더 복잡하다. 왜냐하면, 수렴성에 관하여 생각해야만 하기 때문이다.

함수 $f(z) = \sum_{n=1}^{\infty} \frac{1}{z-n^2}$을 생각하자. 이 함수는 정수들의 제곱을 제외한 평면의 임의의 긴밀부분집합 위에서 평등수렴하므로, $f(z)$는 모든 $z \neq n^2, n = 1,2,\cdots$에서 해석적이다. 그러므로 $f(z)$는 $z = n^2$에서 단일극을 갖는 유리형 함수이다.

한편, 양의 정수에서 단일극을 갖는 유리형 함수를 구축해보자. 위와 비슷한 후보자로서 $\sum_{n=1}^{\infty} \frac{1}{z-n}$은 어느 곳에서도 수렴하지 않는다. Weierstrass의 곱 정리의 경우에서와 같이, 수렴성을 유발하는 인수가 필요하다. 함수 $\sum_{n=1}^{\infty} (\frac{1}{z-n} + \frac{1}{n}) = \sum_{n=1}^{\infty} \frac{z}{n(z-n)}$은 구하고자 하는 성질을 갖는다. $n > \frac{|z|}{2}$에 대하여 $|\frac{z}{n(z-n)}| \leq \frac{2|z|}{n^2}$임을 유의하여라. 그래서 그 급수는 모든 $z \neq n, n = 1,2,\cdots$에 대하여 절대수렴한다. 그러므로 $\sum_{n=1}^{\infty} \frac{z}{n(z-n)}$은 양의 정수에서 단일극을 갖는 유리형 함수이다.

어떤 의미에서 유리형 함수에 관하여 증명하는 정리는 정함수에 대하여 대응하는 정리보다 더 일반적일 것이다. 왜냐하면, 주어진 극들뿐만 아니라 주어진 주부들을 갖는 유리형 함수를 구축할 것이기 때문이다.

$\{b_n\}$는 $\infty$로 발산하는 복소수열이라 하자. 각 $n$에 대하여 다음과 같은 유리함수를 결합시키자.

$$P_n(\frac{1}{z-b_n}) = \frac{a_1^{(n)}}{z-b_n} + \frac{a_2^{(n)}}{(z-b_n)^2} + \cdots + \frac{a_{k_n}^{n}}{(z-b_n)^{k_n}}$$

여기서 $a_i^{(n)} \in \mathbb{C}, a_{k_n}^{(n)} \neq 0$이다. $k_n$은 극의 위수이고, $n$의 값에 따라 변할 수도 있다. 우리의 목적은 각 $n$에 대하여 주부가 $P_n(\frac{1}{z-b_n})$인 유리형 함수를 구축하는 것이다. 만일 $\sum_{n=1}^{\infty} P_n(\frac{1}{z-b_n})$이 수렴하지 않으면, 각 $n$에 대하여 수렴성을 유발하는 인수는 $P_n(\frac{1}{z-b_n})$에 대한 매클로린 급수 전개의 부분합인 다항식으로 이루어진다는 것을 보일 것이다.

정리를 서술하고 증명하기 전에 최종적인 참고사항은 위수에 있다.

두 유리형 함수 $f_0(z), f_1(z)$는 동일한 주부의 동일한 극들을 갖는다고 하자. 그러면 $f_0(z) - f_1(z)$는 극을 갖지 않으므로, $f_0(z) - f_1(z)$는 정함수이다. 그러므로 동일한 주부를 갖는 두 유리형 함수들은 기껏해야 정함수만큼 차이가 난다. 이러한 정함수는 정리 2.2의 지수함수곱과 유사한 유리형 함수이다.

**▶정리 3.2** **(Mittag–Leffler 정리)** $\infty$로 발산하는 주어진 복소수열 $\{b_n\}$의 각 항에 주부 $P_n(\frac{1}{z-b_n})$을 결합시키자. 그러면 $\{b_n\}$에서 극을 갖고 주부가 $P_n(\frac{1}{z-b_n})$인 유리형 함수가 존재한다. 이 함수는 극 이외의 모든 점에서 해석적이다.

증명 일반성을 잃지 않고, $b_n \neq 0$이라 가정하자. 왜냐하면, 원점에서 극을 갖는 유리함수를 더할 수 있기 때문이다. 역시, 다음과 같이 가정하자.

$$0 < |b_1| \leqq |b_2| \leqq \cdots$$

각 $n$에 대하여 유리함수 $P_n(\frac{1}{z-b_n})$은 $|z| < |b_n|$에서 해석적이다. 또한 $P_n(\frac{1}{z-b_n})$은 $|z| < |b_n|$에서 절대수렴하고 $|z| \leqq |b_n|/2$에서 평등수렴하는 매클로린 급수 전개를 갖는다. 그러므로 $P_n(\frac{1}{z-b_n})$에 대한 매클로린 급수의 부분합인 $Q_n(z)$가 존재하여 충분히 큰 $n$에 대하여 다음이 성립한다.

$$\left|P_n\left(\frac{1}{z-b_n}\right) - Q_n(z)\right| < \frac{1}{2^n},\ |z| \leqq |b_n|/2$$

이때 함수 $f(z) = \sum_{n=1}^{\infty}[P_n(\frac{1}{z-b_n}) - Q_n(z)]$는 정리의 요구조건을 만족한다는 것을 보이자. 이것을 보이기 위해서는 $f(z)$에 대한 급수가 점 $b_n(|b_n| \leqq R)$들을 제외한 평면의 임의의 긴밀집합 $|z| \leqq R$ 위에서 평등수렴함을 보이면 충분하다. $|b_N| \leqq 2R$인 $N$을 선택하자. 그러면

$$\sum_{n=N}^{\infty}\left|P_n\left(\frac{1}{z-b_n}\right) - Q_n(z)\right| \leqq \sum_{n=N}^{\infty}\frac{1}{2^n} < \infty$$

이다. 평등수렴성은 M-판정법으로부터 나온다. $\sum_{n=N}^{\infty}[P_n(\frac{1}{z-b_n}) - Q_n(z)]$은 $|z| \leqq R$에서 해석적이다. 왜냐하면, $P_n(\frac{1}{z-b_n})$의 극들은 $|z| = R$의

밖에 놓여있기 때문이다. $R$은 임의이므로, $f(z)$는 평면에서 유리형 함수이다.

(참고1) 수렴성을 유발하는 다항식 $\{Q_n(z)\}$를 선택하는 대신에 임의의 다른 다항식 $\{R_n(z)\}$을 선택할 수도 있다. 여기서 $\sum_{n=1}^{\infty}[f(z)-R_n(z)]$는 극들을 제외한 긴 밀집합들 위에서 평등수렴하는 것이다.

(참고2) 일반적으로, 수렴성을 유발하는 다항식 $\{R_n(z)\}$의 차수는 $n$에 따라 변한다. 만일 $\sum_{n=1}^{\infty}P_n(\frac{1}{z-b_n})$이 수렴하면, $R_n(z)\equiv 0$을 선택해도 좋다. 만일 $P_n(\frac{1}{z-b_n})=\frac{1}{z-n}$이면, $R_n(z)\equiv\frac{1}{n}$을 선택해도 좋다. 만일 $P_n(\frac{1}{z-b_n})=\frac{1}{z-\sqrt{n}}$이면, $R_n(z)=\frac{1}{\sqrt{n}}+\frac{z}{n}$을 선택해도 좋다.

함수 $\frac{1}{z}+\sum_{n=1}^{\infty}(\frac{1}{z-n}+\frac{1}{z+n})=\frac{1}{z}+\sum_{n=1}^{\infty}\frac{2z}{z^2-n^2}$는 각 정수에서 단일극을 갖는 유리형 함수이다. 이 함수의 각 정수에서의 유수는 1이다. 그러므로 함수

$$f(z)=\frac{1}{z}+\sum_{n=1}^{\infty}\frac{2z}{z^2-n^2}+g(z)\ \ (g(z)\text{는 정함수})$$

는 가장 일반적인 그러한 유리형 함수이다. $g(z)\equiv 0$인 특수한 경우에는 13.2절에서 보았듯이 $f(z)=\pi\cot\pi z$이다.

이 절에서는 Weierstrass 곱 정리와 Mittag-Leffler 정리의 유사성을 보였다. Mittag-Leffler 정리의 응용으로서, Weierstrass의 곱 정리의 일반화를 증명할 것이다.

**▸정리 3.3** $\{a_n\}$은 $\infty$로 발산하는 서로 다른 복소수들의 수열이라 하자. 그러면 임의의 복소수열 $\{c_n\}$에 대하여 정함수 $f(z)$가 존재하여 모든 $n$에 대하여 $f(a_n)=c_n$이 성립한다.

(증명) Weierstrass의 곱 정리에 의하여 정함수 $g(z)$가 존재하여 $g(z)$는 $\{a_n\}$에서 단일영점을 갖는다. 그러므로 $g(a_n)=0, g'(a_n)\neq 0$이다. Mittag-Leffler 정리에

13장 정함수와 유리형 함수

의하여 유리형 함수 $h(z)$가 존재하여 $h(z)$는 $\{a_n\}$에서 단일극을 갖고 그의 주부는 $\dfrac{c_n}{g'(a_n)(z-a_n)}$이다. (만일 $c_n=0$이면, $h(z)$는 $z=a_n$에서 해석적이 되도록 취한다.)

$h(z)$의 단일극들은 역시 $g(z)$의 단일영점이므로, $f(z)=g(z)h(z)$의 특이성은 제거가능이다. 즉, $f(z)$는 정함수이다. 각 $n$에 대하여 $g(z)$는 $z=a_n$에 관하여 테일러 급수로 전개될 수 있다. 그러면

$$g(z)=g'(a_n)(z-a_n)+\frac{g''(a_n)}{2!}(z-a_n)^2+\cdots$$

이다. 역시 $h(z)=\dfrac{c_n}{g'(a_n)(z-a_n)}+h_1(z)$으로 나타낼 수 있다. 여기서 $h_1(z)$는 $z=a_n$의 어떤 근방에서 해석적이다. 그러므로 다음을 얻는다.

$$f(a_n)=\lim_{z\to a_n}f(z)=\lim_{z\to a_n}g(z)h(z)=c_n$$

(참고) 만일 $c_n\equiv 0$이면, 정리 3.3은 Weierstrass의 곱 정리로 된다.

**문제 3.1** 다음 두 성질을 만족하는 유리형 함수 $f(z)$를 구하여라.

(i) $f(z)$는 $z=1,2,3,\cdots$에서만 극을 갖는다.
(ii) $z=n$에서의 극은 위수 $n$을 갖는다.

**문제 3.2** $\dfrac{\sin z}{e^{2iz}+1}$과 $\dfrac{1}{2i\cos z}$는 정함수만큼 차이가 난다는 것을 보여라. 이때 그 정함수를 구하여라.

**문제 3.3** $\prod_{n=1}^{\infty}\left(1-\dfrac{z}{a_n}\right)$이 정함수이기 위한 필요충분조건은 $\sum_{n=1}^{\infty}\dfrac{1}{z-a_n}$은 유리형임을 보여라.

**문제 3.4** $p(\geq 1)$은 정수라고 하자. 만일 $\sum_{n=1}^{\infty}\dfrac{1}{|a_n|^{p+1}}$은 수렴하면,

$$\sum_{n=1}^{\infty}\left(\frac{1}{z-a_n}+\frac{1}{a_n}+\frac{z}{a_n^2}+\cdots+\frac{z^{p-1}}{a_n^p}\right)$$

는 유리형임을 보여라.

**문제 3.5** (a) $0<|b_1|\leq|b_2|\leq\cdots\rightarrow\infty$라고 하자. 이때 어떤 양의 수열 $\{a_n\}$에 대하여 $f(z)=\sum_{n=1}^{\infty}\frac{a_n}{z-b_n}$은 $z=b_n$을 제외한 모든 곳에서 해석적임을 보여라.

(b) $f(z)=c_0+c_1z+c_2z^2+\cdots+c_mz^m+\cdots$를 생각하자. 이때 $c_m$을 $a_m$과 $b_m$으로 나타내어라.

**문제 3.6** $\sum_{n=1}^{\infty}\frac{|\alpha_n|}{n^2}$은 수렴한다고 하자. 이때 다음을 보여라.

(a) $f(z)=2z\sum_{n=1}^{\infty}\frac{\alpha_n}{z^2-n^2}$은 유리형 함수이다.

(b) $g(z)=\frac{\sin\pi z}{\pi}f(z)$는 정함수이고 $g(n)=\alpha_n$이다.

**문제 3.7** $\frac{e^z}{e^z-1}=\frac{1}{z}+\frac{1}{2}+2z\sum_{n=1}^{\infty}\frac{1}{z^2+4\pi^2n^2}$임을 보여라.

14장

# 해석적 연장

1. 기초개념
2. 특수한 함수

영역 $D$에서의 해석함수는 $D$에서 극한점을 갖는 복소수열에 대하여 그의 움직임에 의하여 완전히 결정된다는 것을 이미 보였다. 그러나 다음과 같은 물음에 관한 것은 아직 살펴보지 않았다. 만일 $f(z)$가 영역 $D_1$에서 해석적이면, 다른 영역 $D_2$에서 해석적인 함수 $g(z)$가 존재하여 모든 $z \in D_1 \cap D_2$에 대하여 $f(z) = g(z)$가 성립하는가? 해석적 연장(analytic continuation)은 해석성의 영역을 확장하기 위하여 해석함수를 다시 정의하는 문제를 다루는 것이다. 앞으로, 그러한 확장이 존재하지 않는 함수들을 만나게 된다.

끝으로, 해석적 연장에 대한 지식을 해석학에서 가장 중요한 함수인 감마함수와 리만-제타 함수에 응용한다.

## 1. 기초개념

함수 $f_0(z) = \sum_{n=0}^{\infty} z^n$은 원판 $|z| < 1$에서 해석적이고 그 급수는 $|z| < 1$에서 함수 $f(z) = \dfrac{1}{1-z}$로 나타낸다. 그러나 $f(z)$는 모든 점 $z \neq 1$에서 해석적이다. 임의의 점 $z = z_0 \neq 1$에 대하여 $f(z)$의 테일러 급수는 $|z - z_0| < |1 - z_0|$에서

$$f(z) = \sum_{n=0}^{\infty} \frac{f^{(n)}(z_0)}{n!}(z - z_0)^n$$

으로 나타낼 수 있다. 이 급수가 수렴하는 원판 $|z - z_0| < |1 - z_0|$은 원판 $|z| < 1$과 공통점들을 가질지 그렇지 않을지 모른다. 예를 들어, 급수

$$f_1(z) = \sum_{n=0}^{\infty} \frac{f^{(n)}(e^{i\alpha})}{n!}(z - e^{i\alpha})^n, 0 < \alpha < 2\pi$$

이 수렴하는 원판 $|z - e^{i\alpha}| < |1 - e^{i\alpha}|$은 $|z| < 1$과 겹친다. 그러나 급수

$$f_2(z) = \sum_{n=0}^{\infty} \frac{f^{(n)}(2)}{n!}(z - 2)^n$$

이 수렴하는 원판 $|z - 2| < 1$은 $|z| < 1$과 겹치지 않는다.

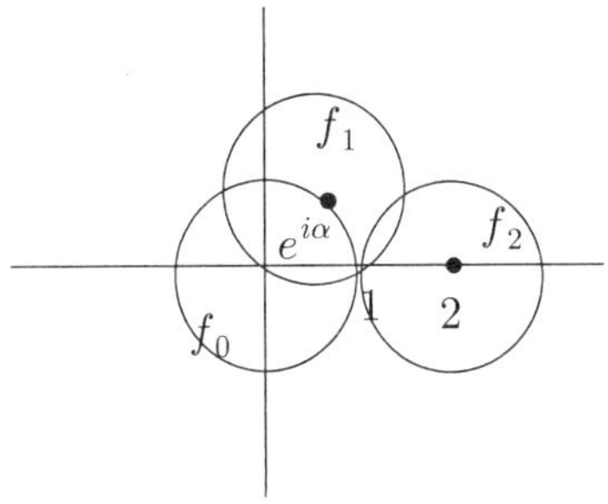


이 급수들은 각 영역에서 함수 $f(z)=\dfrac{1}{1-z}$를 나타내는 것이다. 또한, 적분 $\displaystyle\int_0^{\infty} e^{-t(1-z)}dt$는 $Re z<1$에서 수렴하고 이 반평면에서 $f(z)=\dfrac{1}{1-z}$을 나타내는 것이다. 그래서 외관상으로 서로 관련되지 않는 함수들이 실제로 다른 영역에서 동일한 해석함수를 나타낸다는 것을 알게 된다.

$f_0(z)$는 영역 $D_0$에서 해석적이라는 것이 알려져 있다고 가정하자. 다음을 만족하는 가장 큰 영역 $D\supset D_0$를 결정하고자 한다. 영역 $D$에서 해석적인 함수 $f(z)$가 존재하여

$$f(z)\equiv f_0(z), z\in D_0$$

가 성립한다.

방금 알아보았듯이, $\mathbb{C}-\{1\}$은 $|z|<1$을 포함하는 가장 큰 영역이고 그 영역에서의 해석함수는 $|z|<1$에서 $\sum_{n=1}^{\infty} z^n$과 일치하도록 정의될 수 있다.

함수 $f(z)$가 영역 $D$와 더불어 **함수원소(function element)**라는 것은 $f(z)$가 영역 $D$에서 해석적일 때를 말한다. 이것을 $(f,D)$로 나타낸다. 두 함수원소 $(f_1,D_1),(f_2,D_2)$가 서로 **직접적인 해석연장(direct analytic continuation)**이라는 것은 $D_1\cap D_2\neq\varnothing$ 이고 모든 $z\in D_1\cap D_2$에 대하여 $f_1(z)=f_2(z)$일 때를 말한다. 이를 $(f_1,D_1)\sim(f_2,D_2)$로 나타낸다. 만일 $(f_1,D_1)$에서 $(f_2,D_2)$로의 직접적인 해석연장이 존재하면, 그것은 유일하게 결정된다. 왜냐하면, 임의의 두 직접적인 해석연장들은 $D_1\cap D_2$에서 일치하므로, 8.2절의 정리 2.13에 의하여 그 해석연장들은 $D_2$에서 일치한다.

만일 $(f_1,D_1)\sim(f_2,D_2),(f_1,D_1)\sim(f_2',D_2)$이면, $f_2'(z)=f_1(z)=f_2(z), z\in D_1\cap D_2$이므로, 일치정리에 의하여 $f_2(z)=f_2'(z), z\in D_2$이다.

직접적인 해석연장의 성질은 추이적이 아니다. 다시 말해, 만일 $(f_1,D_1)\sim(f_2,D_2)$이고

$(f_2, D_2) \sim (f_3, D_3)$이면, $(f_1, D_1) \not\sim (f_3, D_3)$이다. 간단한 예로서, $D_1 \cap D_3 = \varnothing$일 때 이러한 것이 발생한다. 그러나 $f_1(z)$와 $f_3(z)$ 사이의 관계는 조사해 볼만한 가치가 있다.

함수원소들의 유한집합 $\{(f_1, D_1), (f_2, D_2), \cdots, (f_n, D_n)\}$이 **서로 해석연장들(analytic continuations of one another)**이라는 것은 $(f_k, D_k) \sim (f_{k+1}, D_{k+1}), k = 1, 2, \cdots, n-1$일 때를 말한다. 이때, 함수원소들의 집합은 **사슬(chain)**이라 한다. $(f_i, D_i)$와 $(f_j, D_j)$가 서로 해석연장들이기 위한 필요충분조건은 그들이 유한개의 직접적 해석연장들에 의하여 연결될 수 있는 것이다.

함수원소 $(f, D)$가 곡선을 따라 **해석적으로 연장(analytically continued)될 수 있다**는 것은 $(f, D)$를 포함하는 사슬이 존재하여 곡선 위의 각 점은 사슬의 어떤 함수원소의 영역에 포함될 때를 말한다.

만일 사슬 $\{(f_1, D_1), (f_2, D_2), \cdots, (f_n, D_n)\}$이 주어지면, $\bigcup_{i=1}^{n} D_i$에서 해석적인 함수 $f(z)$는 정의될 수 있겠는가? $n = 2$일 때, 이것은 분명히 가능하다. 함수

$$f(z) = \begin{cases} f_1(z), z \in D_1 \\ f_2(z), z \in D_2 \end{cases}$$

는 $D_1 \cup D_2$에서 해석적이다. 만일 $\bigcap_{i=1}^{n} D_i \neq \varnothing$이면, 수학적 귀납법에 의하여 함수

$$f(z) := \begin{cases} f_1(z), z \in D_1 \\ \cdots\cdots \\ f_n(z), z \in D_n \end{cases}$$

는 $\bigcup_{i=1}^{n} D_i$에서 해석적이다. 그러나 일반적인 경우에 대해서는 성립하지 않는다. 다음 그림과 같은 4개의 영역에서 생각해보자.

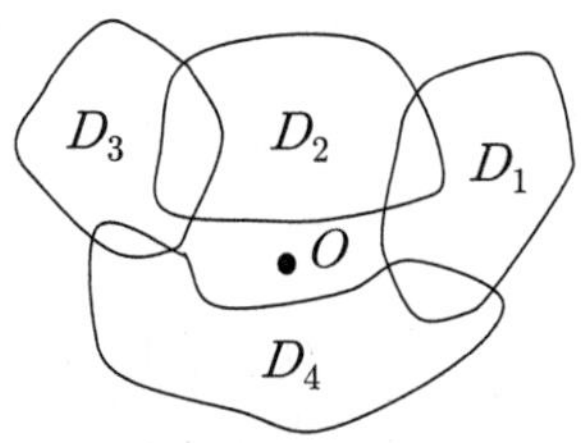


$\log z$의 고정된 분지에 대하여 $f_1(z) = \log z, z \in D_1$이라 놓자. 함수원소 $(f_1, D_1)$은 유일한

직접적인 해석연장 $(f_2, D_2)$를 결정한다. $(f_2, D_2)$는 유일한 직접적인 해석연장 $(f_3, D_3)$를 결정한다. $(f_3, D_3)$는 유일한 직접적인 해석연장 $(f_4, D_4)$를 결정한다. 그러므로

$$\{(f_1, D_1), (f_2, D_2), (f_3, D_3), (f_4, D_4)\}$$

는 사슬이다. 그러나 $D_1 \cap D_4$에서 $f_1(z) = f_4(z)$라고 할 수 없다. 실제로, $D_1 \cap D_4$의 모든 점에서 $f_4(z) = f_1(z) + 2\pi i$이다. 그 두 함수의 차는 다가함수인 로그함수의 편각이 원점을 중심으로 한 바퀴 회전함에 따라 $2\pi$씩 증가한다는 사실에 있다. 또한, $(f_1, D_1)$은 다른 사슬들에 의하여 영역 $D_3$로 연장될 수 있다. 이때, 얻어진 함수들은 서로 다르다. 왜냐하면, 사슬 $\{(f_1, D_1), (f_2, D_2), (f_3, D_3)\}$와 $\{(f_1, D_1), (g_1, D_4), (g_2, D_3)\}$에 대하여 얻어진 $f_3$와 $g_2$의 값들은 $2\pi i$만큼 차이가 난다.

단가함수와 다가함수 사이의 차이점은 다른 측면에서 보일 수 있다. $f(z)$는 영역 $D$에서 해석적이라 하자. 점 $z_1$이 $f(z)$의 **정칙점(regular point)**이라는 것은 함수원소 $(f, D)$가 $D$의 점에서 점 $z_1$ 까지의 어떤 곡선을 따라 해석적으로 연장될 수 있을 때를 말한다. $f(z)$의 모든 정칙점들의 집합은 $f(z)$에 대한 **정칙성영역(domain of regularity)**이라 한다.

앞에서 알아보았듯이, 함수 $f_0(z) = \sum_{n=0}^{\infty} z^n$은 정칙성영역 $\mathbb{C} - \{1\}$을 갖는다. 함수 $f(z) = \frac{1}{1-z}$는 $f_0(z)$에 대한 정칙성영역에서 해석적이고, 그들이 해석적인 모든 점에서 $f(z)$는 $f_0(z)$와 일치한다.

이제 함수

$$F_0(z) = \int_0^z f_0(\zeta) d\zeta = \int_0^z (\sum_{n=0}^{\infty} \zeta^n) d\zeta = \sum_{n=0}^{\infty} \frac{z^{n+1}}{n+1}, \ |z| < 1$$

를 생각해보자.

여기서 적분경로는 단위원판 내부에 놓여있다. 함수 $F(z) = \int_0^z \frac{1}{1-\zeta} d\zeta = -Log(1-z)$는 원판 $|z| < 1$에서 $F_0(z)$와 일치하고, $z = 1$과 반직선 $Arg(1-z) = \pi$($z = 1$에서 방사하는 양의 실축)을 제외한 모든 곳에서 해석적이다. 함수

$$F_1(z) = -\log(1-z), 0 < \arg(1-z) < 2\pi$$

는 반평면 $0 < Arg(1-z) < \pi$에서 $z = 1$과 반직선 $\arg(1-z) = 0$를 제외한 전평면까지

$F(z)$의 연장이다. 따라서 $F_0(z)$에 대한 정칙성영역은 $\mathbb{C}-\{1\}$이다. 그러나 $F_0(z)$에 대한 정칙성영역에서 해석적이고 $|z|<1$에서 $F_0(z)$와 일치하는 해석함수는 존재하지 않는다.

다음 정리에서 알아보겠지만, 이러한 현상이 발생하는 이유는 $\mathbb{C}-\{1\}$이 다중연결영역이기 때문이다.

(참고) 다가함수 $\log(1-z)$는 영역 $\mathbb{C}-\{1\}$에서 **정칙(regular)**이라 한다. 왜냐하면 그러한 각 점은 정칙점이기 때문이다. 어떤 저자들은 다가함수들에 해석함수를 허용하기도 한다. 이때, 해석함수의 정의는 우리가 정의한 정칙함수에 대응한다. 다음 정리는 정칙함수가 단일연결영역에서 항상 단가함수(그러므로 해석함수)임을 보여준다.

**▸정리 1.1** **(일치 정리)** $D$는 단일연결영역이라 하고, $f_0(z)$는 영역 $D_0\subset D$에서 해석적이라 하자. 만일 함수원소 $(f_0,D_0)$가 $D$에 있는 모든 곡선을 따라 해석적으로 연장될 수 있으면, 단가함수 $f(z)$가 존재하여 그 함수는 $D$에서 해석적이고 $f(z)=f_0(z)$, $z\in D_0$이다.

(증명) 증명의 개요만 서술하기로 하자. 자세한 것은 관심이 있는 독자에게 맡긴다. 결론이 성립하지 않는다고 가정하자. 그러면 점 $z_0\in D_0, z_1\in D$와 $z_0$를 출발점으로 하고 $z_1$을 종점으로 하는 곡선 $C_1, C_2$가 존재하여 $(f_0,D_0)$는 $z_1$의 근방에서 $C_2$를 따라 해석적으로 연장될 때보다 $C_1$을 따라 해석적으로 연장될 때 다른 함수원소에 도달한다.

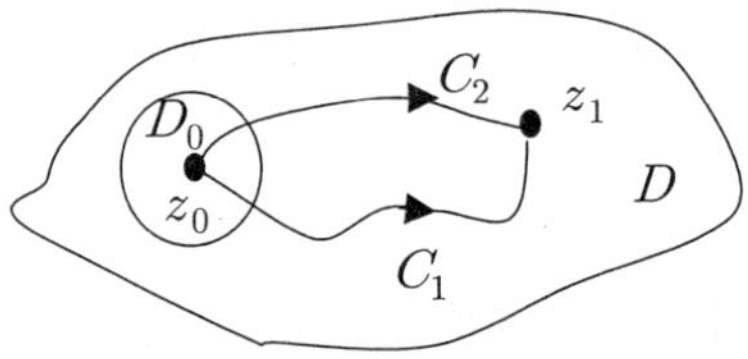


이것은 $(f_0,D_0)$가 폐곡선 $C_1-C_2$을 따라 해석적으로 연장될 때, 동일한 함수원소로 되돌아오지 못한다는 것을 의미한다.

정리를 증명하기 위하여 함수원소 $(f_0,D_0)$가 $D$에 놓여있는 임의의 폐곡선을 따라 연장될 수 있고 동일한 함수원소로 돌아올 수 있다는 것을 보이면 충분하다. 폐곡선 $C$가 직사각형인 특수한 경우에 그 증명은 7.4절의 정리 4.1의 증명과 비슷하다.

직사각형 $C$를 합동인 4개의 직사각형으로 나누자. $C$에 따른 연장은 이러한 4개의 직사각형들에 따른 연장과 같은 결과를 낳는다. 만일 결론이 $C$에 대하여 거짓이라면, 그것은 4개의 직사각형 중의 하나에서 거짓이다. 그러한 부분직사각형을 $C_1$이라 하자. 다시 $C_1$을 4개의 직사각형으로 나누자. 그러면 그 중의 하나에서 결론이 거짓이다. 이러한 과정를 계속하면, 결론이 거짓인 직사각형열을 얻는다. 그러면 2.3절의 예비정리 3.2에 의하여 모든 직사각형열에 포함되는 점이 꼭 하나 존재한다. 이러한 점을 $z^*$라고 하자. $z^* \in D$이므로, 함수원소 $(f^*, D^*), z^* \in D^* \subset D$가 존재한다. 충분히 큰 $n$에 대하여 직사각형 $C_n$은 $D^*$에 포함된다. 그러나 이것은 $f^*(z)$가 $C_n$을 포함하는 영역에서 해석적이라는 것을 의미한다. 이것은 모순이다. 이러한 모순은 곡선이 직사각형인 특수한 경우에 증명을 결론내린 것이다.

$f(z)$는 영역 $D$에서 해석적이고 $z_0$는 $D$의 경계점이라 하자. 만일 중심이 $z_0$인 어떤 원판 $D_0$에 대하여 함수원소 $(f_0, D_0)$가 존재하여 $f_0(z) = f(z), z \in D_0 \cap D$이면, 점 $z_0$는 $f(z)$의 정칙점일 것이다. $f(z)$의 정칙점이 아닌 $D$의 임의의 경계점은 $f(z)$의 **특이점(singular point)**라고 한다.

함수 $f(z) = \sum_{n=0}^{\infty} z^n$, $|z| < 1$에 대하여 원 $|z| = 1$ 위의 각 점은 $z = 1$을 제외하고 정칙점임을 이미 알았다. 원 위의 모든 점들이 정칙점이 될 수는 없다는 것은 다음 정리의 결과이다.

**정리 1.2** 만일 급수 $f(z) = \sum_{n=0}^{\infty} a_n z^n$의 수렴반경이 $R$이면, $f(z)$는 원 $|z| = R$ 위에서 적어도 하나의 특이점을 갖는다.

증명 원판 $|z| < R$을 $D$로 나타내자. $|z| = R$ 위의 모든 점은 정칙점이라 가정하자. 그러면 원 위의 각 점 $z_\alpha$에 대하여 중심이 $z_\alpha$인 원판에서 정의된 함수 $f_\alpha$가 존재하여 $(f, D) \sim (f_\alpha, D_\alpha)$이다. $\bigcup_\alpha D_\alpha$는 긴밀집합 $|z| = R$을 덮으므로, 유한개의 부분덮개 $\{D_1, D_2, \cdots, D_n\}$이 존재한다. 함수 $g(z) := \begin{cases} f(z), z \in D \\ f_i(z), z \in D_i \end{cases}$는

$D' = D \bigcup (\bigcup_{i=1}^{n} D_i)$에서 해석적이다. $D'$는 원판 $|z| \leq R$을 포함한다. 그 정의역은 역시 원판 $|z| \leq R+\epsilon, \epsilon > 0$을 포함한다. 그러므로 거듭제곱급수 $g(z) = \sum_{n=0}^{\infty} a_n z^n$은 원판 $|z| < R+\epsilon$에서 성립한다. 이것은 $f(z)$에 대한 매클로린 급수의 수렴반경이 $R$이라는 사실에 모순이다.

**따름정리 1.3** 만일 $f(z)$는 원판 $|z-z_0| < R$에서 해석적이고 $z=z_0$에서 테일러 급수 전개는 수렴반경 $R$을 가지면, $f(z)$는 원 $|z-z_0| = R$ 위에서 적어도 하나의 특이점을 갖는다.

**증명** $\zeta = z - z_0$로 놓고, 정리 1.2를 $f(\zeta)$에 적용하면, 결과가 나온다.

거듭제곱급수는 수렴원 위에서 특이점을 갖는다는 것이 보장되었지만, 그들의 위치를 찾는 것은 어려운 문제이다. 계수들에 제한을 가하면, 특별한 특이점의 위치를 찾을 수 있다.

**정리 1.4** $f(z) = \sum_{n=0}^{\infty} a_n z^n$은 수렴반경 $R$을 갖는다고 하자. 만일 $a_n \geq 0$이면, $z=R$은 특이점이다.

**증명** 만일 $z=R$이 특이점이 아니라면, $f(z)$는 어떤 원판 $D_0 : |z-R| < \epsilon$에서 해석적이다. $R$에 충분히 가까운 양수 $\rho < R$에 대하여 중심이 $z=\rho$인 열린원판 $D_1$이 존재하여 그 원판은 $z=R$을 포함하고 $D_0$에 포함된다. 그러면 테일러 급수

$$\sum_{n=0}^{\infty} \frac{f^{(n)}(\rho)}{n!}(z-\rho)^n$$

은 점 $z = R+\delta, \delta > 0$에서 수렴한다.

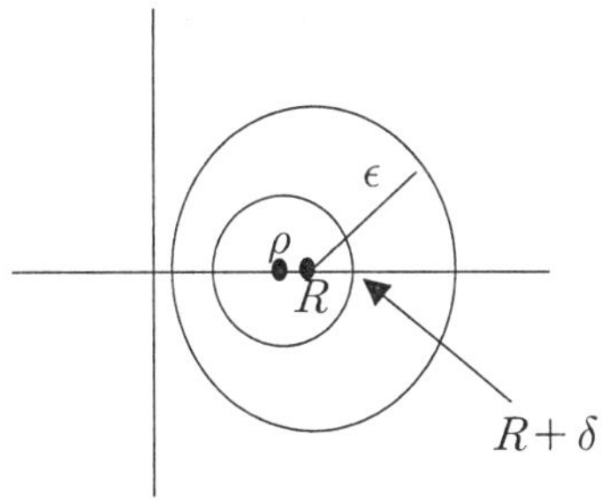


정리 1.2에 의하여 급수 $\sum_{n=0}^{\infty} a_n z^n$은 원 $|z| = R$ 위에서 특이점을 갖는다. 이 점을 $Re^{i\theta_0}$라고 하자. 그러므로 테일러 급수

$$\sum_{n=0}^{\infty} \frac{f^{(n)}(\rho e^{i\theta_0})}{n!}(z - \rho e^{i\theta_0})$$

는 수렴반경 $R-\rho$를 갖는다. 각 $n$에 대하여

$$f^{(n)}(\rho e^{i\theta_0}) = \sum_{k=n}^{\infty} k(k-1)\cdots(k-n+1)a_k(\rho e^{i\theta_0})^{k-n}$$

이고 $a_n \geqq 0$이므로,

$$|f^{(n)}(\rho e^{i\theta_0})| \leqq \sum_{k=n}^{\infty} k(k-1)\cdots(k-n+1)a_k \rho^{k-n} = f^{(n)}(\rho)$$

이다. 따라서

$$\frac{1}{R-\rho} = \limsup_{n\to\infty} \left| \frac{f^{(n)}(\rho e^{i\theta_0})}{n!} \right|^{1/n} \leqq \limsup_{n\to\infty} \left| \frac{f^{(n)}(\rho)}{n!} \right|^{1/n}$$

이다. 이것은 $\sum_{n=0}^{\infty} \frac{f^{(n)}(\rho)}{n!}(z-\rho)^n$의 수렴반경이 기껏해야 $R-\rho$임을 의미한다. 이것은 그 급수가 점 $z = R+\delta$에서 수렴한다는 사실에 모순이다. 그러므로 $z=R$은 $f(z)$의 특이점이다.

거듭제곱급수는 수렴원 위에서 적어도 하나의 특이점을 갖는다는 것을 이미 보였다. 의문점은 수렴원 위의 특이점들의 수의 상계가 존재하느냐는 것이다. 수렴원 위의 모든 점들이 특이점일 수도 있다는 것을 보일 것이다. 만일 $f(z)$가 영역에서 해석적이고 그의 경계 $C$ 위의 모든 점들이 특이점이면, $C$는 $f(z)$의 **자연경계(natural boundary)**라고 한다. 그러한 경우에 정칙성영역은 해석성영역과 같다.

다음 예비정리를 이용하여 자연경계를 갖는 거듭제곱급수를 구축할 것이다.

**예비정리 1.5** $f(z)=\sum_{n=0}^{\infty} a_n z^n$은 수렴반경 $R$을 갖는다고 하자. 만일 $\lim_{r\to R-} f(re^{i\theta_0})=\infty$이면, 점 $Re^{i\theta_0}$는 $f(z)$의 특이점이다.

**증명** 만일 $Re^{i\theta_0}$가 정칙점이라면, 중심이 $Re^{i\theta_0}$인 원판에서 해석적인 함수 $g(z)$가 존재하고 $|z|<R$에 대하여 $f(z)$와 일치한다. 그러나

$$\lim_{r\to R-} f(re^{i\theta_0})=\lim_{r\to R-} g(re^{i\theta_0})=g(Re^{i\theta_0})$$

이다. 이것은 $\lim_{r\to R-} f(re^{i\theta_0})=\infty$이라는 사실에 모순이다.

함수 $f(z)=\sum_{n=0}^{\infty} z^{2^n}=z+z^2+z^4+z^8+\cdots$을 생각하자. 이 함수는 원판 $|z|<1$에서 해석적이다. 원 $|z|=1$은 그 함수의 자연경계임을 보이자. $\lim_{Re z\to 1_-} f(z)=\infty$임을 주목하자. 그래서 $z=1$은 특이점이다. 이것은 역시 정리 1.4의 결과이다. $f(z)=z+f(z^2)$이므로, $f(z)$와 $f(z^2)$은 동시에 $\infty$로 접근한다. 그러나 $Re z^2\to 1_-$일 때 $f(z^2)\to\infty$이다. 그러므로 $z=-1$은 특이점이다. 이것은 일반적인 방법으로 적용하게 해준다.
$f(z)=z+z^2+z^4+\cdots+z^{2^{n-1}}+f(z^{2^n})$이다. 각 $n$에 대하여

$$|f(z)|\ge|f(z^{2^n})|-n,\ |z|<1$$

이다. 1의 $2^n$-제곱근 $e^{(2k\pi/2^n)i}, k=0,1,2,\cdots,2^n-1$으로 접근하는 반직선을 따라 $z\to e^{(2k\pi/2^n)i}$일 때 $z^{2^n}\to 1$이므로, $f(z^{2^n})\to\infty$이다. 그러므로 1의 각 $2^n$-제곱근은 특이점이다. 단위원 위의 임의의 다른 점의 모든 근방은 이러한 1의 $2^n$-제곱근들 중의 하나를 포함한다. 그러므로 단위원의 어떠한 점도 정칙이 아니다. 즉, $|z|=1$은 $f(z)$에 대한 자연경계이다.

비슷한 논의는 $f(z)=\sum_{n=0}^{\infty} z^{n!}$에 대해서도 사용될 수 있다. 이 함수는 $|z|<1$에서 해석적이다. 단위원은 $f(z)$에 대한 자연경계이다. 왜냐하면, 만일 $z=re^{2\pi(p/q)i}, p,q\in\mathbb{N}, 0<r<1$이면,

$$|f(z)| = \left|\sum_{n=0}^{q-1} r^{n!}e^{2\pi(p/q)n!i}+\sum_{n=q}^{\infty} r^{n!}\right| \geq \sum_{n=q}^{\infty} r^{n!}-q$$

이다. $\lim_{r\to 1_-}[\sum_{n=q}^{\infty} r^{n!}-q]=\infty$이므로, $e^{2\pi(p/q)i}$ 꼴의 모든 점들은 특이점이다. 그러나 이러한 점들은 $|z|=1$에 조밀하다. 그래서 단위원은 $f(z)$에 대한 자연경계이다.

거듭제곱급수는 원판에서 해석적이므로, 그의 경계는 원이다. 그러나 함수의 해석성영역이 원판일 필요가 없는 경우를 포함해서 자연경계를 정의했다. 함수 $f(z)=\sum_{n=0}^{\infty} e^{-n!z}$를 생각하자. 이 급수는 $Re z\geq\delta>0$에서 평등수렴하므로, $f(z)$는 $Re z>0$에서 해석적이다. 허축이 $f(z)$에 대한 자연경계임을 보이자.

$z=x+2\pi(p/q)i, x>0, p\in\mathbb{Z}, q\in\mathbb{N}$이라 하자. 그러면

$$|f(z)| = \left|\sum_{n=0}^{q-1} e^{-n!(x+2\pi(p/q)i)}+\sum_{n=q}^{\infty} e^{-n!x}\right| \geq \sum_{n=q}^{\infty} e^{-n!x}-q$$

이다. $\lim_{x\to 0_+}[\sum_{n=q}^{\infty} e^{-n!x}-q]=\infty$이므로, $2\pi(p/q)i$ 꼴의 모든 점들은 특이점이다. 이러한 점들은 허축에 조밀하므로, 허축은 $f(z)$에 대한 자연경계이다.

**문제 1.1** $0\leq\theta_1<\theta_2<\theta_3<\cdots<\theta_n<2\pi$는 실수라고 하자. 다음을 만족하는 함수 $f(z)$를 구하여라.

(i) $f(z)$는 $|z|<1$에서 해석적이다.

(ii) 단위원 위에서 $f(z)$의 유일한 특이점은 $e^{i\theta_1}, e^{i\theta_2}, \cdots, e^{i\theta_n}$이다.

**문제 1.2** 해석함수의 정칙점들의 집합은 열린집합이고, 특이점들의 집합은 닫힌집합임을 보여라.

**문제 1.3** 함수 $f(z)=\sum_{n=0}^{\infty}\frac{z^{2^{n+1}}}{1-z^{2^{n+1}}}$은 영역 $|z|<1$과 $|z|>1$에서 해석적이고 원 $|z|=1$은 각 영역에서 그 함수의 자연경계임을 보여라.

**문제 1.4** $|z|=1$은 $f(z)=\sum_{n=0}^{\infty}z^{3^n}$에 대한 자연경계임을 보여라.

**문제 1.5** $\sum_{n=0}^{\infty}a_n z^{n!}, a_n>0$은 수렴반경 $R$을 갖는다고 하자. 이때 $|z|=R$은 자연경계임을 보여라.

**문제 1.6** $f(z)=\sum_{n=0}^{\infty}a_n z^n, a_n \in \mathbb{R}$ 은 $|z|<1$에서 해석적이라 하자. 만일 $\lim_{k\to\infty}\sum_{n=1}^{k}a_n=\infty$ 이면, $z=1$은 $f(z)$에 대한 특이점임을 보여라.

**문제 1.7** $f(z)=\sum_{n=0}^{\infty}a_n z^n$은 수렴반경 1을 갖는다고 하고, 원 $|z|=1$ 위의 유일한 특이성들은 단일극들이라 하자. 그러면 복소수열 $\{a_n\}$은 유계임을 보여라.

## 2. 특수한 함수

앞 장에서 보여주었듯이, 감마함수 $\Gamma(z)$는 원점과 음의 정수에서 단일극을 갖는 유리형 함수이다. 이때 $\dfrac{1}{\Gamma(z)}$는 정함수이고

$$\frac{1}{\Gamma(z)} = ze^{\gamma z}\prod_{k=1}^{\infty}(1+\frac{z}{k})e^{-z/k}, \gamma = \lim_{n\to\infty}[\sum_{m=1}^{n}\frac{1}{m} - \ln n]$$

이다. 따라서 이것은 다음과 같이 나타낼 수 있다.

$$\begin{aligned}\frac{1}{\Gamma(z)} &= \lim_{n\to\infty} ze^{[1+1/2+1/3+\cdots+1/n]z - z\ln n}\prod_{k=1}^{n}(1+\frac{z}{k})e^{-z/k} \\ &= \lim_{n\to\infty} ze^{-z\ln n}\prod_{k=1}^{n}(1+\frac{z}{k}) \\ &= \lim_{n\to\infty} ze^{-z\ln n}\frac{z+1}{1}\cdot\frac{z+2}{2}\cdot \cdots \cdot\frac{z+n}{n} \\ &= \lim_{n\to\infty}\frac{1}{n^z}\frac{z(z+1)(z+2)\cdots(z+n)}{n!}\end{aligned}$$

그러므로

$$\Gamma(z) = \lim_{n\to\infty}\frac{n!n^z}{z(z+1)\cdots(z+n)}$$

이다. 이것은 원점과 음의 정수를 제외한 모든 곳에서 정의된다.

실해석학에서 감마함수는 특이적분으로 다음과 같이 정의한다.

$$\Gamma(x) := \int_0^{\infty} t^{x-1}e^{-t}dt, x > 0$$

이 적분이 모든 양수 $x$에 대하여 수렴함을 보이기 위하여 다음을 생각하자.

$$\Gamma(x) = \int_0^1 t^{x-1}e^{-t}dt + \int_1^{\infty} t^{x-1}e^{-t}dt := I_1 + I_2$$

$t \geq 0$에 대하여 $e^{-t} \leq 1$이므로, $I_1 \leq \int_0^1 t^{x-1}dt = \dfrac{1}{x}$이다. $\lim_{t\to\infty}\dfrac{t^{x+1}}{e^t} = 0$이므로, 실수

14장 해석적 연장

$N(x) > 0$가 존재하여 $t > N(x)$일 때 $\dfrac{t^{x+1}}{e^t} < 1$이 성립한다. 이때 $N \geq \max\{1, N(x)\}$를 선택하자. 그러면 $t > N$일 때 $\dfrac{t^{x+1}}{e^t} < 1$이다. 그러므로 $I_2$의 피적분함수는 유계이다. 따라서

$$\int_N^\infty t^{x-1} e^{-t} dt \leq \int_N^\infty \frac{t^{x-1}}{t^{x+1}} dt = \int_N^\infty \frac{1}{t^2} dt = \frac{1}{N}$$

이다. 따라서 $\Gamma(x)$는 모든 $x > 0$에 대하여 정의된다. 부분적분에 의하여 다음을 얻는다.

$$\Gamma(x+1) = \int_0^\infty t^x e^{-t} dt = -t^x e^{-t} \Big|_0^\infty + x\int_0^\infty t^{x-1} e^{-t} dt = x\Gamma(x)$$

이것은 모든 복소수 $z$에 대하여 성립한다는 것을 이미 보였다. 이것으로부터 $\Gamma(1) = \int_0^\infty e^{-t} dt = 1$임을 알 수 있다. 그러므로 모든 양의 정수 $n$에 대하여 $\Gamma(n+1) = n!$임을 알 수 있다.

복소가함수 $\Gamma(z) = \int_0^\infty t^{z-1} e^{-t} dt$를 생각하자. $z = x+iy, x > 0$에 대하여

$$|t^{z-1}| = |e^{(x-1)\ln t + iy\ln t}| = e^{(x-1)\ln t} = t^{x-1}$$

이므로, $\Gamma(z) = \int_0^\infty t^{z-1} e^{-t} dt$는 $Re\, z = x > 0$에서 절대수렴하고, 다음이 성립함을 알 수 있다.

$$|\Gamma(z)| \leq \int_0^\infty |t^{z-1} e^{-t}| dt = \Gamma(x)$$

$\Gamma(z)$는 다음과 같은 두 가지 성질을 갖는다는 것을 보이자.

(i) $\Gamma(z) = \int_0^\infty t^{z-1} e^{-t} dt$는 $Re\, z > 0$에서 해석적이다.

(ii) $\Gamma(z) = \int_0^\infty t^{z-1} e^{-t} dt = \lim\limits_{n \to \infty} \dfrac{n! n^z}{z(z+1) \cdots (z+n)}$, $Re\, z > 0$.

**[(i)의 증명]** $z=x+iy, 0<x_0 \leqq x \leqq x_1$에 대하여

$$|\Gamma(z)| \leqq \Gamma(x) \leqq \int_0^1 t^{x_0-1}e^{-t}dt + \int_1^\infty t^{x_1-1}e^{-t}dt < \Gamma(x_0)+\Gamma(x_1)$$

이므로, $\Gamma(z)$는 무한띠 $0<x_0 \leqq Rez \leqq x_1$에서 유계이다.

$\Gamma_n(z) := \int_{1/n}^n t^{z-1}e^{-t}dt$로 놓자. $\Gamma_n(z)$는 $Rez>0$에서 해석적이고

$$\Gamma_n{}'(z) = \int_{1/n}^n t^{z-1}e^{-t}\ln t dt$$

임을 보이자. 위와 같은 임의의 무한띠에서 다음을 얻는다.

$$\begin{aligned} &\left| \frac{\Gamma_n(z+h)-\Gamma_n(z)}{h} - \int_{1/n}^n t^{z-1}e^{-t}\ln t dt \right| \\ &= \left| \frac{1}{h}\int_{1/n}^n (t^{z+h-1}-t^{z-1})e^{-t}dt - \int_{1/n}^n t^{z-1}e^{-t}\ln t dt \right| \\ &= \left| \int_{1/n}^n t^{z-1}e^{-t}\left(\frac{t^h-1}{h}-\ln t\right)dt \right| \\ &\leqq \int_{1/n}^n t^{z-1}e^{-t}\left|\frac{t^h-1}{h}-\ln t\right| dt \end{aligned}$$

$\lim_{h\to 0}\frac{t^h-1}{h} = \ln t$이므로, 각 점 $1/n \leqq t \leqq n$와 임의의 $\epsilon>0$에 대하여 $\delta>0$가 존재하여 $0<|h|<\delta$일 때

$$\left|\frac{t^h-1}{h}-\ln t\right| < \epsilon$$

이 성립한다. $\ln t$는 구간 $[\frac{1}{n}, n]$에서 (평등)연속이므로, $t_0 \in [\frac{1}{n}, n]$이 존재하여

$$\left|\frac{t_0^h-1}{h}-\ln t_0\right| = \max_{1/n \leqq t \leqq n}\left|\frac{t^h-1}{h}-\ln t\right|$$

이고, 임의의 $\epsilon>0$에 대해 $\delta=\delta(\epsilon)>0$이 존재하여 $0<|h|<\delta$일 때 $\left|\frac{t^h-1}{h}-\ln t\right|<\epsilon$

14장 해석적 연장

이 성립한다. 따라서 위의 마지막 적분은 다음과 같이 위로 유계이다.

$$\epsilon\int_{1/n}^{n} t^{x-1}e^{-t}dt < \epsilon\Gamma(x) < \epsilon(\Gamma(x_0)+\Gamma(x_1)$$

즉,

$$\left|\frac{\Gamma_n(z+h)-\Gamma_n(z)}{h} - \int_{1/n}^{n} t^{z-1}e^{-t}\ln t dt\right| < \epsilon(\Gamma(x_0)+\Gamma(x_1))$$

이다. 따라서 $\epsilon>0$은 임의이므로, $\Gamma_n{}'(z)=\int_{1/n}^{n} t^{z-1}e^{-t}\ln t dt$이다. 그러므로 $\Gamma_n(z)$는 $x_0<Rez<x_1$에서 해석적이다. 그러나 $x_0 \leqq Rez \leqq x_1$에 대하여 $\lim_{n\to\infty}\Gamma_n(z)=\Gamma(z)$이다. $\Gamma_n(z)$는 오른쪽 반평면에서 국소적으로 평등유계이므로, 11.2절의 정리 2.5에 의하여 $\Gamma(z)$는 $Rez>0$에서 해석적이다.

**[(ii)의 증명]** $\Gamma_n{}^*(x):=\int_0^n t^{x-1}(1-\frac{t}{n})^n dt, x>0$로 놓자. 그러면 부분적분법에 의하여 다음을 얻는다.

$$\Gamma_n{}^*(x)=\frac{t^x}{x}(1-\frac{t}{n})^n \Big|_0^n+\frac{1}{x}\int_0^n t^x(1-\frac{t}{n})^{n-1}dt=\frac{1}{x}\int_0^n t^x(1-\frac{t}{n})^{n-1}dt$$

이를 다시 $n-1$번의 부분적분법을 계속하면, 다음을 얻는다.

$$\begin{aligned}\Gamma_n{}^*(x)&=\frac{1}{x}\frac{n-1}{n(x+1)}\cdot\frac{n-2}{n(x+2)}\cdot\cdots\cdot\frac{1}{n(x+n-1)}\int_0^n t^{x+n-1}dt\\&=\frac{(n-1)!n^{x+n}}{n^{n-1}x(x+1)\cdots(x+n)}=\frac{n!n^x}{x(x+1)\cdots(x+n)}\end{aligned}$$

따라서 $x>0$에 대하여 $\lim_{n\to\infty}\Gamma_n{}^*(x)=\lim_{n\to\infty}\frac{n!n^x}{x(x+1)\cdots(x+n)}$이다.

만일 구간 $[1,2]$에서 $\lim_{n\to\infty}\Gamma_n{}^*(x)=\int_0^\infty t^{x-1}e^{-t}dt$가 성립한다는 것을 보일 수 있다면, 일치정리에 의하여

$$\lim_{n\to\infty}\frac{n!n^z}{z(z+1)\cdots(z+n)}=\int_0^\infty t^{z-1}e^{-t}dt$$

가 구간 [1,2]를 포함하는 가장 큰 영역에서 성립하고, 두 함수가 그 영역에서 해석적이라는 것이 나온다. 즉, $\Gamma(z)=\lim_{n\to\infty}\frac{n!n^z}{z(z+1)\cdots(z+n)}$과 $\Gamma(z)=\int_0^\infty t^{z-1}e^{-t}dt$가 오른쪽 반평면에서 일치한다는 것이 나올 것이다.

$n>N$에 대하여 $\Gamma_n{}^*(x)>\int_0^N t^{x-1}(1-\frac{t}{n})^n dt, 1\leqq x\leqq 2$이다.

다항식열 $f_n(t)=(1-\frac{t}{n})^n$은 임의의 유한구간 $[a,b]$에서 $e^{-t}$로 평등수렴한다. 더 나아가, 충분히 큰 $n$에 대하여 $f_n(t)\leqq f_{n+1}(t)\leqq e^{-t}$이다. 그러므로 각 고정된 $x$에 대하여 $t^{x-1}(1-\frac{t}{n})^n$은 $t$의 함수로서 구간 $[0,N]$에서 $t^{x-1}e^{-t}$로 평등수렴한다. 그러므로

$$\lim_{n\to\infty}\Gamma_n{}^*(x)\geqq\lim_{n\to\infty}\int_0^N t^{x-1}(1-\frac{t}{n})^n dt=\int_0^N t^{x-1}e^{-t}dt$$

이다. $N$은 임의이므로, $\lim_{n\to\infty}\Gamma_n{}^*(x)\geqq\int_0^\infty t^{x-1}e^{-t}dt$이다. 그러나

$$\Gamma_n{}^*(x)\leqq\int_0^n t^{x-1}e^{-t}dt\leqq\int_0^\infty t^{x-1}e^{-t}dt$$

이므로, $\lim_{n\to\infty}\Gamma_n{}^*(x)\leqq\int_0^\infty t^{x-1}e^{-t}dt$이다. 따라서 구간 [1,2]에서

$$\lim_{n\to\infty}\Gamma_n{}^*(x)=\int_0^\infty t^{x-1}e^{-t}dt$$

이 성립한다. 그러므로 $\Gamma(z)=\int_0^\infty t^{z-1}t^{-t}dt$는 $\Gamma(z)=\lim_{n\to\infty}\frac{n!n^z}{z(z+1)\cdots(z+n)}$와 구간 [1,2]에서 일치한다. 따라서 $\Gamma(z)=\lim_{n\to\infty}\frac{n!n^z}{z(z+1)\cdots(z+n)}$는 음의 정수들을 제외한 평면까지 함수 $\int_0^\infty t^{z-1}e^{-t}dt$의 직접적인 해석연장으로 간주된다.

다음 예는 **리만-제타함수(Riemann-zeta function)**인 $\zeta(z)=\sum_{n=1}^{\infty}\frac{1}{n^z}$에 관한 것이다. $\left|\frac{1}{n^{x+iy}}\right|=\frac{1}{n^x}$이므로, 그 급수는 $Re z>1$에서 절대수렴하고 $Re z\geq x_0>1$에서 평등수렴한다. 그러므로 $\zeta(z)$는 $Re z>1$에서 해석적이다. 함수원소 $(\zeta(z), Re z>1)$의 해석연장을 구해보자. 이것을 하기 위하여 우선 리만-제타함수와 감마함수 사이의 관계를 살펴볼 것이다.

$$\Gamma(z)=\int_0^{\infty}t^{z-1}e^{-t}dt, Re z>0$$

에 대하여 $t$ 대신에 $nt$를 대입하면, 다음을 얻는다.

$$\Gamma(z)=n^z\int_0^{\infty}t^{z-1}e^{-nt}dt$$

$\sum_{n=1}^{k}e^{-nt}=e^{-t}\frac{1-e^{-kt}}{1-e^{-t}}$이므로,

$$\begin{aligned}\sum_{n=1}^{k}\frac{1}{n^z}&=\frac{1}{\Gamma(z)}\int_0^{\infty}\frac{e^{-t}(1-e^{-kt})}{1-e^{-t}}t^{z-1}dt\\&=\frac{1}{\Gamma(z)}\int_0^{\infty}\frac{1-e^{-kt}}{e^t-1}t^{z-1}dt\end{aligned}$$

를 얻는다. 따라서 $Re z>1$과 양의 정수 $k$에 대하여

$$\sum_{n=1}^{k}\frac{1}{n^z}=\frac{1}{\Gamma(z)}\int_0^{\infty}\frac{t^{z-1}}{e^t-1}dt-\frac{1}{\Gamma(z)}\int_0^{\infty}\frac{e^{-kt}}{e^t-1}t^{z-1}dt$$

이다. 왜냐하면, 두 적분은 수렴하기 때문이다. $\lim_{k\to\infty}\int_0^{\infty}\frac{e^{-kt}}{e^t-1}t^{z-1}dt=0$임을 보이자.

$|t^{z-1}|=t^{x-1}, x=Re z$이므로 $\left|\int_0^{\infty}\frac{e^{-kt}}{e^t-1}t^{z-1}dt\right|\leq\int_0^{\infty}\frac{e^{-kt}}{e^t-1}t^{x-1}dt$이다.

주어진 $\epsilon>0$에 대하여 충분히 작은 $\delta>0$를 선택하여 모든 $k$에 대하여

$$\int_0^{\delta}\frac{e^{-kt}}{e^t-1}t^{x-1}dt\leq\int_0^{\delta}\frac{t^{x-1}}{e^t-1}dt<\epsilon/2$$

이 되도록 하자. 다음에 충분히 큰 $k$를 선택하여

$$\int_{\delta}^{\infty}\frac{e^{-kt}}{e^{t}-1}t^{x-1}dt \leqq e^{-k\delta}\int_{\delta}^{\infty}\frac{t^{x-1}}{e^{t}-1}dt < \epsilon/2$$

가 되도록 하자. 그러면 충분히 큰 $k$에 대하여

$$\left|\int_{0}^{\infty}\frac{e^{-kt}}{e^{t}-1}t^{z-1}dt\right| < \epsilon$$

이다. 이것은 $\lim_{k\to\infty}\int_{0}^{\infty}\frac{e^{-kt}}{e^{t}-1}t^{z-1}dt = 0$임을 의미한다. 그러므로

$$\zeta(z) = \sum_{n=1}^{\infty}\frac{1}{n^{z}} = \frac{1}{\Gamma(z)}\int_{0}^{\infty}\frac{t^{z-1}}{e^{t}-1}dt, Re\, z > 1$$

이다.

리만-제타함수의 정의역을 확장할 때 문제점은 위의 적분이 $Re\, z \leqq 1$에서 발산한다는 것이다. 위의 적분의 피적분함수에 대한 등심선을 원점을 피해가도록 선택한다면, 결과적으로 나오는 함수는 정함수라는 것을 보일 것이다. 그러면 연장은 이러한 새로 얻어진 함수를 위의 적분과 관련시킴으로써 완성될 것이다.

$C_{\epsilon}$은 $\infty$에서 $\epsilon(0 < \epsilon < 2\pi)$까지의 양의 실축과 중심이 원점이고 반지름이 $\epsilon$인 시계반대 방향의 원, 그리고 $\epsilon$에서 $\infty$까지의 양의 실축으로 이루어진 등심선이라 하자.

$\tau^{z-1} = e^{(z-1)\log\tau}$로 놓자. $\infty$에서 $\epsilon$까지의 실축의 위분지 위에서 $\arg\log\tau = 0$이라 가정하고, 반면에 $\epsilon$에서 $\infty$까지의 실축의 아래분지 위에서 $\arg\log\tau = 2\pi$라고 가정하자.

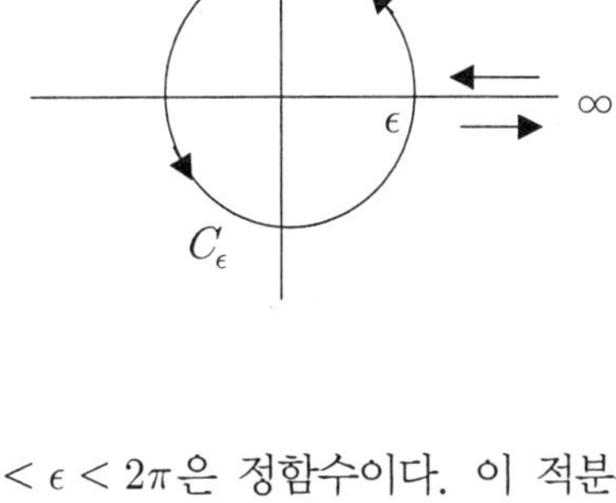


함수 $f(z) = \int_{C_{\epsilon}}\frac{\tau^{z-1}}{e^{\tau}-1}d\tau, 0 < \epsilon < 2\pi$은 정함수이다. 이 적분값은 $\epsilon$과 무관함을 유의하자.

이것을 알기 위하여 $0 < \epsilon_1 < \epsilon_2 < 2\pi$라고 가정하자. 영역 $C_{\epsilon_2} - C_{\epsilon_1}$은 단일연결영역이다.

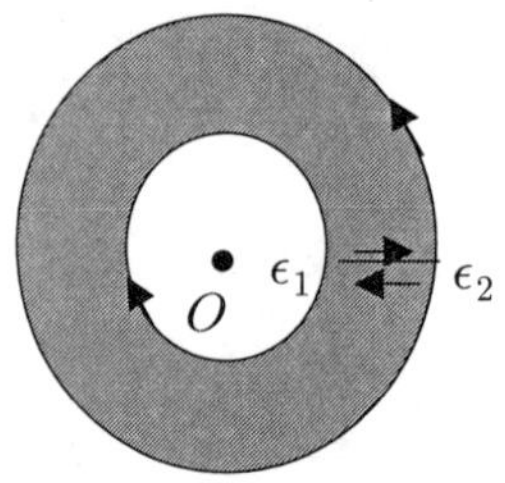


코시정리에 의하여

$$\int_{C_{\epsilon_2} - C_{\epsilon_1}} \frac{\tau^{z-1}}{e^\tau - 1} d\tau = \int_{C_{\epsilon_2}} \frac{\tau^{z-1}}{e^\tau - 1} d\tau - \int_{C_{\epsilon_1}} \frac{\tau^{z-1}}{e^\tau - 1} d\tau = 0$$

이다. 그러므로 $\int_{C_{\epsilon_2}} \frac{\tau^{z-1}}{e^\tau - 1} d\tau = \int_{C_{\epsilon_1}} \frac{\tau^{z-1}}{e^\tau - 1} d\tau$이다. 따라서 $f(z)$는 다음과 같이 나타낼 수 있다.

$$\begin{aligned} f(z) &= \int_\infty^\epsilon \frac{t^{z-1}}{e^t - 1} dt + \int_{|\tau| = \epsilon} \frac{\tau^{z-1}}{e^\tau - 1} d\tau + \int_\epsilon^\infty \frac{(te^{2\pi i})^{z-1}}{e^t - 1} dt \\ &= (e^{2\pi i z} - 1) \int_\epsilon^\infty \frac{t^{z-1}}{e^t - 1} dt + \int_{|\tau| = \epsilon} \frac{\tau^{z-1}}{e^\tau - 1} d\tau \end{aligned}$$

$x = Re\, z > 1$이라 가정하자. $e^\tau - 1 = \tau + \frac{\tau^2}{2!} + \frac{\tau^3}{3!} + \cdots$ 이므로, 충분히 작은 $|\tau|$에 대하여 $|e^\tau - 1| \geqq |\tau|/2$이다. 그러므로

$$\left| \int_{|\tau| = \epsilon} \frac{\tau^{z-1}}{e^\tau - 1} d\tau \right| \leqq 2 \int_{|\tau| = \epsilon} \frac{\epsilon^{x-1}}{\epsilon} |d\tau| = 4\pi \epsilon^{x-1}$$

이다. 이것은 $\epsilon \to 0$일 때 0으로 접근한다. $f(z)$는 $\epsilon$과 무관하므로, $Re\, z > 1$에 대하여

$$f(z) = (e^{2\pi i z} - 1) \int_0^\infty \frac{t^{z-1}}{e^t - 1} dt, Re\, z > 1$$

이다. $\zeta(z) = \frac{1}{\Gamma(z)} \int_0^\infty \frac{t^{z-1}}{e^t - 1} dt, Re\, z > 1$이므로, $\zeta(z) = \frac{f(z)}{(e^{2\pi i z} - 1)\Gamma(z)}, Re\, z > 1$이다.

이것은 $Rez>1$에 대해서만 증명되었지만, 일치정리는 이것을 더 큰 영역으로 확장하는 데 사용된다. $\Gamma(z)$의 각 단일극들은 $e^{2\pi iz}-1$의 단일영점들에 의하여 소약된다. 그러므로 $(e^{2\pi iz}-1)\Gamma(z)$는 정함수이다. 따라서 $\zeta(z)=\dfrac{f(z)}{(e^{2\pi iz}-1)\Gamma(z)}, Rez>1$는 정함수들의 몫으로 표현된다. 즉, 유리형 함수이다. $\zeta(z)$의 극들은 $(e^{2\pi iz}-1)\Gamma(z)$의 영점들에서 발생한다. 정수점에서 $\Gamma(z)\neq 0$이고 $e^{2\pi iz}-1=0$이다. 그러나 원점과 음의 정수들에 대하여 $e^{2\pi iz}-1$의 영점들은 $\Gamma(z)$의 극들과 소약된다. 그러므로 $(e^{2\pi iz}-1)\Gamma(z)$의 영점들은 양의 정수에서 발생한다. 그러나 $\zeta(z)$는 $Rez>1$에서 해석적임을 보였다. 따라서 $z=2,3,\cdots$에 대하여 $f(z)=0$이다. 그러므로 $\zeta(z)$에 대한 유일한 극은 $z=1$에서 발생한다. 실제로, $z=1$이 극이라는 것을 증명하기 위하여 $f(1)\neq 0$임을 보여야만 한다. $f(1)=\displaystyle\int_{C_\epsilon}\frac{1}{e^\tau-1}d\tau$이다.

$C_\epsilon$의 내부에서 $\dfrac{1}{e^\tau-1}$의 유일한 특이성은 $\tau=0$에서 단일극이다. 유수정리에 의하여

$$f(1)=2\pi i\lim_{\tau\to 0}\frac{\tau}{e^\tau-1}=2\pi i\neq 0$$

이다. 그러므로 $\zeta(z)$는 $z=1$에서 단일극을 갖고 그의 유수는 다음과 같다.

$$\lim_{z\to 1}\frac{(z-1)f(z)}{(e^{2\pi iz}-1)\Gamma(z)}=2\pi i\lim_{z\to 1}\frac{z-1}{e^{2\pi iz}-1}=1$$

따라서 $\zeta(z)=\dfrac{f(z)}{(e^{2\pi iz}-1)\Gamma(z)}$는 $\displaystyle\sum_{n=0}^{\infty}\frac{1}{n^z}, Rez>1$을 $z=1$에서의 단일극을 배제한 평면에로의 직접적인 해석연장인 해석함수를 나타낸다. 완전한 리만-제타함수는 다음과 같이 나타난다.

$$\zeta(z)=\frac{1}{z-1}+g(z),(g(z)\text{는 정함수})$$

물론, $Rez>1$에 대하여 $g(z)=\displaystyle\sum_{n=0}^{\infty}\frac{1}{n^z}-\frac{1}{z-1}$이다. $e^{2\pi iz}-1=2ie^{\pi iz}\sin\pi z$이고 $\Gamma(z)=\dfrac{\pi}{\sin\pi z\Gamma(1-z)}$이므로, $\zeta(z)=\dfrac{f(z)\Gamma(1-z)}{2\pi ie^{\pi iz}}$이다.

$\zeta(z)=\dfrac{f(z)}{(e^{2\pi iz}-1)\Gamma(z)}$와 $\zeta(z)=\dfrac{f(z)\Gamma(1-z)}{2\pi ie^{\pi iz}}$의 표현들은, 비록 평면에서 타당할지라

도, 리만-제타함수에 대한 영점들의 위치를 관찰하지 못한다. 이러한 시도를 돕기 위하여 리만-제타함수에 대한 순환적 관계를 전개할 것이다. 다음 예비정리가 도움이 될 것이다.

**예비정리 2.1** $D$는 평면에서 $|z-2k\pi i|<\frac{1}{2}, k\in\mathbb{Z}$ 꼴의 원판들을 배제한 영역이라 하자. 그러면 $\delta>0$가 존재하여 모든 $z\in D$에 대하여 $|e^z-1|\geq\delta$이다.

**증명** $e^z-1$는 주기 $2\pi i$를 가지므로, 원판 $|z|<\frac{1}{2}$를 배제한 띠 $-\pi\leq Imz\leq\pi$로 이루어진 영역 $R$에 대하여 부등식을 증명하면 충분하다. $z$가 $R$의 오른쪽 반평면에서 $\infty$로 접근하면, $e^z-1\to\infty$이고, $z$가 $R$의 왼쪽 반평면에서 $\infty$로 접근하면, $e^z-1\to-1$이다. $\delta(0<\delta<1)$을 선택하여 원 $|z|=\frac{1}{2}$ 위에서 $|e^z-1|\geq\delta$가 되도록 하자. $e^z-1$은 $R$에서 결코 0이 아니므로, 최소 절댓값의 정리에 의하여 $|e^z-1|\geq\delta, \forall z\in R$이다.

$C_k$는, 원의 반지름이 $\epsilon(0<\epsilon<2\pi)$인 등심선 $C_\epsilon$과는 달리, 반지름이 $(2k+1)\pi$인 원이라 하자. 그러면 함수 $\frac{\tau^{z-1}}{e^\tau-1}$은 등심선 $C_k-C_\epsilon$의 내부의 점 $\tau=\pm 2n\pi i, n=1,2,\cdots,k$에서 단일극을 갖는다. $2n\pi i$에서의 유수는 다음과 같다.

$$\lim_{z\to 2n\pi i}\frac{(z-2n\pi i)\tau^{z-1}}{e^\tau-1}=(2n\pi i)^{z-1}$$

$-2n\pi i$에서의 유수는 다음과 같다.

$$\lim_{z\to -2n\pi i}\frac{(z+2n\pi i)\tau^{z-1}}{e^\tau-1}=(-2n\pi i)^{z-1}$$

$$i^{z-1}=e^{\frac{\pi i}{2}(z-1)}=-ie^{\frac{\pi i}{2}z},$$

$$(-i)^{z-1}=e^{\frac{3\pi i}{2}(z-1)}=ie^{\frac{3\pi i}{2}z}$$

이므로, $\pm 2n\pi i$에서의 유수는 각각 다음과 같이 나타낼 수 있다.

$$-i(2\pi)^{z-1}e^{\frac{n}{2}iz}n^{z-1},\ i(2\pi)^{z-1}e^{\frac{3n}{2}iz}n^{z-1}.$$

유수정리에 의하여

$$\begin{aligned}\int_{C_k - C_\epsilon}\frac{\tau^{z-1}}{e^\tau - 1}d\tau &= 2\pi i[-i(2\pi)^{z-1}e^{\frac{n}{2}iz}\sum_{n=1}^{k}n^{z-1} + i(2\pi)^{z-1}e^{\frac{3n}{2}iz}\sum_{n=1}^{k}n^{z-1}] \\ &= (2\pi)^z(e^{\frac{n}{2}iz} - e^{\frac{3n}{2}iz})\sum_{n=1}^{k}\frac{1}{n^{1-z}} \\ &= -2i(2\pi)^z e^{\pi iz}\sin\frac{\pi z}{2}\sum_{n=1}^{k}\frac{1}{n^{1-z}}\end{aligned}$$

을 얻는다. 예비정리에 의하여

$$\begin{aligned}\left|\int_{|\tau| = (2k+1)\pi}\frac{\tau^{z-1}}{e^\tau - 1}d\tau\right| &\leqq \frac{1}{\delta}\int_{|\tau| = (2k+1)\pi}|\tau^{z-1}|\,|d\tau| \\ &\leqq \frac{2\pi}{\delta}[(2k+1)\pi]^{Rez}\end{aligned}$$

이다. $Re z < 0$이라 가정하자. 위의 등식에서 $k \to \infty$를 취하면, 짜내기 정리에 의하여 $\int_{|\tau| = (2k+1)\pi}\frac{\tau^{z-1}}{e^\tau - 1}d\tau = 0$이다. 그러므로

$$\int_{-C_\epsilon}\frac{\tau^{z-1}}{e^\tau - 1}d\tau = -2i(2\pi)^z e^{\pi iz}\sin\frac{\pi z}{2}\zeta(1-z), Re z < 0$$

이다. 따라서 $f(z) = \int_{C_\epsilon}\frac{\tau^{z-1}}{e^\tau - 1}d\tau = 2i(2\pi)^z e^{\pi iz}\sin\frac{\pi z}{2}\zeta(1-z), Re z < 0$이다.

$\zeta(z) = \frac{f(z)\Gamma(1-z)}{2\pi i e^{\pi iz}}$이므로,

$$\zeta(z) = 2^z\pi^{z-1}\sin\frac{\pi z}{2}\Gamma(1-z)\zeta(1-z), Re z < 0$$

이다. 이러한 표현은 $\zeta(z)$의 어떤 영점들의 위치를 찾게 해준다. $\zeta(z)$는 반평면 $Re z > 1$에서는 영점을 갖지 않는다는 것을 유의하자. $\Gamma(1-z)$와 $\zeta(1-z)$은 $Re z < 0$에서 해석적이고 0이 아니므로, $\zeta(z)$의 유일한 영점들은 $\sin\frac{\pi z}{2}$의 영점들에서 얻게 된다. 즉, $\zeta(z)$의 영점은

$z=-2,-4,-6,\cdots$ 이다. 이러한 영점들을 리만-제타함수의 **자명한 영점**(trivial zero)들이라 한다. 밝혀지지 않은 유일한 영점들은 띠 $0 \le Re z \le 1$에 놓여있어야만 한다. 이러한 영점들을 분류하는 문제는 만만찮은 일이다. 이것은 아직 해결되지 않았다. 지금까지, 무수히 많은 영점들은 이러한 띠에서 발견되었다.

**문제 2.1** $z=-n, n=0,1,2,\cdots$ 에서 감마함수의 유수는 $\dfrac{(-1)^n}{n!}$ 임을 보여라.

**문제 2.2** $Re z \ge 2$일 때 $Re\zeta(z)>0$임을 보여라.

**문제 2.3** $(1-\dfrac{1}{2^{z-1}})\zeta(z)$는 정함수임을 보여라. 또한, $Re z>1$일 때

$$(1-\frac{1}{2^{z-1}})\zeta(z)=\sum_{n=1}^{\infty}(-1)^{n+1}\frac{1}{n^z}$$

임을 보여라.

**문제 2.4** $p_n$은 $n$-번째 소수라고 하자. 즉, $p_1=2, p_2=3, p_3=5, \cdots$. 만일 $Re z>1$이면,

$$\zeta(z)=\sum_{n=1}^{\infty}\frac{1}{n^z}=\prod_{n=1}^{\infty}\frac{1}{1-p_n^{-z}}$$

임을 보여라.

**문제 2.5** (a) $Re z>1$에 대하여 $\zeta(z)=z\displaystyle\int_1^{\infty}[t]t^{-1-z}dt$ 임을 보여라. 여기서 $[t]$는 $t$를 넘지 않는 최대정수이다.

(b) $Re z>1$에 대하여 $\zeta(z)=\dfrac{z}{z-1}+z\displaystyle\int_1^{\infty}([t]-t)t^{-1-z}dt$ 임을 보여라.

**문제 2.6** $0<Re z<1$일 때 $\zeta(z)=\dfrac{1}{\Gamma(z)}\displaystyle\int_0^{\infty}t^{z-1}(\frac{1}{e^t-1}-\frac{1}{t})dt$ 임을 보여라.

**문제 2.7** $\zeta(1-z)=\dfrac{1}{2^{z-1}\pi^{z}}\cos\left(\dfrac{\pi z}{2}\right)\Gamma(z)\zeta(z)$ 임을 보여라.

**문제 2.8** $\Gamma(z)=\displaystyle\int_{1}^{\infty}e^{-t}t^{z-1}dt+\sum_{n=0}^{\infty}(-1)^{n}\frac{1}{n!(z+n)}$ 임을 보여라.

# 해답

## 제 8 장

**문제 1.1** (a) 코시의 적분공식에 의하여 다음을 얻는다.

$$\int_{|z|=2} \frac{P(z)}{(z-1)^{n+2}}dz = \frac{2\pi i}{(n+1)!}P^{(n+1)}(1) = 0$$

(b) 코시의 적분공식에 의하여 다음을 얻는다.

$$\int_C \frac{(n-1)!e^z}{(z-z_0)^n}dz = 2\pi i e^{z_0} = \int_C \frac{(m-1)!e^z}{(z-z_0)^m}dz$$

**문제 1.2** 코시의 적분공식을 이용하자.

(a) $\int_{|z|=3} \frac{e^z}{z-2}dz = 2\pi i e^2$

(b) $\int_{|z|=3} \frac{e^{z^2}}{z-2}dz = 2\pi i e^4$

(c) $\int_{|z|=3} \frac{e^{z^2}}{(z-2)^2}dz = 8\pi i e^4$

(d) $\int_{|z|=3} \frac{e^z \sin z}{(z-2)^2}dz = 2\pi i e^2(\sin 2 + \cos 2)$

(e) $\int_{|z|=3} \frac{3z^4+2z-6}{(z-2)^3}dz = 144\pi i$

피적분함수를 부분분수로 분해하여 코시의 적분공식을 이용하자.

(f) $\int_{|z|=2} \frac{1}{z^2-1}dz = \frac{1}{2}\int_{|z|=2} [\frac{1}{z-1} - \frac{1}{z+1}]dz = \frac{1}{2}(2\pi i - 2\pi i) = 0$

(g) $\int_{|z|=2} \frac{1}{z^2+1}dz = \frac{1}{2i}\int_{|z|=2} [\frac{1}{z-i} - \frac{1}{z+i}]dz = \frac{1}{2i}(2\pi i - 2\pi i) = 0$

(h) $\int_{|z|=2} \frac{1}{z^4-1}dz = \frac{1}{2}\int_{|z|=2} [\frac{1}{z^2-1} - \frac{1}{z^2+1}]dz = 0$

(i) $\int_{|z|=3} \frac{z^3+3z-1}{(z-1)(z+2)}dz = \int_{|z|=3} [\frac{1}{z-1} + \frac{5}{z+2}]dz = 2\pi i(1+5) = 12\pi i$

**문제 1.3** 코시의 적분공식을 이용하자.

(a) $\int_{|z|=2} \frac{z}{(16-z^2)(z+i)} dz = \int_{|z|=2} \frac{\frac{z}{16-z^2}}{z+i} dz = 2\pi i \cdot (-\frac{i}{17}) = \frac{2\pi}{17}$

(b) $\int_{|z-4|=2} \frac{z}{(16-z^2)(z+i)} dz = -\int_{|z-4|=2} \frac{\frac{z}{(z+4)(z+i)}}{z-4} dz$

$= -2\pi i \cdot \frac{4}{8(4+i)} = \frac{-1-4i}{17}\pi$

(c) $\int_{|z+4|=2} \frac{z}{(16-z^2)(z+i)} dz = -\int_{|z+4|=2} \frac{\frac{z}{(z-4)(z+i)}}{z+4} dz$

$= -2\pi i \cdot \frac{-4}{-8(-4+i)} = \frac{-1+4i}{17}\pi$

(d) 코시정리에 의하여 $\int_{|z|=\frac{1}{2}} \frac{z}{(16-z^2)(z+i)} dz = 0$이다.

(e) $\int_{|z|=5} \frac{z}{(16-z^2)(z+i)} dz = -\int_{|z|=5} \frac{z}{(z-4)(z+4)(z+i)} dz$

$= -\int_{|z|=5} [\frac{1}{2(4+i)} \frac{1}{z-4} + \frac{1}{2(-4+i)} \frac{1}{z+4} + \frac{i}{17} \frac{1}{z+i}] dz$

$= -2\pi i [\frac{1}{2(4+i)} + \frac{1}{2(-4+i)} + \frac{i}{17}]$

$= -2\pi i (\frac{4-i}{34} + \frac{-4-i}{34} + \frac{i}{17}) = 0$

**문제 1.4** (a) $f(z) = e^z \sin z = (1 + z + \frac{1}{2!}z^2 + \frac{1}{3!}z^3 + \frac{1}{4!}z^4 + \frac{1}{5!}z^5 + \cdots)(z - \frac{1}{3!}z^3 + \frac{1}{5!}z^5 - \cdots)$

$= z + z^2 + (\frac{1}{2!} - \frac{1}{3!})z^3 + (\frac{1}{3!} - \frac{1}{3!})z^4 + (\frac{1}{4!} - \frac{1}{2!3!} + \frac{1}{5!})z^5 + \cdots$

$= z + z^2 + \frac{1}{3}z^3 - \frac{1}{30}z^5 + \cdots$

(b) $f(z) = \frac{1}{\cos z} = \frac{1}{1 - \frac{1}{2!}z^2 + \frac{1}{4!}z^4 - \cdots} = 1 + \frac{1}{2!}z^2 + (\frac{1}{2!2!} - \frac{1}{4!})z^4 + \cdots$

$= 1 + \frac{1}{2}z^2 + \frac{5}{24}z^4 + \cdots$

(c) $f(z) = e^{z+z^2} = (1 + z + \frac{1}{2}z^2 + \frac{1}{6}z^3 + \frac{1}{24}z^4 + \frac{1}{120}z^5 + \cdots)(1 + z^2 + \frac{1}{2}z^4 + \cdots)$

$= 1 + z + (1 + \frac{1}{2})z^2 + (1 + \frac{1}{6})z^3 + (\frac{1}{2} + \frac{1}{2} + \frac{1}{24})z^4 + (\frac{1}{2} + \frac{1}{6} + \frac{1}{120})z^5 + \cdots$

$= 1 + z + \frac{3}{2}z^2 + \frac{7}{6}z^3 + \frac{25}{24}z^4 + \frac{27}{40}z^5 + \cdots$

(d) $g(z)=\dfrac{z}{1-z}$, $f(z)=e^{g(z)}$.

$$g(0)=0$$
$$g'(z)=\frac{1}{(1-z)^2}, g'(0)=1!$$
$$g''(z)=\frac{2}{(1-z)^3}, g''(0)=2!$$
$$g'''(z)=\frac{6}{(1-z)^4}, g'''(0)=3!$$
$$g^{(4)}(z)=\frac{24}{(1-z)^5}, g^{(4)}(0)=4!$$
$$g^{(5)}(z)=\frac{120}{(1-z)^6}, g^{(4)}(0)=5!.$$

$$f(0)=1$$
$$f'(z)=e^g g',\ f'(0)=1$$
$$f''(z)=e^g(g'^2+g''),\ f''(0)=1+2=3$$
$$f'''(z)=e^g(g'^3+g'g''+2g'g''+g''')=e^g(g'^3+3g'g''+g''')$$
$$f'''(0)=1+6+6=13$$
$$f^{(4)}(z)=e^g(g'^4+3g'^2g''+g'g'''+3g'^2g''+3g''^2+3g'g'''+g^{(4)})$$
$$=e^g(g'^4+6g'^2g''+4g'g'''+3g''^2+g^{(4)})$$
$$f^{(4)}(0)=1+12+24+12+24=73$$
$$f^{(5)}(z)=e^g(g'^5+6g'^3g'''+4g'^2g'''+3g'g''^2+g'g^{(4)}$$
$$+4g'^3g''+12g'g''^2+6g'^2g'''+4g''g'''+4g'g^{(4)}+6g''g'''+g^{(5)})$$
$$f^{(5)}(0)=1+36+24+12+24+8+48+36+48+96+72+120=525$$

$$e^{\frac{z}{1-z}}=1+z+\frac{3}{2!}z+\frac{13}{3!}z^3+\frac{73}{4!}z^4+\frac{525}{5!}z^5+\cdots$$

**문제 1.5** $f(z),g(z)$는 $z_0$에서 해석적이므로, $z_0$의 근방에서

$$f(z)=\sum_{n=0}^{\infty}\frac{f^{(n)}(z_0)}{n!}(z-z_0)^n, g(z)=\sum_{n=0}^{\infty}\frac{g^{(n)}(z_0)}{n!}(z-z_0)^n$$

이다.

$$f(z_0)=f'(z_0)=\cdots=f^{(n-1)}(z_0)=0$$

$$g(z_0)=g'(z_0)=\cdots=g^{(n-1)}(z_0)=0$$

이므로, $f(z)=\sum_{k=n}^{\infty}\frac{f^{(k)}(z_0)}{k!}(z-z_0)^k, g(z)=\sum_{n=0}^{\infty}\frac{g^{(k)}(z_0)}{k!}(z-z_0)^k$이다. 그러므로,

$\lim_{z\to z_0}\frac{f(z)}{g(z)}=\frac{f^{(n)}(z_0)}{g^{(n)}(z_0)}$ 이다.

**문제 1.6** (a) $\lim_{z\to 0}\frac{e^z-1-z}{z^2}=\lim_{z\to 0}\frac{e^z-1}{2z}=\lim_{z\to 0}\frac{e^z}{2}=\frac{1}{2}$

(b) $\lim_{z\to 0}\frac{\sin z}{z-z^2}=\lim_{z\to 0}\frac{\cos z}{1-2z}=1$

(c) $\lim_{z\to 0}\frac{\sin z}{e^z-1}=\lim_{z\to 0}\frac{\cos z}{e^z}=1$

(d) $\lim_{z\to 0}\frac{\sin z-z}{\cos z-1}=\lim_{z\to 0}\frac{\cos z-1}{-\sin z}=\lim_{z\to 0}\frac{-\sin z}{-\cos z}=0$

**문제 1.7** 함수 $f(z)$는 $z_0$에서 해석적이므로, $z_0$의 근방에서 $f(z)=\sum_{n=0}^{\infty}\frac{f^{(n)}(z_0)}{n!}(z-z_0)^n$이다.

$n!\geq(\frac{n}{2})^{n/2}$이므로, $\left|\frac{f^{(n)}(z_0)}{n!}\right|^{1/n}\leq\left[\frac{n^k}{(\frac{n}{2})^{n/2}}\right]^{1/n}$이다. 그러므로

$$\limsup_{n\to\infty}\left|\frac{f^{(n)}(z_0)}{n!}\right|^{1/n}=0$$

임을 알 수 있다. 그러므로 급수의 수렴반경은 $\infty$이다. 따라서 $f(z)$는 정함수이다.

**문제 1.8** (a) $\left|\frac{1}{n^z}\right|=\frac{1}{n^{Rez}}$.

$\sum_{n=1}^{\infty}\frac{1}{n^{Rez}}$는 $p=Rez>1$인 $p$-수렴이므로, M-판정법에 의해서 $\sum_{n=1}^{\infty}\frac{1}{n^z}$는 $Rez>1$에서 평등수렴한다. 그러므로 $\sum_{n=1}^{\infty}\frac{1}{n^z}$은 해석적이다. $f(z)=\sum_{n=1}^{\infty}\frac{1}{n^z}=\sum_{n=1}^{\infty}e^{-z\log n}$이므로, $f'(z)=-\sum_{n=1}^{\infty}\frac{\log n}{n^z}$이다.

(b) $\frac{1}{|z^2-n^2|}\leq\frac{1}{||z|^2-n^2|}$이다. $\{z\in\mathbb{C}\mid z\neq\pm1,\pm2,\cdots\}$의 각 점 $z$에 대해

해답

$\sum_{n=1}^{\infty}\frac{1}{||z|^2-n^2|}$은 극한비교판정법에 의해 수렴한다. 그러므로 $\sum_{n=1}^{\infty}\frac{1}{z^2-n^2}$은 $\{z\in\mathbb{C}\mid z\neq\pm1,\pm2,\cdots\}$에서 절대수렴한다. $\sum_{n=1}^{\infty}\frac{1}{z^2-n^2}$은 $\{z\in\mathbb{C}\mid z\neq\pm1,\pm2,\cdots\}$의 임의의 긴밀부분집합 $K$에서 평등수렴하므로, 따름정리 1.10에 의하여 $f(z)=\sum_{n=1}^{\infty}\frac{1}{z^2-n^2}$은 $\{z\in\mathbb{C}\mid z\neq\pm1,\pm2,\cdots\}$에서 해석적이다. 그러므로 따름정리 1.11에 의하여

$$f'(z)=-\sum_{n=1}^{\infty}\frac{2z}{(z^2-n^2)^2}$$

이다.

**문제 1.9** $[f(z)g(z)]'=f'(z)g(z)+f(z)g'(z)$이므로

$$f(z_2)g(z_1)-f(z_1)g(z_1)=\int_{z_1}^{z_2}[f(z)g(z)]'dz=\int_{z_1}^{z_2}f'(z)g(z)dz+\int_{z_1}^{z_2}f(z)g'(z)dz$$

이 성립한다.

**문제 1.10** $$\frac{1}{h}[F(z+h)-F(z)]=\frac{1}{h}\left[\int_C\frac{f(\zeta)}{\zeta-z-h}d\zeta-\int_C\frac{f(\zeta)}{\zeta-z}d\zeta\right]$$
$$=\int_C\frac{f(\zeta)}{(\zeta-z-h)(\zeta-z)}d\zeta.$$

$\sup\{|f(\zeta)|\mid\zeta\in C\}=M$, $\inf\{|\zeta-z|\mid\zeta\in C\}=m$이라 놓자. $z$는 $C$ 위에 있지 않은 임의의 점이라 하자. 이때 충분히 작은 $|h|>0$에 대하여

$$\left|\frac{f(\zeta)}{(\zeta-z-h)(\zeta-z)}-\frac{f(\zeta)}{(\zeta-z)^2}\right|=\frac{|f(\zeta)||h|}{|\zeta-z|^2|\zeta-z-h|}$$
$$\leq\frac{|f(\zeta)||h|}{|\zeta-z|^2(|\zeta-z|-|h|)}$$
$$\leq\frac{M|h|}{m^2(m-|h|)}$$

이므로, $h\to0$일 때 $\frac{f(\zeta)}{(\zeta-z-h)(\zeta-z)}$는 $C$ 위에서 $\frac{f(\zeta)}{(\zeta-z)^2}$로 평등수렴한다. 그러므로

$$F'(z)=\lim_{h\to 0}\frac{1}{h}[F(z+h)-F(z)]=\lim_{h\to 0}\int_C\frac{f(\zeta)}{(\zeta-z-h)(\zeta-z)}d\zeta$$
$$=\int_C\lim_{h\to 0}\frac{f(\zeta)}{(\zeta-z-h)(\zeta-z)}d\zeta=\int_C\frac{f(\zeta)}{(\zeta-z)^2}d\zeta$$

이다. 그러므로 $C$ 위에 있지 않은 모든 점에서 $F(z)$는 해석적이다.

**문제 1.11** (a) $f(z)=(1+z)^{\alpha}=\exp(\alpha\log(1+z))$

$\log 1=0$을 만족하는 $\log(1+z)$의 한 분지를 선택하자. 그러면 $f(0)=1$이고, $f^{(n)}(0)=\alpha(\alpha-1)\cdots(\alpha-n+1)$이다. 그러므로

$$(1+z)^{\alpha}=1+\sum_{n=1}^{\infty}\frac{\alpha(\alpha-1)\cdots(\alpha-n+1)}{n!}z^n,\ |z|<1$$

이다.

(b) $f(z)=\tan^{-1}z=\frac{1}{2i}\log\frac{1+iz}{1-iz}$. $\log 1=0$을 만족하는 $\log\frac{1+iz}{1-iz}$의 한 분지를 선택하자. 그러면 $f(0)=1$이다.

$$f'(z)=\frac{1}{1+z^2}=\sum_{n=0}^{\infty}(-1)^n z^{2n},\ |z|<1$$

이므로, $\tan^{-1}z=\sum_{n=0}^{\infty}\frac{(-1)^n}{2n+1}z^{2n+1},\ |z|<1$이다.

(c) $f(z)=\sin^{-1}z=-i\log[iz+(1-z^2)^{1/2}]$. $\log 1=0$을 만족하는 $\log(1-z^2)$의 한 분지를 선택하자. 그러면 $f(0)=0$이다.

$$\begin{aligned}f'(z)&=(1-z^2)^{-1/2}\\&=1+\sum_{n=1}^{\infty}\frac{-\frac{1}{2}(-\frac{1}{2}-1)\cdots(-\frac{1}{2}-n+1)}{n!}(-z^2)^n\\&=1+\sum_{n=1}^{\infty}\frac{1\cdot 3\cdot\cdots\cdot(2n-1)}{2^n n!}z^{2n}\end{aligned}$$

이므로 $\sin^{-1}z=z+\sum_{n=1}^{\infty}\frac{1\cdot 3\cdot\cdots\cdot(2n-1)}{2^n(2n+1)n!}z^{2n+1},\ |z|<1$이다.

**문제 2.1** (i) $a_n=\alpha_n+i\beta_n, \alpha_n, \beta_n\in\mathbb{R}$, $z=re^{i\theta}=r(\cos\theta+i\sin\theta)$으로 놓자. 그러면

정답

$$f(re^{i\theta})=\sum_{n=0}^{\infty}a_n r^n(\cos n\theta+i\sin n\theta)=\sum_{n=0}^{\infty}r^n(\alpha_n+i\beta_n)(\cos n\theta+i\sin n\theta)$$
$$=\sum_{n=0}^{\infty}r^n(\alpha_n\cos n\theta-\beta_n\sin n\theta)+i\sum_{n=0}^{\infty}r^n(\alpha_n\sin n\theta+\beta_n\cos n\theta)$$

이다. 그러면 $\theta=0, 0<r<R$에 대하여

$$f(r)=\sum_{n=0}^{\infty}a_n r^n=\sum_{n=0}^{\infty}r^n\alpha_n+i\sum_{n=0}^{\infty}r^n\beta_n$$

이다. $f(r)\in\mathbb{R}$ 이므로, $\sum_{n=0}^{\infty}a_n r^n=\sum_{n=0}^{\infty}\alpha_n r^n, \sum_{n=0}^{\infty}\beta_n r^n=0$이다. $r$은 $0<r<R$인 임의의 수이므로, $a_n=\alpha_n\in\mathbb{R}, \beta_n=0$이다.

(ii) (i)에 의해서 $a_n\in\mathbb{R}$ 이므로,

$$f(z)=\sum_{n=0}^{\infty}a_n r^n(\cos n\theta+i\sin n\theta)=\sum_{n=0}^{\infty}a_n r^n\cos n\theta+i\sum_{n=0}^{\infty}a_n r^n\sin n\theta$$

이다.

$$f(\bar{z})=f(re^{-i\theta})=\sum_{n=0}^{n}a_n r^n(\cos n\theta-i\sin n\theta)=\sum_{n=0}^{\infty}a_n r^n\cos n\theta-i\sum_{n=0}^{\infty}a_n r^n\sin n\theta$$

이므로, $f(\bar{z})=\overline{f(z)}$이다.

**문제 2.2** $P(z)=z^n(a_n+\frac{a_{n-1}}{z}+\cdots+\frac{a_0}{z^n})$.

$$r^n(|a_n|-|\frac{a_{n-1}}{z}+\cdots+\frac{a_0}{z^n}|)\leqq|P(z)|\leqq r^n(|a_n|+|\frac{a_{n-1}}{z}+\cdots+\frac{a_0}{z^n}|).$$

만일 $r>1$이면,

$$|\frac{a_{n-1}}{z}+\frac{a_{n-2}}{z^2}+\cdots+\frac{a_0}{z^n}|\leqq\frac{|a_{n-1}|+|a_{n-2}|+\cdots+|a_0|}{r}:=\frac{K}{r}$$

이다. 그러므로

$$r^n(|a_n|-\frac{K}{r})\leqq|P(z)|\leqq r^n(|a_n|+\frac{K}{r}),\ (r>1)$$

이다. 이때 임의의 $\epsilon>0$에 다하여

$$(1-\epsilon)|a_n| \leqq |a_n| - \frac{K}{r}, \ |a_n| + \frac{K}{r} \leqq (1+\epsilon)|a_n|,$$

즉 $r \geqq \dfrac{K}{|a_n|\epsilon}$을 만족하는 $r=R>1$이 존재한다. 이때 만일 $r>R$이면,

$$(1-\epsilon)|a_n|r^n \leqq |P(z)| \leqq (1+\epsilon)|a_n|r^n \ (|z|=r)$$

이 성립한다.

**문제 2.3** $g(z)=f(z)e^{-z}$라 놓으면, $g(z)$는 정함수이고 $|g(z)| \leqq 1$이다. 그러므로 Liouville 정리에 의하여 $g(z)=K=$(상수)이다. 이때, $|K| \leqq 1$이다. 그러므로 $f(z)=Ke^z$이다.

**문제 2.4** $K=\{z=x+yi \mid 0 \leqq x \leqq a, \ 0 \leqq y \leqq b\}$는 $\mathbb{C}$의 긴밀부분집합이다. $\{f(z) \mid z \in K\} = \{f(z) \mid z \in \mathbb{C}\}$이고, $|f|: K \to \overline{\mathbb{R}^+}: z \mapsto |f(z)|$는 연속이므로, $|f(z)|$는 $K$ 위에서 유계이다. 그러므로 $f(z)$는 유계인 정함수이다. 따라서 Liouville 정리에 의하여 $f(z)$는 상수이다.

**문제 2.5** (a) $a_n = \dfrac{f^{(n)}(0)}{n!}$.

Cauchy의 부등식에 의하여 $|f^{(n)}(0)| \leqq \dfrac{Mn!}{r^n} = n!$ $(M=1, r=1)$이다. 그러므로 $|a_n| \leqq 1$이다. 따라서

$$\left|\sum_{n=k}^{\infty} a_n z^n\right| \leqq \sum_{n=k}^{\infty} |a_n||z|^n \leqq \sum_{n=k}^{\infty} |z|^n = \frac{|z|^k}{1-|z|} \quad (|z|<1)$$

이다.

(b) $|a_n| \leqq 1$이므로,

$$|f(z_2)-f(z_1)| \leqq \sum_{n=0}^{\infty} |a_n||z_2^n - z_1^n| \leqq \sum_{n=0}^{\infty} |z_2^n - z_1^n| = \sum_{n=1}^{\infty} |z_2^n - z_1^n|$$

이다.

$$\left|\frac{f(z_2)-f(z_1)}{z_2-z_1}\right| = \sum_{n=1}^{\infty} |z_2^{n-1} + z_1 z_2^{n-2} + \cdots + z_1^{n-1}| \leqq \sum_{n=1}^{\infty} nr^{n-1} = \frac{1}{(1-r)^2}$$

해답

이다. 왜냐하면, $\frac{1}{1-r}=\sum_{n=0}^{\infty}r^n$이므로, $\frac{1}{(1-r)^2}=\sum_{n=1}^{\infty}nr^{n-1}$이기 때문이다.

**문제 2.6** $f(z)\not\equiv 0$이라 가정하자. 그러면 어떤 $z_0\in D$에 대하여 $f(z_0)\neq 0$이다. 모든 $z\in D$에 대하여 $f(z)=\sum_{n=0}^{\infty}a_n(z-z_0)^n, g(z)=\sum_{n=0}^{\infty}b_n(z-z_0)^n$이라 놓으면, $a_0\neq 0$이다. $c_n=\sum_{k=0}^{n}a_kb_{n-k}$에 대하여 $f(z)g(z)=\sum_{n=0}^{\infty}c_n(z-z_0)^n$이다.

$0=c_0=a_0b_0$이므로, $b_0=0$이다.
$0=c_1=a_0b_1+a_1b_0=a_0b_1$이므로, $b_1=0$이다.
$0=c_2=a_2b_0+a_1b_1+a_0b_2=a_0b_2$이므로, $b_2=0$이다.

이를 계속 반복하면, 모든 음이 아닌 정수 $n$에 대하여 $b_n=0$임을 알 수 있다. 그러므로 $g(z)\equiv 0$이다.

**문제 2.7** $h(z)=\frac{f(z)}{g(z)}$라 놓으면, $h(z)$는 $D$에서 해석적이다. 이때,

$$h'(z)=\frac{g(z)f'(z)-f(z)g'(z)}{\{g(z)\}^2}$$

이므로 $h'(z)$는 $D$에서 해석적이다. $h'(z_n)=0$이므로, 정리 2.12에 의하여 $D$에서 $h'(z)=0$이다. 따라서 $D$에서 $h(z)=K=$(상수), 즉, $f(z)=Kg(z)$이다.

**문제 3.1** 7.4절의 정리 4.9에 의하여 해석함수 $g(z)$가 존재하여 $e^{g(z)}=f(z)$이다. 이때 $e^{Reg(z)}=|e^{g(z)}|=|f(z)|$이다. 그러므로 $Reg(z)=\log|f(z)|$이다. Gauss의 평균값 정리에 의하여

$$g(z_0)=\frac{1}{2\pi}\int_0^{2\pi}g(z_0+re^{i\theta})d\theta$$

이다. 그러므로

$$\log|f(z_0)|=Reg(z_0)=\frac{1}{2\pi}\int_0^{2\pi}Reg(z_0+re^{i\theta})d\theta=\frac{1}{2\pi}\int_0^{2\pi}\log|f(z_0+re^{i\theta})|d\theta$$

이다.

**문제 3.2** $D$에서 $f(z)$는 영점을 갖지 않는다고 가정하자. 그러면 $z_0 \in D$가 존재하여 $f(z_0) \neq 0$이다. (최대)최소절댓값 정리에 의하여 $|f(z)|$는 $D$에서 최댓값과 최솟값을 가질 수 없다. 그러므로 $|f(z)|$는 $D$의 경계에서 최댓값과 최솟값을 가져야 한다.

$$m = \min_{z \in \overline{D}} |f(z)| \leq |f(z_0)| \leq \max_{z \in \overline{D}} |f(z)| = M$$

그런데 $|f(z)|$가 $D$의 경계에서 상수이므로, $m = M = |f(z_0)|$이다. 이것은 모순이다.

**문제 3.3** (a) $|f(z)| = |e^z| = e^x$, $-r \leq x \leq r$이므로, $z = r$일 때 $M(r,f) = e^r$이고, $z = -r$일 때 $m(r,f) = e^{-r}$이다.

(b) $|f(z)| = |z|^n$이므로, $|z| = r$ 위의 점에서 $M(r,f) = m(r,f) = r^n$

(c) $|f(z)| = |z^2 + 1| = |r^2(\cos 2\theta + i\sin 2\theta) + 1|$

$$= (\mathrm{r}^2\cos 2\theta + 1)^2 + r^4\sin^2 2\theta^{1/2}$$

$$= (r^4 + 1 + 2r^2\cos 2\theta)^{1/2}$$

$\cos 2\theta = 1, \theta = 0$일 때, 즉 $z = r$일 때 $M(r,f) = r^2 + 1$

$\cos 2\theta = -1, \theta = \dfrac{\pi}{2}$일 때, 즉 $z = ri$일 때 $m(r,f) = |r^2 - 1|$

(d) $|f(z)| = |z^2 - z + 1| = |r^2(\cos 2\theta + i\sin 2\theta) - r(\cos\theta + i\sin\theta) + 1|$

$$= \{(r^2\cos 2\theta - r\cos\theta + 1)^2 + (r^2\sin 2\theta - r\sin\theta)^2)\}^{1/2}$$

$$= \{r^4 + r^2 + 1 - 2r^3(\cos 2\theta\cos\theta + \sin 2\theta\sin\theta) + 2r^2\cos 2\theta - 2r\cos\theta\}^{1/2}$$

$$= \{r^4 + r^2 + 1 - 2r^3\cos\theta + 2r^2\cos 2\theta - 2r\cos\theta\}^{1/2}$$

$$= \{r^4 + r^2 + 1 + 2r^2(2\cos^2\theta - 1) - 2r(r^2 + 1)\cos\theta\}^{1/2}$$

$$= \{r^4 - r^2 + 1 + 4r^2\cos^2\theta - 2r(r^2 + 1)\cos\theta\}^{1/2}$$

(i) $\dfrac{1}{2} \leq \cos\theta = \dfrac{1 + r^2}{4r} < 1$

$\cos\theta = -1$일 때, 즉 $z = -r$일 때 $M(r,f) = r^2 + r + 1$이고, $\cos\theta = \dfrac{1 + r^2}{4r}$일 때,

즉 $z = re^{i\theta}$, $\theta = \cos^{-1}(\dfrac{1 + r^2}{4r})$일 때

$$m(r,f) = -\frac{4r^2(r^2 + 1)^2 - 16r^2(r^4 - r^2 + 1)}{16r^2}{}_{1/2} = \frac{(3r^4 - 6r^2 + 3)^{1/2}}{2}$$

$$= \frac{\sqrt{3}}{2}|r^2 - 1|.$$

해답

(ii) $\cos\theta = \dfrac{1+r^2}{4r} = 1$

$\cos\theta = -1$일 때, 즉 $z = -r$일 때 $M(r,f) = r^2 + r + 1$이고,
$\cos\theta = 1$일 때, 즉 $z = r$일 때

$$m(r,f) = \{r^4 - r^2 + 1 + 4r^2 - 2r(r^2+1)\}^{1/2} = (r^4 - 2r^3 + 3r^2 - 2r + 1)^{1/2}$$
$$= r^2 - r + 1.$$

**문제 3.4** $\max_{|z|=r} |e^{z^2 - iz}| = \max_{|z|=r} e^{r^2\cos 2\theta + r\sin\theta}$

$$= \max_{|z|=r} e^{r^2(1-2\sin^2\theta) + r\sin\theta}$$
$$= \max_{|z|=r} e^{-2r^2\sin^2\theta + r\sin\theta + r^2} = e^{\frac{r^2+8r^4}{8r^2}} = e^{\frac{1+8r^2}{8}}$$

여기서 $\sin\theta = \dfrac{1}{4r}$이다.

(i) $\sin\theta = \dfrac{1}{4r} < 1$, 즉 $r > \dfrac{1}{4}$일 때, 점 $re^{i\theta}$, $\theta = \sin^{-1}(\dfrac{1}{4r})$에서

$$\max_{|z|=r} |e^{z^2-iz}| = e^{\frac{1+8r^2}{8}}.$$

(ii) $\sin\theta = \dfrac{1}{4r} \geq 1$, 즉 $r \leq \dfrac{1}{4}$일 때 $\theta = \dfrac{\pi}{2}$(점 $ri$)에서

$$\max_{|z|=r} |e^{z^2-iz}| = e^{-r^2+r}.$$

**문제 3.5** $0 \leq r_0 < R$을 만족하는 각 $r_0$에 대하여 $m(r)$이 $r = r_0$에서 연속임을 보이면 된다. 즉, 임의의 $\epsilon > 0$에 대하여 $\delta > 0$가 존재하여 $|r_1 - r_0| < \delta, 0 \leq r_1 < R$일 때

$$|m(r_1) - m(r_0)| < \epsilon$$

이 성립함을 보이면 된다. $|f(z)|$가 $|z| < R$의 긴밀부분집합에서 평등연속이므로, 임의의 $\epsilon > 0$에 대하여 $\delta > 0$가 존재하여 $||z_1| - |z_0|| \leq |z_1 - z_0| < \delta$일 때,

$$||f(z_1)| - |f(z_0)|| < \epsilon$$

이 성립한다. $z_1 = r_1 e^{i\theta}$, $z_0 = r_0 e^{i\theta}$으로 놓자.

우선 $r_0 \leq r_1 \leq r_0 + \delta$에 대하여 $|f(r_1 e^{i\theta_1})| = m(r_1)$이라 하자. 그러면 최소절댓값 정

리에 의하여 $m(r_1) \leqq m(r_0)$이다. 따라서

$$0 \leqq m(r_0) - m(r_1) \leqq |f(r_0 e^{i\theta_1})| - |f(r_1 e^{i\theta_1})| < \epsilon$$

이 성립한다. 한편 $r_0 - \delta \leqq r_1 \leqq r_0$에 대하여 $m(r_0) = |f(r_0 e^{i\theta_0})|$로 놓자. 그러면 최소절댓값 정리에 의하여 $m(r_0) \leqq m(r_1)$이다. 따라서

$$0 \leqq m(r_1) - m(r_0) \leqq |f(r_1 e^{i\theta_0})| - |f(r_0 e^{i\theta_0})| < \epsilon$$

이 성립한다. 그러므로 $m(r)$는 $r_0$에서 연속이다.

**문제 3.6** $P(z) = a_0 + a_1 z + a_2 z^2 + \cdots + a_n z^n, a_n \neq 0$라 놓으면, 정리 2.6에 의하여 충분히 큰 $r = |z|$에 대하여

$$\frac{|a_n|}{2} r^n \leqq |P(z)| \leqq \frac{3|a_n|}{2} r^n$$

이다.

$$\frac{|a_n|}{2} e^{r\cos\theta} \leqq |P(z) e^z| \leqq \frac{3|a_n|}{2} e^{r\cos\theta}, z = r(\cos\theta + i\sin\theta)$$

이므로, $M(r,f) \geqq \frac{|a_n|}{2} e^r$이고, $0 \leqq m(r,f) \leqq \frac{3|a_n|}{2} e^{-r}$임을 알 수 있다. 따라서 $\lim_{r\to\infty} M(r,f) = \infty, \lim_{r\to\infty} m(r,f) = 0$이다.

**문제 3.7** 정리 2.6에 의하여 $\frac{1}{2} r^n \leqq |P(z)| \leqq \frac{3}{2} r^n$이다.

$P(z) = a\cos\theta + ia\sin\theta, \frac{1}{2} r^n \leqq a \leqq \frac{3}{2} r^n$이라 놓으면, $Re P(z) = a\cos\theta$이다.

(i) $\theta = 0, a = \frac{1}{2} r^n$을 만족하는 $z_0 = r$이 존재한다. 이때, $Re P(z_0) = \frac{1}{2} r^n$이므로

$|e^{P(z_0)}| = e^{Re P(z_0)} = e^{\frac{1}{2} r^n}$이다.

(ii) $\theta = \pi, a = \frac{1}{2} r^n$을 만족하는 $z_1 = -r$이 존재한다. 이때, $Re P(z_1) = -\frac{1}{2} r^n$이므로

$|e^{P(z_1)}| = e^{Re P(z_1)} = e^{-\frac{1}{2} r^n}$이다.

**문제 3.8** $f(z)=a_1z+a_2z^2+\cdots=zg(z)$이다. $g(z)$는 $|z|<1$에서 해석적이다.

$$f'(z)=g(z)+zg'(z), f'(0)=g(0).$$

$g(z)$에 최대절댓값 정리를 응용하면, 다음을 얻는다.

$$|g(0)| \leqq \max_{|z|=r}|g(z)| \leqq \max_{|z|=R'}|g(z)| \ (r<R'<1).$$

$$|g(0)| \leqq \max_{|z|=r}|g(z)| \leqq \max_{|z|=R'}|g(z)| = \max_{|z|=R'}\left|\frac{f(z)}{z}\right| \leqq \frac{1}{R'}.$$

$R' \to 1$을 취하면, $|f'(0)|=|g(0)| \leqq 1$이다.

만일 $|f'(0)|=|g(0)|=1$이면,

$$|g(0)|=\max_{|z|=r}|g(z)|=\lim_{R'\to 1}\max_{|z|=R'}|g(z)|=1 \ (r<R'<1)$$

이므로, 최대절댓값 정리에 의하여 $g(z)=$(상수)이다. 그러므로

$$f(z)=Cz, |C|=|g(0)|=1$$

이다. 따라서 $f(z)=e^{i\alpha}z$이다.

**문제 3.9** $\min_{|z|\leqq 1}|f(z)|=1=f(0)$이므로 최소절댓값의 정리에 의하여 $f(z)$는 상수함수이다.

**문제 3.10** $f(z)=a_1z+a_2z^2+\cdots$으로 나타낼 수 있으므로,

$$h_n(z)=f(z^n)=z^n(a_1+a_2z^n+a_3z^{2n}+\cdots)=z^ng_n(z)$$

이다. 이때, 원점은 $g_n(z)$의 제거가능특이점이므로,

$$g_n(z)=\begin{cases}\dfrac{h_n(z)}{z^n}, & z\neq 0\\ \dfrac{h_n^{(n)}(0)}{n!}, & z=0\end{cases}=\begin{cases}\dfrac{h_n(z)}{z^n}, & z\neq 0\\ f'(0), & z=0\end{cases}$$

으로 정의하면, $g_n(z)$는 $0<|z|<1$에서 해석적이고 $|z|<1$에서 연속이므로, $g_n(z)$는 $|z|<1$에서 해석적이다. 한편, $g_n(z)$는 $|z|<r<1$에서 해석적이고 원판 $|z|\leqq r$에서 연속이므로, $g_n$에 최대절댓값 정리를 적용하면, $|z|=r$에 대하여

$$\max_{|z|=r}|g_n(z)| = \max_{|z|=r}\left|\frac{h_n(z)}{z^n}\right| \le \frac{1}{r^n}$$

이다. 이것은 $|z| \le r$에서 $|g_n(z)| \le \frac{1}{r^n}$임을 의미한다. 이때, $r \to 1$을 취하면, $|z|<1$에서 $|h_n(z)| \le |z|^n$임을 알 수 있다. 따라서 $|z|<1$에서

$$|F(z)| \le \sum_{n=1}^{\infty}|z|^n$$

이다. $\sum_{n=1}^{\infty}z^n$은 $|z|<1$에서 절대수렴하므로, $F(z)$는 $|z|<1$에서 해석적임을 알 수 있다. 또한, $|z|=r<1$에 대하여 다음을 얻는다.

$$|F(z)| \le \sum_{n=1}^{\infty}|z|^n = \sum_{n=1}^{\infty}r^n = \frac{r}{1-r}$$

**문제 4.1** $C$의 내부의 점 $z_1,\cdots,z_k$에 대하여 $f(z_i)=a, i=1,2,\cdots,k$라고 하자. 그러면

$$f(z)-a=(z-z_1)^{n_1}(z-z_2)^{n_2}\cdots(z-z_k)^{n_k}P(z)$$

이다. 여기서 $P(z)$는 0이 아닌 해석함수이다. 이때 $f(z)$는 $a$를 $\sum_{i=1}^{k}n_i$번 취한다. 복소로그 함수의 도함수에 의하여

$$\frac{f'(z)}{f(z)-a}=\sum_{i=1}^{k}\frac{n_i}{z-z_i}+\frac{P'(z)}{P(z)}$$

이다. 따라서 다음을 얻는다.

$$\frac{1}{2\pi i}\int_C\frac{f'(z)}{f(z)-a}dz=\frac{1}{2\pi i}\sum_{i=1}^{k}\int_C\frac{n_i}{z-z_i}dz=\sum_{i=1}^{k}n_i$$

**문제 4.2** $f(z)=\dfrac{(z-z_1)(z-z_2)\cdots(z-z_n)}{(z-w_1)(z-w_2)\cdots(z-w_m)}P(z)$라고 하자. 여기서 $P(z)$는 0이 아닌 해석함수이다. 이때 복소로그함수의 도함수에 의하여

$$\frac{f'(z)}{f(z)}=\sum_{i=1}^{n}\frac{1}{z-z_i}-\sum_{i=1}^{m}\frac{1}{z-w_i}+\frac{P'(z)}{P(z)}$$

이다. 그러므로 코시의 적분공식에 의하여 다음을 얻는다.

$$\frac{1}{2\pi i}\int_C g(z)\frac{f'(z)}{f(z)}dz = \frac{1}{2\pi i}[\sum_{i=1}^{n}\int_C \frac{g(z)}{z-z_i}dz - \sum_{i=1}^{m}\int_C \frac{g(z)}{z-w_i}dz]$$
$$= \sum_{i=1}^{n} g(z_i) - \sum_{i=1}^{m} g(w_i)$$

**문제 4.3** $P(z) = a_n(z-\alpha_1)(z-\alpha_1)\cdots(z-\alpha_n)$이라 놓으면, 문제 4.2에 의하여

$$\frac{1}{2\pi i}\int_{|z|=R} z\frac{P'(z)}{P(z)}dz = \sum_{i=1}^{n}\alpha_i$$

이다.

**문제 4.4** $(\Rightarrow)$ $f(z) = (z-z_0)^k g(z), g(z_0) \neq 0$이라 놓으면, $\frac{1}{f(z)} = \frac{1}{(z-z_0)^k g(z)}$이므로,

$$\lim_{z\to z_0}(z-z_0)^k \cdot \frac{1}{(z-z_0)^k g(z)} = \lim_{z\to z_0}\frac{1}{g(z)} = \frac{1}{g(z_0)} \neq 0, \infty$$

이다. 따라서 $\frac{1}{f(z)}$는 $z = z_0$에서 위수 $k$인 극을 갖는다.

$(\Leftarrow)$ $\lim_{z\to z_0}(z-z_0)^k \frac{1}{f(z)} \neq 0, \infty$라고 하자. 그러면 $\frac{1}{f(z)} = \frac{1/g(z)}{(z-z_0)^k}$, $g(z_0) \neq 0$이다. 따라서 $f(z) = (z-z_0)^k \cdot g(z)$이므로, $f(z)$는 $z_0$에서 중복도 $k$의 영점을 갖는다.

**문제 4.5** 7.4절의 정리 4.9에 의하여 해석함수 $g(z)$가 존재하여 $e^{g(z)} = f(z)$이다. 이때

$$e^{Re g(z)} = |e^{g(z)}| = |f(z)|$$

이다. 그러므로 $Re g(z) = \log|f(z)|$이다. Gauss의 평균값 정리에 의하여

$$g(0) = \frac{1}{2\pi}\int_0^{2\pi} g(re^{i\theta})d\theta$$

이다. 그러므로

$$\log|f(0)| = Re g(0) = \frac{1}{2\pi}\int_0^{2\pi} Re g(re^{i\theta})d\theta = \frac{1}{2\pi}\int_0^{2\pi}\log|f(re^{i\theta})|d\theta$$

이다. 그러므로 $\exp(\frac{1}{2\pi}\int_0^{2\pi}\log|f(re^{i\theta})|) = |f(0)|$이다.

**문제 4.6** (i) $|z| < \frac{1}{3}$를 생각하자. $f(z)=4z$, $g(z)=z^4-1$으로 놓자. $|z| = \frac{1}{3}$ 위에서

$$|g(z)| = |z^4-1| \leqq |z|^4+1 = \frac{1}{3^4}+1 < |f(z)| = 4|z| = 4\cdot\frac{1}{3}$$

이므로, Rouché 정리에 의하여 $f(z)+g(z)$는 $|z| < \frac{1}{3}$에서 1개의 영점을 갖는다.

(ii) $|z| = \frac{1}{3}$ 위에서

$$\begin{aligned}|z^4-1+4z| &\geqq 4|z| - |z^4-1| \geqq 4|z| - (|z|^4+1)\\ &= 4\cdot\frac{1}{3} - (\frac{1}{3^4}+1) > 0\end{aligned}$$

이므로, $z^4+4z-1$은 $|z| = \frac{1}{3}$ 위에서 근을 갖지 않는다.

(iii) $|z| < 2$를 생각하자. $f(z)=z^4, g(z)=4z-1$로 놓자. $|z| = 2$ 위에서

$$|g(z)| = |4z-1| \leqq 4|z|+1 = 4\cdot 2+1 < |f(z)| = |z|^4 = 2^4$$

이므로, Rouché 정리에 의하여 $f(z)+g(z)$는 $|z| < 2$에서 4개의 영점을 갖는다.

**문제 4.7** $f(z)=az^n$, $g(z)=-e^z$로 놓자. $|z| = 1$일 때, 즉 $z=e^{i\theta}$, $0 \leqq \theta \leqq 2\pi$일 때

$$|g(z)| = e^{\cos\theta} \leqq e < |f(z)| = a|z|^n = a$$

이므로, Rouché 정리에 의하여 $e^z-az^n=0$은 $|z| < 1$의 내부에서 $n$개의 근을 갖는다. $n=2$일 때 $e^x=ax^2$는 $|x| < 1$에서 서로 다른 두 실근을 갖는다. $e^z=az^2$는 단위원의 내부에서 2개의 근을 가지므로, 그 근들은 모두 실수이다.

**문제 4.8** $g(z)=z-a, h(z)=e^{-z}$로 놓자. $Rez=x=0$일 때

$$\begin{aligned}|h(z)| = |e^{-z}| = e^{-x} = 1 < |g(z)| = |z-a| &= \{(x-a)^2+y^2\}^{1/2}\\ &= (a^2+y^2)^{1/2}\end{aligned}$$

이므로 Rouché 정리에 의하여 $e^{-z}+z-a$는 $Rez > 0$에서 꼭 1개의 영점을 갖는다.

**문제 4.9** $P_n(x)=1+\frac{1}{z}+\frac{1}{2!z^2}+\cdots+\frac{1}{(n-1)!z^{n-1}}+\frac{1}{n!z^n}$

$$=P_{n-1}(z)+\frac{1}{n!z^n}$$

이라 하자. $(n!+n!+\frac{n!}{2!}+\cdots+\frac{n!}{(n-1)!})R<1$을 만족하는 $0<R<1$을 임의로 택하자. 이때, $|z|=R$ 위에서

$$\left|\frac{P_{n-1}(z)}{1/(n!z^n)}\right| \leqq (n!+n!+\frac{n!}{2!}+\cdots+n)R<1$$

이므로, Rouché 정리에 의해서 $|z|>R$에서 $P_n(z)$의 영점의 수와 $\frac{1}{n!z^n}$의 영점의 수는 같다. 그러나 $|z|>R$에서 $\frac{1}{n!z^n}$의 영점은 없으므로, $|z|>R$에서 $P_n(z)$의 영점도 없다. 그러므로 $P_n(z)$의 모든 영점은 $|z|\leqq R$ 에 놓여있다. $|z|=R$ 위에서 $|P_{n-1}(z)|<\left|\frac{1}{n!z^n}\right|$ 이므로, $|P_n(z)| \geqq \left||P_{n-1}(z)|-\left|\frac{1}{n!z^n}\right|\right|>0$ 이다. 따라서 $|z|=R$ 위에서 $P_n(z)$의 영점은 없다. 그러므로 $P_n(z)$의 모든 영점은 $|z|<R$에 놓여있다.

**문제 4.10** $\lim_{n\to\infty} z_n=z_0\in D$이고, $z_0$은 $f(z)$의 영점이 아니라고 가정하자. 이때, $z_0$를 지나고 모든 $z_n$를 내부의 점들로 갖는 단일폐등심선 $C$를 선택하자. 이때, $C$ 위에서는 $f(z)\neq 0$이라 하자. 그러면 Hurwitz의 정리에 의하여 충분히 큰 자연수 $n$에 대하여 $f_n(z)$와 $f(z)$는 $C$의 내부에서 같은 수의 영점을 갖는다. $\partial K=C$라고 하자. $f_n(z)$는 $K$에서 $f(z)$로 평등수렴하므로, $f(z)$는 $K$에서 연속이다. 임의의 $\epsilon>0$에 대하여 자연수 $N$이 존재하여 $n\geqq N$일 때, 모든 $z\in K$에 대하여 $|f_n(z)-f(z)|<\epsilon$이 성립한다. $|f(z_n)|=|f_n(z_n)-f(z_n)|<\epsilon$ 이므로 $f(z_0)=\lim_{n\to\infty} f(z_n)=0$이다. 이것은 모순이다.

**문제 4.11** $g(z)=f(z)-f(z_0)$라 놓자. $0<|z-z_0|\leqq\delta$에서 $g(z)\neq 0$인 충분히 작은 $\delta>0$를 선택하고, 이때,

$$\epsilon=\min_{|z-z_0|=\delta}|g(z)|=\min_{|z-z_0|<\delta}|f(z)-f(z_0)|$$

이라 하자. $|w-f(z_0)|<\epsilon$라고 하자. $|z-z_0|=\delta$ 위에서

$$|g(z)| \geq \epsilon > |w-f(z_0)|$$

이므로, Rouché 정리에 의하여 $|z-z_0|<\delta$에서 $g(z)$의 영점의 수와 $g(z)-w+f(z_0)$의 영점의 수는 같다. $g(z)$는 $|z-z_0|<\delta$에서 중복도 $n$의 영점 $z_0$를 가지므로, $g(z)-w+f(z_0)$는 $|z-z_0|<\delta$에서 $n$개의 영점을 갖는다. 즉, $f(z)-w$는 $|z-z_0|<\delta$에서 $n$개의 영점을 갖는다. 이때, 영점들의 중복도는 $1 \leq k \leq n$이므로, 그 영점들은 $N_\delta(z_0)$에서 적어도 한 점 이상 많아야 $n$개의 서로 다른 점들임을 알 수 있다.

**문제 4.12** (i) $h(z)=f(z)-f(z_0)$라고 하자. $h(z_0)=0, h'(z_0)=f'(z_0)\neq 0$이므로, $h(z)$는 $z=z_0$에서 위수 1인 영점을 꼭 하나 갖는다. $0<|z-z_0| \leq \delta$에서 $h(z)\neq 0, h'(z)\neq 0$인 충분히 작은 $\delta>0$를 선택하자. 이때, $\epsilon = \min_{|z-z_0|=\delta} |h(z)|$이라 하자.

$$U=N_\delta(z_0)\bigcap h^{-1}(N_\epsilon(0))$$

라고 하자. $f(z)$가 $U$에서 단사함수임을 보이기 위하여 각 $z_i \in U-\{z_0\}\ (i=1,2)$에 대하여 $h(z_1)=h(z_2)$라고 하자. 그러면 $h(z_i)\neq 0$이고 $0<|h(z_i)|<\epsilon$임을 알 수 있다. $|z-z_0| \leq \delta$에서 $\epsilon \leq |h(z)|$이므로, $|z-z_0|=\delta$에서 $|h(z_i)|<|h(z)|$이다. 따라서 Rouché 정리에 의하여 $|z-z_0|<\delta$에서 $h(z)$의 영점의 수와 $h(z)-h(z_i)$의 영점의 수는 같다. $h(z)$는 $z=z_0$에서 위수 1인 영점을 꼭 하나 가지므로,

$$h(z)-h(z_1)=h(z)-h(z_2)$$

는 꼭 하나의 영점을 갖는다. 그러나 $z_1, z_2$는 $h(z)-h(z_1)=h(z)-h(z_2)$의 영점이므로 $z_1=z_2$이어야 한다. 따라서 $h(z)$는 $U$에서 단사함수이다. 그러므로 $f(z)$는 $U$에서 단사함수이다.

(ii) 열린사상 정리에 의하여 $f(U)=V$는 열린집합이다. 따라서 $g=f^{-1}$는 $V$에서 연속함수이다. 각 $w\in V$에 대하여 $f(z)=w$을 만족하는 유일한 $z\in U$가 존재한다. 이때, $g(w)=z$라 놓으면, $z\in U$에 대하여 $g(f(z))=g(w)=z$이다. $g: V \to U$가 해석함수임을 보이자. 각 $w_1 \in V$에 대하여 $g(w_1)=z_1$이라 하자. 이때,

$$g'(w_1)=\lim_{w\to w_1}\frac{g(w)-g(w_1)}{w-w_1}=\lim_{z-z_1}\frac{z-z_1}{f(z)-f(z_1)}=\frac{1}{f'(z_1)}$$

이므로, $g$는 $V$에서 해석함수이다.

## 제 9 장

**문제 1.1** (i) $\alpha = n + r,\ n \in \mathbb{Z},\ 0 \leqq r < 1$이라 하자. 그러면 $\lim_{z \to z_0}(z-z_0)^{n+1}f(z) = 0$이다.

$$h(z) := \begin{cases} (z-z_0)^{n+2}f(z), & z \neq z_0 \\ 0, & z = z_0 \end{cases}$$

이라 정의하자. 그러면 분명히 $h'(z_0) = 0$이다. 그러므로 $h(z)$는 $z_0$-근방의 모든 점에서 미분가능하다. 따라서 $h(z)$는 해석적이다. 그러므로 $h(z) = \sum_{n=2}^{\infty} c_n (z-z_0)^n$으로 쓸 수 있다. 따라서 $z \neq z_0$에 대하여

$$f(z) = c_2(z-z_0)^{-n} + c_3(z-z_0)^{-n+1} + \cdots + c_{n+1}(z-z_0)^{-1} + \cdots$$

이다.

$$(z-z_0)^{\alpha}f(z) = c_2(z-z_0)^{r} + c_3(z-z_0)^{r+1} + \cdots + c_{n+1}(z-z_0)^{n+r-1} + \cdots$$

이고, $\lim_{z \to z_0}(z-z_0)^{\alpha}f(z) \neq 0, \infty$ 이므로, $r = 0\,(c_2 = M)$ 이어야 한다. 그러므로 $\alpha \in \mathbb{Z}$이다.

**문제 1.2** $h(z) := \begin{cases} z^2 f(z), & z \neq 0 \\ 0, & z = 0 \end{cases}$이라 정의하자. 그러면 분명히 $h'(0) = 0$이다. $h(z)$는 원점 근방의 모든 점에서 미분가능이므로, $h(z)$는 해석적이다. 그러므로 $h(z) = \sum_{n=2}^{\infty} c_n z^n$로 쓸 수 있다. $z \neq 0$에 대하여 $f(z) = \sum_{n=2}^{\infty} c_n z^{n-2} = \sum_{n=0}^{\infty} c_{n+2} z^n$이다. 이때 $f(0) := c_2$로 정의하면, 모든 $z$에 대하여 $f(z) = \sum_{n=0}^{\infty} c_{n+2} z^n$이다. 그러므로 $f(z)$는 원점에서 해석적이다. 따라서 원점은 $f(z)$의 제거가능한 특이점이다.

**문제 1.3** $\tan z = \frac{\sin z}{\cos z} = -i\frac{e^{iz} - e^{-iz}}{e^{iz} + e^{-iz}} = \pm i$를 갖는다고 가정하자. 그러면

$$e^{iz} - e^{-iz} = \pm(e^{iz} + e^{-iz})$$

이다. 이때 $-e^{-iz} = e^{-iz}$ 또는 $e^{iz} = -e^{iz}$이므로, 이것은 모순이다. 그러므로 $\tan z$는 $\pm i$를 함숫값으로 갖지 않는다. 이것은 Picard 정리에 모순이 아니다. 왜냐하면 $\tan z$는 정

함수가 아니기 때문이다.

**문제 1.4** (a) $\cos z=0$을 만족하는 $z_n=(n+\frac{1}{2})\pi, n\in\mathbb{Z}$는 단일극이다. 왜냐하면 $\cos'(n+\frac{1}{2})\pi$ $=-\sin(n+\frac{1}{2})\pi\neq 0$이고,

$$\lim_{z\to z_n}(z-z_n)\tan z=\lim_{z\to z_n}\frac{(z-z_n)\sin z}{\cos z}=\lim_{z\to z_n}\frac{\sin z+(z-z_n)\cos z}{-\sin z}=-1\neq 0$$

이기 때문이다.

(b) $z_n=\frac{1}{(2n+1)\pi i}, n\in\mathbb{Z}$은 단일극이다. 왜냐하면, $-\frac{1}{z_n^2}e^{1/z_n}\neq 0$이고,

$$\lim_{z\to z_n}(z-z_n)\cdot\frac{1}{e^{1/z}+1}=\lim_{z\to z_n}\frac{1}{-\frac{1}{z^2}e^{1/z}}\neq 0,\infty$$

이기 때문이다. $z_n\to 0$이므로, $z=0$은 고립이 아닌 진성특이점이다.

(c) $\sin z=\cos z$, $\sqrt{2}\sin(z-\frac{\pi}{4})=0$을 만족하는 $z_n=(n+\frac{1}{4})\pi$, $n\in\mathbb{Z}$은 단일극이다. 왜냐하면 $(\sin z-\cos z)'|_{z=z_n}=\cos z_n+\sin z_n=2\sin z_n\neq 0$이고

$$\lim_{z\to z_n}(z-z_n)\cdot\frac{1}{\sin z-\cos z}=\lim_{z\to z_n}\frac{1}{\cos z+\sin z}=\frac{1}{\cos z_n+\sin z_n}=\frac{1}{2\sin z_n}\neq 0,\infty$$

이기 때문이다.

(d) $z=0,\infty$은 고립진성특이점이다.

(e) $z=1$은 분지점이고, $z=-1$은 단일극이다.

**문제 1.5** (a) 제거가능한 특이점이다. 왜냐하면 $\lim_{z\to 0}\frac{\frac{2}{z^2}+1}{\frac{3}{z^2}-10}=\lim_{z\to 0}\frac{2+z^2}{3-10z^2}=\frac{2}{3}$이기 때문이다.

(b) 단일극이다. 왜냐하면 $\lim_{z\to 0}z\cdot\frac{\frac{1}{z^2}}{\frac{1}{z}+1}=\lim_{z\to 0}\frac{1}{1+z}=1\neq 0,\infty$이기 때문이다.

(c), (d), (f) 고립진성특이점이다.

$$\frac{\frac{1}{z^2}+10}{e^{1/z}}=\frac{1+10z^2}{z^2e^{1/z}},\quad \frac{e^{1/z}}{\frac{1}{z^2}+1}=\frac{z^2e^{1/z}}{1+z^2},\quad z+\sin\frac{1}{z}$$

해답

(e) 고립이 아닌 진성특이점이다. $\tan\frac{1}{z}-\frac{1}{z}$에서 $\cos\frac{1}{z}=0$을 만족하는 $\frac{1}{z_n}=(n+\frac{1}{2})\pi$, $n\in\mathbb{Z}$에 대하여 $z_n=\frac{1}{(n+1/2)\pi}\to 0$이다.

**문제 1.6** $f(z)=\frac{z-z_0}{(z-z_0)(z-z_1)^k}e^{\frac{1}{z-z_2}}$

**문제 1.7** $(\Leftarrow)$ 대수학의 기본정리에 의하여 자명하다.

$(\Rightarrow)$ $f(z)$는 점 $w_1,w_2,\cdots,w_l,\infty$에서 극을 갖는다고 하자. 또한, $f(z)$는 점 $z_1,z_2,\cdots,z_k$에서 영점을 갖는다고 하자. 그러면 $f(z)$는 다음과 같이 나타낼 수 있다.

$$f(z)=\frac{z^{m_0}(z-z_1)^{m_1}\cdots(z-z_k)^{m_k}}{(z-w_1)^{n_1}\cdots(z-w_l)^{n_l}}\cdot g(z),\ g(z_i)\neq 0, g(0)\neq 0, g(w_i)\neq 0.$$

여기서 $g(z)$는 해석함수이고 충분히 큰 $R>0$에 대하여 $|z|\leq R$일 때, $|g(z)|\leq M$이다.

$$h(z)=z^{m_0}(z-z_1)^{m_1}\cdots(z-z_k)^{m_k}g(z),\ \ h(z)=\sum_{k=0}^{\infty}a_nz^n$$

이라 놓으면, 코시의 적분공식에 의하여 $a_n=\frac{h^{(n)}(0)}{n!}=\frac{1}{2\pi i}\int_{|z|=R}\frac{h(z)}{z^{n+1}}dz$이므로,

$$\begin{aligned}|a_n| &\leq \frac{1}{2\pi}\int_{|z|=R}\frac{|h(z)|}{|z|^{n+1}}|dz| \\ &\leq \frac{1}{2\pi}\cdot\frac{M}{R^{n+1}}\int_{|z|=R}[R^{m_0}(R+|z_1|)^{m_1}\cdots(R+|z_k|)^{m_k}]|dz| \\ &= \frac{M}{R^n}\cdot R^{m_0}(R+|z_1|)^{m_1}\cdots(R+|z_k|)^{m_k}\end{aligned}$$

을 얻는다. $n>m_0+m_1+\cdots+m_k$일 때, $R\to\infty$를 취하면, $|a_n|=0$, 즉, $a_n=0$을 얻는다. 따라서 $h(z)$는 $(m_0+m_1+\cdots+m_k)$차 이하의 다항식이다. 즉, $g(z)$는 상수이다. 그러므로 $f(z)$는 유리함수이다.

**문제 1.8** $f(z)$는 $z_0$에서 극을 갖는다고 가정하자. $\lim_{z\to z_0}(z-z_0)^kf(z)\neq 0,\infty$이므로, $f(z)$는 다음과 같이 나타낼 수 있다.

$$f(z)=\sum_{n=-k}^{\infty}a_n(z-z_0)^n,\ \ a_{-k}\neq 0,\infty$$

$(z-z_0)^k f(z)=a_{-k}+a_{-k+1}(z-z_0)+\cdots$ 이므로, $(z_n-z_0)^k f(z)=a_{-k}+a_{-k+1}(z_n-z_0)+\cdots$ 이다. 이때, $n\to\infty$를 취하면, $a_{-k}=0$을 얻는다. 이것은 모순이다.

**문제 1.9** $f(z)=\dfrac{g(z)}{(z-z_0)^m}, g(z_0)\neq 0$, $P(z)=a_0z^n+a_1z^{n-1}+\cdots+a_{n-1}z+a_n, a_0\neq 0$이라 놓으면, $\lim_{z\to z_0}(z-z_0)^m f(z)=g(z_0)\neq 0,\infty$ 이고

$$P(f(z))=a_0\frac{\{g(z)\}^n}{(z-z_0)^{mn}}+a_1\frac{\{g(z)\}^{n-1}}{(z-z_0)^{m(n-1)}}+\cdots+a_{n-1}\frac{g(z)}{(z-z_0)^m}+a_n$$

이므로, $\lim_{z\to z_0}(z-z_0)^{mn}P(f(z))=a_0\{g(z_0)\}^n\neq 0,\infty$ 이다. 따라서 $P(f(z))$는 $z=z_0$에서 위수 $mn$의 극을 갖는다.

**문제 2.1**

$$\frac{1}{(z+1)(z^2+2)}=\frac{1}{3}\frac{1}{z+1}-\frac{1}{2\sqrt{2}i(1-\sqrt{2}i)}\frac{1}{z+\sqrt{2}i}+\frac{1}{2\sqrt{2}i(1+\sqrt{2}i)}\frac{1}{z-\sqrt{2}i}$$

(a)
$$\begin{aligned}\frac{1}{(z+1)(z^2+2)}&=\frac{1}{3z}\frac{1}{1+1/z}+\frac{1}{4(1-\sqrt{2}i)}\frac{1}{z/(\sqrt{2}i)+1}-\frac{1}{4(1+\sqrt{2}i)}\frac{1}{1-z/(\sqrt{2}i)}\\&=\frac{1}{3z}\sum_{n=0}^{\infty}(-1)^nz^{-n}+\frac{1}{4(1-\sqrt{2}i)}\sum_{n=0}^{\infty}(-1)^n\frac{1}{(\sqrt{2}i)^n}z^n-\frac{1}{4(1+\sqrt{2}i)}\sum_{n=0}^{\infty}\frac{1}{(\sqrt{2}i)^n}z^n\\&=\frac{1}{3}\sum_{n=0}^{\infty}(-1)^nz^{-n-1}+\frac{1}{12}\sum_{n=0}^{\infty}\frac{1}{(\sqrt{2}i)^n}[(-1)^n(1+\sqrt{2}i)-(1-\sqrt{2}i)]z^n\end{aligned}$$

(b)
$$\begin{aligned}\frac{1}{(z+1)(z^2+2)}&=\frac{1}{3z}\frac{1}{1+1/z}-\frac{1}{2\sqrt{2}i(1-\sqrt{2}i)}\cdot\frac{1}{z}\cdot\frac{1}{1+\sqrt{2}i/z}\\&\qquad+\frac{1}{2\sqrt{2}i(1+\sqrt{2}i)}\cdot\frac{1}{z}\cdot\frac{1}{1-\sqrt{2}i/z}\\&=\frac{1}{3z}\sum_{n=0}^{\infty}(-1)^nz^{-n}-\frac{1}{2\sqrt{2}i(1-\sqrt{2}i)}\cdot\frac{1}{z}\cdot\sum_{n=0}^{\infty}(-1)^n(\sqrt{2}i)^nz^{-n}\\&\qquad+\frac{1}{2\sqrt{2}i(1+\sqrt{2}i)}\cdot\frac{1}{z}\cdot\sum_{n=0}^{\infty}(\sqrt{2}i)^nz^{-n}\\&=\frac{1}{3}\sum_{n=0}^{\infty}(-1)^nz^{-n-1}-\frac{1}{6\sqrt{2}i}\sum_{n=0}^{\infty}(\sqrt{2}i)^n[(-1)^n(1+\sqrt{2}i)-(1-\sqrt{2}i)]z^{-n-1}\end{aligned}$$

해답

(c) $$\frac{1}{(z+1)(z^2+2)}=\frac{1-z+z^2-z^3+\cdots}{2+z^2}=\frac{1}{2}+\frac{1}{2}z+\frac{1}{4}z^2+\cdots$$

$$\begin{array}{r l}
 & \frac{1}{2}-\frac{1}{2}z+\frac{1}{4}z^2+\cdots \\ \hline
2+z^2 \,\big) & 1-z+z^2-z^3+z^4-\cdots \\
 & 1+\frac{1}{2}z^2 \\ \hline
 & -z+\frac{1}{2}z^2-z^3+z^4-\cdots \\
 & -z-\frac{1}{2}z^3 \\ \hline
 & \frac{1}{2}z^2-\frac{1}{2}z^3+z^4-\cdots \\
 & \frac{1}{2}z^2+\frac{1}{4}z^4 \\ \hline
\end{array}$$

**문제 2.2** $$e^{z^2}+e^{1/z^2}=\sum_{n=0}^{\infty}\frac{1}{n!}z^{2n}+\sum_{n=0}^{\infty}\frac{1}{n!}z^{-2n}$$



**문제 2.3** $$\frac{1}{(z-a)(z-b)}=\frac{1}{a-b}\left[\frac{1}{z-a}-\frac{1}{z-b}\right]$$

(a) $$\frac{1}{(z-a)(z-b)}=\frac{1}{a-b}\left[-\frac{1}{a(1-z/a)}+\frac{1}{b(1-z/b)}\right]$$

$$=\frac{1}{a-b}\left[\frac{1}{b}\sum_{n=0}^{\infty}\frac{1}{b^n}z^n-\frac{1}{a}\sum_{n=0}^{\infty}\frac{1}{a^n}z^n\right]$$

$$=\frac{1}{a-b}\sum_{n=0}^{\infty}\left(\frac{1}{b^{n+1}}-\frac{1}{a^{n+1}}\right)z^n$$

(b) $$\frac{1}{(z-a)(z-b)}=\frac{1}{a-b}\left[\frac{1}{z}\frac{1}{1-a/z}-\frac{1}{b}\frac{1}{z/b-1}\right]$$

$$=\frac{1}{a-b}\left[\frac{1}{z}\sum_{n=0}^{\infty}a^nz^{-n}+\frac{1}{b}\sum_{n=0}^{\infty}b^{-n}z^n\right]$$

$$=\frac{1}{a-b}\left[\sum_{n=0}^{\infty}a^nz^{-n-1}+\sum_{n=0}^{\infty}b^{-n-1}z^n\right]$$

(c) $$\frac{1}{(z-a)(z-b)}=\frac{1}{a-b}\frac{1}{z}\left[\frac{1}{1-a/z}-\frac{1}{1-b/z}\right]$$

$$= \frac{1}{a-b}\frac{1}{z}[\sum_{n=0}^{\infty} a^n z^{-n} - \sum_{n=0}^{\infty} b^n z^{-n}]$$

$$= \frac{1}{a-b}\sum_{n=0}^{\infty}(a^n - b^n) z^{-n-1}$$

(d) $\frac{1}{(z-a)(z-b)} = \frac{1}{a-b}[\frac{1}{z-a} - \frac{1}{(z-a)+(a-b)}]$

$$= \frac{1}{a-b}[\frac{1}{z-a} - \frac{1}{a-b}\frac{1}{(z-a)/(a-b)+1}]$$

$$= \frac{1}{a-b}[\frac{1}{z-a} - \frac{1}{a-b}\sum_{n=0}^{\infty}(-1)^n \frac{1}{(a-b)^n}(z-a)^n]$$

$$= \frac{1}{a-b}\frac{1}{z-a} - \sum_{n=0}^{\infty}(-1)^n \frac{1}{(a-b)^{n+2}}(z-a)^n$$

(e) $\frac{1}{(z-a)(z-b)} = \frac{1}{a-b}[\frac{1}{(z-b)+(b-a)} - \frac{1}{z-b}]$

$$= \frac{1}{a-b}[\frac{1}{a-b}\frac{1}{(z-b)/(a-b)-1} - \frac{1}{z-b}]$$

$$= \frac{1}{a-b}[-\frac{1}{a-b}\sum_{n=0}^{\infty}\frac{1}{(a-b)^n}(z-b)^n - \frac{1}{z-b}]$$

$$= -\sum_{n=0}^{\infty}\frac{1}{(a-b)^{n+2}}(z-b)^n - \frac{1}{a-b}\frac{1}{z-b}$$

**문제 2.4** $\pm 1, \pm i$는 $\frac{z^2}{z^4-1}$의 단일극이다.

(a) $\lim_{z\to i}(z-i)\frac{z^2}{z^4-1} = \lim_{z\to i}\frac{z^2+2z(z-i)}{4z^3} = \frac{1}{4i} = a_{-1}$이므로, 주부는 $\frac{1}{4i}\cdot\frac{1}{z-i}$이다.

(b) $\lim_{z\to -i}(z+i)\frac{z^2}{z^4-1} = \lim_{z\to -i}\frac{z^2+2z(z+i)}{4z^3} = -\frac{1}{4i} = a_{-1}$이므로, 주부는 $-\frac{1}{4i}\cdot\frac{1}{z-i}$ 이다.

(c) $\frac{e^z}{z^4} = \frac{1}{z^4}\sum_{n=0}^{\infty}\frac{1}{n!}z^n = \sum_{n=0}^{\infty}\frac{1}{n!}z^{n-4}$

주부는 $\frac{1}{z^4} + \frac{1}{z^3} + \frac{1}{2}\frac{1}{z^2} + \frac{1}{6}\frac{1}{z}$ 이다.

(d) $\frac{\sin z}{z^4} = \frac{1}{z^4}(z - \frac{1}{3!}z^3 + \frac{1}{5!}z^5 - \cdots)$

주부는 $\frac{1}{z^3} - \frac{1}{3!}\frac{1}{z}$ 이다.

(e) $z^3 = (z-1)^3 + 3(z-1)^2 + 3(z-1) + 1$

$$\frac{z^3}{(z-1)^2(z-2)}=\frac{z-1}{z-2}+\frac{3}{z-2}+\frac{3}{(z-1)(z-2)}+\frac{1}{(z-1)^2(z-2)}$$

$$=\frac{z-1}{(z-1)-1}+\frac{3}{(z-1)-1}+3[\frac{1}{z-2}-\frac{1}{z-1}]+\frac{1}{(z-1)^2}\cdot\frac{1}{(z-1)-1}$$

$$=-(z-1)\sum_{n=0}^{\infty}(z-1)^n-4\sum_{n=0}^{\infty}(z-1)^n-\frac{3}{z-1}-\frac{1}{(z-1)^2}\sum_{n=0}^{\infty}(z-1)^n$$

주부는 $-\frac{4}{z-1}-\frac{1}{(z-1)^2}$ 이다.

**문제 2.5** (a) $z^n e^{1/z}=z^n\sum_{k=0}^{\infty}\frac{1}{k!z^k}=\sum_{k=0}^{\infty}\frac{1}{k!}z^{n-k}$

(b) $e^{1/(z-1)}=\sum_{n=0}^{\infty}\frac{1}{n!}\frac{1}{(z-1)^n}=\sum_{n=0}^{\infty}\frac{1}{n!}\frac{1}{z^n}\frac{1}{(1-1/z)^n}$

여기서

$$(1-1/z)^{-n}=\sum_{k=0}^{\infty}\frac{(-n)(-n-1)\cdots(-n-k+1)}{k!}\frac{1}{z^k}$$

$$=\sum_{k=0}^{\infty}(-1)^k\frac{n(n+1)\cdots(n+k-1)}{k!}\frac{1}{z^k}$$

이다.

**문제 2.6** $\sin z\sin\frac{1}{z}=(z-\frac{1}{3!}z^3+\frac{1}{5!}z^5-\cdots)(\frac{1}{z}-\frac{1}{3!}\frac{1}{z^3}+\frac{1}{5!}\frac{1}{z^5}-\cdots)$

$$=(1-\frac{1}{3!}\frac{1}{z^2}+\frac{1}{5!}\frac{1}{z^4}-\cdots)+(-\frac{1}{3!}z^2+\frac{1}{3!^2}-\frac{1}{3!5!}\frac{1}{z^2}+\cdots)$$

$$+(\frac{1}{5!}z^4-\frac{1}{3!5!}z^2+\frac{1}{5!^2}-\cdots)+\cdots$$

$$=\cdots+(\frac{1}{5!}+\cdots)\frac{1}{z^4}-(\frac{1}{3!}+\frac{1}{3!5!}+\cdots)\frac{1}{z^2}+(1+\frac{1}{3!^2}+\frac{1}{5!^2}+\cdots)$$

$$-(\frac{1}{3!}+\frac{1}{3!5!}+\cdots)z^2+(\frac{1}{5!}+\cdots)z^4+\cdots$$

**문제 2.7**

$$\frac{e^z}{(1-\cos z)^2}=\frac{1+z+\frac{1}{2!}z^2+\frac{1}{3!}z^3+\frac{1}{4!}z^4+\cdots}{\{\frac{z^2}{2!}-\frac{1}{4!}z^4+\frac{1}{6!}z^6-\cdots\}^2}$$

$$=\frac{1+z+\frac{1}{2!}z^2+\frac{1}{3!}z^3+\cdots}{\frac{1}{4}z^4-\frac{1}{4!}z^6+\cdots}=\frac{4}{z^4}+\frac{4}{z^3}+\frac{8}{3z^2}+\frac{4}{3z}+\cdots$$

주부는 $\frac{4}{z^4}+\frac{4}{z^3}+\frac{8}{3z^2}+\frac{4}{3z}$이다.

**문제 2.8** $f(z)=\frac{A}{1-z/z_0}+F(z)$라고 놓자. 여기서 $F(z)$는 $|z|<R$에서 해석함수이다.

$$\sum_{n=0}^{\infty}a_nz^n=\frac{Az_0}{z_0-z}+F(z)$$

$$(z_0-z)\sum_{n=0}^{\infty}a_nz^n=Az_0+(z_0-z)F(z).$$

$$\begin{aligned}Az_0+(z_0-z)F(z)&=\sum_{n=0}^{\infty}z_0a_nz^n-\sum_{n=0}^{\infty}a_nz^{n+1}\\&=z_0a_0+\sum_{n=1}^{\infty}z_0a_nz^n-\sum_{n=0}^{\infty}a_nz^{n+1}\\&=z_0a_0+\sum_{n=0}^{\infty}z_0a_{n+1}z^{n+1}-\sum_{n=0}^{\infty}a_nz^{n+1}\\&=z_0a_0+\sum_{n=0}^{\infty}[z_0a_{n+1}-a_n]z^{n+1}.\end{aligned}$$

모든 $|z|<R$에 대하여 $\lim_{n\to\infty}[z_0a_{n+1}-a_n]z^{n+1}=0$이다. 이것은 $z=1$일 때도 성립한다. 즉, $\lim_{n\to\infty}[z_0a_{n+1}-a_n]=0$. 따라서 $\lim_{n\to\infty}\frac{a_n}{a_{n+1}}=z_0$이다.

**문제 2.9** (a) $0<|z|<1$에서 $(1+z)^{1/z}=e^{\frac{1}{z}\log(1+z)}=e^{\frac{1}{z}(\mathrm{Log}(1+z)+2k\pi i)}$이다. $k=0$일 때, $f_0(z)=e^{\frac{1}{z}\mathrm{Log}(1+z)}$라 놓자. $\mathrm{Log}(1+z)=z-\frac{1}{2}z^2+\frac{1}{3}z^3-\frac{1}{4}z^4+\cdots$ $(|z|<1)$. $0<|z|<1$일 때 $\frac{1}{z}\mathrm{Log}(1+z)=1-\frac{1}{2}z+\frac{1}{3}z^2-\frac{1}{4}z^3+\cdots$이다.

$h(z):=\frac{1}{z}\mathrm{Log}(1+z), 0<|z|<1$이라 놓자. 그러면 $z=0$은 $h(z)$의 제거가능특이점이다. $h(0):=1$이라 정의하자. 그러면 $h(z)$는 $|z|<1$에서 해석적이다.

$$f_0(z)=e^{\frac{1}{z}\mathrm{Log}(1+z)}=e^{h(z)}=e^{1-\frac{1}{2}z+\frac{1}{3}z^2-\frac{1}{4}z^3+\cdots}$$

는 $|z|<1$에서 해석적이다.

(b) $a_0=f_0(0)=e^{h(0)}=e$.

$$h'(z)=-\frac{1}{2}+\frac{2}{3}z-\frac{3}{4}z^2+\cdots,\ h'(0)=-\frac{1}{2}$$

$$h''(z)=\frac{2}{3}-\frac{3}{2}z+\cdots,\ h''(0)=\frac{2}{3}$$

이다. $f_0{}'(z)=e^{h(z)}h'(z)$, $f_0{}'(0)=e^{h(0)}h'(0)=-\frac{1}{2}e$이므로, $a_1=-\frac{1}{2}e$이다.

$f_0{}''(z)=e^{h(z)}[(h'(z))^2+h''(z)], f_0{}''(0)=e(\frac{1}{4}+\frac{2}{3})=\frac{11}{12}e$이므로,

$a_2=\frac{1}{2!}f_0{}''(0)=\frac{11}{24}e$이다.

(c) $k\neq 0$에 대하여 $f(z)=f_k(z)=e^{\frac{1}{z}[\mathrm{Log}(1+z)+2k\pi i]}$이라 놓으면, $|z|>0$에서

$$g(z)=\frac{f(z)}{f_0(z)}=e^{\frac{2k\pi i}{z}}=\sum_{n=0}^{\infty}\frac{(2k\pi i)^n}{n!}\frac{1}{z^n}$$

이다.

**문제 3.1** (a) $\cos z=0$의 영점 $z=(n+\frac{1}{2})\pi, n\in\mathbb{Z}$는 단일극이므로,

$$Res(\frac{1}{\cos z},(n+\frac{1}{2})\pi)=\lim_{z\to(n+\frac{1}{2})\pi}\frac{(z-(n+\frac{1}{2})\pi)}{\cos z}=\lim_{z\to(n+\frac{1}{2})\pi}\frac{1}{-\sin z}=(-1)^{n+1}$$

이다.

(b) $\cos z=0$의 영점 $z=(n+\frac{1}{2})\pi, n\in\mathbb{Z}$는 단일극이므로,

$$Res(\tan z,(n+\frac{1}{2})\pi)=\lim_{z\to(n+\frac{1}{2})\pi}\frac{(z-(n+\frac{1}{2})\pi)\sin z}{\cos z}$$

$$= \lim_{z \to (n+\frac{1}{2})\pi} \frac{\sin z + (z-(n+\frac{1}{2})\pi)\cos z}{-\sin z} = -1$$

이다.

(c) $z=1$은 위수 2의 극이고, $z=1$은 단일극이다. 그러므로

$$Res(\frac{z}{(z-1)^2(z-2)},2) = \lim_{z\to 2}\frac{z}{(z-1)^2} = 2,$$

$$Res(\frac{z}{(z-1)^2(z-2)},1) = \lim_{z\to 1}\frac{d}{dz}(\frac{z}{z-2}) = \lim_{z\to 1}\frac{(z-2)-z}{(z-2)^2} = --2$$

이다.

(d) $$z^n \sin\frac{1}{z} = z^n(\frac{1}{z} - \frac{1}{3!}\frac{1}{z^3} + \frac{1}{5!}\frac{1}{z^5} - \cdots) = z^{n-1} - \frac{1}{3!}z^{n-3} + \frac{1}{5!}z^{n-5} - \cdots$$

$$= \sum_{k=1}^{\infty}\frac{(-1)^{k-1}}{(2k-1)!}z^{n-(2k-1)}$$

(i) 만일 $n=2k-1$, $k=1,2,3,\cdots$ 이면, $Res(z^n\sin\frac{1}{z},0)=0$이다.

(ii) 만일 $n=2k$, $k=1,2,3,\cdots$ 이면, $Res(z^n\sin\frac{1}{z},0) = \frac{(-1)^{k-1}}{(2k-1)!}$이다.

(e) $$z^n\cos\frac{1}{z} = z^n(1 - \frac{1}{2!}\frac{1}{z^2} + \frac{1}{4!}\frac{1}{z^4} - \frac{1}{6!}\frac{1}{z^6} + \cdots) = z^n\sum_{k=0}^{\infty}\frac{(-1)^k}{(2k)!}\frac{1}{z^{2k}} = \sum_{k=0}^{\infty}\frac{(-1)^k}{(2k)!}z^{n-2k}$$

(i) 만일 $n=2k$, $k=1,2,3,\cdots$ 이면, $Res(z^n\cos\frac{1}{z},0)=0$이다.

(ii) 만일 $n=2k-1, k=1,2,3,\cdots$, $Res(z^n\cos\frac{1}{z},0) = \frac{(-1)^k}{(2k)!}$이다.

**문제 3.2** $\sin z = \frac{1}{2i}(e^{iz}-e^{-iz})$, $z=Re^{i\theta}, dz = Rie^{i\theta}d\theta\,(0 \leqq \theta \leqq 2\pi)$.

$$\int_{|z|=R} |\frac{\sin z}{z}|\,|dz| = \int_0^{2\pi}\frac{|e^{iRe^{i\theta}} - e^{-iRe^{i\theta}}|}{2R}\cdot R d\theta$$

$$\geqq \frac{1}{2}\int_0^{2\pi} |\,|e^{iRe^{i\theta}}| - |e^{-iRe^{i\theta}}|\,|\,d\theta$$

$$= \frac{1}{2}\int_0^{2\pi} |e^{-R\sin\theta} - e^{R\sin\theta}|\,d\theta,\ t=\pi-\theta$$

$$= \int_0^{\pi} |e^{-R\sin t} - e^{R\sin t}|\,dt,\ u=\frac{\pi}{2}-t$$

해답

$$
\begin{aligned}
&= \int_{-\pi/2}^{\pi/2} | e^{-R\cos u} - e^{R\cos u} | \, du \\
&= 2\int_{0}^{\pi/2} | e^{-R\cos u} - e^{R\cos u} | \, du, \quad s = \frac{\pi}{2} - u \\
&= 2\int_{0}^{\pi/2} | e^{-R\sin s} - e^{R\sin s} | \, ds \\
&= 2\int_{0}^{\pi/2} (e^{R\sin s} - e^{-R\sin s}) ds \\
&\geqq 2\Big[\int_{0}^{\pi/2} e^{\frac{2R}{\pi}s} ds - \int_{0}^{\pi/2} e^{-R\sin s} ds\Big] \\
&= \frac{\pi}{R} e^{\frac{2R}{\pi}s} \Big|_{0}^{\pi/2} - 2\int_{0}^{\pi/2} e^{-R\sin s} ds \\
&= \frac{\pi}{R}(e^{R} - 1) - 2\int_{0}^{\pi/2} e^{-R\sin s} ds
\end{aligned}
$$

$0 \leqq \int_{0}^{\pi/2} e^{-R\sin s} ds < \infty$ 이므로, $\lim_{R\to\infty} \int_{|z|=R} \left| \frac{\sin z}{z} \right| |dz| = \infty$ 이다.

**문제 3.3** (a) $|z| = \frac{1}{2}$ 위에서

$$
\begin{aligned}
|1+z+z^2+\cdots+z^n| &\geqq 1 - (|z| + |z|^2 + \cdots + |z|^n) \\
&= 1 - \Big(\frac{1}{2} + \frac{1}{2^2} + \cdots + \frac{1}{2^n}\Big) \\
&= 1 - \Big(1 - \frac{1}{2^n}\Big) = \frac{1}{2^n} > 0
\end{aligned}
$$

이므로, $1+z+z^2+\cdots+z^n$ 은 $|z| = \frac{1}{2}$ 위에서 영점을 갖지 않는다.

$|z| = \frac{1}{2}$ 위에서

$$
\begin{aligned}
|z+z^2+\cdots+z^n| &\leqq |z| + |z|^2 + \cdots + |z|^n \\
&= \frac{1}{2} + \frac{1}{2^2} + \cdots + \frac{1}{2^n} = 1 - \frac{1}{2^n} < 1
\end{aligned}
$$

이므로, Rouché 정리에 의하여 $1+z+z^2+\cdots+z^n$ 은 $|z| < \frac{1}{2}$ 에서 영점을 갖지 않는다. 그러므로 $\sin\left(\frac{z}{1+z+z^2+\cdots+z^n}\right)$ 은 $|z| < \frac{1}{2}$ 과 그의 경계에서 해석적

이다. 그러므로 코시정리에 의하여 $\int_{|z|=\frac{1}{2}} \sin\left(\frac{z}{1+z+z^2+\cdots+z^n}\right)dz = 0$이다.

(b) $\sin\pi z = 0$의 영점 $z_n = n, n\in\mathbb{Z}$은 단일극이다. 그러므로

$$Res(e^{z^2}\pi\cot\pi z, z_n) = \lim_{z\to z_n}(z-z_n)e^{z^2}\pi\frac{\cos\pi z}{\sin\pi z} = e^{n^2}$$

이다. $|z| < \frac{5}{2}$에 포함되는 단일 극은 $0, \pm 1, \pm 2$이므로, 유수정리에 의해서

$$\int_{|z|=\frac{5}{2}} e^{z^2}\pi\cot\pi z dz = 2\pi i(1+2e+2e^4)$$

이다.

**문제 3.4** (a) $\cos\pi z = 0$의 영점 $z_k = k+\frac{1}{2}, k\in\mathbb{Z}$는 단일극이다. 그러므로 $Res(\tan\pi z, z_k) = \lim_{z\to z_k}(z-z_k)\frac{\sin\pi z}{\cos\pi z} = -\frac{1}{\pi}$이다. $|z| < n$에 포함되는 단일극은 $k+\frac{1}{2}, k = 0, \pm 1, \pm 2, \cdots, \pm(n-1)$이므로, 유수정리에 의해서

$$\int_{|z|=n} \tan\pi z dz = 2\pi i\left\{-\frac{1}{\pi}(2n-1)\right\} = (2-4n)i$$

이다.

(b) $\sin\pi z = 0$의 영점 $z_k = k, k\in\mathbb{Z}$은 단일극이다. 그러므로

$Res(\cot\pi z, z_k) = \lim_{z\to z_k}(z-z_k)\frac{\cos\pi z}{\sin\pi z} = \frac{1}{\pi}$이다. $|z| < n+\frac{1}{2}$에 포함되는 단일극은 $k = 0, \pm 1, \pm 2, \cdots, \pm n$이므로, 유수정리에 의해서

$$\int_{|z|=n+\frac{1}{2}} \cot\pi z dz = 2\pi i\left\{\frac{1}{\pi}(2n+1)\right\} = (2+4n)i$$

이다.

**문제 3.5** (a) $z^6 = -1 = e^{(1+2k)\pi i}$, $z_k = e^{(1+2k)\frac{\pi}{6}i}, k = 0,1,2,3,4,5.$

해답

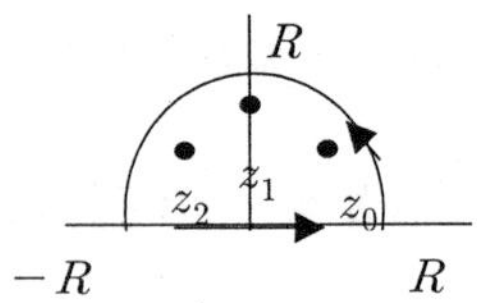


$Res(\frac{1}{1+z^6}, z_k) = \lim_{z \to z_k}(z-z_k) \cdot \frac{1}{1+z^6} = \frac{1}{6z_k^5}, k=0,1,2$이므로, 유수정리에 의하여

$$\int_C \frac{dz}{1+z^6} = \frac{1}{3}\pi i\left(\frac{1}{z_0^5}+\frac{1}{z_1^5}+\frac{1}{z_2^5}\right) = -\frac{1}{3}\pi i(z_0+z_1+z_2)$$

$$= -\frac{1}{3}\pi i\left(e^{\frac{\pi}{6}i}+e^{\frac{\pi}{2}i}+e^{\frac{5\pi}{6}i}\right) = -\frac{1}{3}\pi i\left(2\times\frac{1}{2}i+i\right) = \frac{2}{3}\pi$$

이다. 한편,

$$\int_C \frac{1}{1+z^6}dz = \int_{-R}^{R}\frac{1}{1+x^6}dx + \int_0^{\pi}\frac{1}{1+R^6e^{6\theta i}}Rie^{i\theta}d\theta$$

이다. 이때, $0 \leqq \left|\int_0^{\pi}\frac{1}{1+R^6e^{6\theta i}}Rie^{i\theta}d\theta\right| \leqq \frac{\pi R}{R^6-1}$이므로, $R \to \infty$를 취하면, 짜내기 정리에 의하여

$$\lim_{R\to\infty}\int_0^{\pi}\frac{1}{1+R^6e^{6\theta i}}Rie^{i\theta}d\theta = 0$$

임을 알 수 있다. 그러므로 $\int_{-\infty}^{\infty}\frac{1}{1+x^6}dx = \frac{2\pi}{3}$이다. 따라서 $\int_0^{\infty}\frac{1}{1+x^6}dx = \frac{\pi}{3}$ 이다.

(b) $z^4 = -1 = e^{\pi(1+2k)i}$, $z_k = e^{\frac{\pi}{4}(1+2k)i}$, $k=0,1,2,3$.

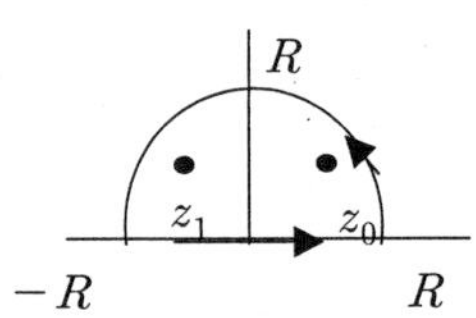


$Res(\frac{1}{1+z^4}, z_k) = \lim_{z \to z_k}(z-z_k) \cdot \frac{1}{1+z^4} = \frac{1}{4z_k^3}, k=0,1$이므로, 유수정리에 의하여

$$\int_C \frac{z^2}{1+z^4}dz = \frac{1}{2}\pi i\left(\frac{1}{z_0}+\frac{1}{z_1}\right) = \frac{1}{2}\pi i\left(e^{-\frac{\pi}{4}i}+e^{-\frac{3\pi}{4}i}\right) = \frac{\pi}{\sqrt{2}}$$

이다. 한편,

$$\int_C \frac{1}{1+z^4}dz = \int_{-R}^{R} \frac{x^2}{1+x^4}dx + \int_0^{\pi} \frac{R^2e^{2\theta i}}{1+R^4e^{4\theta i}}Rie^{i\theta}d\theta$$

이다. $0 \leq \left| \int_0^{\pi} \frac{R^2e^{2\theta i}}{1+R^4e^{4\theta i}}Rie^{i\theta}d\theta \right| \leq \frac{\pi R^3}{R^4-1}$ 이므로, $R \to \infty$를 취하면, 짜내기 정리에 의하여

$$\lim_{R\to\infty}\int_0^{\pi} \frac{R^2e^{2\theta i}}{1+R^4e^{4\theta i}}Rie^{i\theta}d\theta = 0$$

임을 알 수 있다. 그러므로 $\int_{-\infty}^{\infty} \frac{x^2}{1+x^4}dx = \frac{\pi}{\sqrt{2}}$ 이다. 따라서 $\int_0^{\infty} \frac{x^2}{1+x^4}dx = \frac{\pi}{2\sqrt{2}}$ 이다.

(c) $z^2+z+1=0$, $z_1 = \frac{-1+\sqrt{3}i}{2}$, $z_2 = \frac{-1-\sqrt{3}i}{2}$

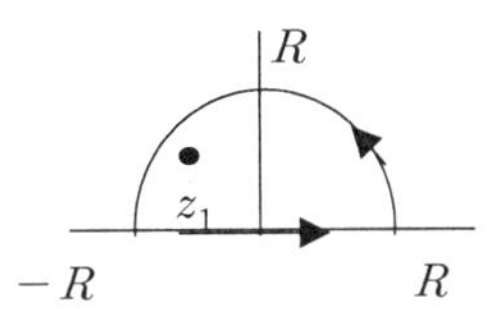


$Res\left(\frac{1}{z^2+z+1}, z_1\right) = \lim_{z\to z_1}\frac{z-z_1}{z^2+z+1} = \frac{1}{2z_1+1}$ 이므로, 유수정리에 의하여

$$\int_C \frac{1}{z^2+z+1}dz = 2\pi i\left(\frac{1}{\sqrt{3}i}\right) = \frac{2\pi}{\sqrt{3}}$$

이다. 한편,

$$\int_C \frac{1}{z^2+z+1}dz = \int_{-R}^{R}\frac{1}{x^2+x+1}dx + \int_0^{\pi}\frac{1}{R^2e^{2\theta i}+Re^{\theta i}+1}Rie^{i\theta}d\theta$$

이다.

$$0 \leqq \left| \int_0^{\pi} \frac{1}{R^2e^{2\theta i}+Re^{\theta i}+1} Rie^{i\theta} \right| \leqq \frac{R\pi}{R^2-R-1}$$

이므로, $R \to \infty$를 취하면, 짜내기 정리에 의하여 $\lim_{R\to\infty}\int_0^{\pi}\frac{1}{R^2e^{2\theta i}+Re^{\theta i}+1}$ $Rie^{i\theta}=0$임을 알 수 있다. 그러므로

$$\int_{-\infty}^{\infty}\frac{dx}{x^2+x+1}=\frac{2\pi}{\sqrt{3}}$$

이다.

(d) $(z^2+2z+2)^2=0$의 영점 $z_1=-1+i$, $z_2=-1-i$은 위수 2의 극이다.

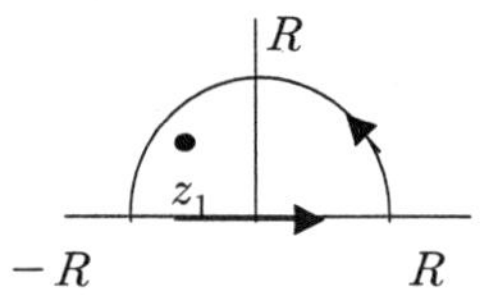


$$Res\left(\frac{z}{(z^2+2z+2)^2}, z_1\right)=\lim_{z\to z_1}\frac{d}{dz}\frac{z}{(z-z_2)^2}=\lim_{z\to z_1}\left(\frac{1}{(z-z_2)^2}-\frac{2z}{(z-z_2)^3}\right)$$
$$=-\frac{1}{4}-\frac{1}{4}i(-1+i)=\frac{1}{4}i$$

이므로, 유수정리에 의하여

$$\int_C\frac{z}{(z^2+2z+2)^2}dz=2\pi i\times\frac{1}{4}i=-\frac{1}{2}\pi$$

이다. 한편,

$$\int_C\frac{1}{(z^2+2z+2)}dz=\int_{-R}^{R}\frac{x}{(x^2+2x+2)^2}dx+\int_0^{\pi}\frac{Re^{i\theta}}{(R^2e^{2\theta i}+Re^{\theta i}+2)^2}Rie^{\theta i}d\theta$$

이다.

$$0 \leqq \left| \int_0^{\pi}\frac{Re^{i\theta}}{(R^2e^{2\theta i}+Re^{\theta i}+2)^2}Rie^{\theta i}d\theta \right| \leqq \frac{\pi R^2}{(R^2-2R-2)^2}$$

이므로, $R \to \infty$를 취하면, 짜내기 정리에 의하여

$$\lim_{r\to\infty}\int_0^{\pi}\frac{Re^{i\theta}}{(R^2e^{2\theta i}+Re^{\theta i}+2)^2}Rie^{\theta i}d\theta=0$$

임을 알 수 있다. 그러므로

$$\int_{-\infty}^{\infty}\frac{x}{(x^2+2x+2)^2}dx=-\frac{\pi}{2}$$

이다.

**문제 3.6** (a) $\dfrac{e^{iz}}{z^2+1}$를 생각하자.

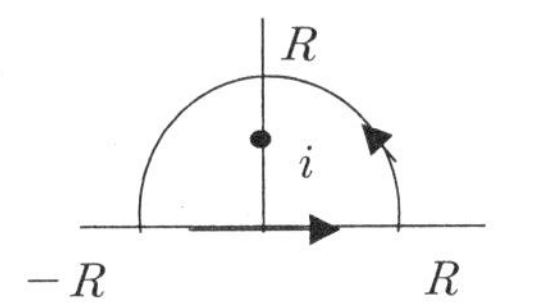


$Res(\dfrac{e^{iz}}{z^2+1},i)=\lim\limits_{z\to i}\dfrac{(z-i)e^{iz}}{z^2+1}=\dfrac{e^{-1}}{2i}$ 이므로, 유수정리에 의하여

$$\int_C\frac{e^{iz}}{z^2+1}dz=2\pi i\times\frac{e^{-1}}{2i}=\frac{\pi}{e}$$

이다. 한편,

$$\int_C\frac{e^{iz}}{z^2+1}dz=\int_{-R}^{R}\frac{e^{ix}}{x^2+1}dx+\int_0^{\pi}\frac{e^{iRe^{i\theta}}}{R^2e^{2\theta i}+1}Rie^{i\theta}d\theta$$

이다.

$$0\leq\left|\int_0^{\pi}\frac{e^{iRe^{i\theta}}}{R^2e^{2\theta i}+1}Rie^{i\theta}d\theta\right|\leq\int_0^{\pi}\frac{Re^{-R\sin\theta}}{R^2-1}d\theta=2\int_0^{\pi/2}\frac{Re^{-R\sin\theta}}{R^2-1}d\theta$$
$$\leq\frac{2R}{R^2-1}\int_0^{\pi/2}e^{-\frac{2R}{\pi}\theta}d\theta=\frac{\pi(1-e^{-R})}{R^2-1}$$

이므로, $R\to\infty$를 취하면, 짜내기 정리에 의하여 $\lim\limits_{R\to\infty}\displaystyle\int_0^{\pi}\frac{e^{iRe^{i\theta}}}{R^2e^{2\theta i}+1}Rie^{i\theta}d\theta=0$

임을 알 수 있다. 그러므로

$$\int_{-\infty}^{\infty} \frac{e^{ix}}{x^2+1} dx = \frac{\pi}{e}$$

이다. 이때 $\int_{-\infty}^{\infty} \frac{e^{ix}}{x^2+1} dx = \int_{-\infty}^{\infty} \frac{\cos x}{x^2+1} dx + i \int_{-\infty}^{\infty} \frac{\sin x}{x^2+1} dx$ 이므로,

$$2\int_{0}^{\infty} \frac{\cos x}{x^2+1} dx = \int_{-\infty}^{\infty} \frac{\cos x}{x^2+1} dx = \frac{\pi}{e}, \quad \int_{-\infty}^{\infty} \frac{\sin x}{x^2+1} dx = 0.$$

그러므로 $\int_{0}^{\infty} \frac{\cos x}{x^2+1} dx = \frac{\pi}{2e}$ 이다.

(b) (i) $a > 0$일 때 $\frac{ze^{iaz}}{z^2+1}$를 생각하자.

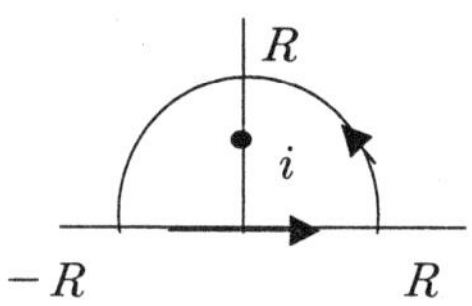


$Res\left(\frac{ze^{iaz}}{z^2+1}, i\right) = \lim_{z \to i} \frac{(z-i)ze^{iaz}}{z^2+1} = \frac{ie^{-a}}{2i} = \frac{e^{-a}}{2}$ 이므로, 유수정리에 의하여

$$\int_C \frac{ze^{iaz}}{z^2+1} dz = \pi i e^{-a}$$

이다. 한편,

$$\int_C \frac{ze^{iaz}}{z^2+1} dz = \int_{-R}^{R} \frac{xe^{iax}}{x^2+1} dx + \int_0^{\pi} \frac{Re^{i\theta} e^{iaRe^{i\theta}}}{R^2 e^{2\theta i}+1} Rie^{i\theta} d\theta$$

이다.

$$\begin{aligned} 0 \leq \left| \int_0^{\pi} \frac{Re^{i\theta} e^{iaRe^{i\theta}}}{R^2 e^{2\theta i}+1} Rie^{i\theta} d\theta \right| &\leq \int_0^{\pi} \frac{R^2 e^{-aR\sin\theta}}{R^2-1} d\theta = 2\int_0^{\pi/2} \frac{R^2 e^{-aR\sin\theta}}{R^2-1} d\theta \\ &\leq \frac{2R^2}{R^2-1} \int_0^{\pi/2} e^{-2aR\theta/\pi} d\theta = \frac{\pi}{a} \frac{R}{R^2-1} [1-e^{-aR}] \end{aligned}$$

이므로, $R \to \infty$를 취하면, 짜내기 정리에 의하여

$$\lim_{R\to\infty}\int_0^{\pi}\frac{Re^{i\theta}e^{iaRe^{i\theta}}}{R^2e^{2\theta i}+1}Rie^{i\theta}d\theta=0$$

임을 알 수 있다. 그러므로 $\int_{-\infty}^{\infty}\frac{xe^{iax}}{x^2+1}dx=\pi ie^{-a}$이다. 따라서

$$\int_{-\infty}^{\infty}\frac{x\cos ax}{x^2+1}dx=0,\ \int_{-\infty}^{\infty}\frac{x\sin ax}{x^2+1}dx=\pi e^{-a}$$

이다.

(ii) $a<0$일 때 $\frac{-ze^{-iaz}}{z^2+1}$를 생각하자.

$Res(-\frac{ze^{-iaz}}{z^2+1},i)=\lim_{z\to i}\frac{-(z-i)ze^{-iaz}}{z^2+1}=\frac{-ie^a}{2i}=-\frac{e^{-a}}{2}$이므로, 유수정리에 의하여

$$\int_C\frac{-ze^{-iaz}}{z^2+1}dz=-\pi ie^a$$

이다. 한편,

$$\int_C\frac{-ze^{-iaz}}{z^2+1}dz=\int_{-R}^{R}\frac{-xe^{-iax}}{x^2+1}dx+\int_0^{\pi}\frac{-Re^{i\theta}e^{-iaRe^{i\theta}}}{R^2e^{2\theta i}+1}Rie^{i\theta}d\theta$$

이다.

$$0\leq\left|\int_0^{\pi}\frac{-Re^{i\theta}e^{-iaRe^{i\theta}}}{R^2e^{2\theta i}+1}Rie^{i\theta}d\theta\right|\leq\int_0^{\pi}\frac{R^2e^{aR\sin\theta}}{R^2-1}d\theta=2\int_0^{\pi/2}\frac{R^2e^{aR\sin\theta}}{R^2-1}d\theta$$
$$\leq\frac{2R^2}{R^2-1}\int_0^{\pi/2}e^{2aR\theta/\pi}d\theta=\frac{\pi}{a}\frac{R}{R^2-1}[1-e^{aR}]$$

이므로, $R\to\infty$를 취하면, 짜내기 정리에 의하여

$$\lim_{R\to\infty}\int_0^{\pi}\frac{-Re^{i\theta}e^{-iaRe^{i\theta}}}{R^2e^{2\theta i}+1}Rie^{i\theta}d\theta=0$$

임을 알 수 있다. 그러므로 $\int_{-\infty}^{\infty}\frac{-xe^{-iax}}{x^2+1}dx=-\pi ie^a$이다. 따라서

해답

$$\int_{-\infty}^{\infty}\frac{x\cos ax}{x^2+1}dx=0,\ \int_{-\infty}^{\infty}\frac{x\sin ax}{x^2+1}dx=-\pi e^{a}$$

이다.

**문제 3.7** 코시정리에 의하여 $\int_C e^{z^2}dz=0$이다. 한편

$$\int_C e^{-z^2}dz=\int_0^R e^{-t^2}dt+\int_0^y e^{-(R+it)^2}\cdot idt-\int_0^R e^{-(t+iy)^2}dt-\int_0^y e^{-(it)^2}\cdot idt$$
$$=\int_0^R e^{-t^2}dt+e^{-R^2}\int_0^y e^{-2iRt}e^{t^2}\cdot idt-e^{y^2}\int_0^R e^{-t^2}e^{-2iyt}dt-\int_0^y e^{t^2}\cdot idt$$
$$=(\text{실부})+i(\text{허부})$$

이다. 그러므로

$$(\text{실부})=\int_0^R e^{-t^2}dt+e^{-R^2}\int_0^y e^{t^2}\sin 2Rtdt-e^{y^2}\int_0^R e^{-t^2}\cos 2ytdt=0$$
$$(\text{허부})=e^{-R^2}\int_0^y e^{t^2}\cos 2Rtdt+e^{y^2}\int_0^R e^{-t^2}\sin 2ytdt-\int_0^y e^{t^2}dt=0$$

이다. (실부)에서 $R\to\infty$를 취하면, $\int_0^{\infty}e^{-t^2}dt=\frac{\sqrt{\pi}}{2}$이고,

$\lim_{R\to\infty}e^{-R^2}\int_0^y e^{t^2}\sin 2Rtdt=0$이므로, $\int_0^{\infty}e^{-x^2}\cos 2xydx=\frac{\sqrt{\pi}}{2}e^{-y^2}$을 얻는다.

**문제 3.8** (a) $\frac{e^{iz}-1}{z}=iz+\frac{1}{2!}(iz)^2+\frac{1}{3!}(iz)^3+\cdots$이므로, $\frac{e^{iz}-1}{z}$는 해석적이다. 그러므로 코시 정리에 의하여 $\int_C\frac{e^{iz}-1}{z}dz=0$이다. 한편,

$$0=\int_C\frac{e^{iz}-1}{z}dz=\int_{-R}^{R}\frac{e^{it}-1}{t}dt+\int_0^{\pi}\frac{e^{iRe^{it}}-1}{Re^{it}}\cdot Rie^{it}dt$$
$$=\int_{-R}^{0}\frac{e^{it}-1}{t}dt+\int_0^R\frac{e^{it}-1}{t}dt+i\int_0^{\pi}[e^{iRe^{it}}-1]dt$$
$$=-\int_0^R\frac{e^{-it}-1}{t}dt+\int_0^R\frac{e^{it}-1}{t}dt+i\int_0^{\pi}[e^{iRe^{it}}-1]dt$$
$$=2i\int_0^R\frac{\sin t}{t}dt+i\int_0^{\pi}[e^{iRe^{it}}-1]dt$$

$$=2i\int_0^R \frac{\sin t}{t}dt + i\int_0^\pi e^{iRe^{it}}dt - \pi i$$

이다. $\lim_{R\to\infty}\int_0^\pi e^{iRe}dt=0$ 임을 보이면 충분하다. 이것을 보이려면 $\lim_{R\to\infty}\left|\int_0^\pi e^{iRe}dt\right|=0$ 임을 보이면 된다.

$$\begin{aligned}\left|\int_0^\pi e^{iRe}dt\right| &\leqq \int_0^\pi e^{-R\sin t}dt = \int_{-\pi/2}^{\pi/2} e^{-R\cos t}dt \\ &= 2\int_0^{\pi/2} e^{-R\cos t}dt = 2\int_0^{\pi/2} e^{-R\sin t}dt \\ &\leqq 2\int_0^{\pi/2} e^{-(2R/\pi)t}dt = -\frac{\pi}{R}[e^{-(2R/\pi)t}]_0^{\pi/2} \\ &= \frac{\pi}{R}[1-e^{-R}]\end{aligned}$$

이므로, $R\to\infty$ 를 취하면, 짜내기 정리에 의하여 $\lim_{R\to\infty}\left|\int_0^\pi e^{iRe^{it}}dt\right|=0$ 임을 알 수 있다.

(b) 다중영역에 대한 코시정리에 의하여 $\int_C \frac{1-e^{2iz}}{z^2}dz=0$ 이다. 한편,

$$\begin{aligned}0=\int_C \frac{1-e^{2iz}}{z^2}dz &= \int_{-R}^{-\epsilon}\frac{1-e^{2it}}{t^2}dt - \int_0^\pi \frac{1-e^{2i\epsilon e^{it}}}{\epsilon^2 e^{2it}}\cdot \epsilon i e^{it}dt \\ &\quad + \int_\epsilon^R \frac{1-e^{2it}}{t^2}dt + \int_0^\pi \frac{1-e^{2iRe^{it}}}{R^2e^{2it}}\cdot Rie^{it}dt \\ &= \int_\epsilon^R \frac{1-e^{-2it}}{t^2}dt - \frac{i}{\epsilon}\int_0^\pi (1-e^{2i\epsilon e^{it}})e^{-it}dt \\ &\quad + \int_\epsilon^R \frac{1-e^{2it}}{t^2}dt + \frac{i}{R}\int_0^\pi (1-e^{2iRe^{it}})e^{-it}dt \\ &= 4\int_\epsilon^R \frac{\sin^2 t}{t^2}dt - \frac{i}{\epsilon}\int_0^\pi (1-e^{2i\epsilon e^{it}})e^{-it}dt \\ &\quad + \frac{i}{R}\int_0^\pi (1-e^{2iRe^{it}})e^{-it}dt\end{aligned}$$

이다. 이때, $R\to\infty$ 를 취하면,

$$\frac{1}{R}\int_0^\pi \left|e^{2iRe^{it}}\cdot e^{-it}\right|dt = \frac{1}{R}\int_0^\pi e^{-2R\sin t}dt = \frac{2}{R}\int_0^{\pi/2} e^{-R\sin t}dt$$

$$\le \frac{2}{R}\int_0^{\pi/2} e^{-\frac{2R}{\pi}t}dt = \frac{\pi}{R^2}(1-e^{-R}) \to 0$$

이고, $\epsilon \to 0_+$를 취하면, $\frac{1}{\epsilon}(1-e^{2i\epsilon e})e^{-it}$는 구간 $[0,\pi]$에서 $-2i$로 평등수렴하므로,

$$4\int_0^{\infty}\frac{\sin^2 t}{t^2}dt = \lim_{\epsilon \to 0_+}\frac{i}{\epsilon}\int_0^{\pi}(1-e^{2i\epsilon e})e^{-it}dt$$

$$= i\int_0^{\pi}\lim_{\epsilon \to 0_+}\frac{1}{\epsilon}(1-e^{2i\epsilon e^{it}})e^{-it}dt = i\int_0^{\pi}(-2i)dt = 2\pi$$

를 얻는다. 따라서 $\int_0^{\infty}\frac{\sin^2 x}{x^2}dx = \frac{\pi}{2}$ 이다.

(c) $\frac{1+2iz-e^{2iz}}{z^2} = -[\frac{1}{2!}(2iz)^2 + \frac{1}{3!}(2iz)^3 + \cdots]$이므로, $\frac{1+2iz-e^{2iz}}{z^2}$는 해석적이다.

따라서 코시정리에 의하여 $\int_C \frac{1+2iz-e^{2iz}}{z^2}dz = 0$이다. 한편,

$$0 = \int_C \frac{1+2iz-e^{2iz}}{z^2}dz = \int_{-R}^{R}\frac{1+2it-e^{2it}}{t^2}dt + \int_0^{\pi}\frac{1+2iRe^{it}-e^{2iRe^{it}}}{R^2e^{2it}}\cdot Rie^{it}dt$$

$$= \int_{-R}^{0}\frac{1+2it-e^{2it}}{t^2}dt + \int_0^{R}\frac{1+2it-e^{2it}}{t^2}dt + \frac{i}{R}\int_0^{\pi}[1+2iRe^{it}-e^{2iRe^{it}}]\cdot e^{-it}dt$$

$$= \int_0^{R}\frac{1-2it-e^{-2it}}{t^2}dt + \int_0^{R}\frac{1+2it-e^{2it}}{t^2}dt + \frac{i}{R}\int_0^{\pi}[1+2iRe^{it}-e^{2iRe^{it}}]\cdot e^{-it}dt$$

$$= 4\int_0^{R}\frac{\sin^2 t}{t^2}dt + \frac{i}{R}\int_0^{\pi}[1+2iRe^{it}-e^{2iRe^{it}}]\cdot e^{-it}dt$$

$$= 4\int_0^{R}\frac{\sin^2 t}{t^2}dt + \frac{1}{R} - 2\pi - \frac{i}{R}\int_0^{\pi}e^{2iRe^{it}}\cdot e^{-it}dt$$

이다. 이때, $R \to \infty$를 취하면,

$$\frac{1}{R}\int_0^{\pi}|e^{2iRe}\cdot e^{-it}|dt = \frac{1}{R}\int_0^{\pi}e^{-2R\sin t}dt = \frac{2}{R}\int_0^{\pi/2}e^{-R\sin t}dt$$

$$\le \frac{2}{R}\int_0^{\pi/2}e^{-\frac{2R}{\pi}t}dt = \frac{\pi}{R^2}(1-e^{-R}) \to 0$$

이므로, $\int_0^{\infty}\frac{\sin^2 x}{x^2}dx = \frac{\pi}{2}$를 얻는다.

**문제 3.9** $z=e^{i\theta}, \cos\theta=\frac{1}{2}(z+\frac{1}{z}), d\theta=\frac{1}{iz}dz$.

$$\int_0^{2\pi}\frac{1}{1-2t\cos\theta+t^2}d\theta=\int_{|z|=1}\frac{1}{1-t(z+1/z)+t^2}\cdot\frac{1}{iz}dz$$
$$=i\int_{|z|=1}\frac{1}{tz^2-(1+t^2)z+t}dz$$
$$=\frac{i}{t}\int_{|z|=1}\frac{1}{(z-1/t)(z-t)}dz$$
$$=\frac{i}{t^2-1}\int_{|z|=1}[\frac{1}{z-t}-\frac{1}{z-1/t}]dz$$
$$=\begin{cases}-\dfrac{2\pi}{t^2-1}, & |t|<1\\ \dfrac{2\pi}{t^2-1}, & |t|>1\end{cases}$$

**문제 3.10** (a) $\int_0^{2\pi}\frac{d\theta}{1+\sin^2\theta}=\int_{-\pi}^{\pi}\frac{d\theta}{1+\sin^2\theta}d\theta=2\int_0^{\pi}\frac{d\theta}{1+\sin^2\theta}d\theta=4\int_0^{\frac{\pi}{2}}\frac{d\theta}{1+\sin^2\theta}d\theta$.

$$\int_0^{2\pi}\frac{d\theta}{1+\sin^2\theta}=\int_{|z|=1}\frac{4}{4-(z-\frac{1}{z})^2}\frac{1}{iz}dz=-4i\int_{|z|=1}\frac{z}{4z^2-(z^2-1)^2}dz$$
$$=4i\int_{|z|=1}\frac{z}{(z^2+2z-1)(z^2-2z-1)}dz$$
$$=4i\int_{|z|=1}\frac{z}{(z-z_1)(z-z_2)(z-z_3)(z-z_4)}dz$$
$$=-8\pi[\frac{z_1}{(z_1-z_2)(z_1-z_3)(z_1-z_4)}+\frac{z_4}{(z_4-z_1)(z_4-z_2)(z_4-z_3)}]$$
$$=-8\pi(-\frac{1}{8\sqrt{2}}-\frac{1}{8\sqrt{2}})=\frac{2\pi}{\sqrt{2}}$$

여기서 $z_1=-1+\sqrt{2}, z_2=-1-\sqrt{2}$, $z_3=1+\sqrt{2}$, $z_4=1-\sqrt{2}$ 이다. 그러므로

$$\int_0^{\frac{\pi}{2}}\frac{d\theta}{1+\sin^2\theta}d\theta=\frac{1}{4}\int_0^{2\pi}\frac{d\theta}{1+\sin^2\theta}d\theta=\frac{\pi}{2\sqrt{2}}$$

이다.

(b) $\int_0^{2\pi}\frac{1}{a^2\sin^2\theta+b^2\cos^2\theta}d\theta=\int_0^{2\pi}\frac{1}{a^2+(b^2-a^2)\cos^2\theta}d\theta$

$$= \int_{|z|=1} \frac{1}{a^2 + \frac{1}{4}(b^2-a^2)(z+1/z)^2} \cdot \frac{1}{iz} dz$$

$$=-i \int_{|z|=1} \frac{4z}{a^2 + \frac{1}{4}(b^2-a^2)(z^2+1/z^2+2)} \cdot \frac{1}{4z^2} dz$$

$$= i \int_{|z|=1} \frac{4z}{(a^2-b^2)z^4 - 2(a^2+b^2)z^2 + (a^2-b^2)} dz$$

$$= i \int_{|z|=1} \frac{4z}{[(a+b)z^2-(a-b)][(a-b)z^2-(a+b)]} dz$$

$$= \frac{i}{a^2-b^2} \int_{|z|=1} \frac{4z}{[(z^2-(a-b)/(a+b)][(z^2-(a+b)/(a-b)]} dz$$

$$= \frac{i}{a^2-b^2} \int_{|z|=1} \frac{4z}{[(z^2-(a-b)/(a+b)][(z^2-(a+b)/(a-b)]} dz$$

$$= 2\pi i \cdot \frac{i}{a^2-b^2} [Res(f(z), \alpha_1) + Res(f(z), \alpha_2)] = \frac{2\pi}{ab}$$

여기서 $\alpha_1 = (\frac{a-b}{a+b})^{1/2}, \alpha_2 = -(\frac{a-b}{a+b})^{1/2}$이고,

$f(z) = \dfrac{4z}{[(z^2-(a-b)/(a+b)][(z^2-(a+b)/(a-b)]}$에 대하여

$$Res(f(z), \alpha_1) = \frac{2}{\frac{a-b}{a+b} - \frac{a+b}{a-b}} = -\frac{a^2-b^2}{2ab} = Res(f(z), \alpha_2)$$

이다.

**문제 3.11** (a) $0 < \arg z < 2\pi$에서 $f(z) = \dfrac{z^\lambda}{(1+z)^2}$을 적당한 폐등심선 $C$를 따라 적분할 것이다. 이 함수는 $z=-1$에서 위수 2의 극을 가지므로,

$$Res(\frac{z^\lambda}{(1+z)^2}, -1) = \lim_{z \to -1} \lambda z^{\lambda-1} = \lambda e^{\pi i(\lambda-1)} = -\lambda e^{\pi i \lambda}$$

이다. 이 함수는 역시 원점에서 분지점을 갖는다. 유수정리는 일가함수인 경우에만 적용되므로 원점은 $C$의 내부에 있으면 안 된다. 적분경로 $C$는 다음 그림에서와 같이 선택하자.

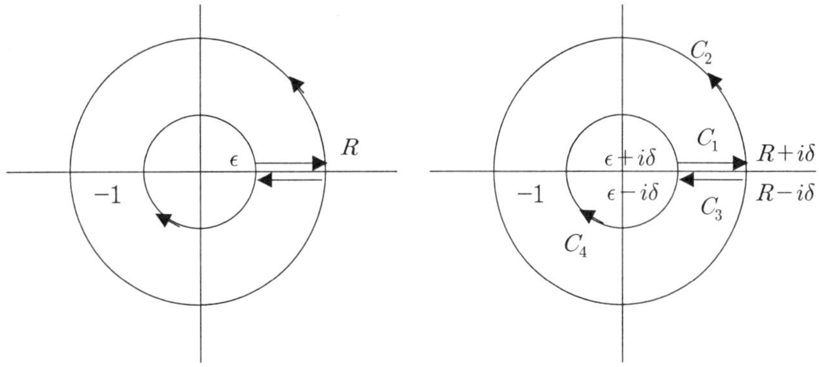


$$C = C_1 + C_2 + C_3 + C_4$$

양의 실축은 $f(z)$에 대한 분지절단으로 선택했음을 유의하자. 점 $z=-1$은 $C$의 내부에 있는 유일한 $f(z)$의 특이점이다. 그러므로 유수정리에 의하여

$$\begin{aligned}\int_C \frac{z^\lambda}{(1+z)^2}dz = 2\pi i Res\left(\frac{z^\lambda}{(1+z)^2}, -1\right) &= 2\pi i \lim_{z\to -1} \lambda z^{\lambda-1} \\ &= 2\pi i \lambda e^{\pi i(\lambda-1)},\ 0<\arg z<2\pi \\ &= -2\pi i \lambda e^{\pi i \lambda}\end{aligned}$$

를 얻는다. 한편,

$$\begin{aligned}\int_C \frac{z^\lambda}{(1+z)^2}dz = \int_{C_1} \frac{z^\lambda}{(1+z)^2}dz + \int_{C_2} \frac{z^\lambda}{(1+z)^2}dz + \int_{C_3} \frac{z^\lambda}{(1+z)^2}dz \\ + \int_{C_4} \frac{z^\lambda}{(1+z)^2}dz\end{aligned}$$

이다. 충분히 작은 $\delta > 0$에 대하여

$$\int_{C_1} \frac{z^\lambda}{(1+z)^2}dz = \int_\epsilon^R \frac{(x+i\delta)^\lambda}{(1+(x+i\delta))^2}dx$$

이다. $\lim_{\delta\to 0_+} \int_\epsilon^R \frac{x^\lambda}{(1+(x+i\delta))^2}dx = \int_\epsilon^R \frac{x^\lambda}{(1+x)^2}dx$ 임을 알 수 있다. 그러므로

$$\lim_{\delta\to 0+} \int_{C_1} \frac{z^\lambda}{(1+z)^2}dz = \int_\epsilon^R \frac{x^\lambda}{(1+x)^2}dx \text{ 이다.}$$

복소수 $z$가 원점에 관하여 1회전하면, 편각은 $2\pi$만큼 증가하므로,

$$\int_{C_3}\frac{z^\lambda}{(1+z)^2}dz=\int_R^\epsilon\frac{(xe^{2\pi i}-i\delta)^\lambda}{(1+(xe^{2\pi i}-i\delta))^2}dx$$

이다. 이때 $\lim_{\delta\to 0_+}\int_R^\epsilon\frac{(xe^{2\pi i}-i\delta)^\lambda}{(1+(xe^{2\pi i}-i\delta))^2}dx=e^{2\pi i\lambda}\int_R^\epsilon\frac{x^\lambda}{(1+x)^2}dx$ 임을 알 수 있다. 그러므로

$\lim_{\delta\to 0+}\int_{C_3}\frac{z^\lambda}{(1+z)^2}dz=e^{2\pi i\lambda}\int_R^\epsilon\frac{x^\lambda}{(1+x)^2}dx$ 이다. 따라서

$$\lim_{\delta\to 0_+}\left(\int_{C_1}\frac{z^\lambda}{(1+z)^2}dz+\int_{C_3}\frac{z^\lambda}{(1+z)^2}dz\right)=(1-e^{2\pi i\lambda})\int_\epsilon^R\frac{x^\lambda}{(1+x)^2}dx$$

이다.

$$\begin{aligned}\left|\int_{C_2}\frac{z^\lambda}{(1+z)^2}dz\right| &= \left|\int_0^{2\pi}\frac{(Re^{i\theta})^\lambda}{(1+Re^{i\theta})^2}\cdot Rie^{i\theta}d\theta\right| \\ &\leqq \int_0^{2\pi}\frac{R^{\lambda+1}}{(R-1)^2}d\theta=\frac{2\pi R^{\lambda+1}}{(R-1)^2}\to 0\ (R\to\infty)\end{aligned}$$

$$\begin{aligned}\left|\int_{C_4}\frac{z^\lambda}{(1+z)^2}dz\right| &= \left|\int_0^{2\pi}\frac{(\epsilon e^{i\theta})^\lambda}{(1+\epsilon e^{i\theta})^2}\cdot \epsilon ie^{i\theta}d\theta\right| \\ &\leqq \int_0^{2\pi}\frac{\epsilon^{\lambda+1}}{(1-\epsilon)^2}d\theta=\frac{2\pi\epsilon^{\lambda+1}}{(1-\epsilon)^2}\to 0\ (\epsilon\to 0_+)\end{aligned}$$

이므로,

$$-2\pi i\lambda e^{\pi i\lambda}=\int_C\frac{z^\lambda}{(1+z)^2}dz=(1-e^{2\pi i\lambda})\int_0^\infty\frac{x^\lambda}{(1+x)^2}dx$$

를 얻는다. 따라서

$$\int_0^\infty\frac{x^\lambda}{(1+x)^2}dx=\frac{2\pi i\lambda e^{\pi i\lambda}}{e^{2\pi i\lambda}-1}=\frac{2\pi i\lambda}{e^{\pi i\lambda}-e^{-\pi i\lambda}}=\frac{2\pi i\lambda}{2i\sin\pi\lambda}=\frac{\pi\lambda}{\sin\pi\lambda}$$

이다.

(b) $0<\arg z<2\pi$에서 $f(z)=\frac{z^\lambda}{1+z^2}$을 적당한 폐등심선 $C$를 따라서 적분할 것이다.

이 함수는 $z=\pm i$에서 단일극을 가지므로,

$$Res(\frac{z^\lambda}{1+z^2},\pm i) = \lim_{z\to\pm i}\frac{z^\lambda}{2z} = \frac{1}{2}(\pm i)^{\lambda-1} = \frac{1}{2}e^{\frac{\pi}{2}i(\lambda-1)}, \frac{1}{2}e^{\frac{3}{2}\pi i(\lambda-1)}$$

이다. 이 함수는 역시 원점에서 분지점을 갖는다. 유수정리는 일가함수인 경우에만 적용되므로 원점은 $C$의 내부에 있으면 안 된다. 적분경로 $C$를 다음 그림에서와 같이 선택하자.

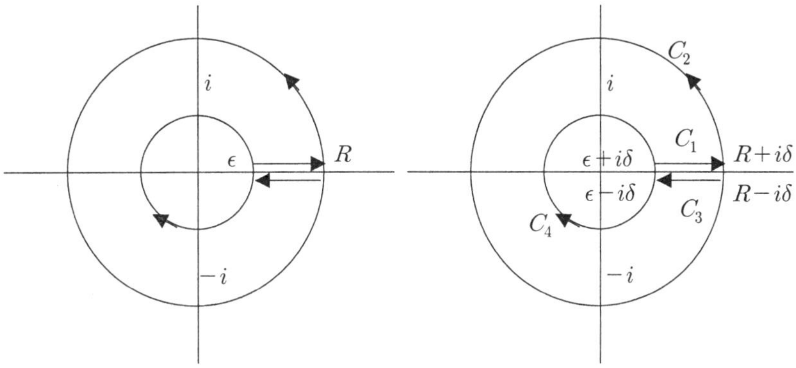


$$C = C_1 + C_2 + C_3 + C_4$$

양의 실수축은 $f(z)$에 대한 분지절단으로 선택했음을 유의하자. 점 $z=\pm i$은 $C$의 내부에 있는 $f(z)$의 특이점이다. 그러므로 유수정리에 의하여

$$\int_C \frac{z^\lambda}{1+z^2}dz = 2\pi i[Res(\frac{z^\lambda}{1+z^2},i) + Res(\frac{z^\lambda}{1+z^2},-i)] = \pi i(e^{\frac{\pi}{2}i(\lambda-1)} + e^{\frac{3\pi}{2}i(\lambda-1)})$$

$$= \pi(e^{\frac{\pi}{2}i\lambda} - e^{\frac{3\pi}{2}i\lambda})$$

를 얻는다. 한편,

$$\int_C \frac{z^\lambda}{1+z^2}dz = \int_{C_1}\frac{z^\lambda}{1+z^2}dz + \int_{C_2}\frac{z^\lambda}{1+z^2}dz + \int_{C_3}\frac{z^\lambda}{1+z^2}dz + \int_{C_4}\frac{z^\lambda}{1+z^2}dz$$

이다. 충분히 작은 $\delta > 0$에 대하여

$$\int_{C_1}\frac{z^\lambda}{1+z^2}dz = \int_\epsilon^R \frac{(x+i\delta)^\lambda}{1+(x+i\delta)^2}dx$$

이다. $\lim_{\delta\to 0+}\int_\epsilon^R \frac{(x+i\delta)^\lambda}{1+(x+i\delta)^2}dx = \int_\epsilon^R \frac{x^\lambda}{1+x^2}dx$ 임을 알 수 있다. 그러므로

$\lim_{\delta\to 0_+}\int_{C_1}\frac{z^\lambda}{1+z^2}dz = \int_\epsilon^R \frac{x^\lambda}{1+x^2}dx$ 이다.

복소수 $z$가 원점에 관하여 1회전하면 편각은 $2\pi$만큼 증가하므로,

$$\int_{C_3}\frac{z^\lambda}{1+z^2}dz=\int_R^\epsilon\frac{(xe^{2\pi i}-i\delta)^\lambda}{1+(xe^{2\pi i}-i\delta)^2}dx$$

이다. $\lim_{\delta\to 0+}\int_R^\epsilon\frac{(xe^{2\pi i}-i\delta)^\lambda}{1+(xe^{2\pi i}-i\delta)^2}dx=\int_R^\epsilon\frac{e^{2\pi i\lambda}x^\lambda}{1+x^2}dx$ 임을 알 수 있다. 그러므로

$\lim_{\delta\to 0_+}\int_{C_3}\frac{z^\lambda}{1+z^2}dz=e^{2\pi i\lambda}\int_R^\epsilon\frac{x^\lambda}{1+x^2}dx$ 이다. 따라서

$$\lim_{\delta\to 0_+}\left(\int_{C_1}\frac{z^\lambda}{1+z^2}dz+\int_{C_3}\frac{z^\lambda}{1+z^2}dz\right)=(1-e^{2\pi i\lambda})\int_\epsilon^R\frac{x^\lambda}{1+x^2}dx$$

이다.

$$\left|\int_{C_2}\frac{z^\lambda}{1+z^2}dz\right|=\left|\int_0^{2\pi}\frac{(Re^{i\theta})^\lambda}{1+(Re^{i\theta})^2}\cdot Rie^{i\theta}d\theta\right|$$
$$\leq\int_0^{2\pi}\frac{R^{\lambda+1}}{R^2-1}d\theta=\frac{2\pi R^{\lambda+1}}{R^2-1}\to 0\ (R\to\infty)$$

$$\left|\int_{C_4}\frac{z^\lambda}{1+z^2}dz\right|=\left|\int_0^{2\pi}\frac{(\epsilon e^{i\theta})^\lambda}{1+\epsilon(e^{i\theta})^2}\cdot\epsilon ie^{i\theta}d\theta\right|$$
$$\leq\int_0^{2\pi}\frac{\epsilon^{\lambda+1}}{1-\epsilon^2}d\theta=\frac{2\pi\epsilon^{\lambda+1}}{1-\epsilon^2}\to 0\ (\epsilon\to 0_+)$$

이므로,

$$\pi(e^{\frac{\pi}{2}i\lambda}-e^{\frac{3\pi}{2}i\lambda})=\int_C\frac{z^\lambda}{1+z^2}dz=(1-e^{2\pi i\lambda})\int_0^\infty\frac{x^\lambda}{1+x^2}dx$$

를 얻는다. 그러므로

$$\int_0^\infty\frac{x^\lambda}{1+x^2}dx=\frac{\pi(e^{\frac{\pi}{2}i\lambda}-e^{\frac{3\pi}{2}i\lambda})}{1-e^{2\pi i\lambda}}=\frac{\pi(e^{\frac{\pi}{2}i\lambda}-e^{-\frac{\pi}{2}i\lambda})}{e^{\pi i\lambda}-e^{-\pi i\lambda}}=\frac{\pi\cdot 2i\sin\frac{\pi}{2}\lambda}{2i\sin\pi\lambda}=\frac{\pi}{2\cos\frac{\pi}{2}\lambda}$$

이다.

**문제 3.12** $e^z=-1$이므로, $z=\pi i$는 단일극이다.

$$Res(\frac{e^{\lambda z}}{1+e^z},\pi i)=\lim_{z\to\pi i}(z-\pi i)\frac{e^{\lambda z}}{1+e^z}=-e^{\pi i\lambda}$$

이므로 유수정리에 의하여

$$\int_C\frac{e^{\lambda z}}{1+e^z}dz=2\pi i Res(\frac{e^{\lambda z}}{1+e^z},\pi i)=-2\pi i e^{\pi i\lambda}$$

이다. 한편,

$$\int_C\frac{e^{\lambda z}}{1+e^z}dz=\int_{-R}^{R}\frac{e^{\lambda x}}{1+e^x}dx+\int_0^{2\pi}\frac{e^{\lambda(R+ix)}}{1+e^{R+ix}}\cdot idx-\int_{-R}^{R}\frac{e^{\lambda(x+2\pi i)}}{1+e^{x+2\pi i}}dx$$
$$-\int_0^{2\pi}\frac{e^{\lambda(-R+ix)}}{1+e^{-R+ix}}\cdot idx$$

이다.

$$\left|\int_0^{2\pi}\frac{e^{\lambda(R+ix)}}{1+e^{R+ix}}\cdot idx\right|\leq\int_0^{2\pi}\frac{e^{\lambda R}}{e^R-1}dx=\frac{2\pi e^{\lambda R}}{e^R-1}$$
$$=\frac{2\pi}{e^{(1-\lambda)R}-e^{-\lambda R}}\to 0\ (R\to\infty),$$
$$\left|\int_0^{2\pi}\frac{e^{\lambda(-R+ix)}}{1+e^{-R+ix}}\cdot idx\right|\leq\int_0^{2\pi}\frac{e^{-\lambda R}}{1-e^{-R}}dx=2\pi\frac{e^{-\lambda R}}{1-e^{-R}}\to 0(R\to\infty)$$

이므로, 다음을 얻는다.

$$-2\pi i e^{\pi i\lambda}=\int_C\frac{e^{\lambda z}}{1+e^z}dz=\int_{-\infty}^{\infty}\frac{e^{\lambda x}}{1+e^x}dx-e^{2\pi i\lambda}\int_{-\infty}^{\infty}\frac{e^{\lambda x}}{1+e^x}dx$$
$$=(1-e^{2\pi i\lambda})\int_{-\infty}^{\infty}\frac{e^{\lambda x}}{1+e^x}dx$$

그러므로

$$\int_{-\infty}^{\infty}\frac{e^{\lambda x}}{1+e^x}dx=\frac{2\pi i e^{\pi i\lambda}}{e^{2\pi i\lambda}-1}=\frac{2\pi i}{e^{\pi i\lambda}-e^{-\pi i\lambda}}=\frac{2\pi i}{2i\sin\pi\lambda}=\frac{\pi}{\sin\pi\lambda}.$$

이때, $e^x=t$로 놓으면, $e^x dx=dt, dx=\frac{1}{t}dt$이다. 그러므로

$$\int_{-\infty}^{\infty}\frac{e^{\lambda x}}{1+e^x}dx=\int_0^{\infty}\frac{t^\lambda}{1+t}\cdot\frac{1}{t}dt=\int_0^{\infty}\frac{t^{\lambda-1}}{1+t}dt=\int_0^{\infty}\frac{x^{\lambda-1}}{1+x}dx$$

이다. 따라서 $\int_0^\infty \frac{x^{\lambda-1}}{1+x}dx = \frac{\pi}{\sin\pi\lambda}$ 이다.

**문제 3.13** (i) $0 < a < 1$

$f(z) = \frac{a^z}{z} = \frac{e^{z\log a}}{z}$ 를 생각하자. 적분경로 $C_1$은 다음 그림과 같이 선택하자.

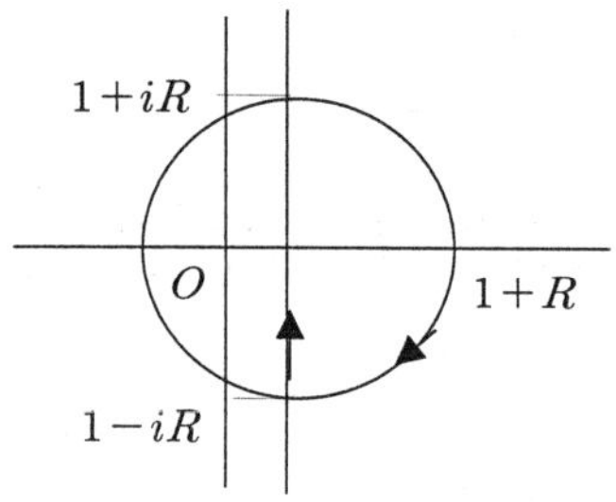


그러면 코시정리에 의하여 $\int_{C_1} \frac{a^z}{z}dz = 0$이다. 한편,

$$0 = \int_{C_1} \frac{a^z}{z}dz = \int_{1-iR}^{1+iR} \frac{a^z}{z}dz - \int_{-\pi/2}^{\pi/2} \frac{a^{1+Re^{i\theta}}}{1+Re^{i\theta}} \cdot Rie^{i\theta}d\theta$$

이다. $|a^{1+Re^{i\theta}}| = |a \cdot a^{Re^{i\theta}}| = aa^{R\cos\theta}$이므로,

$$\begin{aligned}
\left| \int_{-\pi/2}^{\pi/2} \frac{a^{1+Re^{i\theta}}}{1+Re^{i\theta}} \cdot Rie^{i\theta}d\theta \right| &\leqq \frac{aR}{R-1}\int_{-\pi/2}^{\pi/2} a^{R\cos\theta}d\theta \\
&= \frac{2aR}{R-1}\int_0^{\pi/2} a^{R\cos\theta}d\theta,\ t = \frac{\pi}{2} - \theta \\
&= \frac{2aR}{R-1}\int_0^{\pi/2} a^{R\sin\theta}dt \\
&\leqq \frac{2aR}{R-1}\int_0^{\pi/2} a^{\frac{2R}{\pi}t}dt \\
&= \frac{2aR}{R-1}\int_0^{\pi/2} e^{\frac{2R}{\pi}t\log a}dt \\
&= \frac{2aR}{R-1} \cdot \frac{\pi}{2R\log a}e^{\frac{2R}{\pi}t\log a}\Big|_0^{\pi/2} \\
&= \frac{a}{R-1} \cdot \frac{\pi}{\log a}(e^{R\log a} - 1) \to 0\ (R \to \infty)
\end{aligned}$$

이다. 그러므로 $\lim_{R\to\infty}\int_{1-iR}^{1+iR} \frac{a^z}{z}dz = 0$이다.

(ii) $a > 1$

적분경로 $C_2$은 다음 그림과 같이 선택하자.

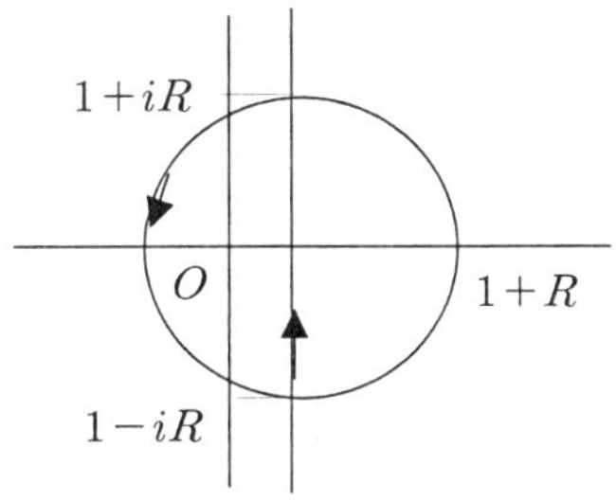


그러면 코시의 적분공식에 의하여 $\int_{C_2} \frac{a^z}{z} dz = 2\pi i \cdot a^0 = 2\pi i$이다. 한편,

$$2\pi i = \int_{C_2} \frac{a^z}{z} dz = \int_{1-iR}^{1+iR} \frac{a^z}{z} dz + \int_{\pi/2}^{3\pi/2} \frac{a^{1+Re^{i\theta}}}{1+Re^{i\theta}} \cdot Rie^{i\theta} d\theta$$

이다.

$$\begin{aligned}
\left| \int_{\pi/2}^{3\pi/2} \frac{a^{1+Re^{i\theta}}}{1+Re^{i\theta}} \cdot Rie^{i\theta} d\theta \right| &\leq \frac{aR}{R-1} \int_{\pi/2}^{3\pi/2} e^{R\cos\theta \log a} d\theta \\
&= \frac{2aR}{R-1} \int_0^{\pi/2} e^{-R\cos\theta \log a} d\theta, \ t = \frac{\pi}{2} - \theta \\
&= \frac{2aR}{R-1} \int_0^{\pi/2} e^{-R\sin t \log a} dt \\
&\leq \frac{2aR}{R-1} \int_0^{\pi/2} e^{-\frac{2R}{\pi} t \log a} dt \\
&= \frac{2aR}{R-1} \cdot \frac{\pi}{-2R\log a} e^{-\frac{2R}{\pi} t \log a} \Big|_0^{\pi/2} \\
&= \frac{a}{1-R} \cdot \frac{\pi}{\log a} (e^{-R\log a} - 1) \to 0 \ (R \to \infty)
\end{aligned}$$

이므로, $\lim_{R\to\infty} \int_{1-iR}^{1+iR} \frac{a^z}{z} dz = 2\pi i$이다.

해답

## 제10 장

**문제 1.1** $u(z)$는 단일연결영역 $D$에서 조화함수라고 하자. 그러면 정리 1.1에 의하여 해석함수 $f(z)$가 존재하여 $Ref(z)=u(z)$이다. $f(z)=u(z)+iv(z)$로 놓자. 이때 $f'(z)=\frac{\partial f}{\partial x}=-i\frac{\partial f}{\partial y}$이다. 해석함수는 모든 계수의 도함수를 가지므로, $u(z)$는 모든 계수의 편도함수를 갖는다.

**문제 1.2** $u(z)$는 $\mathbb{C}$ 에서 상수가 아닌 조화함수라고 하자. 그러면 정리 1.1에 의하여 해석함수 $f(z)$가 존재하여 $Ref(z)=u(z)$이다. 정리 2.3에 의하여 상수가 아닌 정함수 $f(z)$는 모든 복소수에 임의로 접근하므로, $u(z)$는 모든 실수값에 임의로 접근한다.

**문제 1.3** $u(z)=\ln|1+z|$로 놓자. 그러면 $u(z)$는 $|z|\le r$을 포함하는 영역에서 조화함수이다. 그러므로 정리 1.3에 의하여 $\frac{1}{2\pi}\int_0^{2\pi}u(0+re^{i\theta})d\theta=u(0)=\ln 1=0$이다.

이때 $r\to 1$을 취하면, $\int_0^{2\pi}\ln 2(1+\cos\theta)d\theta=0$임을 알 수 있다.

$$
\begin{aligned}
0=\int_0^{2\pi}\ln 2(1+\cos\theta)d\theta&=\int_0^{2\pi}\ln 4\cos^2\frac{\theta}{2}d\theta\\
&=4\pi\ln 2+4\int_0^{\pi}\ln|\cos\theta|d\theta\\
&=4\pi\ln 2+4\int_0^{\pi}\ln\sin\theta d\theta
\end{aligned}
$$

이므로, $\int_0^{\pi}\ln\sin\theta d\theta=-\pi\ln 2$이다.

**문제 1.4** 단일폐등심선 $C$의 내부와 그 위에서 $f(z),g(z)$는 해석함수이므로, 단일폐등심선 $C$의 내부와 그 위에서 $Ref(z),Reg(z)$는 조화함수이고 연속이다. $h(z)=f(z)-g(z)$로 놓자. 그러면 $h(z)$는 단일폐등심선 $C$의 내부와 그 위에서 해석적이므로, $Reh(z)$는 단일폐등심선 $C$의 내부와 그 위에서 조화함수이다. $C$ 위에서 $Reh(z)=Ref(z)-Reg(z)=0$이다. 그러므로 따름정리 1.6에 의하여 $C$의 내부와 그 위에서 $Reh(z)=0$이다. 따라서 $f(z)=g(z)+i\beta$ ($\beta$는 실수인 상수)이다.

**문제 1.5** $f(z),g(z)$는 해석함수이므로, 단일폐등심선 $C$의 내부에서 $Ref(z),Reg(z)$는 조화함수이다. $h(z)=f(z)-g(z)$로 놓자. 그러면 $h(z)$는 단일폐등심선 $C$의 내부에서 해석적이므로, $Reh(z)$는 단일폐등심선 $C$의 내부에서 조화함수이고 연속이다. $C$ 위에서 $Reh(z)=Ref(z)-Reg(z)=0$이다. 그러므로 따름정리 1.6에 의하여 $C$의 내부와 그 위에서 $Reh(z)=0$이다. 따라서 $f(z)=g(z)+i\beta$ ($\beta$는 실수인 상수)이다.

**문제 1.6** $0<|z-z_0|<R$에서 해석함수 $f(z)$가 존재하여 $Ref(z)=u(z)$이다. $f(z)=u(z)+iv(z)$라 놓으면, $|e^{f(z)}|=e^{u(z)}$이므로, $e^{f(z)}$는 $0<|z-z_0|<R$에서 유계이다. 그러므로 $f(z)$는 $0<|z-z_0|<R$에서 유계이다. $h(z):=\begin{cases}(z-z_0)^2f(z), & z\neq z_0\\ 0, & z=z_0\end{cases}$ 이라 정의하자. 그러면 $h'(z_0)=0$이므로, $h(z)$는 $|z-z_0|<R$에서 해석적이다. 그러므로 $h(z)=\sum_{n=2}^{\infty}c_n(z-z_0)^n$으로 나타낼 수 있다. 따라서 $f(z)=\sum_{n=2}^{\infty}c_n(z-z_0)^{n-2}, z\neq z_0$ 이다. $f(z_0):=c_2$라고 정의하자. 그러면 $f(z)$는 $|z-z_0|<R$에서 해석적이다. 그러므로 $\lim_{z\to z_0}f(z)$는 존재한다. 따라서 $\lim_{z\to z_0}u(z)$는 존재한다.

**문제 1.7** 정리 1.1에 의하여 해석함수 $f_i(z), i=1,2$가 존재하여 $Ref_i(z)=u_i(z)$이다. 그러면 $f_1(z)f_2(z)$는 해석함수이다. $f_1(z)=u_1(z)+iv_1(z), f_2(z)=u_2(z)+iv_2(z)$으로 놓자. 그러면 코시-리만방정식을 만족한다. 즉,

$$(u_1)_x=(v_1)_y, (v_1)_x=-(u_1)_y$$
$$(u_2)_x=(v_2)_y, (v_2)_x=-(u_2)_y.$$

$f_1(z)f_2(z)=u_1(z)u_2(z)-v_1(z)v_2(z)+i(u_1(z)v_2(z)+u_2(z)v_1(z))$이므로, $-v_1(z)v_2(z)$와 $u_1(z)v_2(z)+u_2(z)v_1(z)$는 조화함수이고 코시-리만방정식을 만족한다. 즉

$$-(v_1)_xv_2-v_1(v_2)_x=(u_1)_yv_2+u_1(v_2)_y+(u_2)_yv_1+u_2(v_1)_y$$
$$(v_1)_yv_2+v_1(v_2)_y=(u_1)_xv_2+u_1(v_2)_x+(u_2)_xv_1+u_2(v_1)_x.$$

그러므로 $u_1(v_2)_y+u_2(v_1)_y=0$, $u_1(v_2)_x+u_2(v_1)_x=0$이다. 따라서

$$u_1(u_2)_x+u_2(u_1)_x=0,$$
$$u_1(u_2)_y+u_2(u_1)_y=0$$

이다. $u_1\neq 0$라고 가정하자. 그러면

해답

$$0=u_1^2(u_2)_x+u_1u_2(u_1)_x=u_1^2(u_2)_x,\ \ 0=u_1^2(u_2)_y+u_1u_2(u_1)_y=u_1^2(u_2)_y$$

이므로, $(u_2)_x=0, (u_2)_y=0$이다. 그러므로 $u_2=$(상수)이다. $u_1u_2\equiv 0$이므로, $u_2\equiv 0$ 이다.

**문제 1.8** 해석함수 $f(z)$가 존재하여 $Ref(z)=u(z)$이다. 그러므로 $|z|=r\geqq r_0$에 대하여 $Ref(z)=u(z)\leqq r^n$이다. 따라서 정리 1.9에 의하여 $f(z)$는 $n$차 다항식이다. 그러므로 $u(z)$는 두 변수 $x,y$의 다항식이다.

**문제 1.9** $|z|<r<R$에 대하여 코시의 적분공식에 의하여

$\dfrac{f^{(n)}(z)}{n!}=\dfrac{1}{2\pi i}\displaystyle\int_{|\zeta-z|=(R-r)/2}\dfrac{f(\zeta)}{(\zeta-z)^{n+1}}d\zeta$이다. 정리 1.8에 의하여

$$\begin{aligned}\frac{|f^{(n)}(z)|}{n!}&\leqq\frac{1}{2\pi((R-r)/2)^{n+1}}\int_{|\zeta-r|=(R-r)/2}|f(\zeta)|\,|d\zeta|\\&\leqq\frac{2^{n+1}}{(R-r)^n}\max_{|\zeta|=(R-r)/2}|f(\zeta)|\\&\leqq\frac{2^{n+1}}{(R-r)^n}\frac{2R}{R-r}[A(R)+|f(0)|]\\&=\frac{2^{n+2}R}{(R-r)^{n+1}}[A(R)+|f(0)|]\end{aligned}$$

이므로, $\displaystyle\max_{|z|=r}\frac{|f^{(n)}(z)|}{n!}\leqq\frac{2^{n+2}R}{(R-r)^{n+1}}[A(R)+|f(0)|]$이다.

**문제 2.1** (a) $$\begin{aligned}\frac{\rho+z}{\rho-z}&=1+2\frac{z}{\rho-z}=1+2\frac{z/\rho}{1-z/\rho}\\&=1+2\cdot\frac{r}{R}e^{i(\phi-\theta)}\sum_{n=0}^{\infty}\left(\frac{r}{R}\right)^n e^{in(\phi-\theta)}\\&=1+2\sum_{n=1}^{\infty}\left(\frac{r}{R}\right)^n e^{in(\phi-\theta)}\end{aligned}$$

(b) $Re\left[\dfrac{\rho+z}{\rho-z}\right]=\dfrac{R^2-r^2}{|\rho-z|^2}=\dfrac{R^2-r^2}{R^2-2rR\cos(\theta-\phi)+r^2}$ 이므로,

$$\frac{R^2-r^2}{R^2-2rR\cos\alpha+r^2}=1+2\sum_{n=1}^{\infty}\left(\frac{r}{R}\right)^n\cos n\alpha\quad(\alpha\text{는 실수})$$

이다.

**문제 2.2** $f(z)=u(z)+iv(z)$는 원판 $|z| \leqq R$에서 상수함수라고 하자. $z=re^{i\theta}, r<R$에 대하여 따름정리 2.4에 의하여

$$v(re^{i\theta})=\frac{1}{2\pi}\int_0^{2\pi}\frac{2rR\sin(\theta-\phi)}{R^2-2rR\cos(\theta-\phi)+r^2}u(Re^{i\theta})d\phi+v(0)$$

이다. 그러므로 $\int_0^{2\pi}\frac{\sin(\theta-\phi)}{R^2-2rR\cos(\theta-\phi)+r^2}d\phi=0$이다.

**문제 2.3** 정리 2.1에 의하여 $u(z)=\frac{1}{2\pi}\int_0^{2\pi}Re[\frac{z+\rho}{z-\rho}]u(Re^{i\phi})d\phi$이다. 그러므로

$$u(z)=-\frac{1}{2\pi}\int_0^{2\pi}Re[\frac{\rho+z}{\rho-z}]u(Re^{i\phi})d\phi$$

이다.

**문제 2.4** $\zeta=Re^{i\phi}, z=re^{i\theta}$에 대하여

$$u(z)=\frac{1}{2\pi}\int_\pi^{2\pi}P_r(\theta-\phi)d\phi=\frac{1}{2\pi}\int_\pi^{2\pi}Re[\frac{\zeta+z}{\zeta-z}]d\phi$$

는 $|z|<R$에서 조화적이다.

$$\int\frac{1}{a+b\cos t}dt,\ x=\tan\frac{t}{2},\ \cos\frac{t}{2}=\frac{1}{\sqrt{1+x^2}}, \sin\frac{t}{2}=\frac{x}{\sqrt{1+x^2}},$$

$$dx=\frac{1}{2}\sec^2\frac{t}{2}dt, dt=2\cos^2\frac{t}{2}dx=\frac{2}{1+x^2}dx,$$

$$\cos t=\cos^2\frac{t}{2}-\sin^2\frac{t}{2}=\frac{1-x^2}{1+x^2}.$$

$$\int\frac{1}{a+b\cos t}dt=\int\frac{1}{a+b\frac{1-x^2}{1+x^2}}\cdot\frac{2}{1+x^2}dx=\int\frac{2}{a(1+x^2)+b(1-x^2)}dx$$

$$=\int\frac{2}{a+b+(a-b)x^2}dx=\frac{2}{a-b}\int\frac{1}{\frac{a+b}{a-b}+x^2}dx$$

$$=\frac{2}{a-b}\sqrt{\frac{a-b}{a+b}}\tan^{-1}(x/\sqrt{\frac{a+b}{a-b}})+C$$

$$=\frac{2}{\sqrt{a^2-b^2}}\tan^{-1}(\tan\frac{t}{2}/\sqrt{\frac{a+b}{a-b}})+C$$

$a=R^2+r^2, b=-2rR, t=\phi-\theta$로 놓으면, 다음을 얻는다.

$$a^2-b^2=(R^2+r^2)^2-(2rR)^2=(R+r)^2(R-r)^2,\ \sqrt{a^2-b^2}=(R+r)(R-r)$$

$$a+b=(R-r)^2, a-b=(R+r)^2,\ \sqrt{\frac{a+b}{a-b}}=\frac{R-r}{R+r}$$

$$\begin{aligned} u(z)&=\frac{R^2-r^2}{2\pi}\cdot\frac{2}{(R+r)(R-r)}\tan^{-1}\left(\tan\frac{\phi-\theta}{2}\Big/\frac{R-r}{R+r}\right)\Big|_{\pi}^{2\pi} \\ &=\frac{1}{\pi}\tan^{-1}\left(\tan\frac{\phi-\theta}{2}\Big/\frac{R-r}{R+r}\right)\Big|_{\pi}^{2\pi} \\ &=\frac{1}{\pi}\left[\tan^{-1}\left(\frac{R+r}{R-r}\tan\frac{2\pi-\theta}{2}\right)-\tan^{-1}\left(\frac{R+r}{R-r}\tan\frac{\pi-\theta}{2}\right)\right]. \end{aligned}$$

$$\tan(\alpha-\beta)=\frac{\tan\alpha-\tan\beta}{1+\tan\alpha\tan\beta}$$

$$\tan\frac{2\pi-\theta}{2}=-\tan\frac{\theta}{2}$$

$$\tan\left(\frac{\pi-\theta}{2}\right)=\cot\frac{\theta}{2}$$

$$-\tan\frac{\theta}{2}-\cot\frac{\theta}{2}=-2\operatorname{cosec}\theta$$

이므로

$$\tan\pi u(z)=\frac{\frac{R+r}{R-r}\left[\tan\frac{2\pi-\theta}{2}-\tan\frac{\pi-\theta}{2}\right]}{1+\left(\frac{R+r}{R-r}\right)^2\tan\frac{2\pi-\theta}{2}\tan\frac{\pi-\theta}{2}}=\frac{-2\frac{R+r}{R-r}\operatorname{cosec}\theta}{1-\left(\frac{R+r}{R-r}\right)^2}=\frac{R^2-r^2}{2rR\sin\theta}$$

이다. 역 탄젠트함수의 분지를 선택하여 그 값을 구간 $[0,\pi]$에 있도록 제한하면, 다음을 얻는다.

$$u(re^{i\theta})=\frac{1}{\pi}\tan^{-1}\frac{R^2-r^2}{2rR\sin\theta}$$

이러한 분지에서

$$\lim_{r\to R}\tan^{-1}\frac{R^2-r^2}{2rR\sin\theta}=\begin{cases}0, & 0<\theta<\pi\\ \pi, & \pi<\theta<2\pi\end{cases}$$

이다. 그러므로 경계조건

$$\lim_{r\to R} u(re^{i\theta}) = \begin{cases} 0, & 0<\theta<\pi \\ 1, & \pi<\theta<2\pi \end{cases}$$

가 만족된다.

**문제 2.5** $u(re^{i\theta})$는 분명히 경계조건을 만족한다.

$F(\phi)=u(re^{i\phi})=\dfrac{2}{\pi}\tan^{-1}\dfrac{2r\sin\phi}{1-r^2}, 0 \leqq \phi \leqq 2\pi$는 연속함수이다. 정리 2.6에 의하여

$$u(re^{i\theta}) := \frac{1}{2\pi}\int_0^{2\pi}\frac{1-r^2}{1-2r\cos(\theta-\phi)+r^2}F(\phi)d\phi, r<1$$

은 $|z|<1$에서 조화적이다.

**문제 2.6** $\tan^{-1}z=\dfrac{1}{2i}\log\dfrac{1+iz}{1-iz}$임을 유의하자. 그러면

$$\tan^{-1}\frac{r\sin\theta}{1+r\cos\theta}=\frac{1}{2i}\log\frac{(1+r\cos\theta)+ir\sin\theta}{(1+r\cos\theta)-ir\sin\theta}=\frac{1}{2i}\log\frac{1+z}{1+\bar{z}}$$
$$=\frac{1}{2i}[\log(1+z)-\log(1+\bar{z})]=\frac{1}{2i}\cdot\theta i=\frac{\theta}{2}$$

이다.

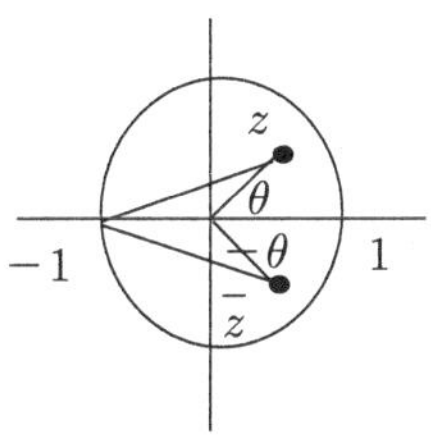


그러므로 $\tan^{-1}\dfrac{r\sin\theta}{1+r\cos\theta}=Im\log(1+z)$이다. 따라서 모든 $\theta$에 대하여 $\lim_{r\to 1}u(re^{i\theta})$ $=F(\theta)$이다. $\log(1+z)$은 한 분지에서 해석적이므로, $u(re^{i\theta})=Im\log(1+z)$는 원판 $|z|<1$에서 조화적이다.

**문제 2.7** 충분히 큰 $R>0$에 대하여 $z=x+iy, y>0(|z|<R)$은 고정시키자. 다음 그림과 같은 폐등심선 $C$를 생각하자.

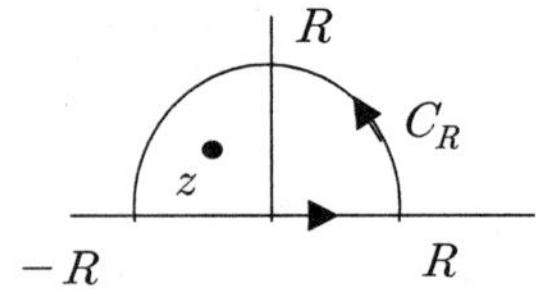


그러면 코시의 적분공식에 의하여 다음을 얻는다.

$$
\begin{aligned}
f(z) &= \frac{1}{2\pi i}\int_C \frac{f(\zeta)}{\zeta - z}d\zeta = \frac{1}{2\pi i}\int_C f(\zeta)\left(\frac{1}{\zeta - z} - \frac{1}{\zeta - \bar{z}}\right)d\zeta \\
&= \frac{1}{2\pi i}\int_C \frac{2yif(\zeta)}{(\zeta - z)(\zeta - \bar{z})}d\zeta \\
&= \frac{1}{\pi}\int_{-R}^{R} \frac{yf(t)}{(t-z)(t-\bar{z})}dt + \frac{1}{\pi}\int_{C_R} \frac{yf(\zeta)}{(\zeta - z)(\zeta - \bar{z})}d\zeta.
\end{aligned}
$$

$$
\begin{aligned}
\left|\frac{1}{\pi}\int_{C_R} \frac{yf(\zeta)}{(\zeta - z)(\zeta - \bar{z})}d\zeta\right| &\leqq \frac{My}{\pi}\int_{C_R} \frac{1}{(|\zeta| - |z|)^2}|d\zeta| \\
&= \frac{My}{\pi}\cdot\frac{\pi R}{(R - |z|)^2}
\end{aligned}
$$

이므로, $R \to \infty$를 취하면, 짜내기 정리에 의하여 $\lim_{R\to\infty}\frac{1}{\pi}\int_{C_R} \frac{yf(\zeta)}{(\zeta - z)(\zeta - \bar{z})}d\zeta = 0$임을 알 수 있다. 그러므로

$$
f(z) = \frac{1}{\pi}\int_{-\infty}^{\infty} \frac{yf(t)}{|t-z|^2}dt
$$

이다. $f(z) = u(x,y) + iv(x,y)$이므로,

$$
\begin{aligned}
u(z) &= \frac{1}{\pi}\int_{-\infty}^{\infty} \frac{yu(t,0)}{(t-x)^2 + y^2}dt \\
v(z) &= \frac{1}{\pi}\int_{-\infty}^{\infty} \frac{yv(t,0)}{(t-x)^2 + y^2}dt
\end{aligned}
$$

이다.

**문제 3.1** $u_n(z) \geqq 0$이라 가정해도 무방하다. 만일 아니라면, $u_n(z)$를 $u_n(z) - u_1(z)$로 대체하여 증명하면 되기 때문이다. 단조성에 의하여 각 점 $z \in D$에 대하여 $\{u_n(z)\}$는 수렴하거나 $\infty$로 발산한다.

$$A=\{z\in D \mid u_n(z) \to \infty\},$$
$$B=\{z\in D \mid \lim_{n\to\infty} u_n(z)\text{는 존재한다.}\}$$

라 놓자. $z_0\in D$에 대하여 $D$에 포함된 원판 $|z-z_0|\leq R$을 선택하자. 그러면 $|z-z_0|\leq \dfrac{R}{2}$의 모든 점 $z$에 대하여 Harnack의 부등식

$$\frac{1}{3}u_n(z_0)=\frac{R-R/2}{R+R/2}u_n(z_0)\leq u_n(z)\leq \frac{R+R/2}{R-R/2}u_n(z_0)=3u_n(z_0)$$

이 성립한다. 만일 $u_n(z_0)\to\infty$이라면, 좌측 부등식에 의해 $|z-z_0|\leq R/2$에 대하여 $u_n(z)\to\infty$이다. 만일 $\{u_n(z_0)\}$가 수렴한다면, 우측 부등식에 의해 $|z-z_0|\leq R/2$에 대하여 $\{u_n(z)\}$는 수렴한다. 그러므로 $A,B$는 열린집합이고 $D=A\bigcup B$이다. $D$는 연결집합이므로, $A=\varnothing$이거나 $B=\varnothing$이다. 그러나 가정에 의하여 $A\neq\varnothing$이므로, $B=\varnothing$이다. 따라서 $A=D$이다. 그러므로 $\{u_n(z)\}$는 $D$에서 발산한다.

다음에 $\{u_n(z)\}$는 $D$의 긴밀부분집합들 위에서 평등하게 발산함을 보여야만 한다. Harnack의 부등식을 $u_{n+p}(z)-u_n(z)$에 응용하면, $|z-z_0|\leq R/2, p=1,2,\cdots$에 대하여

$$u_{n+p}(z)-u_n(z)\geq\frac{1}{3}[u_{n+p}(z_0)-u_n(z_0)]$$

가 성립한다. 코시판정법에 의하여 어떤 $\epsilon>0$에 대하여 $p$가 존재하여 모든 $n$에 대해서 $u_{n+p}(z_0)-u_n(z_0)\geq\epsilon/3$이므로, $\{u_n(z)\}$는 어떤 긴밀 근방에서 평등하게 발산한다. $z_0$는 임의이므로, $D$의 각 점의 긴밀근방이 존재하여 그 근방에서 $\{u_n(z)\}$는 평등하게 발산한다.

$K\subset D$는 긴밀집합이라 하자. 그러면 $K$의 각 점의 근방이 존재하여 그 근방에서 $\{u_n(z)\}$는 평등하게 발산한다. Heine-Borel 정리에 의하여 유한개의 그러한 근방들은 $K$를 덮는다. 그러므로 $\{u_n(z)\}$는 $K$ 위에서 평등하게 발산한다.

**문제 3.2** $K$는 긴밀집합이므로, 유한개의 근방 $N_{R_i}(z_0)$가 존재하여 $K\subset\bigcup_{i=1}^{n}N_{R_i}(z_0)$이다. $u(z)$는 $K$에서 연속이므로, $z_1,z_2\in K$가 존재하여

$$\min_{z\in K}u(z)=u(z_1),\ \max_{z\in K}u(z)=u(z_2)$$

이다. $z_1\in N_{R_{i_1}}(z_0), z_2\in N_{R_{i_2}}(z_0)$라고 하자. 그러면 Harnack 부등식에 의하여 모든

$z \in K$에 대하여

$$\frac{R_{i_1} - |z_1|}{R_{i_1} + |z_1|} u(z_0) \leqq u(z_1) \leqq u(z) \leqq u(z_2) \leqq \frac{R_{i_2} + |z_2|}{R_{i_2} - |z_2|} u(z_0)$$

이다. 이때 $\dfrac{R_{i_1} - |z_1|}{R_{i_1} + |z_1|} = A$, $\dfrac{R_{i_2} + |z_2|}{R_{i_2} - |z_2|} = B$로 놓으면 된다.

**문제 3.3** $u(z)$는 부분조화함수이므로, $D$에 포함되는 모든 원판 $|z - z_0| \leqq r$에 대하여 $u(z_0) \leqq \dfrac{1}{2\pi}\displaystyle\int_0^{2\pi} u(z_0 + re^{i\theta})d\theta$이다. 이때 $u(z_0) = \dfrac{1}{2\pi}\displaystyle\int_0^{2\pi} u(z_0 + re^{i\theta})d\theta$이면, 정리 3.1에 의하여 $u(z)$는 조화함수이다. 정리 1.5에 의하여 $u(z)$는 $D$에서 최댓값 또는 최솟값을 갖지 않는다. $u(z_0) < \dfrac{1}{2\pi}\displaystyle\int_0^{2\pi} u(z_0 + re^{i\theta})d\theta$이고 $u(z)$는 최댓값 $u(z_0)$을 갖는다고 가정하자. 그러면 $u(z_0) < \dfrac{1}{2\pi}\displaystyle\int_0^{2\pi} u(z_0 + re^{i\theta})d\theta \leqq u(z_0)$이다. 이것은 모순이다. 그러므로 상수가 아닌 부분조화함수 $u(z)$는 영역 $D$에서 최댓값을 가질 수 없다.

**문제 3.4** 함수 $f(z)$는 $|z| < 1$에서 해석적이고, $Ref(z) > 0$이므로, $\dfrac{1}{f(z)}$는 $|z| < 1$에서 해석적이고, $Re\dfrac{1}{f(z)} > 0$이다. $f(0) = 1$이므로, $\dfrac{1}{f(0)} = 1$이다. 그러므로 정리 3.4에 의하여 $\left|\dfrac{1}{f(z)}\right| \leqq \dfrac{1 + |z|}{1 - |z|}$, $|z| < 1$이다. 따라서 결과가 나온다.

**문제 3.5** $h(z) = \dfrac{g(z) - \alpha}{1 - \alpha}$로 놓자. 그러면 $h(z)$는 $|z| < 1$에서 해석적이고 $h(0) = 1$이다. 또한, $Reh(z) > 0$이다. 그러므로 정리 3.4에 의하여 $|h(z)| \leqq \dfrac{1 + |z|}{1 - |z|}$, $|z| < 1$이다. $|h(z)| \geqq \dfrac{|g(z)| - |\alpha|}{1 - \alpha}$, 즉 $|g(z)| \leqq (1 - \alpha)|h(z)| + |\alpha|$이다. 그러므로 $|g(z)| \leqq \dfrac{(1 - \alpha) + (1 - \alpha - |\alpha|)|z| + |\alpha|}{1 - |z|}$, $|z| < 1$이다. 이것은 $\alpha > 0$일 때도 성립하므로,

$$|g(z)| \leqq \frac{1 + (1 - 2\alpha)|z|}{1 - |z|}, \quad |z| < 1$$

이다. $f(z) = \dfrac{1}{h(z)} = \dfrac{1 - \alpha}{g(z) - \alpha}$로 놓자. 그러면 $f(z)$는 $|z| < 1$에서 해석적이고

$f(0)=1$이다. 또한, $Ref(z)>0$이다. 그러므로 정리 3.4에 의하여

$$|f(z)| \leqq \frac{1+|z|}{1-|z|}, |z|<1$$

이다. 그러므로 $\frac{|g(z)|+|\alpha|}{1-\alpha} \geqq \frac{|g(z)-\alpha|}{1-\alpha} \geqq \frac{1-|z|}{1+|z|}$이다. 따라서

$$|g(z)| \geqq \frac{1-\alpha-|\alpha|-(1-\alpha+|\alpha|)|z|}{1+|z|}$$

이다. 이것은 $\alpha<0$일 때도 성립하므로, $|g(z)| \geqq \frac{1-(1-2\alpha)|z|}{1-|z|}, |z|<1$이다.

**문제 3.6** $f(z)=\frac{g(z)-\alpha}{1-\alpha}$로 놓자. 그러면 $f(z)$는 $|z|<1$에서 해석적이고, $Ref(z)>0$이다. 그러므로 정리 3.5에 의하여 $\left|\frac{a_n}{1-\alpha}\right| \leqq 2, n=1,2,\cdots$이다. 그러므로 $|a_n| \leqq 2(1-\alpha)$이다.

해답

# 제 11 장

**문제 1.1** $f(z)=e^{3\pi i(z-z_0)/\epsilon}$을 생각하자. 그러면 $f(z)$는 $z_0$에서 해석적이고, $f'(z_0)=\frac{3\pi i}{\epsilon}\neq 0$이다. $|z_1|<1, |z_2|<1$일 때 $e^{3\pi i z_1}=e^{3\pi i z_2}$라고 하자. 그러면 $e^{3\pi i(z_2-z_1)}=1$이다. 그러므로 $3\pi(z_2-z_1)=2n\pi, n\in\mathbb{Z}$이다. 그러므로 $n\neq 0$일 때 $z_1\neq z_2$이다. 따라서 $f(z)$는 $|z-z_0|<\epsilon$에서 단사가 아니다.

**문제 1.2** $(\Rightarrow)$ $f(z)=z^2$는 영역 $D$에서 단사라고 하자. 그러면 정리 1.3에 의하여 $D$에서 $f'(z)=2z\neq 0$이다. 그러므로 $0\notin D$이다. 만일 $z\in D$이면, $f(z)=f(-z)$이지만 $z\neq -z$이다. 그러므로 $D$는 원점을 지나는 경계를 갖는 반평면에 포함된다.

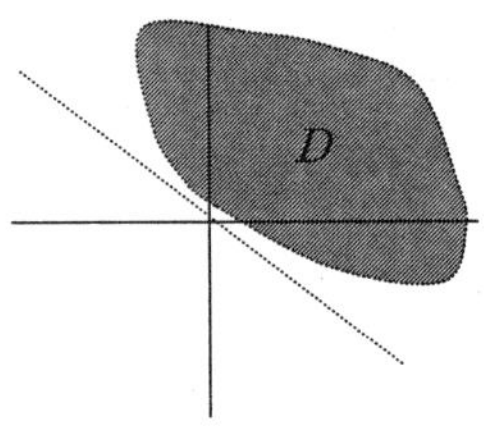


$(\Leftarrow)$ $D$는 원점을 지나는 경계를 갖는 반평면에 포함되고, $f(z)=z^2$은 $D$에서 정의된 함수라고 하자. $z_0\in D$는 임의의 점이라 하자. 그러면 $f(z)$는 $z_0$에서 해석적이고, $f'(z_0)=2z_0\neq 0$이다. 그러므로 정리 1.2에 의하여 $f(z)$는 $z_0$의 어떤 근방에서 단사이다. $z_0$는 임의이므로, $f(z)$는 $D$에서 단사이다.

**문제 1.3** 두 매끄러운 곡선이 점 $z_0$에서 각 $\alpha$로 만난다는 것은 두 곡선의 $z_0$에서의 접선이 각 $\alpha$로 만난다는 것임을 유의하자. 확장된 복소평면 $\mathbb{C}^*=\mathbb{C}\cup\{\infty\}$는 입체사영에 의하여 구면 $S^2$와 일대일 대응하고, $\infty$는 북극점과 대응하므로, 결과가 나온다.

**문제 1.4** 각의 크기는 보존하지만 방향은 보존하지 않는 함수 $f(z)$는 공형적임을 유의하자. 정리 1.1에 의하여 $f(z)$는 $z_0$에서 등각적이다. 그러나 공액사상 $z\to\bar{z}$는 공형적이다. 그러므로 $f(\bar{z})$와 $\overline{f(z)}$는 점 $z_0$에서 공형적이다.

**문제 1.5** 일차분수변환 $w=\frac{1}{z}$에 의하여 원점을 지나지 않는 직선은 원점을 지나는 원 위로 전사되고, 원점을 지나는 직선은 원점을 지나는 직선 위로 전사됨을 유의하자. $z\neq 0$에 대하여 $w=\frac{1}{z}$는 등각적이므로, 평행이 아닌 두 직선은 원점과 그 점 이외에서 교차한다. 그러므로 만일 일차분수변환 $w=\frac{1}{z}$에 의하여 두 직선이 원점에서 서로 접하는 두 원 위로 전사되면, 그 두 직선은 평행하다.

**문제 1.6** $f'(0)=1\neq 0$이므로, 정리 1.2에 의하여 $f(z)=e^z$은 어떤 원점의 근방에서 단사이다. $f(z)=e^z$는 원판 $|z|<\pi$에서 단사이다.

**문제 1.7** $\arg f(z)=\arg f'(z)+\arg z$이므로, $\arg f'(z)=\arg f(z)-\arg z$이다.

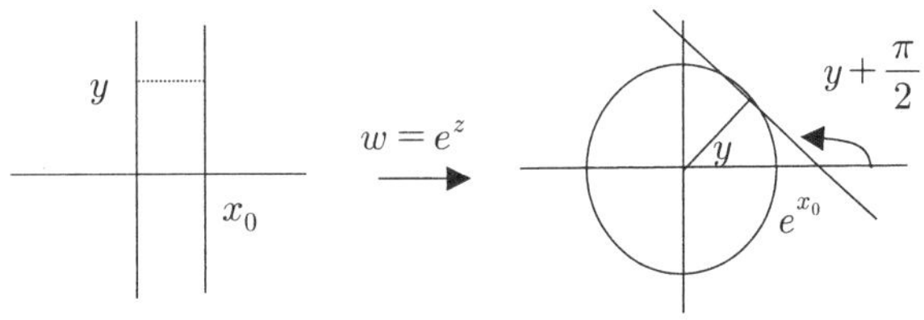


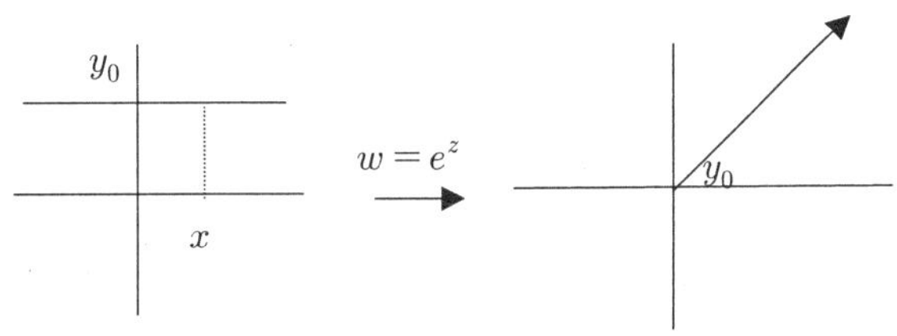


**문제 1.8** $|f(z)-f(z_0)|\approx|f'(z_0)||z-z_0|$이므로, $z_0$을 포함하고 넓이가 $A$인 '작은' 직사각형은 넓이가 근사적으로 $|f'(z_0)|^2A$인 도형으로 전사된다.

**문제 1.9** 반직선 $z=re^{i\theta}, 0\leqq\theta\leqq\frac{2\pi}{n}$을 생각하자. 그러면 $w=r^ne^{in\theta}$이고, $\arg w=n\theta$이다. 그러므로 $w=z^n$은 반직선 $\arg w$로 사상한다.

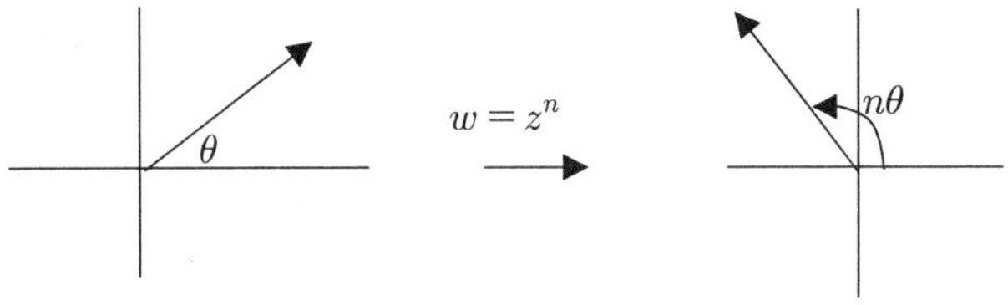


$w=se^{i\phi}, 0\leqq\phi\leqq 2\pi$가 주어지면, $z=s^{1/n}e^{i\phi/n}$에 대하여 $z^n=se^{i\phi}=w$이다. 그러므로

함수 $w = z^n$은 반직선 $\arg z = \theta, 0 \leqq \theta \leqq \dfrac{2\pi}{n}$을 반직선 $\arg z = n\theta$ 위로 전사한다.

**문제 1.10** $f(z)$는 $D$의 조밀한 가산부분집합 $E$의 임의의 점 $z_0$에서 해석적이므로, 정리 1.5에 의하여 $f'(z)$는 $z_0$에서 위수 $k-1$의 영점을 갖는다. 만일 $D-E$의 비가산개의 점들에서 $f'(z)=0$이라면, $f(z)$는 상수함수이다. 그러므로 $D$의 가산개의 점에서만 $f'(z)=0$이다. 따라서 $f(z)$는 $D$의 가산개의 점을 제외한 모든 점에서 국소적으로 단사등각적이다.

**문제 1.11** $f'(z) = 1 - \dfrac{1}{z^2}$은 $z \neq \pm 1$일 때 $f'(z) \neq 0$이므로, 정리 1.1에 의하여 $f(z) = z + \dfrac{1}{z}$는 $z = \pm 1$을 제외한 모든 곳에서 등각적이다.

**문제 2.1** 각 점 $z \in D$에 대하여 $\mathscr{F}$는 $z$의 근방 $N_{\delta_z}(z)$에서 동등연속이라 하자. $K$는 $D$의 긴밀부분집합이라 하자.

$K \subset \bigcup_{z \in D} N_{\delta_z}(z)$이므로, 유한개의 근방 $N_{\delta_{z_i}}(z_i)$이 존재하여 $K \subset \bigcup_{i=1}^{n} N_{\delta_{z_i}}(z_i)$이다. 각 $i = 1, 2, \cdots, n$과 임의의 $\epsilon > 0$에 대하여 $\delta = \delta(\epsilon) > 0$이 존재하여 $|t_1 - t_0| < \delta, t_1, t_0 \in N_{\delta_{z_i}}(z_i)$일 때 모든 $f \in \mathscr{F}$에 대하여 $|f(t_1) - f(t_0)| < \epsilon$이 성립한다. 이것은 $|t_1 - t_0| < \delta, t_1, t_0 \in K$일 때도 성립한다. 그러므로 $\mathscr{F}$는 $K$ 위에서 동등연속이다.

**문제 2.2** $\mathscr{F}$는 어떤 면분 $R$ 위에서 동등연속이라 가정하자. 그러면 임의의 $\epsilon > 0$에 대하여 $\delta = \delta(\epsilon) > 0$이 존재하여 $|z_1 - z_0| < \delta, z_0, z_1 \in R$일 때 모든 $n$에 대하여 $n|z_1 - z_0| < \epsilon$이 성립한다. 이것은 $\epsilon = 1$일 때도 성립한다. 이때 $0 < \delta < 1$이라 가정해도 무방하다. 그러면 충분히 큰 $n$에 대하여 $n|z_1 - z_0| \geqq 1$이다. 이것은 모순이다. 그러므로 함수족 $\mathscr{F} = \{nz\}$는 어떤 면분에서도 동등연속이 아니다.

**문제 2.3** $\mathscr{F}$는 영역 $D$에서 해석적인 함수들의 국소평등유계 함수족이므로, 정리 2.2에 의하여 $\mathscr{F}'$는 $D$에서 국소평등유계이다. 정리 2.3에 의하여 $\mathscr{F}'$는 $D$의 긴밀부분집합들 위에서 동등연속이다.

**문제 2.4** 8.1절의 따름정리 1.8에 의하여 $g(z)$는 $|z| < 1$에서 해석적이다. $\{g_n\}$은 $\mathscr{G}$에서의 임의의 함수열이라 하자. 그러면 $\mathscr{F}$에서의 함수열 $\{f_n\}$이 존재하여 $g_n(z) = \int_0^z f_n(\zeta)d\zeta$이다. $\mathscr{F}$는 $|z| < 1$에서 해석적인 함수들로 이루어진 정규족이므로, $|z| < 1$의 각 긴

밀부분집합 위에서 평등수렴하는 부분함수열 $\{f_{n_k}\}$가 존재한다. $g_n'(z)=f_n(z)$이므로, $\{g_{n_k}'\}$는 $|z|<1$의 각 긴밀부분집합 위에서 평등수렴하는 부분함수열이다. 그러므로 $\{g_{n_k}\}$는 $|z|<1$의 각 긴밀부분집합 위에서 평등수렴하는 부분함수열이다. 따라서 $\mathcal{G}$는 $|z|<1$에서 정규족이다.

**문제 2.5** $\{f_{2n+1}\}$은 $|z|<1$의 모든 긴밀부분집합 위에서 0으로 평등수렴하고, $\{f_{2n}\}$은 $|z|<1$의 모든 긴밀부분집합 위에서 0으로 평등수렴한다. 그러므로 $\mathcal{F}$의 모든 함수열은 $|z|<1$의 모든 긴밀부분집합 위에서 0 또는 1로 평등수렴하는 부분함수열을 갖는다. 따라서 함수족 $\mathcal{F}=\{f_n\}$은 $|z|<1$에서 정규족이다.

**문제 2.6** $0<r<1$에 대하여 $\dfrac{1}{1-r}=\sum\limits_{n=0}^{\infty}r^n, \dfrac{r}{(1-r)^2}=\sum\limits_{n=1}^{\infty}nr^n$임을 유의하자. $|z|=r<1$에 대하여 $|f(z)|\le\sum\limits_{n=1}^{\infty}|a_n||z|^n\le\sum\limits_{n=1}^{\infty}nr^n=\dfrac{r}{(1-r)^2}$이다. 그러므로 $\mathcal{F}$는 $|z|<1$에서 국소평등유계이다. 정리 2.5에 의하여 $\mathcal{F}$는 $|z|<1$에서 정규족이다. $\{f_n\}$은 $\mathcal{F}$의 함수열이고, $\{f_n\}$은 $|z|<1$ 위에서 $f$로 평등수렴한다고 하자. 그러면 8.1절의 따름정리 1.8에 의하여 $f$는 $|z|<1$에서 해석적이다. $f_n(z)=\sum\limits_{k=0}^{\infty}a_{n,k}z^k$, $|a_{n,k}|\le k$. $f(z)=\sum\limits_{k=0}^{\infty}a_kz^k=\sum\limits_{k=0}^{\infty}\dfrac{f^{(k)}(0)}{k!}z^k$로 놓으면,

$$\lim_{n\to\infty}|a_{n,k}|=\lim_{n\to\infty}\left|\frac{f_n^{(k)}(0)}{k!}\right|=\left|\frac{f^{(k)}(0)}{k!}\right|\le k$$

이다. 그러므로 $f\in\mathcal{F}$이다. 따라서 $\mathcal{F}$는 원판 $|z|<1$에서 해석함수들의 긴밀정규족이다.

**문제 2.7** $\mathcal{F}$는 $D$에서 평등유계이므로, 정리 2.1에 의하여 $\mathcal{F}$는 $D$에서 국소평등유계이다. 그러므로 정리 2.5에 의하여 $\mathcal{F}$는 정규족이다. 8.1절의 따름정리 1.8에 의하여 $\mathcal{F}$는 긴밀이다.

**문제 3.1**

$$g(z)=e^{i\alpha}\frac{z-z_0}{1-\overline{z_0}z},\ |z_0|<1, \alpha\text{는 실수}$$

꼴의 모든 함수는 단위원의 내부를 자신 위로 전사함을 유의하자. 이때 $g(z_0)=0$, $g'(z_0)=\dfrac{e^{i\alpha}}{1-|z_0|^2}$이다.

(⇒) $f(z)$는 $|z|<1$을 자기 자신 위로 전사하는 단엽해석함수라고 하자. 실수 $\alpha$에 대하여 $h(z)=e^{-i\alpha}f(z)$로 놓자. 그러면 $h(z)$는 $|z|<1$에서 단엽해석함수이다. $h(z_0)=0$이고 $h'(z_0)>0$라고 가정하자. 그러면 정리 3.5에 의하여 그러한 사상은 유일하게 존재한다. $g(z)=\dfrac{z-z_0}{1-\overline{z_0}z}$, $|z_0|<1$를 생각하자. 그러면 $g(z_0)=0$, $g'(z_0)=\dfrac{1}{1-|z_0|^2}>0$이다. 따라서 유일성에 의하여 $h(z)=e^{-i\alpha}f(z)=g(z)$이다. 그러므로

$f(z)=e^{i\alpha}\dfrac{z-z_0}{1-\overline{z_0}z}$, $|z_0|<1$, $\alpha$는 실수 꼴이다.

(⇐) 자명하다.

**문제 3.2** 평면은 위반평면과 등각적 동치라고 가정하자. 그러면 평면에서 위반평면 위로 전사하는 단엽해석함수 $f$가 존재한다. $f'(z)\neq 0$이다. $f(z_0)=w_0$로 놓자. 정리 3.5에 의하여 $g(w_0)=0$, $g'(w_0)>0$을 만족하고 반평면에서 단위원 $|\zeta|<1$ 위로 전사하는 단엽해석함수 $g(w)$가 유일하게 존재한다. 그러므로 $h(z)=g(f(z))$는 평면에서 단위원 $|\zeta|<1$ 위로 전사하는 단엽해석함수이다. 정리 1.3에 의하여 $h'(z)\neq 0$이다. $h(z)$는 유계인 정함수이므로, Liouville 정리에 의하여 $h(z)$는 상수함수이다. $h(z_0)=g(w_0)=0$이므로, $h(z)\equiv 0$이다. 이것은 모순이다.

**문제 3.3** 정리 3.5에 의하여 정사각형의 내부는 단위원의 내부로 등각적으로 전사하는 해석함수가 존재한다. 그러나 함수 $f(z)=e^z$는 정사각형을 원 위로 등각적으로 전사하지 않는다.

**문제 3.4** $f(z)=\dfrac{r_2}{r_1}z$, $r_1<|z|<R_1$에 대하여 $r_1<\dfrac{r_1}{r_2}|f(z)|<R_1$이므로, $r_2<|f(z)|<\dfrac{r_2R_1}{r_1}=R_2$이다. $f'(z)=\dfrac{r_2}{r_1}\neq 0$이므로, $f(z)$는 $r_1<|z|<R_1$에서 단엽해석함수이다. $w=f(z), r_2<w<R_2$일 때 $z=\dfrac{r_1}{r_2}w$로 놓으면, $f(z)=w$이다. $r_2<\dfrac{r_2}{r_1}z<R_2$이므로, $r_1<z<\dfrac{r_1R_2}{r_2}=R_1$이다. 그러므로 $f(z)=\dfrac{r_2}{r_1}z$는 $D_1$를 $D_2$로 전사하는 단엽해석함수이다.

**문제 3.5** $f:D_1\to D_2, g:D_2\to D_3$는 전단사 해석함수라고 하자. 그러면 $g\circ f:D_1\to D_2$는 전단사 해석함수이다. 그러므로 $D_1, D_3$는 등각적으로 동치이다.

# 제 12 장

**문제 1.1** $f(z)=\frac{1}{z}$

**문제 1.2** (a) 만일 $f(z)\in S$이면, $f(z)$는 $|z|<1$에서 단엽해석함수이고 $f(0)=0, f'(0)=1$이다. $h_t(z)=\frac{f(tz)}{t}$로 놓자. 그러면 $h_t(0)=0, h_t'(z)=f'(tz)\neq 0, h_t'(0)=f'(0)=1$이므로, $h_t(z)\in S$이다.

(b) $h(z)=\frac{f(t_0z)}{t_0}=\frac{z}{(1-t_0z)^2}$, $h(0)=0$,

$$h'(z)=\frac{(1-t_0z)^2+2t_0z(1-t_0z)}{(1-t_0z)^4}=\frac{1+t_0z}{(1-t_0z)^3},\quad h'(0)=1$$

이다. $h'(-\frac{1}{t_0})=0$이므로, 11절의 정리 1.3에 의하여 $h(z)$는 단엽해석함수가 아니다. 그러므로 $h(z)\notin S$이다.

**문제 1.3** $|\alpha|=1$에 대하여 $g(z)=\overline{\alpha}f(\alpha z)$로 놓자. 그러면

$$g(0)=\overline{\alpha}f(0)=0, g'(z)=f'(\alpha z)\neq 0,\ g'(0)=f'(0)=1$$

이므로, $g(z)\in S$이다. 각 정수 $n$은 고정시키자. 그러면

$$\begin{aligned} g(z)=\overline{\alpha}f(\alpha z)&=z+\sum_{n=2}^{\infty}a_n\alpha^{n-1}z^n \\ &:=z+\sum_{n=1}^{\infty}b_nz^n\in S \end{aligned}$$

으로 놓자. 이때 고정된 $n$에 대하여 $a_n\alpha^{n-1}=|a_n|$을 만족하는 복소수 $\alpha(|\alpha|=1)$이 존재한다. 그러므로 각 정수 $n$에 대하여 $b_n=|a_n|$을 만족하는 $g(z)=z+\sum_{k=2}^{\infty}b_kz^k\in S$가 존재한다.

**문제 1.4** $f(0)=0,\ f'(z)=\frac{(1-e^{i\alpha}z)^2+2e^{i\alpha}z(1-e^{i\alpha}z)}{(1-e^{i\alpha}z)^3}=\frac{1+e^{i\alpha}z}{(1-e^{i\alpha}z)^3}\neq 0,\ f'(0)=1$이므로 $f(z)\in S$이다.

**문제 1.5** $f'(z)=\dfrac{(1-e^{i\alpha}z)^3+3e^{i\alpha}z(1-e^{i\alpha}z)^2}{(1-e^{i\alpha}z)^6}=\dfrac{1+2e^{i\alpha}z}{(1-e^{i\alpha}z)^4}$

$|z|<\frac{1}{2}$에서 $f'(z)\neq 0$이므로, 11.1절의 정리 1.3에 의하여 $f(z)$는 $|z|<\frac{1}{2}$에서는 단엽이다. $f'(-\frac{1}{2}e^{-i\alpha})=0$이므로, 중심이 원점인 더 큰 원판에서는 단엽이 아니다.

**문제 1.6** 정리 1.5에 의하여 모든 $f(z)\in S$는 원판 $|z|<1$을 원판 $|w|<\frac{1}{4}$을 포함하는 영역 위로 전사한다. 그러나 $\frac{x}{(1-x)^2}$의 최솟값은 $-\frac{1}{4}$이므로, $\frac{z}{(1-z)^2}$은 $|z|<1$을 $-\frac{1}{4}$에서 $\infty$로 방사하는 반직선(음의 실축)을 절단한 평면 위로 전사한다. 그러므로 $f(z)$에 의한 $|z|<1$의 상은 $\frac{z}{(1-z)^2}$에 의한 $|z|<1$의 상을 포함하지 않는다.

**문제 1.7** $g(z)=z(\frac{f(z^k)}{z^k})^{1/k}=f(z^k)^{1/k}$로 놓자. 그러면

$$g(z)=z(1+a_2z^k+a_3z^{2k}+\cdots)^{1/k}$$

이다. 그러므로 $g(0)=0$, $g'(0)=1$이다. $g(z_1)=g(z_2)$라고 가정하자. 그러면 $f(z_1^k)=f(z_2^k)$이다. $f$는 단엽이므로, $z_1^k=z_2^k$이다.

$$(z_1-z_2)(z_1^{k-1}+z_1^{k-2}z_2+\cdots+z_1z_2^{k-2}+z_2^{k-1})=0$$

이다. 만일 $z_1\neq z_2$이고 $g(z_1)=g(z_2)$이면, 모든 양수 $k$에 대하여

$$z_1^{k-1}+z_1z_2^{k-2}+\cdots+z_1^{k-2}z_2+z_2^{k-1}=0$$

이다. 이것은 $k=2$일 때도 성립한다. 그러면 $g(z)$는 기함수이다. 만일 $z_1=-z_2$ $(z_1\neq z_2)$이면, $g(z_1)=g(-z_2)=-g(z_2)$이다. 이것은 가정에 모순이다. 그러므로 $z_1=z_2$이다. 따라서 $g(z)$는 단엽이다. 그러므로 $g(z)\in S$이다.

**문제 1.8** 11.3절의 정리 3.5에 의하여 $g(z_0)=0, g'(z_0)>0$을 만족하는 $D$에서 유일한 단엽해석함수 $g(z)$가 존재하여 $D$를 $|z|<1$로 전사한다. $C$는 단일폐등심선이라 가정해도 무방하다. $C$는 $g$에 의한 $|z|=r<1$의 역상이라 하자. 그러면 $f$는 $|z|=r<1$ 위

에서 해석적이다. $f(z)=\sum_{n=0}^{\infty}a_n z^n$로 놓자. $\int_0^{2\pi} e^{i(m-n)\theta}d\theta=\begin{cases}2\pi, m=n\\0,\ m\neq n\end{cases}$임을 유의하자.

그러면

$$\begin{aligned}\int_C \overline{f(z)}f'(z)dz &= \int_C (\sum_{n=0}^{\infty}\overline{a_n}\overline{z}^n)(\sum_{m=1}^{\infty} m a_m z^{m-1})dz \\ &= \sum_{n=0}^{\infty}\sum_{m=1}^{\infty} m\overline{a_n}a_m \int_C \overline{z}^n z^{m-1}dz \\ &= \sum_{n=0}^{\infty}\sum_{m=1}^{\infty} m\overline{a_n}a_m r^{n+m} i\int_0^{2\pi} e^{i(m-n)\theta}d\theta \\ &= 2\pi i\sum_{n=1}^{\infty} r^{2n}|a_n|^2\end{aligned}$$

이다. 따라서 $\int_C \overline{f(z)}f'(z)dz$는 순허수이다.

**문제 1.9** ($\Leftarrow$) 자명하다.

($\Rightarrow$) $f(z)$는 $|z|<1$을 원판 $|w|<1$을 포함하는 영역으로 전사한다고 하자. 그러면 $f(0)=0, f'(0)=1, f'(z)\neq 0$, $|z|<1$이므로, 역함수 정리에 의하여 $f^{-1}\in S$이고 $|f^{-1}(w)|<1$이다. Schwarz의 예비정리에 의하여 $|f^{-1}(w)|\leq|w|<1$이다. 그러므로 $|z|\leq|f(z)|<1$이다. Schwarz의 예비정리에 의하여 $f(z)\leq|z|<1$이다. 따라서 $|\frac{f(z)}{z}|=1$이다. 그러므로 $f(z)=e^{i\alpha}z$이다. $1=f'(0)=e^{i\alpha}$이므로 $f(z)=z$이다.

**문제 1.10** $f(z)=z+a_2z^2+a_3z^3+\cdots\in S$는 기함수이므로, $a_2=0$이다. $|z|<1$에서 $f(z)\neq c$라고 하자. 그러면 $g(z)=\frac{cf(z)}{c-f(z)}=z+(a_2+\frac{1}{c})z^2+\cdots\in S$이다. 정리 1.4에 의하여 $|\frac{1}{c}|\leq 2$이다. 그러므로 $|c|\geq\frac{1}{2}$이다. 그러므로 $f(z)$는 $|z|<1$을 원판 $|w|<\frac{1}{2}$을 포함하는 영역으로 전사한다.

**문제 1.11** $\sum_{n=2}^{\infty} n|a_n|$는 수렴하므로, $\lim_{n\to\infty} n|a_n|=0$이다. 그러므로 충분히 큰 $n$에 대하여 $n|a_n|<1$이다. 이때 $|a_n|^{1/n}<\frac{1}{n^{1/n}}$이므로, $\limsup_{n\to\infty}|a_n|^{1/n}\leq\limsup_{n\to\infty}\frac{1}{n^{1/n}}=1$이다. 그러므로 $f(z)=z+\sum_{n=2}^{\infty}a_n z^n$의 수렴반경 $R$은 $R\geq 1$이다. 따라서 $f(z)$는

해답

$|z|<1$에서 해석적이다. 또한 $f(0)=0, f'(0)=1$이다. $f(z_1)=f(z_2)$라고 하자. 그러면

$$0=f(z_2)-f(z_1)=(z_2-z_1)+\sum_{n=2}^{\infty}a_n(z_2^n-z_1^n)$$

이다. 만일 $z_1 \neq z_2$이면, $-1=\sum_{n=2}^{\infty}a_n(z_2^{n-1}+z_1z_2^{n-2}+\cdots+z_1^{n-1})$이다. 그러므로 $1<\sum_{n=2}^{\infty}n|a_n|$이다. 이것은 모순이다. 따라서 $z_1=z_2$이다. 그러므로 $f(z)$는 단엽해석함수이다. 그래서 $f(z)\in S$이다.

**문제 1.12** $\sum_{n=2}^{\infty}n|a_n|>1$이라 가정하자. $f'(r)=1-\sum_{n=2}^{\infty}n|a_n|r^{n-1}, 0<r<1$을 생각하자. 어떤 $0<r_0<1$에 대하여 $f'(r_0)=0$임을 보이자. 모든 $0<r<1$에 대하여 $f'(r)\neq 0$이라 가정하자. 그러면 모든 $0<r<1$에 대하여 $1\neq\sum_{n=2}^{\infty}n|a_n|r^{n-1}\leqq\sum_{n=2}^{\infty}n|a_n|r$이다. 그러므로 $\sum_{n=2}^{\infty}n|a_n|r\neq 1$이다. 그러나 $\sum_{n=2}^{\infty}n|a_n|r=1$을 만족하는 $0<r<1$이 존재한다. 이것은 모순이다. 그러므로 어떤 $0<r_0<1$에 대하여 $f'(r_0)=0$이다. $f(z)$는 단엽해석함수이므로, $f'(z)\neq 0$, $|z|=r_0$이다. 이것은 모순이다. 그러므로 $\sum_{n=2}^{\infty}n|a_n|\leqq 1$이다.

**문제 2.1** $f'(z)\neq 0$이므로, $\log f'(z)$의 한 분지는 $|z|<1$에서 해석적이다. 그러므로 $\log f'(re^{i\theta})=\ln|f'(re^{i\theta})|+i\arg f'(re^{i\theta})$이다. 따라서

$$\begin{aligned}\frac{\partial}{\partial\theta}\arg f'(re^{i\theta})&=Im\frac{\partial}{\partial\theta}\log f'(re^{i\theta})\\&=Im\left[rie^{i\theta}\frac{f''(re^{i\theta})}{f'(re^{i\theta})}\right]=Re\left[\frac{zf''(z)}{f'(z)}\right]\end{aligned}$$

이다. 정리 1.7의 앞의 예비정리에 의하여 $Re\left[\frac{zf''(z)}{f'(z)}\right]=r\frac{\partial}{\partial r}\log|f'(z)|$이므로,

$$r\frac{\partial}{\partial r}\ln|f'(z)|=\frac{\partial}{\partial\theta}\arg f'(z)$$

이다.

**문제 2.2** 정리 1.7의 증명에서 $\left| \frac{zf''(z)}{f'(z)} - \frac{2r^2}{1-r^2} \right| \leqq \frac{4r}{1-r^2}$ 이다. 그러므로

$\left| Im[\frac{zf''(z)}{f'(z)}] - \frac{2r^2}{1-r^2} \right| \leqq \frac{4r}{1-r^2}$ 이다. 따라서 $\frac{2r^2-4r}{1-r^2} \leqq Im[\frac{zf''(z)}{f'(z)}] \leqq \frac{2r^2+4r}{1-r^2}$

이다. $\log f'(re^{i\theta}) = \ln|f'(re^{i\theta})| + i\arg f'(re^{i\theta})$ 에서

$$\begin{aligned}\frac{\partial}{\partial r}\log f'(re^{i\theta}) &= \frac{e^{i\theta}f''(re^{i\theta})}{f'(re^{i\theta})} \\ &= \frac{\partial}{\partial r}\ln|f'(re^{i\theta})| + i\frac{\partial}{\partial r}\arg f'(re^{i\theta})\end{aligned}$$

이므로,

$$\begin{aligned}r\frac{\partial}{\partial r}\log f'(re^{i\theta}) &= \frac{re^{i\theta}f''(re^{i\theta})}{f'(re^{i\theta})} = Re[\frac{re^{i\theta}f''(re^{i\theta})}{f'(re^{i\theta})}] + iIm[\frac{re^{i\theta}f''(re^{i\theta})}{f'9re^{i\theta})}] \\ &= r\frac{\partial}{\partial r}\ln|f'(re^{i\theta})| + ir\frac{\partial}{\partial r}\arg f'(re^{i\theta})\end{aligned}$$

이다. 그러므로

$$Re[r\frac{\partial}{\partial r}\log f'(re^{i\theta})] = Re[\frac{re^{i\theta}f''(re^{i\theta})}{f'(re^{i\theta})}] = r\frac{\partial}{\partial r}\ln|f'(re^{i\theta})|$$

$$Im[r\frac{\partial}{\partial r}\log f'(re^{i\theta})] = Im[\frac{re^{i\theta}f''(re^{i\theta})}{f'(re^{i\theta})}] = r\frac{\partial}{\partial r}\arg f'(re^{i\theta})$$

이다. 따라서

$$\frac{2r^2-4r}{1-r^2} \leqq r\frac{\partial}{\partial r}\arg f'(re^{i\theta}) \leqq \frac{2r^2+4r}{1-r^2}$$

이다. 그러므로 $\frac{2r-4}{1-r^2} \leqq \frac{\partial}{\partial r}\arg f'(re^{i\theta}) \leqq \frac{2r+4}{1-r^2}$ 이다. 이를 0에서 $r$까지 적분하면,

$$\int_0^r \frac{2r-4}{1-r^2}dr \leqq \int_0^r \frac{\partial}{\partial r}\arg f'(re^{i\theta})dr \leqq \int_0^r \frac{2r+4}{1-r^2}dr,$$

$$\ln(1-r) - 3\ln(1+r) \leqq \arg f'(re^{i\theta}) \leqq \ln(1+r) - 3\ln(1-r),$$

$$2\ln(1-r) - 2\ln(1+r) \leqq \arg f'(re^{i\theta}) + \ln(1-r) + \ln(1+r) \leqq 2\ln(1+r) - 2\ln(1-r)$$

을 얻는다. 그러므로 $|\arg f'(z)| \leqq 2\ln\frac{1+r}{1-r}$ 이다.

**문제 2.3** (a) ($\Rightarrow$) $f(z)=z+Cz^2\in S$라고 하자. 정리 1.4에 의하여 $|C|\leq 2$이다. $f(z)$는 단엽이므로, 모든 $|z|<1$에 대하여 $f'(z)=1+2Cz\neq 0$이다. 그러므로 $\left|\frac{1}{2C}\right|\geq 1$이다. 그러므로 $|C|\leq\frac{1}{2}$이다.

($\Leftarrow$) $|C|\leq\frac{1}{2}$라고 하자. $f(0)=0, f'(0)=1$이다. $f(z)$는 단엽임을 보이면 충분하다.

$f(z_1)=f(z_2)$라고 하자. 그러면 $(z_1-z_2)[1+C(z_1+z_2)]=0$이다.

$|C(z_1+z_2)|\leq|C|(|z_1|+|z_2|)<2|C|\leq 1$이므로, $z_1=z_2$이다. 그러므로 $f(z)$는 단엽이다.

(b) ($\Rightarrow$) $f(z)=z+Cz^2\in S^*$라고 하자. 그러면 정리 2.3에 의하여 $Re[\frac{zf'(z)}{f(z)}]>0$, $|z|<1$이다. 정리 2.4에 의하여 $f(z)$는 단엽이다. 그러므로 $f(z)\in S$이다. 따라서 (a)에 의하여 $|C|\leq\frac{1}{2}$이다.

($\Leftarrow$) $|C|\leq\frac{1}{2}$라고 하자. 정리 2.3에 의하여 $Re[\frac{zf'(z)}{f(z)}]>0$, $|z|<1$임을 보이면 충분하다. $Re\,Cz\leq|Re\,Cz|\leq|Cz|<\frac{1}{2}$이다.

$$\frac{zf'(z)}{f(z)}=\frac{z+2Cz^2}{z+Cz^2}=\frac{1+2Cz}{1+Cz}=1+\frac{Cz}{1+Cz}=1+\frac{Cz+|Cz|^2}{|1+Cz|^2}$$

이므로, $Re[\frac{zf'(z)}{f(z)}]=1+\frac{Re\,Cz+|Cz|^2}{|1+Cz|^2}>0$이다.

(c) ($\Rightarrow$) $f(z)=z+Cz^2\in K$라고 하자. $f(z)\in K$이기 위한 필요충분조건은 $zf'(z)\in S^*$임을 유의하자. $zf'(z)=z+2Cz^2\in S^*$이므로, (b)에 의하여 $|2C|\leq\frac{1}{2}$이다. 그러므로 $|C|\leq\frac{1}{4}$이다.

**문제 2.4** $f(0)=0, f'(0)=1$이다. $f(z)$는 $|z|<1$에서 단엽임을 보이기 위하여 $f'(z)\neq 0$임을 보이면 충분하다. $f'(z)=1+z+\cdots+z^{n-1}=\frac{1-z^n}{1-z}$이므로, $|f'(z)|\geq\frac{1-|z|^n}{|1-z|}>0$이다. 그러므로 $|z|<1$에서 $f'(z)\neq 0$이다.

**문제 2.5** 정리 2.3에 의하여 $f(z)\in S^*$이기 위한 필요충분조건은 $Re[\frac{zf'(z)}{f(z)}]>0$, $|z|<1$이

복소해석학 2

다. $zf'(z) \in S^*$임을 보이자. 그러면 정리 2.5에 의하여 결과가 나온다. 문제 2.1과 정리 2.3의 증명에 의하여

$$\frac{\partial}{\partial\theta}\arg f'(re^{i\theta}) = r\frac{\partial}{\partial r}\ln|f'(re^{i\theta})| = Re[\frac{zf''(z)}{f'(z)}] > 0$$

이다. $g(z) = zf'(z) = z + \sum_{n=3}^{\infty} na_n z^n$으로 놓자. 그러면 $g(0)=0, g'(0)=1$이다.

$Re[\frac{zg'(z)}{g(z)}] > 0$임을 보이자. $S^*$의 함수는 $\frac{\partial}{\partial\theta}\arg f'(re^{i\theta}) > 0$에 의하여 특성화된다.

$$Re[\frac{zg'(z)}{g(z)}] = Re[\frac{z(f'(z)+zf''(z))}{zf'(z)}] = 1 + Re[\frac{zf''(z)}{f'(z)}] > 0$$

이므로, $g \in S^*$이다.

**문제 2.6** 정리 2.7에 의하여 $f(z) \in K$이기 위한 필요충분조건은

$$Re[1+\frac{zf''(z)}{f'(z)}] > 0, \ |z| < 1$$

이다. $g(z) = zf'(z) \in K$임을 보이자. 그러면 정리 2.8에 의하여 결과가 나온다. 문제 2.1에 의하여

$$\frac{\partial}{\partial\theta}\arg f'(re^{i\theta}) = r\frac{\partial}{\partial r}\ln|f'(re^{i\theta})| = Re[\frac{zf''(z)}{f'(z)}]$$

이다. 볼록함수는 $\frac{\partial}{\partial\theta}(\frac{\pi}{2}+\theta+\arg f'(re^{i\theta})) > 0$에 의하여 특성화된다. 그러므로

$$\begin{aligned} Re[1+\frac{zg''(z)}{g'(z)}] &= Re[1+\frac{z(f'(z)+zf''(z))}{zf'(z)}] \\ &= Re[2+\frac{zf''(z)}{f'(z)}] = 1 + Re[1+\frac{zf''(z)}{f'(z)}] > 0 \end{aligned}$$

이다. 따라서 $g(z) \in K$이다.

**문제 2.7** $f(z) \in S^*$라고 하자. $g(z) = e^{-i\alpha}f(ze^{i\alpha})$로 놓자. 정리 2.3에 의하여 $Re[\frac{zg'(z)}{g(z)}] > 0$ 임을 보이면 된다. $g'(z) = f'(ze^{i\alpha})$이므로,

$$Re[\frac{zg'(z)}{g(z)}]=Re[\frac{ze^{i\alpha}f'(ze^{i\alpha})}{f(ze^{i\alpha})}]>0,\ |z|<1$$

이다.

$f(z)\in K$라고 하자. $g(z)=e^{-i\alpha}f(ze^{i\alpha})$로 놓자. 정리 2.7에 의하여 $Re[1+\frac{zg'(z)}{g(z)}]>0$임을 보이면 된다. $g'(z)=f'(ze^{i\alpha})$이므로,

$$Re[1+\frac{zg'(z)}{g(z)}]=Re[1+\frac{ze^{i\alpha}f'(ze^{i\alpha})}{f(ze^{i\alpha})}]>0,\ |z|<1$$

이다.

**문제 2.8** $P(z)=\frac{1}{1-\alpha}\cdot(\frac{zf'(z)}{f(z)}-\alpha)$로 놓자. 그러면 $P(z)$는 $|z|<1$에서 해석적이고, $P(0)=1, Re P(z)>0$이다.

$$\frac{zf'(z)}{f(z)}=\frac{1+\sum_{n=2}^{\infty}na_nz^{n-1}}{1+\sum_{n=2}^{\infty}a_nz^{n-1}},$$

$$P(z)=\frac{1}{1-\alpha}\cdot\frac{(1-\alpha)+\sum_{n=2}^{\infty}a_n(n-\alpha)z^{n-1}}{1+\sum_{n=2}^{\infty}a_nz^{n-1}}=1+\sum_{n=1}^{\infty}\alpha_nz^n.$$

이다. 10.3절의 정리 3.5에 의하여 모든 $n$에 대하여 $|\alpha_n|\leqq 2$이다.

$$(1-\alpha)+\sum_{n=2}^{\infty}a_n(n-\alpha)z^{n-1}=(1-\alpha)(1+\sum_{n=1}^{\infty}\alpha_nz^n)(1+\sum_{n=2}^{\infty}a_nz^{n-1})$$

이므로, 다음을 얻는다.

$$(2-\alpha)a_2=(1-\alpha)(a_2+\alpha_1)$$
$$a_2=(1-\alpha)\alpha_1$$
$$|a_2|=(1-\alpha)|\alpha_1\leqq 2(1-\alpha)$$

**문제 2.9** 정리 1.5에 의하여 모든 $|z|<1$에 대하여 $|f(z)|<\frac{1}{4}$이다. 정리 2.11에 의하여

$f(z)$는 원판 $|z| < 2-\sqrt{3}$을 볼록영역으로 전사한다. Koebe 함수 $k(z) = \dfrac{z}{(1-z)^2}$은 최선의 함수이다. 사실, $z_0 = -(2-\sqrt{3})$에서 $1 + \dfrac{z_0 k''(z_0)}{k'(z_0)} = 0$이다. 그러므로 만일 $|z_0| < r < 1$이고, $Re[1 + z_0 \dfrac{f''(z_0)}{f'(z_0)}] = 0$이면, $|z| < r$의 상은 볼록이 아니다.

**문제 2.10** $f(0) = g(0) = 0$이므로, $g^{-1}(f(0)) = 0$이고, $|z| < 1$에서 $|g^{-1}(f(z))| < 1$이다. 그러므로 Schwarz의 예비정리에 의하여 $|g^{-1}(f(z))| \leqq |z| < 1$이다. $g^{-1}(f(z)) = w$로 놓으면, $|w| \leqq |z|$이고 $f(z) = g(w)$이다. $z \to 0$일 때 $w \to 0$이므로,

$$\left|\frac{f(z)}{z}\right| = \left|\frac{g(w)}{z}\right| \leqq \left|\frac{g(w)}{w}\right|$$

에서 $z \to 0$를 취하면, $|a_1| \leqq |b_1|$이다.

**문제 2.11** $\phi(z) = e^{i\alpha} f(g^{-1}(z))$로 놓자. 그러면 $e^{i\alpha} f(z) = \phi(g(z))$이다. 그러므로

$$e^{i\alpha} f'(z) = \phi'(g(z)) g'(z)$$

이다. 따라서 $g(z)$에 의한 $|z| < 1$의 상인 볼록영역 $D$에서

$$Re[e^{i\alpha} \frac{f'(z)}{g'(z)}] = Re[\phi'(g(z))] > 0$$

이다. 예비정리 2.12에 의하여 $\phi(z)$는 $D$에서 단엽이다. $g(z) \in K$는 단엽이므로, 11.3절의 정리 3.2에 의하여 $e^{i\alpha} f(z) = \phi(g(z))$는 $|z| < 1$에서 단엽이다. 그러므로 $f(z)$는 $|z| < 1$에서 단엽이다.

# 제 13 장

**문제 1.1** (a) $P_n=\prod_{k=2}^{n}(1-\frac{1}{k^2})=\prod_{k=2}^{n}\frac{(k-1)(k+1)}{k^2}$

$$=\frac{1\cdot 3}{2^2}\cdot\frac{2\cdot 4}{3^2}\cdot\frac{3\cdot 5}{4^2}\cdot\cdots\cdot\frac{(n-1)\cdot(n+1)}{n^2}$$

$$=\frac{n+1}{2n}\to\frac{1}{2}$$

(b) $P_n=\prod_{k=1}^{n}(1+\frac{1}{k(k+2)})=\prod_{k=1}^{n}\frac{(k+1)^2}{k(k+2)}$

$$=\frac{2^2}{1\cdot 3}\cdot\frac{3^2}{2\cdot 4}\cdot\frac{4^2}{3\cdot 5}\cdot\cdots\cdot\frac{(n+1)^2}{n(n+2)}$$

$$=\frac{2(n+1)}{n+2}\to 2$$

(c) $P_n=\prod_{k=2}^{n}(1-\frac{2}{k(k+1)})=\prod_{k=2}^{n}\frac{(k-1)(k+2)}{k(k+1)}$

$$=\frac{1\cdot 4}{2\cdot 3}\cdot\frac{2\cdot 5}{3\cdot 4}\cdot\frac{3\cdot 6}{4\cdot 5}\cdot\cdots\cdot\frac{(n-2)(n+1)}{(n-1)n}\cdot\frac{(n-1)(n+2)}{n(n+1)}$$

$$=\frac{n+2}{3n}\to\frac{1}{3}$$

(d) $P_{2n}=\sum_{k=1}^{2n}(1+(-1)^{k+1}\frac{1}{k})$

$$=(1+\frac{1}{1})(1-\frac{1}{2})(1+\frac{1}{3})\cdot\cdots\cdot(1+(-1)^{2n+1}\frac{1}{2n})$$

$$=2\cdot\frac{1}{2}\cdot\frac{4}{3}\cdot\frac{3}{4}\cdot\cdots\cdot(1+\frac{1}{2n-1})(1-\frac{1}{2n})=1$$

$$P_{2n-1}=\sum_{k=1}^{2n-1}(1+(-1)^{k+1}\frac{1}{k})$$

$$=(1+\frac{1}{1})(1-\frac{1}{2})(1+\frac{1}{3})\cdot\cdots\cdot(1+(-1)^{2n}\frac{1}{2n-1})$$

$$=2\cdot\frac{1}{2}\cdot\frac{4}{3}\cdot\frac{3}{4}\cdot\cdots\cdot(1+\frac{1}{2n-1})=1+\frac{1}{2n-1}\to 1$$

이므로, $P_n\to 1$이다.

**문제 1.2** $P_{2n}=(1-\frac{1}{2})(1+\frac{1}{2})(1-\frac{1}{3})(1+\frac{1}{3})\cdot\cdots\cdot(1-\frac{1}{n+1})(1+\frac{1}{n+1})$

$$= \frac{n+2}{2(n+1)} \to \frac{1}{2}$$

$$P_{2n-1} = (1-\frac{1}{2})(1+\frac{1}{2})(1-\frac{1}{3})(1+\frac{1}{3}) \cdot \cdots \cdot (1-\frac{1}{n-1})(1+\frac{1}{n-1})(1-\frac{1}{n})$$
$$= \frac{n-1}{2n} \to \frac{1}{2}$$

이므로, $P_n \to \frac{1}{2}$이다.

$$(1+\frac{1}{2})(1+\frac{1}{2})(1+\frac{1}{3})(1+\frac{1}{3})(1+\frac{1}{4}) \cdots = [\prod_{n=2}^{\infty}(1+\frac{1}{n})]^2$$

$\sum_{n=2}^{\infty}\frac{1}{n}$은 발산하므로, 주어진 무한곱은 절대수렴하지 않는다.

**문제 1.3** $\frac{1}{1+x} = 1 - x + x^2 - x^3 + \cdots$, $|x| < 1$이므로,

$$\ln(1+x) = x - \frac{1}{2}x^2 + \frac{1}{3}x^3 - \frac{1}{4}x^4 + \cdots,\ |x| < 1$$

이다. 그러므로

$$\ln(1+a_n) = a_n - \frac{1}{2}a_n^2 + \frac{1}{3}a_n^3 - \frac{1}{4}a_n^4 + \cdots$$
$$= a_n - a_n^2(\frac{1}{2} - \frac{1}{3}a_n + \frac{1}{4}a_n^2 - \cdots)$$

이다. $\sum_{n=1}^{\infty} a_n$은 수렴하므로, $\lim_{n\to\infty} a_n = 0$이다. 따라서 충분히 큰 $n$에 대해 $|a_n| < \frac{1}{2}$이다. $a_n - \ln(1+a_n) = a_n^2(\frac{1}{2} - \frac{1}{3}a_n + \frac{1}{4}a_n^2 - \cdots) \geq 0$임을 유의하자.

$$|\frac{1}{2} - \frac{1}{3}a_n + \frac{1}{4}a_n^2 - \cdots| \leq \frac{1}{2}(1 + |a_n| + |a_n|^2 + \cdots)$$
$$= \frac{1}{2} \cdot \frac{1}{1-|a_n|}$$

이므로, 충분히 큰 $n$에 대하여 $\left|\frac{a_n - \ln(1+a_n)}{a_n^2}\right| < 1$이다. 한편,

$$\left|\frac{a_n-\ln(1+a_n)}{a_n^2}\right| \geq \frac{1}{2}-\left|-\frac{1}{3}a_n+\frac{1}{4}a_n^2-\cdots\right|$$

$$\geq \frac{1}{2}-\frac{1}{3}(|a_n|+|a_n|^2+\cdots)$$

$$=\frac{1}{2}-\frac{1}{3}\cdot\frac{|a_n|}{1-|a_n|}$$

$$\geq \frac{1}{6}$$

이다. 그러므로 충분히 큰 $n$에 대하여

$$\frac{1}{6}a_n^2 \leq a_n-\ln(1+a_n) \leq a_n^2$$

이 성립한다. 만일 $\prod_{n=1}^{\infty}(1+a_n)$이 수렴하면, 12.1절의 정리 1.4에 의하여 $\sum_{n=1}^{\infty}\ln(1+a_n)$은 수렴한다. $\sum_{n=1}^{\infty}a_n$을 수렴하므로, $\sum_{n=1}^{\infty}(a_n-\ln(1+a_n))$은 수렴한다. 그러므로 비교판정법에 의하여 $\sum_{n=1}^{\infty}a_n^2$은 수렴한다. 역으로, 만일 $\sum_{n=1}^{\infty}a_n^2$은 수렴하면, 비교판정법에 의하여 $\sum_{n=1}^{\infty}(a_n-\ln(1+a_n))$도 수렴한다. $\sum_{n=1}^{\infty}a_n$은 수렴하므로, $\sum_{n=1}^{\infty}\ln(1+a_n)$은 수렴한다. 그러므로 12.1절의 정리 1.4에 의하여 $\prod_{n=1}^{\infty}(1+a_n)$은 수렴한다.

**문제 1.4** $\frac{1}{1+x}=1-x+x^2-x^3+\cdots, |x|<1$이므로,

$$\ln(1+x)=x-\frac{1}{2}x^2+\frac{1}{3}x^3-\frac{1}{4}x^4+\cdots, |x|<1$$

이다. 그러므로

$$\ln(1+(-1)^n a_n)=(-1)^n a_n-\frac{1}{2}(-1)^{2n}a_n^2+\frac{1}{3}(-1)^{3n}a_n^3-\frac{1}{4}(-1)^{4n}a_n^4+\cdots$$
$$=(-1)^n a_n-a_n^2\left(\frac{1}{2}-\frac{1}{3}(-1)^n a_n+\frac{1}{4}(-1)^{2n}a_n^2-\cdots\right)$$

이다. $\lim_{n\to\infty}a_n=0$이므로, 충분히 큰 $n$에 대하여 $|a_n|<\frac{1}{2}$이다.

$$(-1)^n a_n - \ln(1+(-1)^n a_n) = a_n^2\left(\frac{1}{2}-\frac{1}{3}(-1)^n a_n + \frac{1}{4}(-1)^{2n}a_n^2 - \cdots\right) \geq 0$$

임을 유의하자.

$$\begin{aligned}\left|\frac{1}{2}-\frac{1}{3}a_n+\frac{1}{4}a_n^2-\cdots\right| &\leqq \frac{1}{2}(1+|a_n|+|a_n|^2+\cdots)\\ &= \frac{1}{2}\cdot\frac{1}{1-|a_n|}\end{aligned}$$

이므로, 충분히 큰 $n$에 대하여 $\left|\frac{(-1)^n a_n - \ln(1+(-1)^n a_n)}{a_n^2}\right| < 1$이다. 한편,

$$\begin{aligned}\left|\frac{(-1)^n a_n - \ln(1+(-1)^n a_n)}{a_n^2}\right| &\geqq \frac{1}{2}-\left|-\frac{1}{3}a_n+\frac{1}{4}a_n^2-\cdots\right|\\ &\geqq \frac{1}{2}-\frac{1}{3}(|a_n|+|a_n|^2+\cdots)\\ &= \frac{1}{2}-\frac{1}{3}\cdot\frac{|a_n|}{1-|a_n|}\\ &\geqq \frac{1}{6}\end{aligned}$$

이다. 그러므로 충분히 큰 $n$에 대하여

$$\frac{1}{6}a_n^2 \leqq (-1)^n a_n - \ln(1+(-1)^n a_n) \leqq a_n^2$$

이 성립한다. 만일 $\prod_{n=1}^{\infty}(1+(-1)^n a_n)$이 수렴하면, 12.1절의 정리 1.4에 의하여 $\sum_{n=1}^{\infty}\ln(1+(-1)^n a_n)$은 수렴한다. 또한 $\sum_{n=1}^{\infty}(-1)^n a_n$을 수렴하므로, $\sum_{n=1}^{\infty}((-1)^n a_n - \ln(1+(-1)^n a_n))$은 수렴한다. 그러므로 비교판정법에 의하여 $\sum_{n=1}^{\infty}a_n^2$은 수렴한다. 역으로, 만일 $\sum_{n=1}^{\infty}a_n^2$은 수렴하면, 비교판정법에 의하여 $\sum_{n=1}^{\infty}((-1)^n a_n - \ln(1+(-1)^n a_n))$도 수렴한다. $\sum_{n=1}^{\infty}(-1)^n a_n$은 수렴하므로, $\sum_{n=1}^{\infty}\ln(1+(-1)^n a_n)$은 수렴한다. 그러므로 12.1절의 정리 1.4에 의하여 $\prod_{n=1}^{\infty}(1+(-1)^n a_n)$은 수렴한다.

**문제 1.5** $\sum_{n=1}^{\infty} a_n = \sum_{n=1}^{\infty}(-1)^{n+1}\frac{1}{\sqrt{n}}$ 은 교대급수판정법에 의하여 수렴한다.

$\sum_{n=1}^{\infty} a_{2n-1} = \sum_{n=1}^{\infty}\frac{1}{\sqrt{2n-1}}$ 은 발산하고, $\sum_{n=1}^{\infty} a_{2n} = -\sum_{n=1}^{\infty}\frac{1}{\sqrt{2n}}$ 도 발산한다. 그러므로 $\prod_{n=1}^{\infty}(1+a_{2n-1})$ 은 발산하고, $\prod_{n=1}^{\infty}(1+a_{2n})$ 도 발산한다. 그러므로 $\prod_{n=1}^{\infty}(1+a_n)$ 은 발산한다.

**문제 1.6**

$$\left(\frac{1}{\sqrt{1}}+\frac{1}{1}\right)-\frac{1}{\sqrt{2}}+\left(\frac{1}{\sqrt{3}}+\frac{1}{3}\right)-\frac{1}{\sqrt{4}}+\left(\frac{1}{\sqrt{5}}+\frac{1}{5}\right)-\frac{1}{\sqrt{6}}+\cdots$$
$$>\left(\frac{1}{\sqrt{2}}+\frac{1}{1}\right)-\frac{1}{\sqrt{2}}+\left(\frac{1}{\sqrt{4}}+\frac{1}{3}\right)-\frac{1}{\sqrt{4}}+\left(\frac{1}{\sqrt{6}}+\frac{1}{5}\right)-\frac{1}{\sqrt{6}}+\cdots$$
$$=\frac{1}{1}+\frac{1}{3}+\frac{1}{5}+\cdots$$

$$\left(\frac{1}{\sqrt{1}}+\frac{1}{1}\right)-\frac{1}{\sqrt{2}}+\left(\frac{1}{\sqrt{3}}+\frac{1}{3}\right)-\frac{1}{\sqrt{4}}+\left(\frac{1}{\sqrt{5}}+\frac{1}{5}\right)-\frac{1}{\sqrt{6}}+\cdots$$
$$<\left(\frac{1}{\sqrt{1}}+\frac{1}{1}\right)-\frac{1}{\sqrt{3}}+\left(\frac{1}{\sqrt{3}}+\frac{1}{3}\right)-\frac{1}{\sqrt{5}}+\left(\frac{1}{\sqrt{5}}+\frac{1}{5}\right)-\frac{1}{\sqrt{5}}+\cdots$$
$$=\frac{1}{\sqrt{1}}+\frac{1}{1}+\frac{1}{3}+\frac{1}{5}+\cdots$$

이므로, $\sum_{n=1}^{\infty} a_n$ 은 발산한다.

$$\left(1+\frac{1}{\sqrt{1}}+\frac{1}{1}\right)\left(1-\frac{1}{\sqrt{2}}\right)\left(1+\frac{1}{\sqrt{3}}+\frac{1}{3}\right)\left(1-\frac{1}{\sqrt{4}}\right)\left(1+\frac{1}{\sqrt{5}}+\frac{1}{5}\right)\left(1-\frac{1}{\sqrt{6}}\right)\cdots$$
$$<3\cdot\left(1-\frac{1}{\sqrt{3}}\right)\cdot\frac{1}{1-\frac{1}{\sqrt{3}}}\cdot\left(1-\frac{1}{\sqrt{5}}\right)\cdot\frac{1}{1-\frac{1}{\sqrt{5}}}\cdot\cdots=3$$

이므로, $\prod_{n=1}^{\infty}(1+a_n)$ 은 수렴한다.

**문제 1.7** (a) $|z|<1$ (b) $|z|<1$ (c) $Re z>1$

**문제 1.8** $P_n = \prod_{k=0}^{n}(1+z^{2^n})$ 로 놓자. 그러면

$$P_0 = 1+z$$
$$P_1 = P_0(1+z^2) = 1+z+z^2+z^3$$

$$P_2 = P_1(1+z^4) = 1+z+z^2+z^3+z^4+z^5+z^6+z^7$$

$$P_n = \sum_{k=0}^{2^{n+1}-1} z^k$$

이다. 그러므로 $\prod_{n=0}^{\infty}(1+z^{2^n}) = \lim_{n\to\infty} P_n = \lim_{n\to\infty} \sum_{k=0}^{2^{n+1}-1} z^k = \sum_{n=0}^{\infty} z^n = \frac{1}{1-z}$ 이다.

**문제 1.9** $a_n = s_n - s_{n-1} (n \geqq 2), s_1 = a_1$ 이다. 그러므로

$$a_1 \prod_{n=2}^{\infty}(1+\frac{a_n}{s_{n-1}}) = a_1 \prod_{n=2}^{\infty} \frac{s_n}{s_{n-1}} = a_1 \lim_{n\to\infty} \frac{s_2}{s_1} \cdot \frac{s_3}{s_2} \cdot \cdots \cdot \frac{s_n}{s_{n-1}}$$

$$= a_1 \lim_{n\to\infty} \frac{s_n}{s_1} = \lim_{n\to\infty} s_n = \sum_{n=1}^{\infty} a_n$$

이다.

**문제 2.1** $\{\ln n\}$ 은 유한극한점을 갖지 않는 복소수열이다. 정리 2.1의 증명에 의하여 $z = \ln n$, $n = 2, 3, \cdots$ 에서만 영점을 갖는 정함수는

$$\prod_{n=2}^{\infty}(1-\frac{z}{\ln n}) e^{(z/\ln n)+(1/2)(z/\ln n)^2+\cdots+(1/n)(z/\ln n)^n}$$

이다.

**문제 2.2** $f(z) = \prod_{n=1}^{\infty}(1-\frac{z}{n})^n e^{z^2/2n}$

**문제 2.3** (a) $\sin \pi z = \pi z \prod_{n=1}^{\infty}(1-\frac{z^2}{n^2})$ 이므로, $z = i$를 대입하면,

$\frac{e^{-\pi}-e^{\pi}}{2i} = \sin \pi i = \pi i \prod_{n=1}^{\infty}(1+\frac{1}{n^2})$ 이다. 그러므로 $\prod_{n=1}^{\infty}(1+\frac{1}{n^2}) = \frac{e^{\pi}-e^{-\pi}}{2\pi}$ 이다.

(b) $\prod_{n=2}^{\infty}(1-\frac{1}{n^4}) = \prod_{n=2}^{\infty}(1+\frac{1}{n^2})(1-\frac{1}{n^2}) = \prod_{n=2}^{\infty}(1-\frac{1}{n^2}) \prod_{n=2}^{\infty}(1+\frac{1}{n^2})$,

$$\prod_{n=2}^{\infty}(1-\frac{1}{n^2}) = \prod_{n=2}^{\infty} \frac{(n-1)(n+1)}{n^2}$$

$$= \frac{1 \cdot 3}{2^2} \cdot \frac{2 \cdot 4}{3^2} \cdot \cdots \cdot \frac{(n-2)n}{(n-1)^2} \cdot \frac{(n-1)(n+1)}{n^2} \cdot \cdots \to \frac{1}{2},$$

$$\frac{e^{\pi}-e^{-\pi}}{2\pi}=\prod_{n=1}^{\infty}(1+\frac{1}{n^2})=2\prod_{n=2}^{\infty}(1+\frac{1}{n^2})$$

이므로, $\prod_{n=2}^{\infty}(1-\frac{1}{n^4})=(e^{\pi}-e^{-\pi})/8\pi$ 이다.

**문제 2.4** (a) $\sin iz=\frac{e^{-z}-e^{z}}{2i}=\frac{e^{2z}-1}{-2ie^{z}}$ 이고 $e^z\neq 0$ 이므로, $e^{2z}-1$과 $\sin iz$는 동일한 영점을 갖는다. $(e^{2z}-1)'=2e^{2z}\neq 0$ 이므로, $e^{2z}-1$은 단일영점을 갖는다. 그러므로 $e^{2z}-1$과 $\sin iz$은 동일한 점에서 단일영점들을 갖는다.

(b) $\frac{e^{2z}-1}{\sin iz}=-2ie^{z}=e^{g(z)}$ 이므로, $g(z)=\log(-2i)+z$ 이다.

**문제 2.5** $\sin\pi z=\pi z\prod_{n=1}^{\infty}(1-\frac{z^2}{n^2})=\pi z-\frac{(\pi z)^3}{3!}+\frac{(\pi z)^5}{5!}-\cdots.$

$\sum_{n=1}^{\infty}\frac{1}{n^2}=\frac{\pi^2}{6}$ 임을 유의하자. 그러면

$$\frac{\pi^4}{36}=(\sum_{n=1}^{\infty}\frac{1}{n^2})^2=\sum_{n=1}^{\infty}\frac{1}{n^4}+2(\frac{1}{1^2\cdot 2^2}+\frac{1}{1^2\cdot 2^2}+\cdots+\frac{1}{(n-1)^2n^2})$$

이다. $\pi z\prod_{n=1}^{\infty}(1-\frac{z^2}{n^2})$에서 $z^5$ 항의 계수는 $\pi(\frac{1}{1^2\cdot 2^2}+\frac{1}{1^2\cdot 3^2}+\cdots+\frac{1}{(n-1)^2n^2})=\frac{\pi^5}{5!}$

이다. 그러므로 $\frac{1}{1^2\cdot 2^2}+\frac{1}{1^2\cdot 3^2}+\cdots+\frac{1}{(n-1)^2n^2}=\frac{\pi^4}{5!}$ 이다. 따라서

$$\sum_{n=1}^{\infty}\frac{1}{n^4}=\frac{\pi^4}{36}-2\cdot\frac{\pi^4}{5!}=\frac{\pi^4}{90}$$

이다.

**문제 2.6** $a_n=n, P_n(z)=\frac{z}{n}+5(\frac{z}{n})^2$으로 놓자. 이때, 함수 $f(z)=\prod_{n=1}^{\infty}(1-\frac{z}{a_n})e^{P_n(z)}$가 정리 2.1을 만족한다는 것을 보이자. 그것은

$$\sum_{n=1}^{\infty}Log[(1-\frac{z}{a_n})e^{P_n(z)}=\sum_{n=1}^{\infty}[Log(1-\frac{z}{a_n})+P_n(z)]$$

가 평면의 임의의 긴밀집합 $|z|\leq R$ 위에서 평등수렴함을 보이면 충분하다.

$|z| \leqq R < 2R < |a_n|$ 에 대하여

$$\begin{aligned} & \left| Log(1-\frac{z}{a_n}) + P_n(z) \right| \\ &= \left| \frac{9}{2}(\frac{z}{a_n})^2 - \frac{1}{3}(\frac{z}{a_n})^3 - \frac{1}{4}(\frac{z}{a_n})^4 - \frac{1}{5}(\frac{z}{a_n})^5 - \cdots \right| \\ &\leqq \left| \frac{z}{a_n} \right|^2 (\frac{9}{2} + \left| \frac{z}{a_n} \right| + \left| \frac{z}{a_n} \right|^2 + \cdots) \\ &= \left| \frac{z}{a_n} \right|^2 (\frac{7}{2} + \frac{1}{1-\left| \frac{z}{a_n} \right|}) \leqq \frac{11}{2} \left| \frac{z}{a_n} \right|^2 \\ &\leqq \frac{11}{2} \left| \frac{R}{a_n} \right|^2 = \frac{11R^2}{2} \cdot \frac{1}{n^2} \end{aligned}$$

이므로,

$$\sum_{n=1}^{\infty} \left| Log(1-\frac{z}{a_n}) + P_n(z) \right| < \infty, \ |z| \leqq R$$

이다. 그러므로 정리 1.6에 의하여 결과가 나온다.

**문제 2.7** 각 $n$에 대하여 $Q_n(z) = \frac{z}{a_n} + \frac{1}{2}(\frac{z}{a_n})^2 + \cdots + \frac{1}{[\ln n]}(\frac{z}{a_n})^{[\ln n]}$이라 놓자. 이때, 함수 $f(z) = \prod_{n=1}^{\infty}(1-\frac{z}{a_n})e^{Q_n(z)}$가 정리 2.1을 만족한다는 것을 보이자. 그것은

$$\sum_{n=1}^{\infty} Log[(1-\frac{z}{a_n})e^{Q_n(z)}] = \sum_{n=1}^{\infty}[Log(1-\frac{z}{a_n}) + Q_n(z)]$$

가 평면의 임의의 긴밀집합 $|z| \leqq R$ 위에서 평등수렴함을 보이면 충분하다. $|z| \leqq R < 2R \leqq |a_n|$ 에 대하여

$$\begin{aligned} & \left| Log(1-\frac{z}{a_n}) + Q_n(z) \right| \\ &= \left| -\frac{1}{[\ln n]+1}(\frac{z}{a_n})^{[\ln n]+1} - \frac{1}{[\ln n]+2}(\frac{z}{a_n})^{[\ln n]+2} - \frac{1}{[\ln n]+3}(\frac{z}{a_n})^{[\ln n]+3} - \cdots \right| \\ &\leqq \left| \frac{z}{a_n} \right|^{[\ln n]+1} (1 + \left| \frac{z}{a_n} \right| + \left| \frac{z}{a_n} \right|^2 + \cdots) \end{aligned}$$

$$= \left| \frac{z}{a_n} \right|^{[\ln n]+1} \frac{1}{1-\left|\frac{z}{a_n}\right|} \leqq 2\left|\frac{z}{a_n}\right|^{[\ln n]+1}$$

$$\leqq 2\left|\frac{R}{a_n}\right|^{[\ln n]+1} \leqq \frac{1}{2^{[\ln n]}}$$

이므로, $|a_N| \geqq 2R$인 충분히 큰 $N$에 대하여

$$\sum_{n=N}^{\infty} \left| Log(1-\frac{z}{a_n}) + P_n(z) \right| \leqq \sum_{n=N}^{\infty} \frac{1}{2^{[\ln n]}} < \infty,\ |z| \leqq R$$

이다. 그러므로 정리 1.6에 의하여 결과가 나온다.

**문제 2.8** $\cos z = \dfrac{\sin 2z}{2\sin z}$ 이다.

$\sin \pi z = \pi z \prod_{n=1}^{\infty}(1-\frac{z^2}{n^2})$ 이므로, $\sin 2z = \sin\pi(\frac{2z}{\pi}) = 2z\prod_{n=1}^{\infty}(1-\frac{4z^2}{\pi^2 n^2})$ 이고

$\sin z = \sin\pi(\frac{z}{\pi}) = z\prod_{n=1}^{\infty}(1-\frac{z^2}{\pi^2 n^2})$ 이다. 그러므로

$$\cos z = \prod_{n=1}^{\infty}(1-\frac{4z^2}{\pi^2 n^2}) / \prod_{n=1}^{\infty}(1-\frac{z^2}{\pi^2 n^2})$$

$$= (1-\frac{4z^2}{\pi^2 1^2})(1-\frac{4z^2}{\pi^2 2^2})(1-\frac{4z^2}{\pi^2 3^2})\cdots / (1-\frac{z^2}{\pi^2 1^2})(1-\frac{z^2}{\pi^2 2^2})(1-\frac{z^2}{\pi^2 3^2})\cdots$$

$$= \prod_{n=1}^{\infty}[1-\frac{4z^2}{(2n-1)^2\pi^2}]$$

이다.

**문제 2.9** $f(z) = \prod_{n=-\infty, n\neq 0}^{\infty}(1+\frac{z}{a+n})e^{-z/n}$

$$= \prod_{n=1}^{\infty}(1+\frac{z}{a+n})e^{-z/n}\prod_{n=1}^{\infty}(1+\frac{z}{a-n})e^{z/n}$$

$R>0$이고 충분히 큰 $N$에 대하여 $n>N$일 때 $|z| < R < 2R < n+a$이라 하자.

$$Log(1+\frac{z}{a+n}) - \frac{z}{n} = \frac{z}{a+n} - \frac{z}{n} - \frac{1}{2}(\frac{z}{a+n})^2 + \frac{1}{3}(\frac{z}{a+n})^3 - \cdots$$

$$=-\frac{az}{n(a+n)}-\frac{1}{2}(\frac{z}{a+n})^2+\frac{1}{3}(\frac{z}{a+n})^3-\cdots$$

$$|Log(1+\frac{z}{a+n})-\frac{z}{n}| \leq |\frac{z}{a+n}||\frac{a}{n}|+|\frac{z}{a+n}|^2 \cdot \frac{1}{1-|\frac{z}{a+n}|}$$

$$\leq \frac{R|a|}{n(a+n)}+\frac{2R^2}{(a+n)^2}$$

$\sum_{n=N}^{\infty}\frac{R|a|}{n(a+n)}+\frac{2R^2}{(a+n)^2}$는 수렴하므로, M-판정법에 의하여 $\sum_{n=N}^{\infty}(Log(1+\frac{z}{a+n})-\frac{z}{n})$은 평등수렴한다. 그러므로 정리 1.3에 의하여 $\prod_{n=1}^{\infty}(1+\frac{z}{a+n})e^{-z/n}$은 수렴한다.

$R>0$이고 충분히 큰 $N$에 대하여 $n>N$일 때 $|z|<R<2R<n-a$이라 하자.

$$Log(1-\frac{z}{n-a})+\frac{z}{n}=-\frac{z}{n-a}+\frac{z}{n}-\frac{1}{2}(\frac{z}{n-a})^2-\frac{1}{3}(\frac{z}{n-a})^3-\cdots$$

$$=-\frac{az}{n(a+n)}-\frac{1}{2}(\frac{z}{n-a})^2-\frac{1}{3}(\frac{z}{n-a})^3-\cdots$$

$$|Log(1-\frac{z}{n-a})+\frac{z}{n}| \leq |\frac{z}{n-a}||\frac{a}{n}|+|\frac{z}{n-a}|^2 \cdot \frac{1}{1-|\frac{z}{n-a}|}$$

$$\leq \frac{R|a|}{n(n-a)}+\frac{2R^2}{(n-a)^2}$$

$\sum_{n=N}^{\infty}\frac{R|a|}{n(n-a)}+\frac{2R^2}{(n-a)^2}$는 수렴하므로, M-판정법에 의하여 $\sum_{n=N}^{\infty}(Log(1-\frac{z}{n-a})+\frac{z}{n})$은 평등수렴한다. 그러므로 정리 1.3에 의하여 $\prod_{n=1}^{\infty}(1-\frac{z}{n-a})e^{z/n}$은 수렴한다. 따라서

$f(z)=\prod_{n=-\infty,n\neq0}^{\infty}(1+\frac{z}{a+n})e^{-z/n}$는 정함수이다.

$$\sin\pi z=\pi z\prod_{n=1}^{\infty}(1-\frac{z^2}{n^2}),\ \sin\pi(z+a)=\pi(z+a)\prod_{n=1}^{\infty}(1-\frac{(z+a)^2}{n^2})$$

$$\sin\pi a=\pi a\prod_{n=1}^{\infty}(1-\frac{a^2}{n^2}).$$

$\frac{a\sin\pi(z+a)}{(z+a)\sin\pi a}=\prod_{n=1}^{\infty}(1-\frac{(z+a)^2}{n^2})/\prod_{n=1}^{\infty}(1-\frac{a^2}{n^2})$는 $z=\pm n-a, n=1,2,3,\cdots$을 단일영점

으로 갖는 정함수이다. 그러므로 $f(z)=\dfrac{a\sin\pi(z+a)}{(z+a)\sin\pi a}$ 이다.

**문제 2.10** $\sin\pi z=\pi z\prod_{n=1}^{\infty}(1-\frac{z^2}{n^2})$, $\sin\alpha\sin\beta=\frac{1}{2}[\cos(\alpha-\beta)-\cos(\alpha+\beta)]$ 임을 유의하자.

$$z^2+z+1=0, z=\frac{-1\pm\sqrt{3}i}{2}=e^{\pm 2\pi i/3}$$

이므로, 다음을 얻는다.

$$\begin{aligned}\prod_{n=1}^{\infty}(1+\frac{1}{n^2}+\frac{1}{n^4}) &= \prod_{n=1}^{\infty}(\frac{1}{n^2}-e^{2\pi i/3})(\frac{1}{n^2}-e^{-2\pi i/3})\\ &=\prod_{n=1}^{\infty}(1-\frac{e^{2\pi i/3}}{n^2})(1-\frac{e^{-2\pi i/3}}{n^2})\\ &=\prod_{n=1}^{\infty}(1-\frac{e^{2\pi i/3}}{n^2})\prod_{n=1}^{\infty}(1-\frac{e^{-2\pi i/3}}{n^2})\\ &=\frac{1}{\pi^2}\sin\pi e^{\pi i/3}\sin\pi e^{-\pi i/3}\\ &=\frac{1}{2\pi^2}[\cos\sqrt{3}\pi i-\cos\pi]\\ &=\frac{1}{2\pi^2}[\frac{e^{\sqrt{3}\pi}+e^{-\sqrt{3}\pi}}{2}+1]\\ &=\frac{1}{4\pi^2}(e^{\sqrt{3}\pi}+e^{-\sqrt{3}\pi}+2)\end{aligned}$$

**문제 2.11** $\sin\pi z=\pi z\prod_{n=1}^{\infty}(1-\frac{z^2}{n^2})=\pi z\prod_{n=1}^{\infty}(1-\frac{z}{n})e^{z/n}\prod_{n=1}^{\infty}(1+\frac{z}{n})e^{-z/n}$

(a) $z=\frac{1}{2}$ 일 때 $1=\frac{\pi}{2}\prod_{n=1}^{\infty}(1-\frac{1}{2n})e^{1/2n}\prod_{n=1}^{\infty}(1+\frac{1}{2n})e^{-1/2n}$,

$$1=\frac{\pi}{2}(\frac{1}{2}\cdot\frac{3}{2}\cdot\frac{3}{4}\cdot\frac{5}{4}\cdot\frac{5}{6}\cdot\frac{7}{6}\cdot\cdots)$$

이므로, $\frac{\pi}{2}=\frac{2}{1}\cdot\frac{2}{3}\cdot\frac{4}{3}\cdot\frac{4}{5}\cdot\frac{6}{5}\cdot\frac{6}{7}\cdot\cdots$ 이다.

(b) $z=\frac{1}{4}$ 일 때 $\frac{1}{\sqrt{2}}=\frac{\pi}{4}\prod_{n=1}^{\infty}(1-\frac{1}{4n})e^{1/4n}\prod_{n=1}^{\infty}(1+\frac{1}{4n})e^{-1/4n}$

$$\frac{1}{\sqrt{2}}=\frac{\pi}{4}\left(\frac{3}{4}\cdot\frac{5}{4}\cdot\frac{7}{8}\cdot\frac{9}{8}\cdot\frac{11}{12}\cdot\frac{13}{12}\cdot\cdots\right)$$

$$1=\frac{\pi}{2}\left(\frac{1}{2}\cdot\frac{3}{2}\cdot\frac{3}{4}\cdot\frac{5}{4}\cdot\frac{5}{6}\cdot\frac{7}{6}\cdot\cdots\right).$$

전자를 후자로 나누면,

$$\frac{1}{\sqrt{2}}=\frac{1}{2}\left(\frac{3}{2}\cdot\frac{5}{6}\cdot\frac{7}{6}\cdot\frac{9}{10}\cdot\frac{11}{10}\cdot\cdots\right)$$

이므로, $\sqrt{2}=\frac{2}{1}\cdot\frac{2}{3}\cdot\frac{6}{5}\cdot\frac{6}{7}\cdot\frac{10}{9}\cdot\frac{10}{11}\cdot\cdots$이다.

(c) $z=\frac{1}{3}$ 일 때 $\frac{\sqrt{3}}{2}=\frac{\pi}{3}\prod_{n=1}^{\infty}\left(1-\frac{1}{3n}\right)e^{1/3n}\prod_{n=1}^{\infty}\left(1+\frac{1}{3n}\right)e^{-1/3n}$

$z=\frac{1}{6}$ 일 때 $\frac{1}{2}=\frac{\pi}{6}\prod_{n=1}^{\infty}\left(1-\frac{1}{6n}\right)e^{1/6n}\prod_{n=1}^{\infty}\left(1+\frac{1}{6n}\right)e^{-1/6n}$

$$\frac{\sqrt{3}}{2}=\frac{\pi}{3}\left(\frac{2}{3}\cdot\frac{4}{3}\cdot\frac{5}{6}\cdot\frac{7}{6}\cdot\frac{8}{9}\cdot\frac{10}{9}\cdot\frac{11}{12}\cdot\frac{13}{12}\cdot\frac{14}{15}\cdot\frac{16}{15}\cdot\cdots\right)$$

$$\frac{1}{2}=\frac{\pi}{6}\left(\frac{5}{6}\cdot\frac{7}{6}\cdot\frac{11}{12}\cdot\frac{13}{12}\cdot\frac{17}{18}\cdot\frac{19}{18}\cdot\cdots\right)$$

전자를 후자로 나누면,

$$\sqrt{3}=2\cdot\left(\frac{2}{3}\cdot\frac{4}{3}\cdot\frac{8}{9}\cdot\frac{10}{9}\cdot\frac{14}{15}\cdot\frac{16}{15}\cdot\cdots\right)$$

이다.

**문제 2.12** $\gamma=\sum_{n=1}^{\infty}\left[\frac{1}{n}-\ln\left(1+\frac{1}{n}\right)\right]$

$$=\lim_{n\to\infty}\sum_{k=1}^{n}\left[\frac{1}{k}-\ln\left(1+\frac{1}{k}\right)\right]$$

$$=\lim_{n\to\infty}\left[\left(1-\ln\frac{2}{1}\right)+\left(\frac{1}{2}-\ln\frac{3}{2}\right)+\cdots+\left(\frac{1}{n}-\ln\frac{n+1}{n}\right)\right]$$

$$=\lim_{n\to\infty}\left[(1-\ln 2+\ln 1)-\left(\frac{1}{2}-\ln 3+\ln 2\right)+\cdots+\left(\frac{1}{n}-\ln n+1+\ln n\right)\right.$$

$$=\lim_{n\to\infty}\left[1+\frac{1}{2}+\cdots+\frac{1}{n}-\ln(n+1)\right]$$

$$=\lim_{n\to\infty}\left[1+\frac{1}{2}+\cdots+\frac{1}{n}-\ln n+\ln n-\ln(n+1)\right]$$

해답

$$=\lim_{n\to\infty}[1+\frac{1}{2}+\cdots+\frac{1}{n}-\ln n+\ln\frac{n}{n+1}]$$

$$=\lim_{n\to\infty}[1+\frac{1}{2}+\cdots+\frac{1}{n}-\ln n]+\lim_{n\to\infty}\ln\frac{n}{n+1}$$

$$=\lim_{n\to\infty}[1+\frac{1}{2}+\cdots+\frac{1}{n}-\ln n]$$

**문제 2.13** $f(z)=\prod_{n=1}^{\infty}(1+\frac{z}{n})e^{-z/n}$, $\Gamma(z)=\frac{1}{e^{\gamma z}zf(z)}$, $\log\Gamma(z)=-[\gamma z+\log z+\log f(z)]$.

$$\frac{f'(z)}{f(z)}=-\frac{1}{n}+\sum_{n=1}^{\infty}\frac{1}{z+n}.\quad \frac{d}{dz}\frac{f'(z)}{f(z)}=-\sum_{n=1}^{\infty}\frac{1}{(z+n)^2},$$

$$\frac{\Gamma'(z)}{\Gamma(z)}=-[\gamma+\frac{1}{z}+\frac{f'(z)}{f(z)}]$$

이므로, $\frac{d}{dz}\frac{\Gamma'(z)}{\Gamma(z)}=\frac{1}{z^2}+\sum_{n=1}^{\infty}\frac{1}{(z+n)^2}=\sum_{n=0}^{\infty}\frac{1}{(z+n)^2}$ 이다.

**문제 2.14** $\Gamma(z)=\frac{1}{e^{\gamma z}zf(z)}$, $f(z)=\prod_{n=1}^{\infty}(1+\frac{z}{n})e^{-z/n}$, $\sin\pi z=\pi zf(z)f(-z)$.

$$\Gamma(z)\sin\pi z=\frac{1}{e^{\gamma z}zf(z)}\pi zf(z)f(-z)$$
$$=\pi e^{-\gamma z}f(-z)$$

이므로, $\Gamma(z)\sin\pi z$는 정함수이다.

**문제 2.15** 문제 2.4의 증명에서 $\frac{e^{2z}-1}{\sin iz}=-2ie^z$이므로, $e^z-1=2ie^{z/2}\sin\frac{z}{2i}$ 이다.

$\sin\frac{z}{2i}=\sin\pi(\frac{z}{2\pi i})=\frac{z}{2i}\prod_{n=1}^{\infty}(1+\frac{z^2}{4\pi^2n^2})$이다. 그러므로

$$e^z-1=e^{z/2}z\prod_{n=1}^{\infty}(1+\frac{z^2}{4\pi^2n^2})$$

이다.

**문제 3.1** $f(z)=\sum_{n=1}^{\infty}\frac{1}{(z-n)^n}$

**문제 3.2** $\sin z = \dfrac{e^{iz}-e^{-iz}}{2i}$, $\cos z = \dfrac{e^{iz}+e^{-iz}}{2}$.

$$\begin{aligned}\frac{\sin z}{e^{2iz}+1}-\frac{1}{2i\cos z} &= \frac{e^{iz}-e^{-iz}}{2i(e^{2iz}+1)}-\frac{1}{i(e^{iz}+e^{-iz})}\\ &= \frac{e^{iz}-e^{-iz}}{2i(e^{2iz}+1)}-\frac{2e^{iz}}{2i(e^{2iz}+1)}\\ &= -\frac{e^{iz}+e^{-iz}}{2i(e^{2iz}+1)} = -\frac{1}{2ie^{iz}} = \frac{ie^{-iz}}{2}.\end{aligned}$$

**문제 3.3** $(\Rightarrow)$ $f(z)=\prod_{n=1}^{\infty}(1-\dfrac{z}{a_n})$는 정함수라고 하자. 그러면 $f'(z)$도 정함수이다. $\dfrac{f'(z)}{f(z)}$ $=\sum_{n=1}^{\infty}\dfrac{1}{z-a_n}$이므로, 정리 3.1에 의하여 $\sum_{n=1}^{\infty}\dfrac{1}{z-a_n}$은 유리형이다.

$(\Leftarrow)$ $f(z)=\sum_{n=1}^{\infty}\dfrac{1}{z-a_n}$은 유리형이라 하자. 이 함수는 각 $a_n$에서만 유수 1의 단일극을 갖는다. $\prod_{n=1}^{\infty}(1-\dfrac{z}{a_n})$은 각 $a_n$을 단일영점으로 갖는다. 그러므로 $\prod_{n=1}^{\infty}(1-\dfrac{z}{a_n})f(z)=g(z)$는 정함수이다. 따라서 정리 3.1에 의하여 $\prod_{n=1}^{\infty}(1-\dfrac{z}{a_n})$는 정함수이다.

**문제 3.4** $R>0$이라 하고 충분히 큰 자연수 $N$에 대하여 $n>N$일 때 $|a_n|>2R$이라 하자. 그러면 $|z|<R$과 $n>N$에 대하여 $|\dfrac{z}{a_n}|<\dfrac{1}{2}$이다.

$$\begin{aligned}\sum_{n=1}^{\infty}\Big(\frac{1}{z-a_n}+\frac{1}{a_n}+\frac{z}{a_n^2}+\cdots+\frac{z^{p-1}}{a_n^p}\Big) &= \sum_{n=1}^{N-1}\Big(\frac{1}{z-a_n}+\frac{1}{a_n}+\frac{z}{a_n^2}+\cdots+\frac{z^{p-1}}{a_n^p}\Big)\\ &+\sum_{n=N}^{\infty}\Big(\frac{1}{z-a_n}+\frac{1}{a_n}+\frac{z}{a_n^2}+\cdots+\frac{z^{p-1}}{a_n^p}\Big)\end{aligned}$$

을 생각하자.

$$\begin{aligned}\Big|\frac{1}{z-a_n}+\frac{1}{a_n}+\frac{z}{a_n^2}+\cdots+\frac{z^{p-1}}{a_n^p}\Big| &= \frac{1}{|a_n|}\Big|-\frac{1}{1-z/a_n}+1+\frac{z}{a_n}+\cdots+\frac{z^{p-1}}{a_n^{p-1}}\Big|\\ &\leq \frac{1}{|a_n|}\Big|-\Big(\frac{z}{a_n}\Big)^p-\Big(\frac{z}{a_n}\Big)^{p+1}-\cdots\Big|\\ &= \frac{1}{|a_n|}\Big|\frac{z}{a_n}\Big|^p\frac{1}{1-\Big|\dfrac{z}{a_n}\Big|}\end{aligned}$$

$$\leq 2\frac{R^p}{|a_n|^{p+1}}.$$

$\sum_{n=1}^{\infty}\frac{1}{|a_n|^{p+1}}$은 수렴하므로, M-판정법에 의하여 $\sum_{n=N}^{\infty}(\frac{1}{z-a_n}+\frac{1}{a_n}+\frac{z}{a_n^2}+\cdots+\frac{z^{p-1}}{a_n^p})$는 $|z|<R$ 위에서 평등수렴한다. 그러므로 이것은 해석함수이다.

$$\sum_{n=1}^{N-1}(\frac{1}{z-a_n}+\frac{1}{a_n}+\frac{z}{a_n^2}+\cdots+\frac{z^{p-1}}{a_n^p})=\sum_{n=1}^{N-1}\frac{1}{z-a_n}+\sum_{n=1}^{N-1}(\frac{1}{a_n}+\frac{z}{a_n^2}+\cdots+\frac{z^{p-1}}{a_n^p})$$

그러므로 $\sum_{n=1}^{\infty}(\frac{1}{z-a_n}+\frac{1}{a_n}+\frac{z}{a_n^2}+\cdots+\frac{z^{p-1}}{a_n^p})$은 단지 유한개의 $a_n$에서만 단일극을 갖는 유리형이다.

**문제 3.5** (a) $\frac{a_n}{|b_n|}<\frac{1}{2^{n+1}}$을 만족하는 양의 수열 $\{a_n\}$을 선택하자. $R>0$이라 하고 충분히 큰 자연수 $N$에 대하여 $n>N$일 때 $|b_n|>2R$이라 하자. 그러면 $|z|<R$과 $n>N$에 대하여 $|\frac{z}{b_n}|<\frac{1}{2}$이다.

$$f(z)=\sum_{n=1}^{\infty}\frac{a_n}{z-b_n}=-\sum_{n=1}^{\infty}\frac{a_n}{b_n}\cdot\frac{1}{1-z/b_n}$$
$$=-\sum_{n=1}^{N-1}\frac{a_n}{b_n}\cdot\frac{1}{1-z/b_n}-\sum_{n=N}^{\infty}\frac{a_n}{b_n}\cdot\frac{1}{1-z/b_n},$$

$|\frac{a_n}{b_n}\cdot\frac{1}{1-z/b_n}|\leq|\frac{a_n}{b_n}|\frac{1}{1-|z/b_n|}\leq 2|\frac{a_n}{b_n}|\leq\frac{1}{2^n}$이므로, M-판정법에 의하여 $\sum_{n=N}^{\infty}\frac{a_n}{z-b_n}$은 평등수렴한다. 이것은 해석함수이다. 그러므로 $f(z)$는 단지 유한개의 $b_n$에서만 유수 $a_n$의 단일극을 갖는 유리형이다.

(b) $c_0=f(0)=-\sum_{n=1}^{\infty}\frac{a_n}{b_n}$

$$f'(z)=-\sum_{n=1}^{\infty}\frac{a_n}{(z-b_n)^2},\quad c_1=\frac{f'(0)}{1!}=-\sum_{n=1}^{\infty}\frac{a_n}{b_n^2}$$
$$f''(z)=(-1)^2 2!\sum_{n=1}^{\infty}\frac{a_n}{(z-b_n)^3},\quad c_2=\frac{f''(0)}{2!}=-\sum_{n=1}^{\infty}\frac{a_n}{b_n^3}$$

$$\cdots\cdots$$

$$c_m = -\sum_{n=1}^{\infty} \frac{a_n}{b_n^{m+1}}$$

**문제 3.6** (a) $R>0$이라 하고 충분히 큰 자연수 $N$에 대하여 $n>N$일 때 $n>2R$이라 하자. 그러면 $|z|<R$과 $n>N$에 대하여 $|\frac{z}{n}|<\frac{1}{2}$이다.

$$\begin{aligned} f(z) &= 2z\sum_{n=1}^{\infty} \frac{\alpha_n}{z^2-n^2} \\ &= 2z\sum_{n=1}^{N-1} \frac{\alpha_n}{z^2-n^2} + 2z\sum_{n=N}^{\infty} \frac{\alpha_n}{z^2-n^2}, \end{aligned}$$

$$\begin{aligned} \left|2z\frac{\alpha_n}{z^2-n^2}\right| &= \left|\frac{2z}{n^2}\cdot\frac{\alpha_n}{1-(z/n)^2}\right| \\ &\leq \frac{2R}{n^2}\cdot\frac{|\alpha_n|}{1-\left|\frac{z}{n}\right|^2} \\ &\leq \frac{8R}{3}\frac{|\alpha_n|}{n^2}. \end{aligned}$$

$\sum_{n=1}^{\infty}\frac{|\alpha_n|}{n^2}$은 수렴하므로, M-판정법에 의하여, $2z\sum_{n=N}^{\infty}\frac{\alpha_n}{z^2-n^2}$은 평등수렴한다. 그러므로 이것은 해석함수이다. 따라서 $f(z)$는 0이 아닌 각 정수 $n$에서 유수 $\alpha_n$의 단일극을 갖는 유리형 함수이다.

(b) $\sin\pi z$는 모든 정수를 영점으로 갖는다. 그러므로 $g(z)=\frac{\sin\pi z}{\pi}f(z)$는 정함수이다. 0이 아닌 각 정수 $k$에 대하여

$$\begin{aligned} g(k) &= \lim_{z\to k} g(z) = \lim_{z\to k}\frac{\sin\pi(z-k)}{\pi(z-k)}\cdot(z-k)f(z) \\ &= \lim_{z\to k}(z-k)f(z) = \alpha_k. \end{aligned}$$

**문제 3.7** 문제 2.15의 풀이에 의하여 $e^z-1=2ie^{z/2}\sin\frac{z}{2i}$이다. $\pi\cot\pi z=\frac{1}{z}+\sum_{n=1}^{\infty}\frac{2z}{z^2-n^2}$임을 유의하자. 그러면

$$\cot\frac{z}{2i} = \frac{1}{\pi}\cdot\pi\cot\left(\pi\left(\frac{z}{2\pi i}\right)\right) = \frac{1}{\pi}\left[\frac{2\pi i}{z} + \sum_{n=1}^{\infty}\frac{2\cdot\frac{z}{2\pi i}}{\left(\frac{z}{2\pi i}\right)^2-n^2}\right]$$

$$=\frac{2i}{z}-\frac{1}{\pi^2 i}\sum_{n=1}^{\infty}\frac{z}{\frac{z^2}{4\pi^2}+n^2}=\frac{2i}{z}-\frac{4}{i}\sum_{n=1}^{\infty}\frac{z}{z^2+4\pi^2n^2}$$

이다. $\log(e^z-1)=\log 2i+\frac{z}{2}+\log\sin\frac{z}{2i}$ 이므로, 이를 미분하면,

$$\frac{e^z}{e^z-1}=\frac{1}{2}+\frac{\frac{1}{2i}\cos\frac{z}{2i}}{\sin\frac{z}{2i}}=\frac{1}{2}+\frac{1}{2i}\cot\frac{z}{2i}$$

이다. 그러므로

$$\begin{aligned}\frac{e^z}{e^z-1}&=\frac{1}{2}+\frac{1}{2i}\left[\frac{2i}{z}-\frac{4}{i}\sum_{n=1}^{\infty}\frac{z}{z^2+4\pi^2n^2}\right]\\&=\frac{1}{2}+\frac{1}{z}+2\sum_{n=1}^{\infty}\frac{z}{z^2+4\pi^2n^2}.\end{aligned}$$

# 제 14 장

**문제 1.1** $f(z)=\dfrac{1}{\prod_{n=1}^{n}(z-e^{i\theta_k})}$

**문제 1.2** $R$은 영역 $D$에서의 해석함수 $f(z)$의 정칙점들의 집합이라 하자. $z_1 \in R$이라 하자. 그러면 함수원소 $(f,D)$는 $D$의 점에서 점 $z_1$까지의 어떤 곡선을 따라 해석연장될 수 있다.

이때 $z_1$을 포함하는 영역을 $D_1$이라 하자. 그러면 $z_1$의 근방 $N(z_1) \subset D_1$이 존재한다. 이때 함수원소 $(f,D)$는 $N(z_1)$의 각 점까지 해석연장될 수 있다. 그러므로 $N(z_1) \subset R$이다. 따라서 $R$은 열린집합이다.

$S$는 영역 $D$에서의 해석함수 $f(z)$의 특이점들의 집합이라 하자. $S' \subset S$임을 보이면 된다. $z_0 \in S'$라고 하자. $z_0$는 $S$의 극한점이므로, $z_0$의 임의의 근방 $N_{1/n}(z_0)$에 대하여

$$S\cap(N_{1/n}(z_0)-\{z_0\})\neq\varnothing$$

이다. $z_n \in S\cap(N_{1/n}(z_0)-\{z_0\})$이라 하자. 그러면 각 $z_n$은 특이점이고, $0<|z_n-z_0|<\dfrac{1}{n}$이다. 그러므로 $z_n \to z_0$이다. 따라서 $z_0$는 특이점이다. 그러므로 $z_0 \in S$이다.

**문제 1.3** $|z|<1(|z|>1)$의 임의의 긴밀부분집합 $K$에 대하여 $a \leq |z| \leq b$이다. 그러므로 $K$에서 $\sum_{n=0}^{\infty}\dfrac{z^{2^{n+1}}}{1-z^{2^{n+1}}}$는 평등수렴한다. 따라서 $f(z)$는 $|z|<1(|z|>1)$에서 해석적이다. $|z|<1$일 때 각 음이 아닌 정수 $n$에 대하여

$$f(z)=\frac{z^2}{1-z^2}+\frac{z^4}{1-z^4}+\cdots+\frac{z^{2^n}}{1-z^{2^n}}+f(z^{2^n})$$

이고, $|f(z)| \geq |f(z^{2^n})|-n$이다. 1의 $2^n$-제곱근 $e^{(2k\pi/2^n)i}, k=0,1,2,\cdots,2^n-1$으로 접근하는 반직선을 따라 $z \to e^{(2k\pi/2^n)i}$일 때 $z^{2^n} \to 1$이므로, $f(z^{2^n}) \to \infty$이다. 그러므로 1의 각 $2^n$-제곱근은 특이점이다. 단위원 위의 임의의 다른 점의 모든 근방은 이러한

1의 $2^n$-제곱근들 중의 하나를 포함한다. 그러므로 단위원의 어떠한 점도 정칙이 아니다. 즉, $|z|=1$은 $f(z)$에 대한 자연경계이다.

**문제 1.4** $f(z)$는 $|z|<1$에서 해석적이다. $\lim_{Rez\to 1_-} f(z)=\infty$ 임을 주목하자. 그래서 $z=1$은 특이점이다. 이것은 역시 정리 14.4의 결과이다. $f(z)=z+f(z^3)$이므로, $f(z)$와 $f(z^3)$은 동시에 $\infty$로 접근한다. 그러나 $Rez^3\to 1_-$일 때 $f(z^3)\to\infty$이므로, 1의 3-제곱근들은 특이점이다. 이것은 일반적인 방법으로 적용하게 해준다. $f(z)=z+z^3+z^9+\cdots+z^{3^{n-1}}+f(z^{3^n})$이다. 각 $n$에 대하여

$$|f(z)| \geqq |f(z^{3^n})|-n, |z|<1$$

이다. 1의 $3^n$-제곱근으로 접근하는 반직선을 따라 $z\to e^{(2k\pi/3^n)i}, k=0,1,2,\cdots,3^n-1$일 때 $f(z^{3^n})\to\infty$이므로, 1의 각 $3^n$-제곱근은 특이점이다. 단위원 위의 임의의 다른 점의 모든 근방은 이러한 1의 $3^n$-제곱근들 중의 하나를 포함한다. 그러므로 단위원의 어떠한 점도 정칙이 아니다. 즉, $|z|=1$은 $f(z)$에 대한 자연경계이다.

**문제 1.5** 정리 1.4에 의하여 $z=R$은 특이점이다. 만일 $z=re^{2\pi(p/q)i}, p,q\in\mathbb{N}$, $0<r<R$이면,

$$|f(z)| = \left|\sum_{n=0}^{q-1}a_n r^{n!}e^{2\pi(p/q)n!i}+\sum_{n=q}^{\infty}a_n r^{n!}\right| \geqq \left|\sum_{n=q}^{\infty}a_n r^{n!}\right|-\sum_{n=0}^{q-1}R^{n!}|a_n|$$

이다. $\lim_{r\to R_-}\left[\left|\sum_{n=q}^{\infty}a_n r^{n!}\right|-\sum_{n=0}^{q-1}R^{n!}|a_n|\right]=\infty$이므로, $Re^{2\pi(p/q)i}$ 꼴의 모든 점들은 특이점이다. 그러나 이러한 점들은 $|z|=R$에 조밀하다. 그래서 원 $|z|=R$은 $f(z)$에 대한 자연경계이다.

**문제 1.6** $g(z)=\dfrac{f(z)}{1-z}$이라 하자.

$$\begin{aligned} g(z)&=(1+z+z^2+\cdots)(a_0+a_1z+a_2z^2+\cdots)\\ &=a_0+(a_0+a_1)z+(a_0+a_1+a_2)z^2+\cdots \end{aligned}$$

이고, $\lim_{k\to\infty}\sum_{n=1}^{k}a_n=\infty$이므로, $\lim_{Rez\to 1_-} g(z)=\infty$이다. $\frac{1}{2}<|z|<1$에 대하여

$$|f(z)| \geqq |g(z)|-|z||g(z)|$$

$$\geq |g(z)| - \frac{1}{2}|g(z)| = \frac{1}{2}|g(z)|$$

이다. 이때 $\lim_{Re z \to 1_-} |f(z)| \geq \frac{1}{2} \lim_{Re z \to 1_-} |g(z)| = \infty$이다. 그러므로 $\lim_{Re z \to 1-} f(z) = \infty$ 이다. 따라서 $z=1$은 $f(z)$에 대한 특이점이다.

**문제 1.7** $f(z) = \frac{\alpha_1}{z-e^{i\theta_1}} + \frac{\alpha_2}{z-e^{i\theta_2}} + \cdots + \frac{\alpha_k}{z-e^{i\theta_k}} + \sum_{n=0}^{\infty} b_n z^n$으로 놓자. 여기서 $\sum_{n=0}^{\infty} b_n z^n$은 $|z| \leq 1$에서 해석적이다.

$$a_0 = f(0) = -\alpha_1 e^{-i\theta_1} - \cdots - \alpha_k e^{-i\theta_k} + b_0$$

$$a_1 = f'(0) = -\alpha_1 e^{-2i\theta_1} - \cdots - \alpha_k e^{-2i\theta_k} + b_1$$

$$a_2 = \frac{f''(0)}{2!} = -\alpha_1 e^{-3i\theta_1} - \cdots - \alpha_n e^{-3i\theta_n} + b_2$$

$$\cdots$$

$$a_k = \frac{f^{(k)}(0)}{k!} = -\alpha_1 e^{-(k+1)i\theta_1} - \cdots - \alpha_k e^{-(k+1)i\theta_n} + b_k$$

$$\cdots$$

$$a_n = \frac{f^{(n)}(0)}{n!} = -\alpha_1 e^{-(n+1)i\theta_1} - \cdots - \alpha_k e^{-(n+1)i\theta_n} + b_n$$

이므로, $|a_n| \leq \sum_{n=1}^{k} |\alpha_n| + |b_n|$ 이다. $\sum_{n=0}^{\infty} b_n$은 수렴하므로, $\lim_{n\to\infty} b_n = 0$이다. 그러므로 $\{b_n\}$은 유계이다. 따라서 $\{a_n\}$은 유계이다.

**문제 2.1** $\Gamma(z) = [ze^{\gamma z} \prod_{n=1}^{\infty} (1+\frac{z}{n})e^{-z/n}]^{-1}$

$$= \lim_{n\to\infty} \frac{n! n^z}{z(z+1)\cdots(z+n)}$$

임을 유의하자. 감마함수는 각 정수 $-k(k=0,1,2,\cdots)$에서 단일극을 갖는다. 그러므로

$$Res(\Gamma(z), -k) = \lim_{z\to -k} (z+k)\Gamma(z)$$

$$= \lim_{z\to -k} (z+k) \lim_{n\to\infty} \frac{n! n^z}{z(z+1)\cdots(z+k-1)(z+k)(z+k+1)\cdots(z+n)}$$

$$= \lim_{z\to -k} \lim_{n\to\infty} \frac{n! n^z}{z(z+1)\cdots(z+k-1)(z+k+1)\cdots(z+n)}$$

$$
\begin{aligned}
&= \lim_{n\to\infty}\frac{n!n^{-k}}{(-1)^k k(k-1)\cdots 1\cdot 1\cdot 2\cdots(n-k)} \\
&= \frac{(-1)^k}{k!}\lim_{n\to\infty}\frac{n!n^k}{1\cdot 2\cdot\ \cdots\ \cdot(n-k)} \\
&= \frac{(-1)^k}{k!}\lim_{n\to\infty} n^{-k}(n-k+1)(n-k+2)\cdots n \\
&= \frac{(-1)^k}{k!}\lim_{n\to\infty}(1-\frac{k-1}{n})(1-\frac{k-2}{n})\cdots 1 \\
&= \frac{(-1)^k}{k!}
\end{aligned}
$$

이다.

**문제 2.2** $\zeta(z)=\sum_{n=1}^{\infty}\frac{1}{n^z}\quad(Rez>1)$. $\sum_{n=1}^{\infty}\frac{1}{n^2}=\frac{\pi^2}{6}$ 임을 유의하자.

$$
\begin{aligned}
\zeta(z) &= \sum_{n=1}^{\infty}\frac{1}{n^z}=\sum_{n=1}^{\infty}\frac{1}{e^{z\ln n}}=\sum_{n=1}^{\infty}\frac{1}{n^x(\cos(y\ln n)+i\sin(y\ln n))} \\
&= \sum_{n=1}^{\infty}[\frac{1}{n^x}(\cos(y\ln n)-i\frac{1}{n^x}(\sin(y\ln n))],
\end{aligned}
$$

$$Re\zeta(z)=\sum_{n=1}^{\infty}\frac{1}{n^x}\cos(y\ln n)=1+\sum_{n=2}^{\infty}\frac{1}{n^x}\cos(y\ln n),$$

$\left|\sum_{n=2}^{\infty}\frac{1}{n^x}\cos(y\ln n)\right|\le\sum_{n=2}^{\infty}\frac{1}{n^x}\le\sum_{n=2}^{\infty}\frac{1}{n^2}=\frac{\pi^2}{6}-1<1$이므로, $Rez\ge 2$일 때 $Re\zeta(z)>0$이다.

**문제 2.3** $Rez>1$일 때

$$
\begin{aligned}
(1-\frac{1}{2^{z-1}})\zeta(z) &= (1-\frac{1}{2^{z-1}})\sum_{n=1}^{\infty}\frac{1}{n^z} \\
&= (1+\frac{1}{2^z}+\frac{1}{3^z}+\cdots)-\frac{1}{2^{z-1}}(1+\frac{1}{2^z}+\frac{1}{3^z}+\cdots) \\
&= (1+\frac{1}{2^z}+\frac{1}{3^z}+\cdots)-2(\frac{1}{2^z}+\frac{1}{4^z}+\frac{1}{6^z}+\cdots) \\
&= 1-\frac{1}{2^z}+\frac{1}{3^z}-\frac{1}{4^z}+\frac{1}{5^z}-\cdots
\end{aligned}
$$

$$= \sum_{n=1}^{\infty} (-1)^{n+1} \frac{1}{n^z}$$

이다. $z=1$일 때 이 급수는 교대급수판정법에 의하여 수렴한다.

$$\zeta(z) = 2^z \pi^{z-1} \sin\frac{\pi z}{2} \Gamma(1-z)\zeta(1-z) \quad (Re z < 0)$$

임을 유의하자. $Re z < 0$일 때 $Re(1-z) > 1$이므로, $Re z < 0$일 때

$$(1-\frac{1}{2^{z-1}})\zeta(1-z) = \sum_{n=1}^{\infty} (-1)^{n+1} \frac{1}{n^{1-z}}$$

이다. 그러므로 $Re z < 0$일 때

$$\begin{aligned}(1-\frac{1}{2^{z-1}})\zeta(z) &= 2^z \pi^{z-1} \sin\frac{\pi z}{2} \Gamma(1-z)(1-\frac{1}{2^{z-1}})\zeta(1-z) \\ &= 2^z \pi^{z-1} \sin\frac{\pi z}{2} \Gamma(1-z) \sum_{n=1}^{\infty} (-1)^{n+1} \frac{1}{n^{1-z}}\end{aligned}$$

이다. 그러므로 $(1-\frac{1}{2^{z-1}})\zeta(z)$는 정함수이다.

**문제 2.4** $$\begin{aligned}(1-\frac{1}{2^z})\zeta(z) &= (1+\frac{1}{2^z}+\frac{1}{3^z}+\frac{1}{4^z}+\cdots) - \frac{1}{2^z} - \frac{1}{4^z} - \frac{1}{6^z} - \frac{1}{8^z} - \\ &= 1+\frac{1}{3^z}+\frac{1}{5^z}+\frac{1}{7^z}+\cdots\end{aligned}$$

$$\begin{aligned}(1-\frac{1}{3^z})(1-\frac{1}{2^z})\zeta(z) &= (1+\frac{1}{3^z}+\frac{1}{5^z}+\frac{1}{7^z}+\cdots) - \frac{1}{3^z} - \frac{1}{9^z} - \frac{1}{15^z} - \frac{1}{21^z} - \cdots \\ &= 1+\frac{1}{5^z}+\frac{1}{7^z}+\frac{1}{11^z}+\frac{1}{13^z}+\frac{1}{17^z}+\cdots \\ &\cdots\end{aligned}$$

$$(1-p_n^{-z})(1-p_{n-1}^{-z})\cdots(1-p_2^{-z})(1-p_1^{-1})\zeta(z) = 1+p_{n+1}^{-z}+\cdots$$

$n \to \infty$을 취하면, $\prod_{n=1}^{\infty}(1+p_1^{-z})(1+p_2^{-z})\cdots(1+p_n^{-z})\zeta(z) = 1$을 얻는다. 그러므로

$$\zeta(z) = \prod_{n=1}^{\infty} \frac{1}{1-p_n^{-z}}$$

해답

이다.

**문제 2.5** (a) $z\int_1^{N+1}[t]t^{-1-z}dt = z\sum_{n=1}^{N}n\int_n^{n+1}t^{-1-z}dt$

$$=-\sum_{n=1}^{N}nt^{-z}\mid_n^{n+1}$$

$$=\sum_{n=1}^{N}(nn^{-z}-n(n+1)^{-z})$$

$$=\sum_{n=1}^{N}n^{-z}-N\cdot(N+1)^{-z}$$

$Rez>1$일 때 $N\to\infty$를 취하면, $N\cdot(N+1)^{-z}\to 0$이므로, $\zeta(z)=z\int_1^{\infty}[t]t^{-1-z}dt$

이다.

(b) $b(t)=[t]-t$로 놓자. 그러면

$$\zeta(z)=z\int_1^{\infty}(b(t)+t)t^{-1-z}dt$$

$$=z\int_1^{\infty}b(t)e^{-1-z}dt+z\int_1^{\infty}t^{-z}dt$$

$$=z\int_1^{\infty}b(t)e^{-1-z}dt+\frac{z}{1-z}[t^{1-z}]_1^{\infty}$$

$$=\frac{z}{z-1}+z\int_1^{\infty}b(t)e^{-1-z}dt$$

이다.

**문제 2.6** $\frac{1}{e^z-1}$의 로랑 급수 전개는 다음과 같다.

$$\frac{1}{e^z-1}=\frac{1}{z}-\frac{1}{2}+\sum_{n=1}^{\infty}a_nz^n$$

$\frac{1}{e^t-1}-\frac{1}{t}$은 $t=0$의 근방에서 유계이다. 그러므로 $\int_0^1(\frac{1}{e^t-1}-\frac{1}{t})t^{z-1}dt$는 오른쪽 반평면 $Rez>0$의 모든 긴밀부분집합 위에서 평등수렴한다. 따라서

$$\int_0^1(\frac{1}{e^t-1}-\frac{1}{t})t^{z-1}dt$$

는 $Rez>0$에서 해석적이다. 그러므로 $Rez>1$에 대하여

$$\begin{aligned}\zeta(z)\Gamma(z) &= \int_0^\infty \frac{t^{z-1}}{e^t-1}dt \\ &= \int_0^1 \frac{t^{z-1}}{e^t-1}dt + \int_1^\infty \frac{t^{z-1}}{e^t-1}dt \\ &= \int_0^1 t^{z-1}\left(\frac{1}{e^t-1}-\frac{1}{t}\right)dt + \int_0^1 t^{z-2}dt + \int_1^\infty \frac{t^{z-1}}{e^t-1}dt \\ &= \int_0^1 t^{z-1}\left(\frac{1}{e^t-1}-\frac{1}{t}\right)dt + \frac{1}{z-1} + \int_1^\infty \frac{t^{z-1}}{e^t-1}dt\end{aligned}$$

이다. 두 번째 항을 제외한 각 적분은 $Rez>0$에서 해석적이다. 따라서

$$\zeta(z) = \frac{1}{\Gamma(z)}\int_0^1 t^{z-1}\left(\frac{1}{e^t-1}-\frac{1}{t}\right)dt + \frac{1}{\Gamma(z)}\frac{1}{z-1} + \frac{1}{\Gamma(z)}\int_1^\infty \frac{t^{z-1}}{e^t-1}dt$$

은 $Rez>0$에서 유리형 함수이고 유수 1의 단일극 $z=1$을 갖는다. ($\sum_{n=1}^\infty \frac{1}{n}$은 발산한다.)

$0<Rez<1$일 때, $\frac{1}{z-1}=-\int_1^\infty t^{z-2}dt$이다. 그러므로 $0<Rez<1$일 때

$$\begin{aligned}\zeta(z)\Gamma(z) &= \int_0^1 t^{z-1}\left(\frac{1}{e^t-1}-\frac{1}{t}\right)dt + \frac{1}{z-1} + \int_1^\infty \frac{t^{z-1}}{e^t-1}dt \\ &= \int_0^1 t^{z-1}\left(\frac{1}{e^t-1}-\frac{1}{t}\right)dt - \int_1^\infty t^{z-2}dt + \int_1^\infty \frac{t^{z-1}}{e^t-1}dt \\ &= \int_0^1 t^{z-1}\left(\frac{1}{e^t-1}-\frac{1}{t}\right)dt + \int_1^\infty t^{z-1}\left(\frac{1}{e^t-1}-\frac{1}{t}\right)dt \\ &= \int_0^\infty t^{z-1}\left(\frac{1}{e^t-1}-\frac{1}{t}\right)dt\end{aligned}$$

이다.

**문제 2.7** $\zeta(z)=2^z\pi^{z-1}\sin\frac{\pi z}{2}\Gamma(1-z)\zeta(1-z)\quad(Rez<0)$. $z$ 대신에 $1-z$를 대입하면, 다음을 얻는다.

$$\begin{aligned}\zeta(1-z) &= 2^{1-z}\pi^{-z}\sin\frac{\pi(1-z)}{2}\Gamma(z)\zeta(z) \\ &= \frac{1}{2^{z-1}\pi^z}\cos\left(\frac{\pi z}{2}\right)\Gamma(z)\zeta(z)\end{aligned}$$

해답

**문제 2.8** $\Gamma(z)=\int_0^\infty t^{z-1}e^{-t}dt \quad (Rez>0)$

$$=\int_1^\infty t^{z-1}e^{-t}dt+\int_0^1 t^{z-1}e^{-t}dt$$

$\Gamma(z)$는 각 정수 $-n(n=0,1,2,\cdots)$에서 유수 $\frac{(-1)^n}{n!}$의 단일극을 갖는다.

$$\int_1^\infty t^{-n-1}e^{-t}dt \leqq \int_1^\infty e^{-t}dt=-e^{-t}\mid_1^\infty=e,$$

$$\int_0^1 t^{-n-1}e^{-t}dt=\int_0^1\frac{1}{t^{n+1}e^t}dt \geqq \frac{1}{e}\int_0^1\frac{1}{t^{n+1}}dt=\frac{1}{e}(-\frac{1}{n})\ln t\mid_0^1=\infty.$$

그러므로 $\Gamma(z)=\int_1^\infty t^{z-1}e^{-t}dt+\sum_{n=0}^\infty\frac{(-1)^n}{n!(z+n)}$이다.

## 참고문헌

1. Rudin, W.: Real and Complex Analysis, Mc Graw Hill, 1974.

2. Redheffer, L.: Complex Variables, Holden Day, 1970.

3. Silverman, H.: Houghto Mifflin Com., 1975.

# 찾아보기

교원 임용고사를 대비하기 위한
수학이론과 문제풀이 시리즈 7

**복소해석학 2**

지은이 김광회
펴낸이 조경희
펴낸곳 경문사
펴낸날 2015년 2월 20일 1판 1쇄
등 록 1979년 11월 9일 제313-1979-23호
주 소 121-818, 서울특별시 마포구 와우산로 174
전 화 (02)332-2004 팩스 (02)336-5193
이메일 kyungmoon@kyungmoon.com

값 16,000원

ISBN 978-89-6105-918-3